今すぐ使えるかんたん

JN048950

Windows 11

2024年最新版
Copilot対応

Imasugu Tsukaeru
Kantan Series

Windows 11 : 2024
ONSIGHT+
Gijyutsuhyoronsya Hensyubu

技術評論社

本書の使い方

- 画面の手順解説だけを読めば、操作できるようになる！
- もっと詳しく知りたい人は、左側の「側注」を読んで納得！
- これだけは覚えておきたい機能を厳選して紹介！

特長 1

機能ごとに
まとまっているので、
「やりたいこと」が
すぐに見つかる！

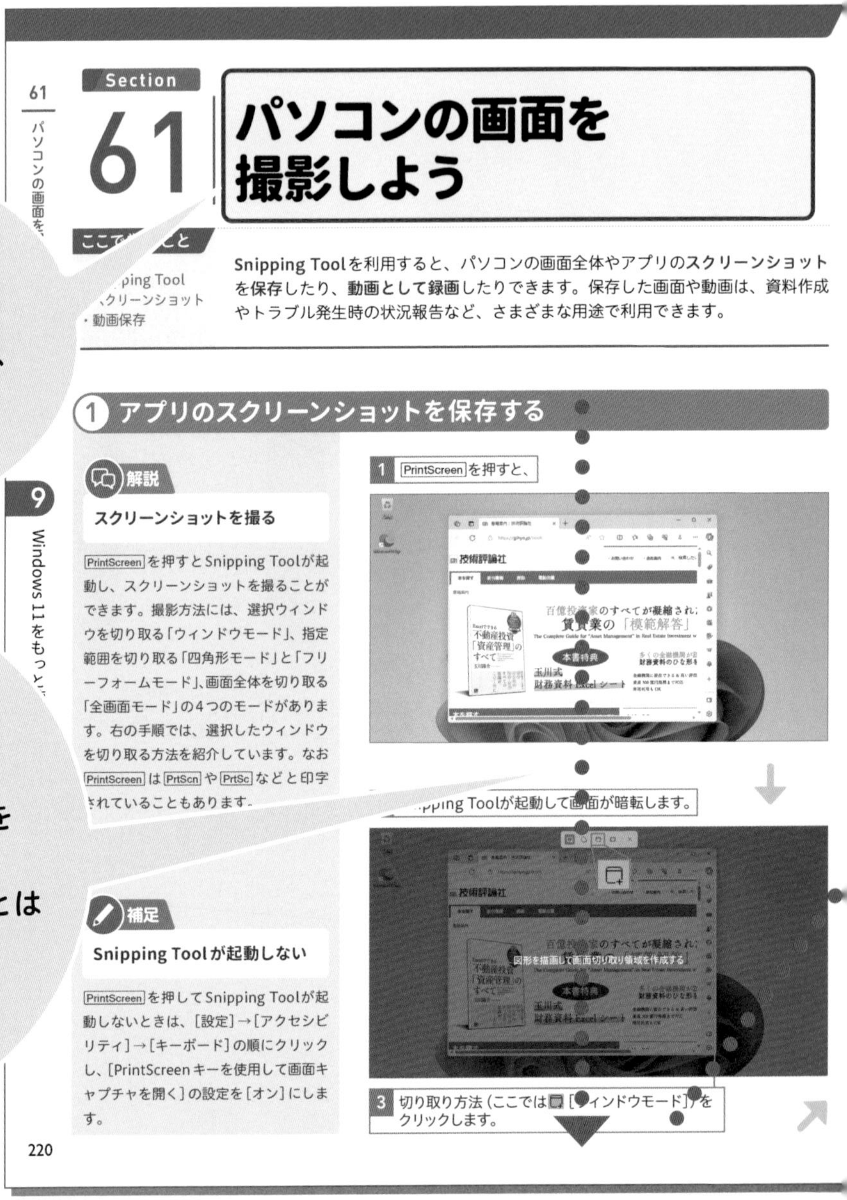

61
パソコンの画面を
Section
61
パソコンの画面を撮影しよう
Snipping Tool
スクリーンショット
・動画保存
Snipping Toolを利用すると、パソコンの画面全体やアプリのスクリーンショットを保存したり、動画として録画したりできます。保存した画面や動画は、資料作成やトラブル発生時の状況報告など、さまざまな用途で利用できます。
1 アプリのスクリーンショットを保存する
解説
スクリーンショットを撮る
PrintScreenを押すとSnipping Toolが起動し、スクリーンショットを撮ることができます。撮影方法には、選択ウィンドウを切り取る「ウィンドウモード」、指定範囲を切り取る「四角形モード」と「フリーフォームモード」、画面全体を切り取る「全画面モード」の4つのモードがあります。右の手順では、選択したウィンドウを切り取る方法を紹介しています。なおPrintScreenはPrtScnやPrtScなどと印字されていることもあります。
9
Windows 11をもっと
1 PrintScreenを押すと、
技術評論社
Snipping Toolが起動して画面が暗転します。
図形を描画して画面切り取り領域を作成する
補足
Snipping Toolが起動しない
PrintScreenを押してSnipping Toolが起動しないときは、[設定]→[アクセシビリティ]→[キーボード]の順にクリックし、[PrintScreenキーを使用して画面キャプチャを開く]の設定を[オン]にします。
3 切り取り方法（ここでは[ウィンドウモード]）をクリックします。
220

特長 2

基本操作

赤い矢印の部分だけを
読んで、パソコンを
操作すれば、難しいことは
わからなくても、
あっという間に
操作できる！

特長 3

やわらかい上質な紙を使っているので、開いたら閉じにくい！

● 補足説明

操作の補足的な内容を「側注」にまとめているので、
よくわからないときに活用すると、疑問が解決！

解説	ヒント	重要用語	応用技
補足説明	便利な機能	用語の解説	応用操作解説
ショートカットキー	補足	注意	時短
タッチ操作	補足説明	注意事項	時短

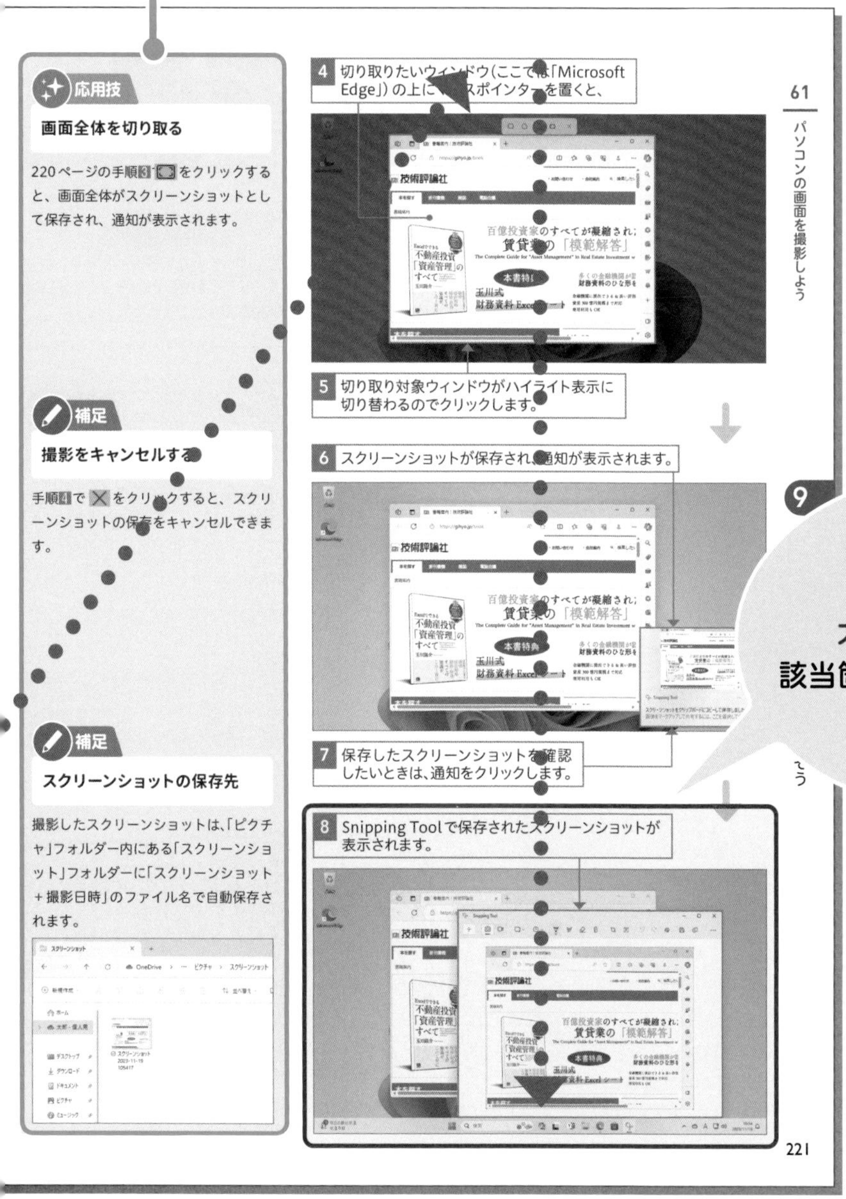

応用技
画面全体を切り取る

220ページの手順3で をクリックすると、画面全体がスクリーンショットとして保存され、通知が表示されます。

補足
撮影をキャンセルする

手順4で をクリックすると、スクリーンショットの保存をキャンセルできます。

補足
スクリーンショットの保存先

撮影したスクリーンショットは、「ピクチャ」フォルダー内にある「スクリーンショット」フォルダーに「スクリーンショット＋撮影日時」のファイル名で自動保存されます。

4 切り取りたいウィンドウ（ここでは「Microsoft Edge」）の上にマウスポインターを置くと、

5 切り取り対象ウィンドウがハイライト表示に切り替わるのでクリックします。

6 スクリーンショットが保存され、通知が表示されます。

7 保存したスクリーンショットを確認したいときは、通知をクリックします。

8 Snipping Toolで保存されたスクリーンショットが表示されます。

61
パソコンの画面を撮影しよう
9
221

特長 4

大きな操作画面で該当箇所を囲んでいるのでよくわかる！

Windows 11の新機能

NEW 1 AIアシスタントを搭載

最新のWindows 11には、「**Copilot in Windows**」と呼ばれる**AIアシスタント機能**が搭載されました。Copilot in Windowsは、文字入力や音声入力によって、Windows 11の設定変更や操作の補助、情報の検索、閲覧中のWebページの要約、文章や画像の生成などさまざまな作業を手助けしてくれます。

また、Webブラウザーの「**Microsoft Edge**」にも検索サービス「Bing」で提供されている「Copilot（旧称、Copilot with Bing Chat／Bing Chat）」**をかんたんに利用するための機能が統合されています**。情報の検索、閲覧中のWebページの要約、文章や画像の生成など、AIを活用した支援機能は、Microsoft Edgeからも利用できます。

Copilot in Windows

チャットウィンドウに自然な言葉を入力することで、利用できるのが魅力です。

画像も生成でき、挨拶文やハガキ／手紙の文面など文章の生成も行えます。

Microsoft Edge

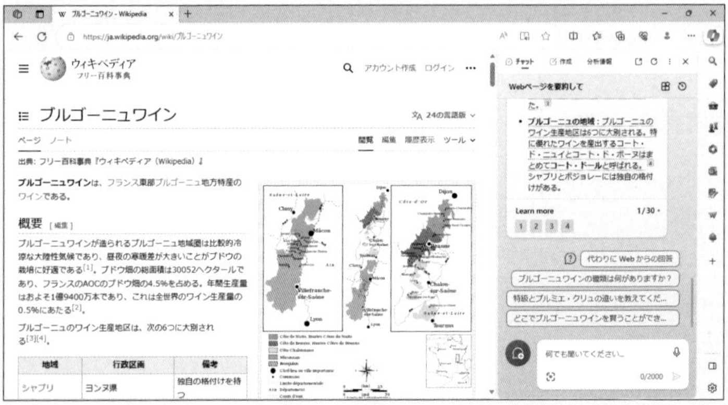

AIアシスタントを使って調べ物をしたり、閲覧中のWebページやPDFファイルの要約を生成できます。

なお、本書は、執筆時点（2023年11月末）で提供されていたプレビュー版の「Copilot in Windows」をもとに制作を行っています。2023年12月1日に正式リリースされたCopilot in Windowsとは、アイコンや画面デザインなど一部が異なる場合があります。また、Copilot in WindowsなどのAI機能は、常に改良が続けられています。このため、本書が紹介していない機能が将来的に追加される場合があります。

NEW 2 AIを活用した機能をアプリにも搭載

Windows 11にプリインストールされているアプリにもAIを活用した機能が搭載されています。「フォト」アプリには被写体を自動認識し、背景をぼかす機能が搭載されました。また、動画編集アプリ「Clipchamp」には動画を自動作成するAIが備わっています。マイクロソフトは、今後もAIを活用したアプリの機能の進化・改良を行っていくことを発表しています。

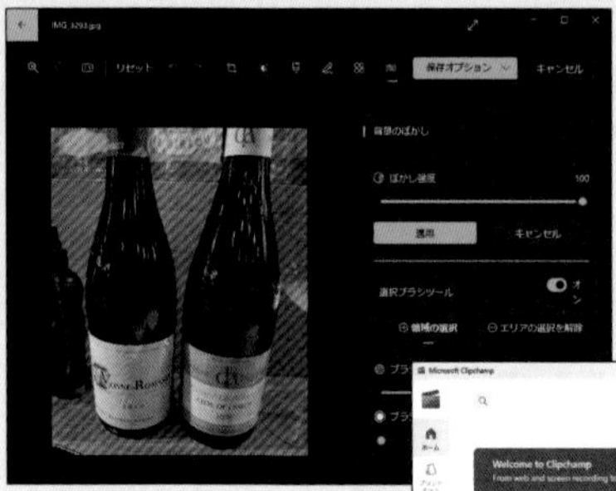

AIによって被写体を自動認識して背景をぼかす機能を搭載した「フォト」アプリ。

素材を選択するだけでAIが動画を自動作成する「Clipchamp」。

NEW 3 スマートフォンとの連携を強化

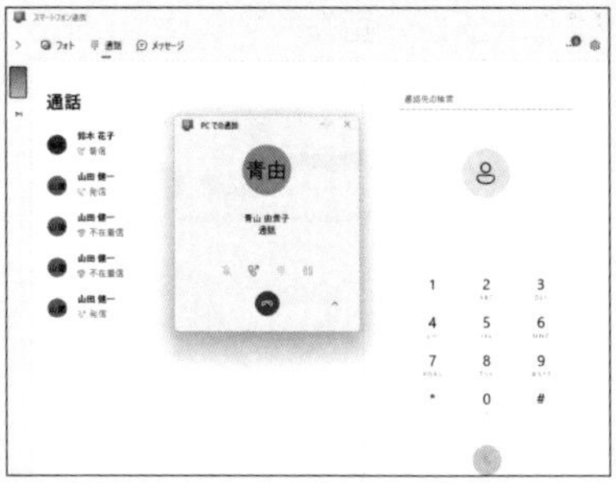

「スマートフォン連携」アプリを利用すると、Androidスマートフォン／iPhoneに送られたSMSメッセージを**パソコンで受信したり、パソコンからSMSメッセージを送信**できたりします。また、音声通話の発着信、Androidスマートフォン／iPhoneに届いたアプリからの通知をパソコンで受けることもできます。

パソコンから見た連携の様子。

NEW 4 使いやすくなったエクスプローラー

ファイル／フォルダーの操作を行う**「エクスプローラー」**は、タブを利用してフォルダーを開けるほか、タブを新しいウィンドウとして切り離したり、逆にウィンドウからタブに統合したりできるようになるなど、**より使いやすく進化しました。**

より使いやすくなったエクスプローラー。

第6章 スマートフォンと連携しよう

第7章 音楽／写真／ビデオを活用しよう

第12章 Windows 11のセキュリティを高めよう

第13章 Windows 11の初期設定をしよう

パソコンの基本操作

● 本書の解説は、基本的にマウスを使って操作することを前提としています。
● お使いのパソコンのタッチパッド、タッチ対応モニターを使って操作する場合は、各操作を次のように読み替えてください。

① マウス操作

クリック（左クリック）

クリック（左クリック）の操作は、画面上にある要素やメニューの項目を選択したり、ボタンを押したりする際に使います。

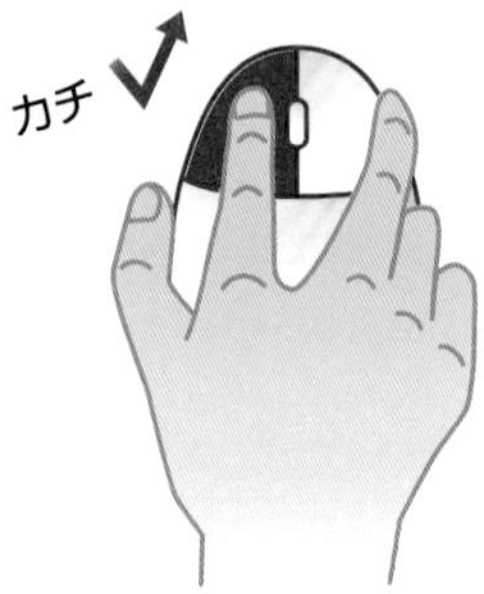

マウスの左ボタンを1回押します。

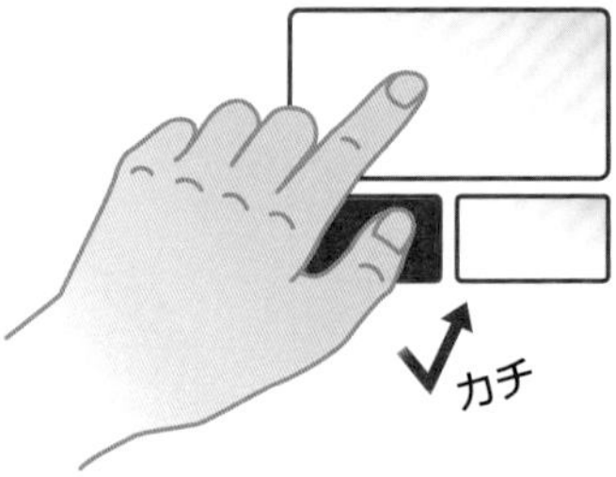

タッチパッドの左ボタン（機種によっては左下の領域）を１回押します。

右クリック

右クリックの操作は、操作対象に関する特別なメニューを表示する場合などに使います。

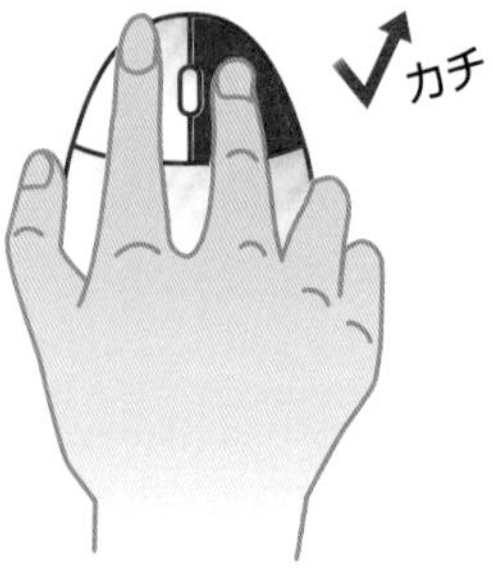

マウスの右ボタンを1回押します。

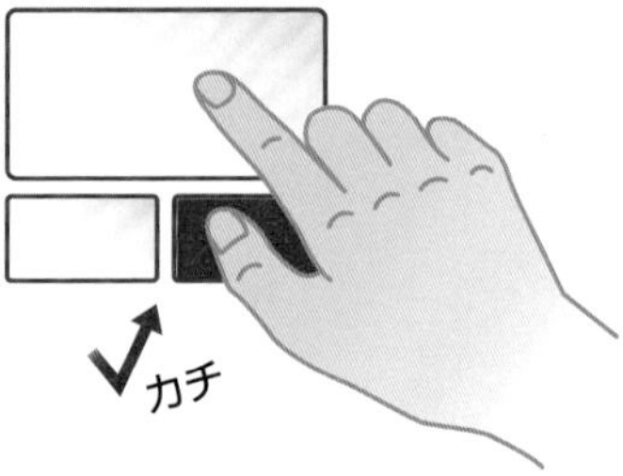

タッチパッドの右ボタン（機種によっては右下の領域）を１回押します。

ダブルクリック

ダブルクリックの操作は、各種アプリを起動したり、ファイルやフォルダーなどを開く際に使います。

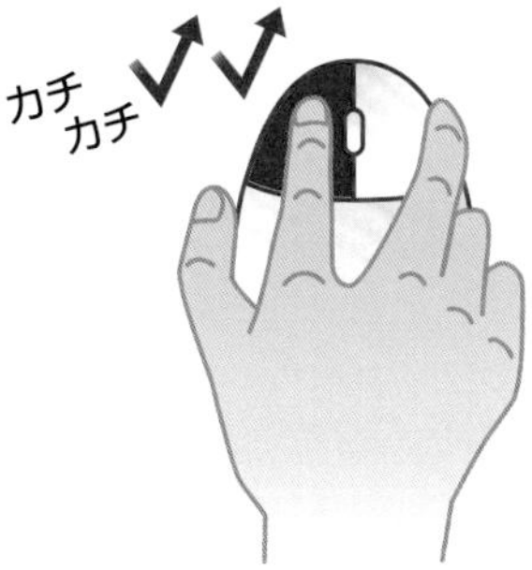

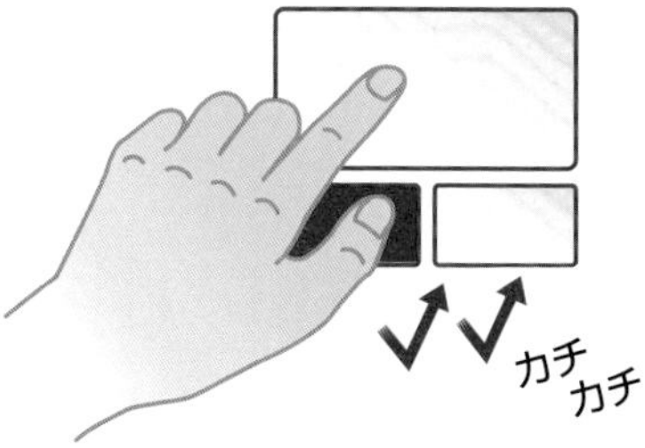

マウスの左ボタンをすばやく2回押します。

タッチパッドの左ボタン（機種によっては左下の領域）をすばやく2回押します。

ドラッグ

ドラッグの操作は、画面上の操作対象を別の場所に移動したり、操作対象のサイズを変更する際などに使います。

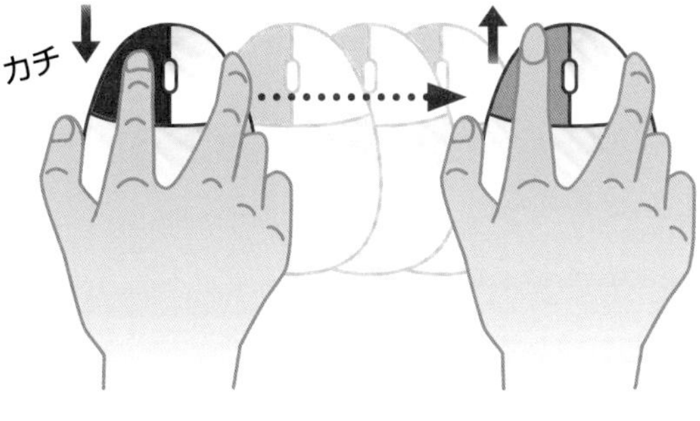

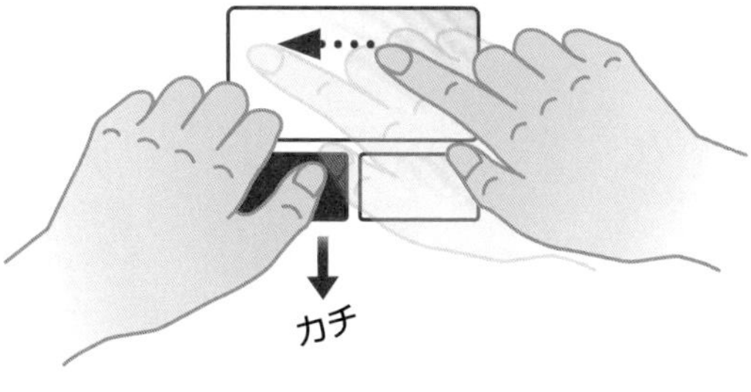

マウスの左ボタンを押したまま、マウスを動かします。目的の操作が完了したら、左ボタンから指を離します。

タッチパッドの左ボタン（機種によっては左下の領域）を押したまま、タッチパッドを指でなぞります。目的の操作が完了したら、左ボタンから指を離します。

解説 ホイールの使い方

ほとんどのマウスには、左ボタンと右ボタンの間にホイールが付いています。ホイールを上下に回転させると、Webページなどの画面を上下にスクロールすることができます。そのほかにも、Ctrl を押しながらホイールを回転させると、画面を拡大／縮小したり、フォルダーのアイコンの大きさを変えることができます。

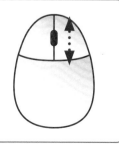

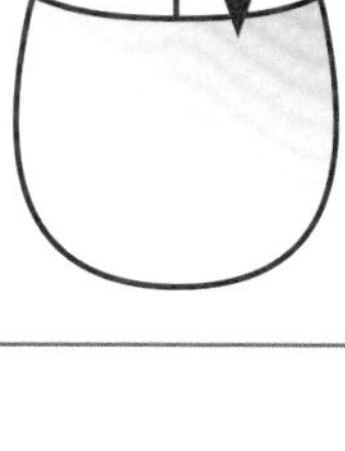

② 利用する主なキー

半角／全角キー

半角／全角／漢字

日本語入力と英語入力を切り替えます。

ファンクションキー

F1 ～ F12

12個のキーには、ソフトごとによく使う機能が登録されています。

デリートキー

Delete

文字を消すときに使います。「del」と表示されている場合もあります。

文字キー

文字を入力します。

バックスペースキー

Back Space

入力位置を示すポインターの直前の文字を1文字削除します。

エンターキー

Enter

変換した文字を決定するときや、改行するときに使います。

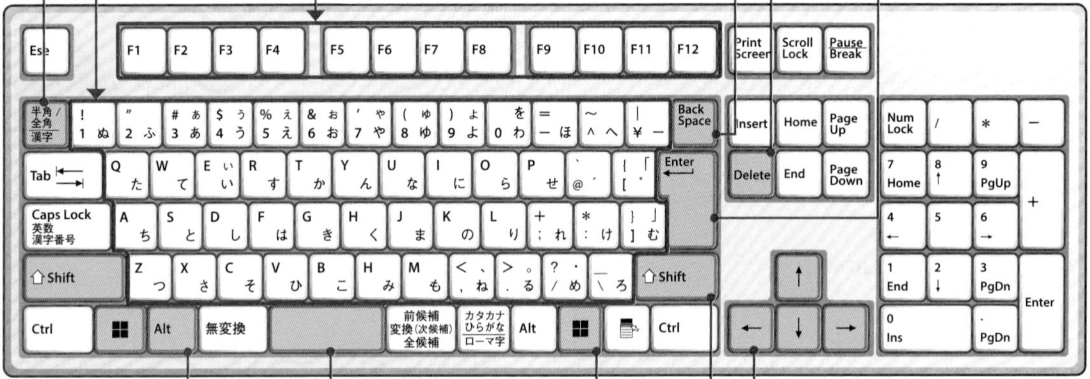

オルトキー

Alt

メニューバーのショートカット項目の選択など、ほかのキーと組み合わせて操作を行います。

Windowsキー

画面を切り替えたり、［スタート］メニューを表示したりするときに使います。

方向キー

文字を入力するときや、位置を移動するときに使います。

スペースキー

ひらがなを漢字に変換したり、空白を入れたりするときに使います。

シフトキー

⇧Shift

文字キーの左上の文字を入力するときは、このキーを使います。

③ タッチ操作

タップ

画面に触れてすぐ離す操作です。ファイルなど何かを選択するときや、決定を行う場合に使用します。マウスでのクリックに当たります。

ダブルタップ

タップを2回繰り返す操作です。各種アプリを起動したり、ファイルやフォルダーなどを開く際に使用します。マウスでのダブルクリックに当たります。

ホールド

画面に触れたまま長押しする操作です。詳細情報を表示するほか、状況に応じたメニューが開きます。マウスでの右クリックに当たります。

ドラッグ

操作対象をホールドしたまま、画面の上を指でなぞり上下左右に移動します。目的の操作が完了したら、画面から指を離します。

スワイプ／スライド

画面の上を指でなぞる操作です。ページのスクロールなどで使用します。

フリック

画面を指で軽く払う操作です。スワイプと混同しやすいので注意しましょう。

ピンチ／ストレッチ

2本の指で対象に触れたまま指を広げたり狭めたりする操作です。拡大（ストレッチ）／縮小（ピンチ）が行えます。

回転

2本の指先を対象の上に置き、そのまま両方の指で同時に右または左方向に回転させる操作です。

Section

01 Windows 11を起動しよう

ここで学ぶこと

- Windowsの起動
- ロック画面
- サインイン

パソコンの**電源ボタン**を押すと、Windows11が起動して**ロック画面**が表示されます。ロックを解除して、**サインイン**するとWindows 11の各種機能やアプリを利用できます。

1 Windows 11を起動する

解説

Windowsの起動

Windows 11を起動するには、パソコンの電源を入れ、ロックを解除し、サインイン画面を表示してサインインを行います。

重要用語

サインイン

サインインは、ユーザー名(メールアドレスなど)とPINやパスワード、顔認証などで身元確認を行い、さまざまな機能やサービスを利用できるようにすることです。Windows 11は、23ページの手順5の画面でサインインを行うことで利用できます。

1 電源ボタンを押します。

2 しばらくするとWindowsのロゴが表示され、

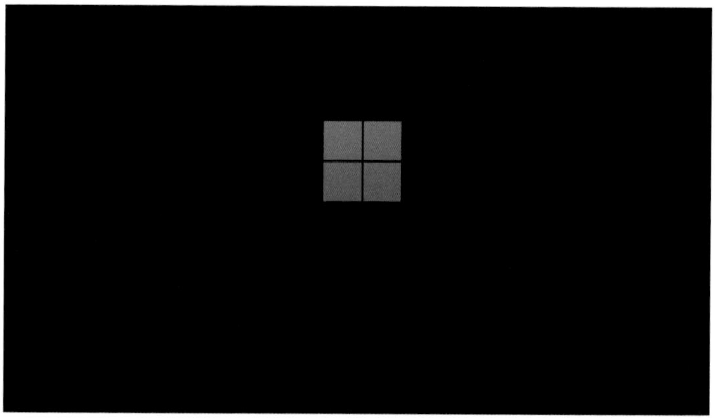

補足

ライセンス条項が表示された場合は

パソコン購入直後に電源を入れた場合など、Windows 11をはじめて起動したときにライセンス契約に関する画面が表示された場合は、292ページを参考に初期設定を行ってください。

重要用語

ロック画面

ロック画面とは、パソコンを一時的に操作できないようにするための画面です。Windows 11では、通常、起動直後にロック画面が表示されます。

ヒント

タッチ操作でロック画面を解除する

タッチ操作でロック画面を解除するには、画面を下から上にスライドします。

補足

サインインの方法について

サインインの優先順位は、顔認識→指紋認識→PINの順です。これらの設定は初期設定時に行います。

3 ロック画面が表示されます。

4 何かキーを押すか、画面内でクリックすると、

5 ロックが解除されて、サインイン画面が表示されます。

6 PINまたはパスワード(ここでは、[PIN])を入力します。

7 デスクトップが表示されます。

Section

02 Windows 11の画面構成を知ろう

ここで学ぶこと

・デスクトップ
・タスクバー
・スタートメニュー

デスクトップは、アプリの操作など、Windows 11を操作する上で**すべての起点となる画面**です。画面下に配置されたタスクバーから**スタートメニューを表示**して、**アプリを起動**したり、各種設定を行う「**設定**」を開いたりできます。

1 デスクトップの画面構成

解説

デスクトップ

ここでは、さまざまな作業を行うデスクトップの画面構成を説明しています。デスクトップには、起動中のアプリのウィンドウやスタートメニュー、各種通知などが表示されます。また、画面下には、タスクバーと呼ばれる領域が用意されています。

重要用語

タスクバー

タスクバーは、デスクトップの下に表示される帯状の領域です。タスクバーには、■(［スタート］ボタン)が固定で登録されているほか、検索、タスクビュー、ウィジェット、Copilot、エクスプローラー、Microsoft Edgeなどのボタンも登録されています。また、アプリを起動すると、そのボタンが追加表示されます。なお、タスクバーにあらかじめ登録されているボタンは、利用しているパソコンによって異なります。

スタートメニュー

インストールされたアプリを起動したり、「設定」画面などを表示したりするためのメニューです。■［スタート］ボタンをクリックすると表示されます。

デスクトップ

ウィンドウを表示して、さまざまな作業を行う作業場です。デスクトップに表示されるアイコンの数や種類は、利用するパソコンによって異なります。

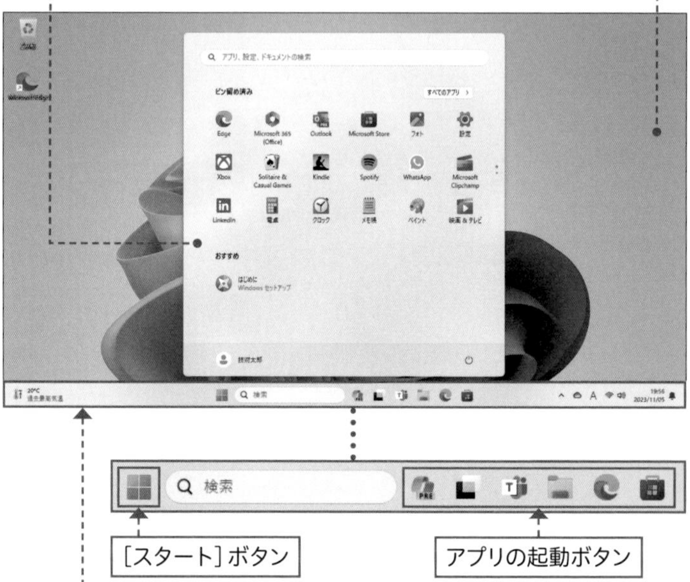

タスクバー

「スタート」ボタンや事前登録されているアプリの起動ボタン（左の「重要用語」参照）、起動中のアプリのボタンなどが表示されます。

② スタートメニューを表示する

重要用語

スタートメニュー

スタートメニューは、タスクバーに配置されている ([スタート]ボタン)をクリックすることで表示されるメニューです。アプリの起動やWindows 11の設定変更などを行えます。スタートメニューを表示すると、ピン留め済みのアプリの一覧が表示されます。[すべてのアプリ]をクリックすると、インストールされているアプリが一覧表示されます。なお、スタートメニューは、「スタート」画面と呼ばれることもあります。

時短

⊞でスタートメニューを表示する

スタートメニューは、キーボードの⊞を押すことでも表示できます。また、スタートメニュー表示中に再度、⊞を押すかEscを押すとスタートメニューが閉じます。

1 ([スタート]ボタン)をクリックすると、

2 スタートメニューが表示されます。

3 [すべてのアプリ]をクリックすると、

4 Windows 11にインストールされているすべてのアプリが一覧表示されます。

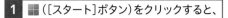

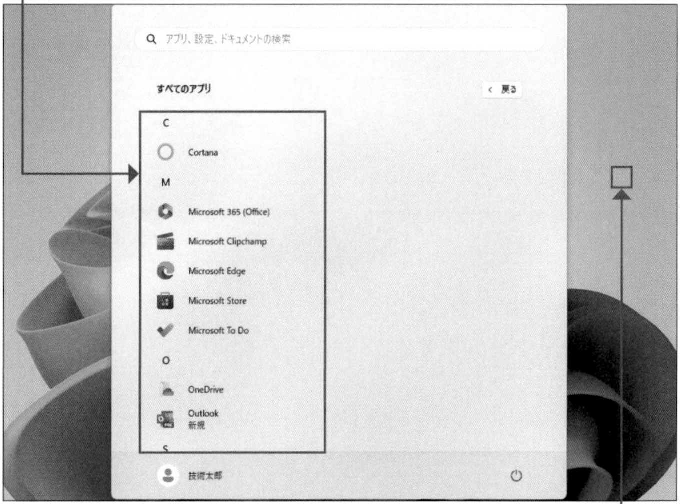

5 一覧のアプリをクリックして起動するか、スタートメニュー以外の場所をクリックすると、スタートメニューが閉じます。

③ 設定を表示する

重要用語

設定

「設定」では、利用しているアプリの設定やWindowsで利用する機器などに関する設定、スタートメニューやデスクトップの背景などに関する設定など、Windows 11に関するさまざまな設定を行えます。

補足

「ホーム」について

「設定」を開いたときに最初に表示されるのが「ホーム」です。「ホーム」は、推奨の設定やクラウドストレージ(OneDrive)、Bluetoothデバイスの追加と削除、Windowsのカラーモードなどの設定を行えます。この画面は、ウィンドウサイズによって見え方が異なります。

ヒント

検索ボックスを利用する

Windows 11には非常に多くの設定項目があります。目的の設定項目が見つからないときは、設定の検索ボックスやタスクバーの検索を利用して目的の設定項目を探すことができます。

1 ([スタート]ボタン)をクリックすると、

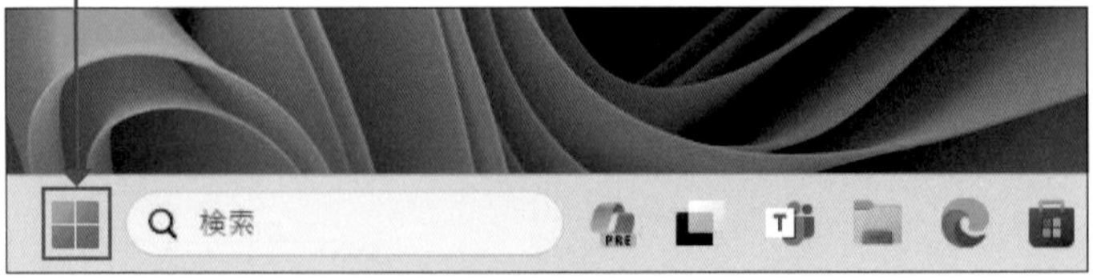

2 スタートメニューが表示されます。

3 [設定]をクリックすると、

4 「設定」が開きます。

左の「ヒント」参照

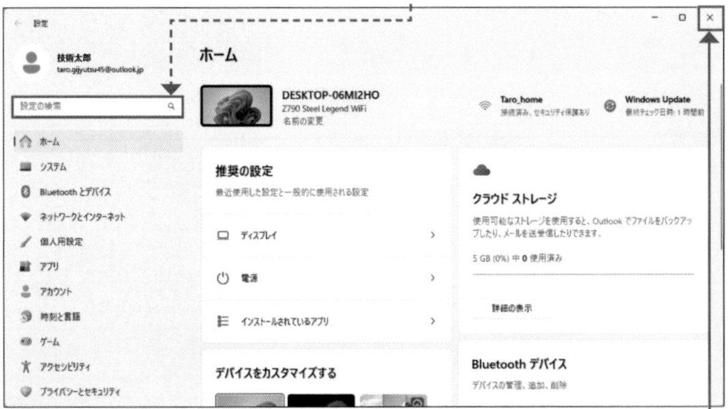

5 「設定」を閉じるときは、×をクリックします。

4 通知を表示する

重要用語

通知

Windows 11 では、メールやチャットの新着メッセージやWindowsからのお知らせ、指定したアプリからのお知らせなどを画面右下に通知する機能を備えています。これらの通知は、右の手順で確認できます。

補足

未読の通知があるときのアイコン

未読の通知があるときは、手順1の日付右横に🔔のアイコンが表示されます。また、右の手順で通知センターを表示すると、通知が既読になり🔔のアイコンに変わります。

ヒント

タッチ操作で表示する

タッチ操作でカレンダーと通知センターを表示したいときは、右端の外側から内側（左側）に向けてスワイプします。

1 画面下の日付をクリックすると、

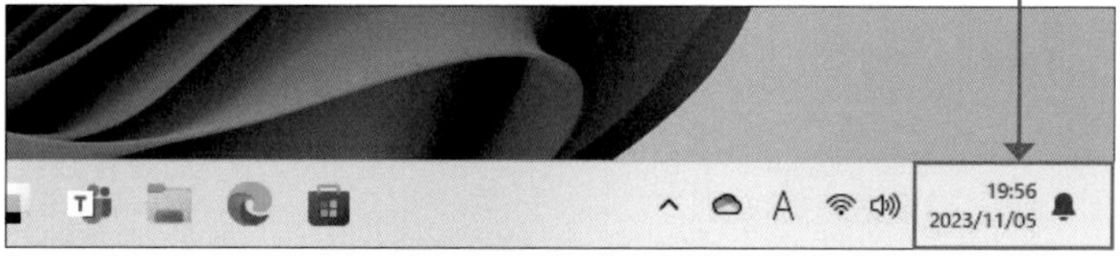

2 カレンダーと通知センターが表示されます。

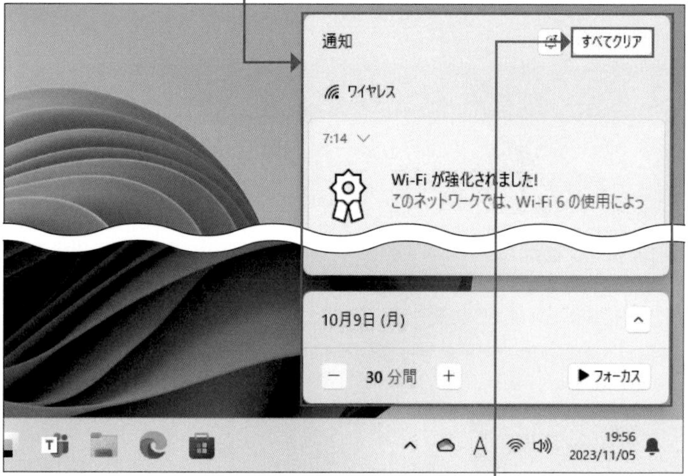

3 通知センターの［すべてクリア］をクリックすると、

4 通知センターの履歴がクリアされます。

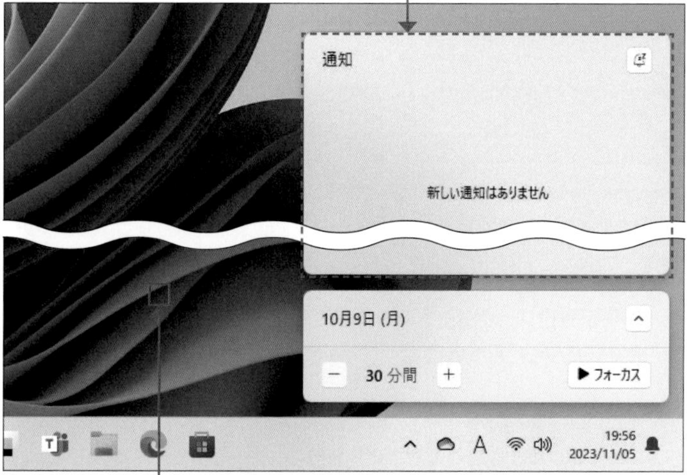

5 カレンダーと通知センター以外の場所をクリックすると、カレンダーと通知センターの両方が閉じます。

Section
03 Windows 11の作業を中断しよう

ここで学ぶこと

・スリープ
・復帰
・ロック

作業を一定時間以上、中断したいときは、パソコンを**スリープ**させておきましょう。スリープ中のパソコンは、電力をほとんど消費しないだけでなく、**作業の再開も短時間**で行えます。

1 パソコンをスリープする

解説

スリープとは

スリープは、パソコンの動作を一時的に停止し、節電状態で待機させる機能です。完全に電源を切るシャットダウンよりも消費電力は多くなりますが、停止状態になるまでの時間が短く、再開時の復帰時間も短くなるというメリットがあります。右の手順では、スタートメニューからパソコンをスリープする手順を紹介しています。

ヒント

ノートパソコンの場合は

ノートパソコンは本体を閉じる（ディスプレイを閉じる）、または電源ボタンを押すと、自動的にスリープ状態になるように設定されていることが一般的です。

1 ■（［スタート］ボタン）をクリックし、

2 スタートメニューを表示します。

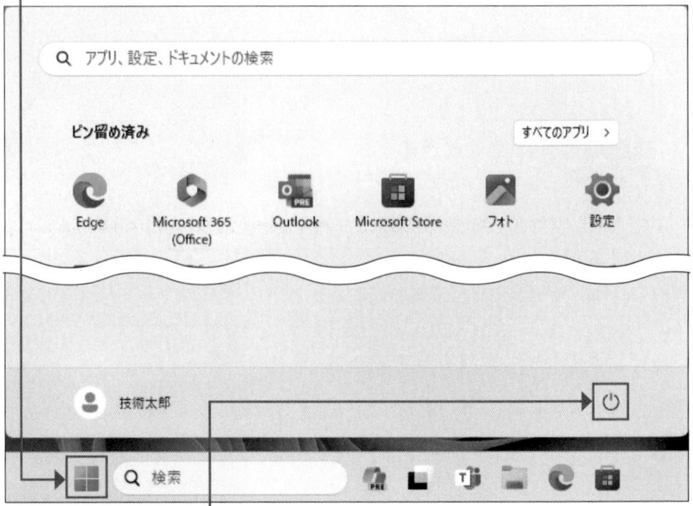

3 ⏻をクリックし、

4 ［スリープ］をクリックします。

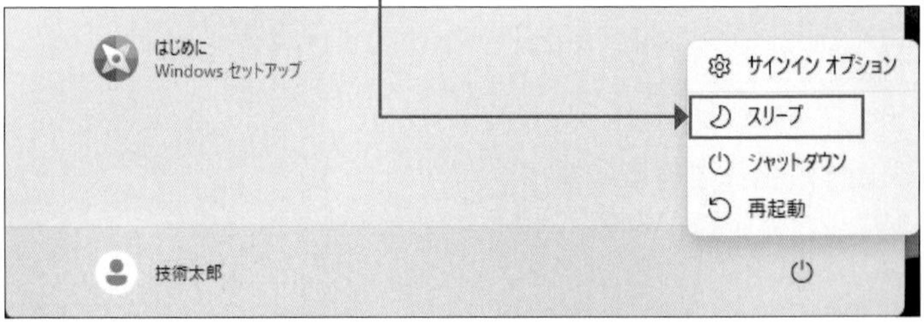

5 画面が暗くなり、パソコンがスリープ状態になります。

② スリープから復帰して作業を再開する

解説

スリープから復帰する

スリープから復帰するときは、電源ボタン（デスクトップパソコンまたはタブレットの場合）を押すか、ディスプレイを開く（ノートパソコンの場合）ことで行います。

補足

マウスやキーボードで復帰する

デスクトップパソコンやディスプレイを開いた状態のままでスリープしたノートパソコンは、マウスを動かしたり、キーボードを押すことでスリープから復帰できる場合があります。この設定は、利用しているパソコンによって異なります。

1 デスクトップパソコンまたはタブレットの場合は、電源ボタンを押します。

2 ノートパソコンの場合はディスプレイを開きます。

3 ロック画面が表示されます。23ページの手順でサインインします。

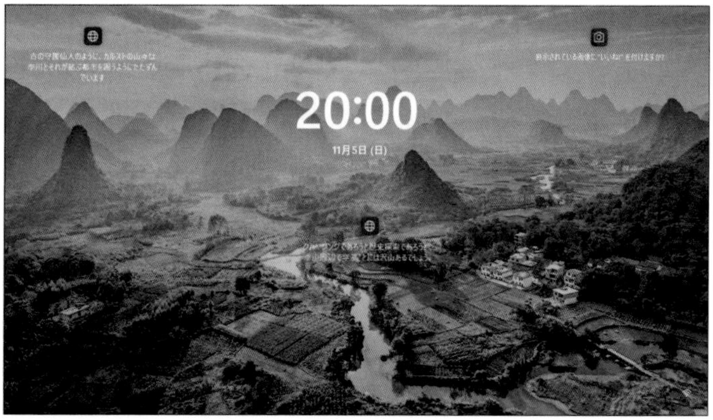

Section

04 Windows 11を終了しよう

ここで学ぶこと

- シャットダウン
- 強制切断
- Windows 11の終了

起動していたアプリをすべて終了し、Windows 11を終了させてパソコンの電源を切断することを**シャットダウン**といいます。パソコンを長時間使用しないときは、シャットダウンしましょう。

1 パソコンをシャットダウンする

解説

パソコンをシャットダウンする

シャットダウンは、起動していたアプリをすべて終了させて、パソコンの電源を切る操作です。パソコンをシャットダウンするときは、右の手順で行います。

ヒント

スリープとシャットダウンの使い分け

スリープは、すぐに作業が再開できるようにパソコンを節電状態にして待機していましたが、シャットダウンでは電源を完全に切断します。パソコンを長期間使用しないときはシャットダウン、比較的短時間で作業を再開したいときはスリープと使い分けるのがお勧めです。

1 ([スタート]ボタン)をクリックすると、

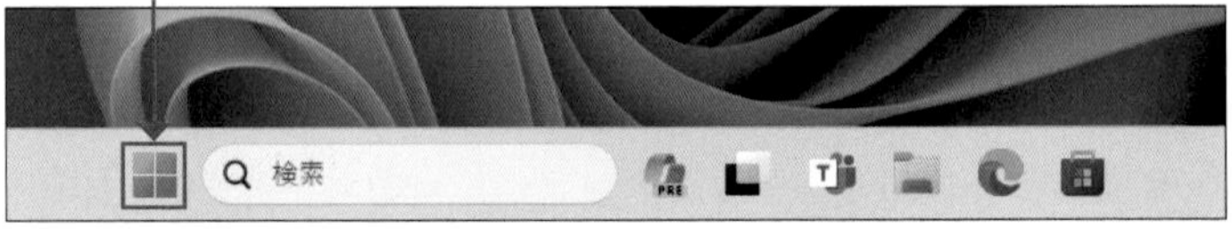

2 スタートメニューが表示されるので、

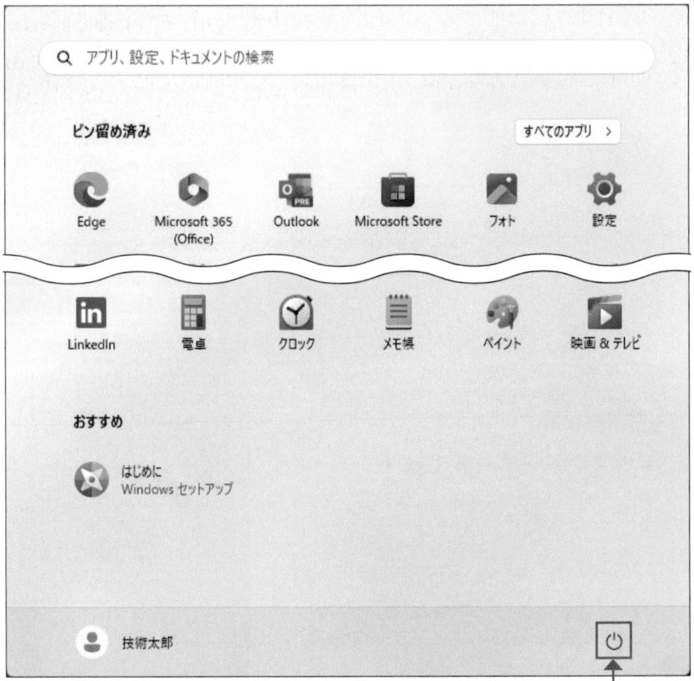

3 をクリックします。

補足

サインイン画面から終了する

シャットダウンは、サインイン画面からも行えます。サインイン画面からシャットダウンするときは、画面右下隅の をクリックし、<シャットダウン>をクリックします。

4 [シャットダウン]をクリックします。

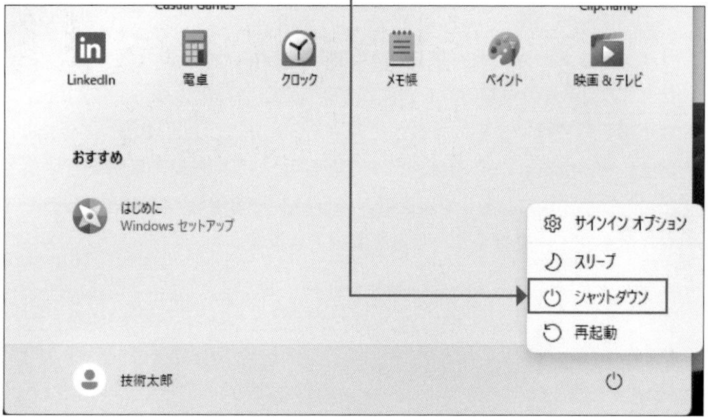

5 Windowsの終了処理が行われ、自動的に電源が切れます。

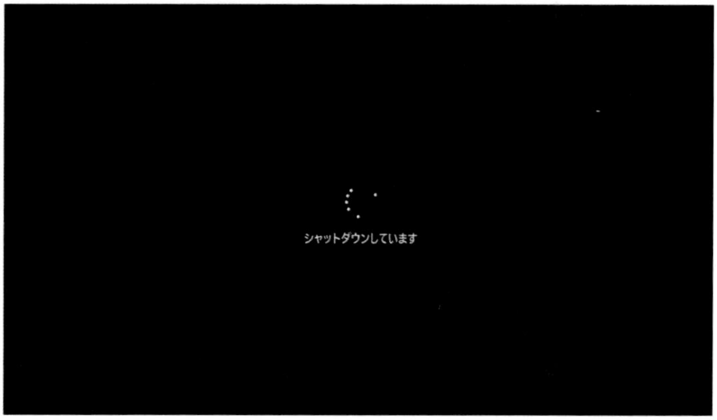

ヒント

パソコンの電源を強制切断したい

電源ボタンを長押しすると、一般的なパソコンでは、電源の強制切断が行えます。電源投入後、いくら待ってもWindows 11が起動しないときや起動中の画面から固まって動かないときはこの方法を試してみてください。また、パソコンによっては、電源ボタンを長押しすることによってパソコンを強制的に起動できる場合もあります。電源ボタンを短時間押しただけではパソコンが起動しない場合などに長押しを試してみてください。

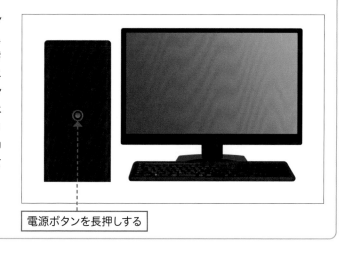

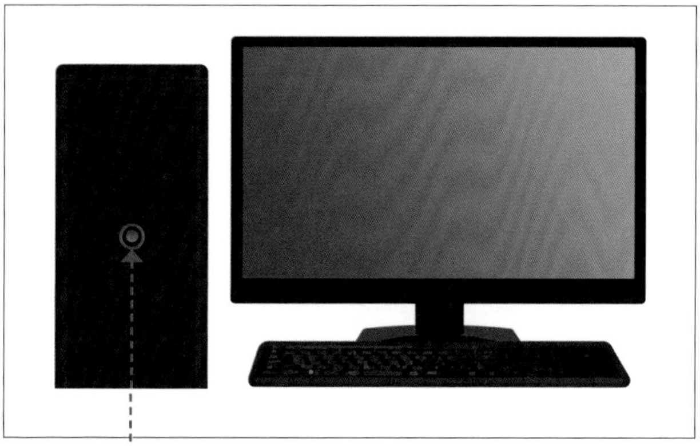

電源ボタンを長押しする

応用技 Windows 11からサインアウトする

サインアウトとは、退出するという意味を持ち、別のアカウントでWindows 11を利用したいときなどに利用します。たとえば、1台のパソコンを子供用と親用の2つのアカウントで利用しているときなどで利用します。サインアウトは、以下の手順で行います。なお、サインアウトを行うと、使用していたすべてのアプリが終了し、ロック画面が表示されます。Windows 11を再度利用するときは、23ページの手順でサインイン画面を表示し、サインインを行います。また、1台のパソコンを2つ以上のアカウントで利用しているときは、サインイン画面の左下にユーザーリストが表示され、サインインを行うユーザーを選択できます。

1 ([スタート]ボタン)をクリックすると、

2 スタートメニューが表示されるので、

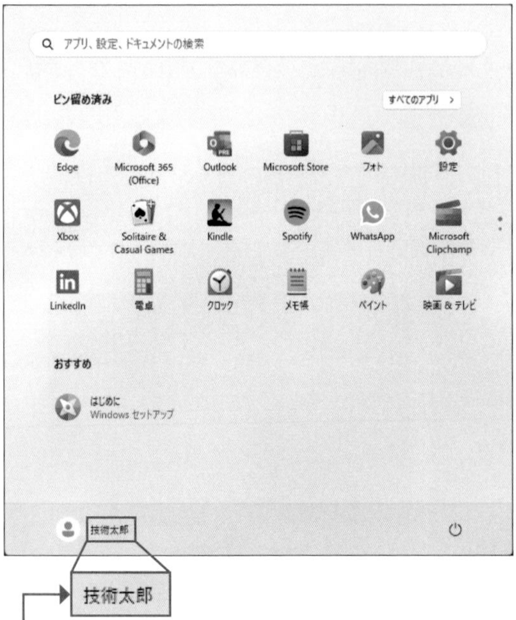

3 サインイン中のユーザー名(ここでは[技術太郎])をクリックします。

4 [サインアウト]をクリックします。

5 サインアウト処理が行われ、ロック画面が表示されます。

第 2 章

Windows 11の基本をマスターしよう

Section

05 アプリを起動しよう

ここで学ぶこと

- アプリ
- スタートメニュー
- 検索

Windows 11でWebページを閲覧したり、メールや写真などを楽しんだりするには、スタートメニューから**目的のアプリを選択して起動**します。目的のアプリが見つからない場合は、**検索**を利用してアプリを起動することもできます。

1 スタートメニューからアプリを起動する

解説

アプリを起動する

Windows 11にインストールされているアプリは、スタートメニューから起動できます。右の手順では、「メモ帳」を例にアプリの起動方法を説明しています。

重要用語

アプリとは

アプリは、文書や表の作成といった特定の作業を行うことのできるソフトウェアです。アプリには、Windows 11に標準で備わっているもののほか、追加でインストールできるものがあります。

ヒント

メニューをスクロールする

スタートメニューの右側の ⋮ の上にマウスポインターを移動すると、▼が表示されます。これをクリックすると、画面をスクロールできます。

1 ([スタート]ボタン)をクリックし、

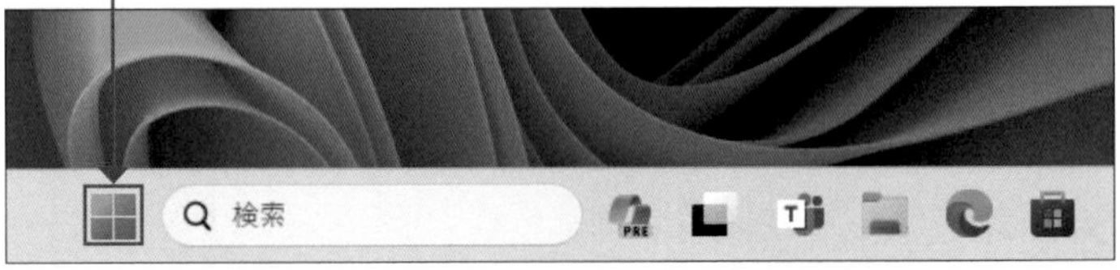

2 アプリのアイコン(ここでは[メモ帳])をクリックします。

次ページの「補足」参照

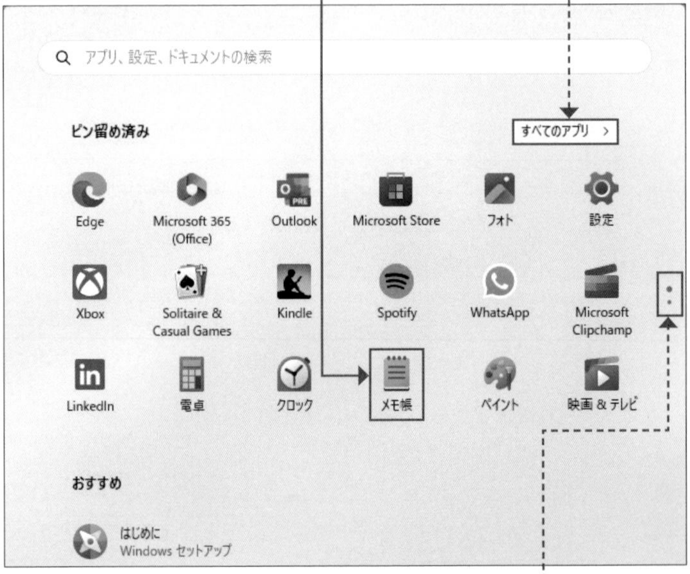

左の「ヒント」参照

補足

起動したいアプリが見つからないときは

スタートメニューを表示すると、最初にピン留め済みアプリの一覧が表示されます。ここに起動したいアプリがないときは、[すべてのアプリ]をクリックするとインストール済みアプリの一覧が表示され、ここから起動したいアプリを探すことができます。

3 「メモ帳」が起動します。

2 タスクバーのボタンからアプリを起動する

解説

タスクバーからアプリを起動する

タスクバーにアプリのボタンを配置することを「ピン留め」と呼び、ピン留めされたアプリのボタンは、そのアプリの起動用ボタンとして利用できます。通常は、「エクスプローラー」、「Microsoft Edge」、「Microsoft Store（ストア）」などのアプリのみがピン留めされていますが、利用頻度の高いアプリを手動でピン留めすることもできます（44ページ参照）。

1 タスクバーのボタン（ここでは[Microsoft Edge]）をクリックすると、

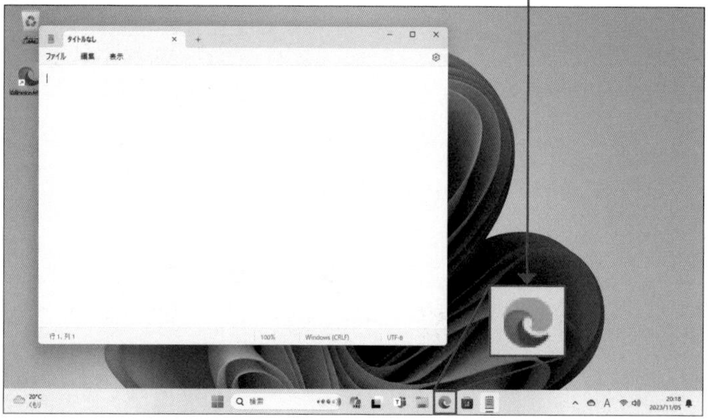

2 そのアプリ（ここでは「Microsoft Edge」）が起動します。

③ アプリを検索して起動する

解説

アプリの検索

スタートメニューで目的のアプリが見つからないときは、検索を利用してアプリを探します。アプリの検索は、右の手順で行います。ここでは、タスクバーから検索画面を表示してアプリを検索していますが、検索画面はスタートメニューから表示することもできます（37ページの「応用技」参照）。

補足

メニューを展開する

検索結果の画面に ∨ （[アクションリストを展開、表示します]）が表示されているときは、未表示のアクションリストがあります。∨ をクリックすると、これが展開され、追加のアクションが表示されます。

ヒント

検索対象

手順4の検索結果の画面で[アプリ]をクリックすると、検索結果をアプリのみに絞り込むことができます。

1 タスクバーの検索ボックスをクリックします。

2 検索画面が表示されます。

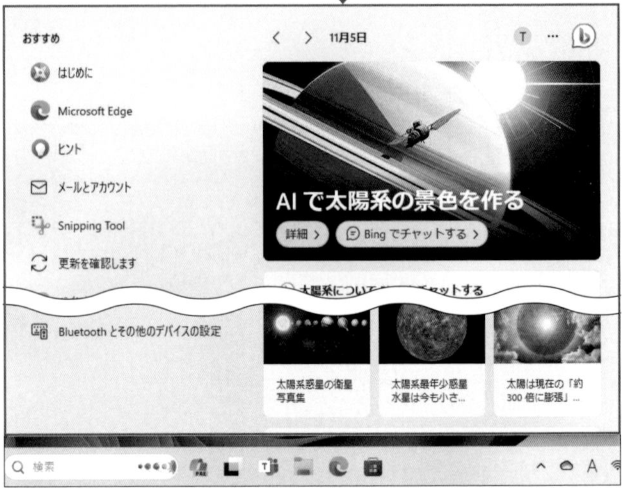

3 検索ボックスにキーワード（ここでは[メモ帳]）を入力すると、

左の「ヒント」参照

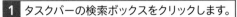

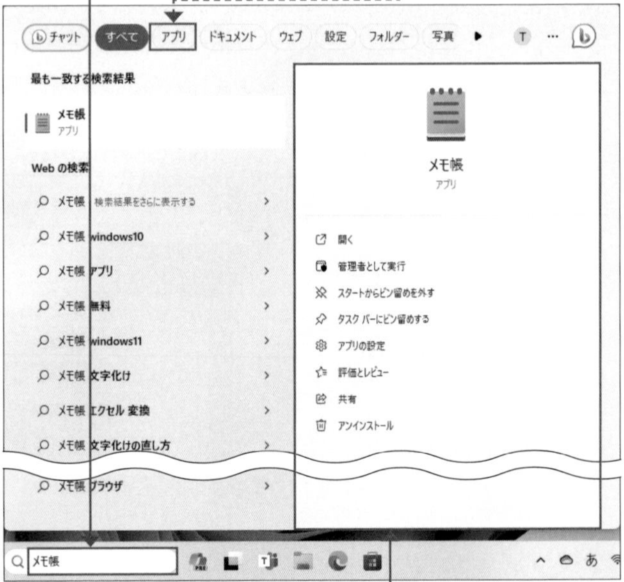

4 検索画面に検索結果が表示されます。

時短

検索キーワード

Windows 11の検索では、キーワードの一部を入力するだけで検索結果を表示します。このため目的のアプリの名称すべてを入力しなくても、わかっている一部を入力するだけで目的のアプリを発見できる場合があります。

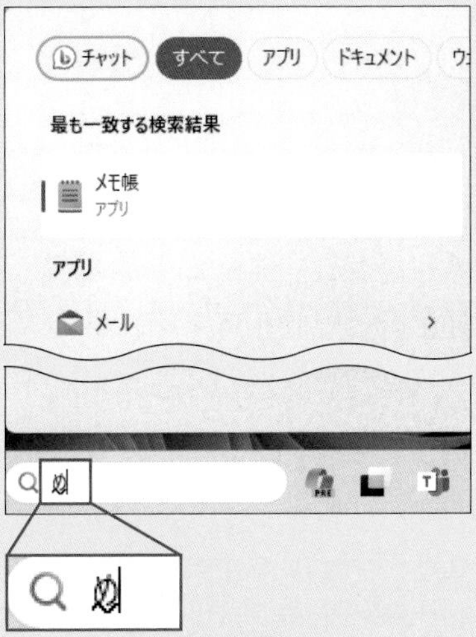

5 検索結果のアプリ名をクリックするか、[開く]または[管理者として実行]をクリックすると、

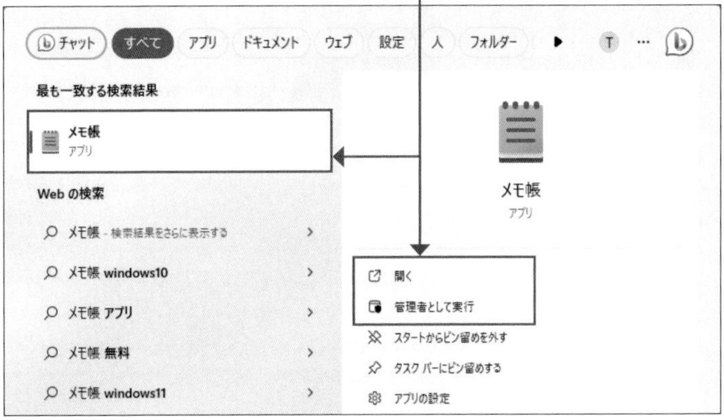

6 アプリ(ここでは「メモ帳」)が起動します。

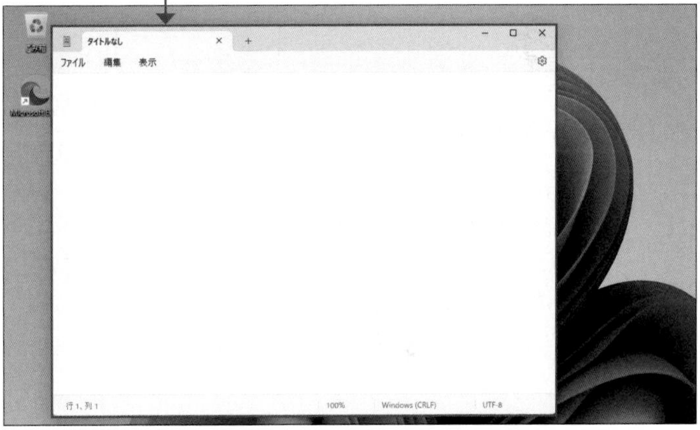

応用技 スタートメニューから検索する

検索画面は、スタートメニューから表示することもできます。スタートメニューから検索画面を表示したいときは、スタートメニューの上部の検索ボックスをクリックすると、検索画面に切り替わります。

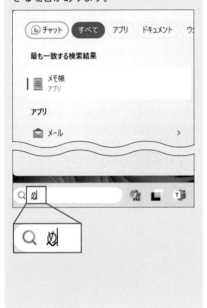

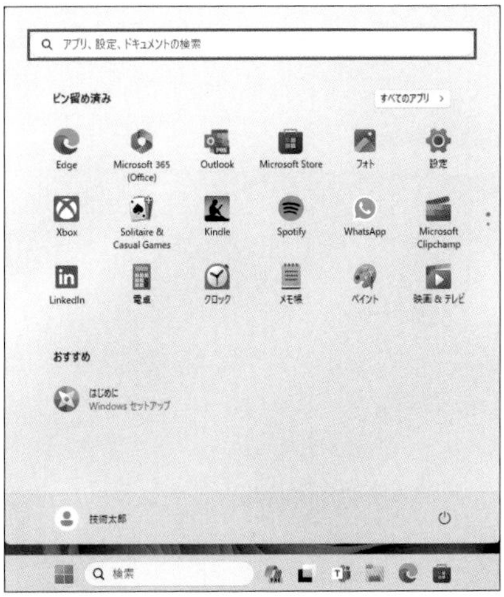

Section

06 スナップレイアウトでウィンドウを操作しよう

ここで学ぶこと

・ウィンドウの均等配置
・ウィンドウサイズ変更
・スナップレイアウト

デスクトップでは、アプリごとに表示される**ウィンドウ**を切り替えながら作業します。**スナップレイアウト**を利用すると、アプリのウィンドウをかんたんな操作で整列して表示できます。

1 スナップレイアウトでウィンドウを配置する

解説

スナップレイアウトの活用

スナップレイアウトは、レイアウトメニューからアプリのウィンドウを配置する機能です。右の手順では、2つのアプリのウィンドウを利用しているときを例に、スナップレイアウトでアプリのウィンドウを左右に均等配置しています。

補足

配置レイアウトの種類

スナップレイアウトで表示される配置レイアウトの種類は、利用しているパソコンのディスプレイの解像度や大きさなどによって異なります。たとえば、右の手順では、4種類の配置レイアウトが表示されていますが、パソコンによっては、6種類以上の配置レイアウトが表示される場合があります。

1 ウィンドウの□にマウスポインターを置くと、

2 スナップレイアウトが表示されます。

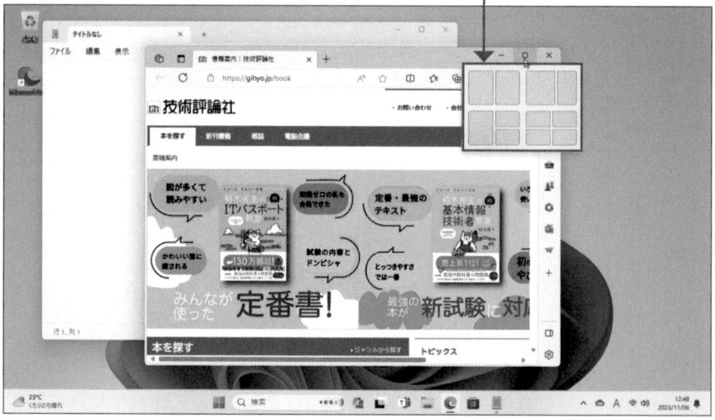

3 表示された配置レイアウトの中から、ウィンドウの配置位置をクリックして選択します。

4 選択した位置に収まるようにウィンドウサイズが変更されてアプリが配置されます。

5 2つ以上のアプリを起動しているときは、残りの画面領域が配置レイアウトにもとづいて分割表示され、残りのアプリのサムネイルが表示されます。

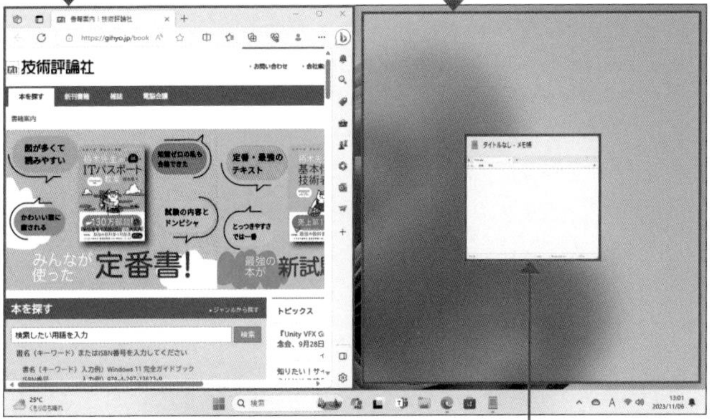

6 その位置に配置したいアプリをクリックして選択します。

7 選択した位置に収まるようにウィンドウサイズが変更されて選択したアプリが配置されます。

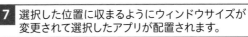

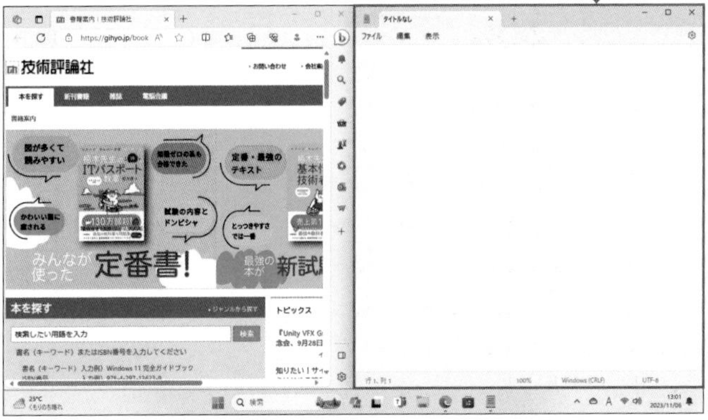

ヒント

選択したアプリが表示されない

手順6でアプリのアイコン以外の場所をクリックすると、その場所にウィンドウを配置しません。間違えてアイコン以外の場所をクリックしたときは、再度、スナップレイアウトを表示し、配置をやり直してください。

補足

そのほかのウィンドウの操作

ウィンドウのタイトルバーの何もないところをドラッグすると、ウィンドウを目的の位置に移動できます。また、ウィンドウを任意のサイズに変更したいときは、ウィンドウの左右の辺または上下の辺、四隅のいずれかをドラッグします。左右の辺をドラッグすると幅が変更できます。上下の辺をドラッグすると高さを変更できます。

補足

ウィンドウを最大化する

ウィンドウの□は、マウスポインターを置くとスナップレイアウトを表示しますが、クリックするとウィンドウを最大化します。また、ウィンドウを最大化した状態で再度クリックすると、最大化前のウィンドウサイズに戻ります。

② タッチ操作やドラッグ操作でウィンドウをスナップする

解説

ドラッグ操作でスナップレイアウトを表示する

スナップレイアウトは、ウィンドウを画面上部にドラッグすることでも表示できます。この操作は、マウスやタッチパッドのドラッグ操作だけでなく、タッチ操作でスナップレイアウトを利用したいときにも利用できます。

1 ウィンドウをドラッグして動かすと、

2 画面上部にバーが表示されるので、

3 そのバーに重なるようにウィンドウをドラッグします。

4 スナップレイアウトが表示されます。

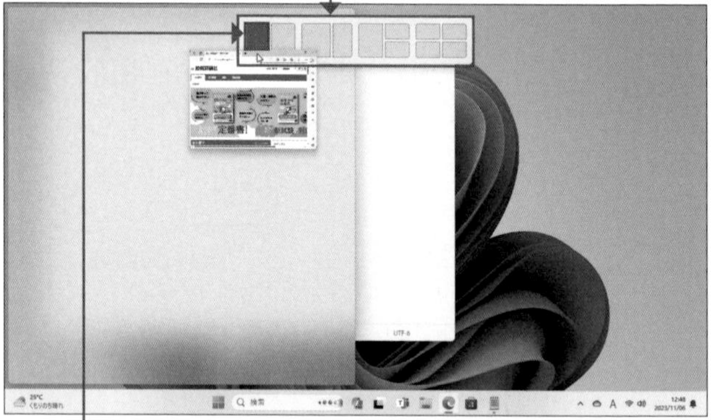

5 表示された配置レイアウトの中から、配置したい場所でマウスを離します（ドロップします）。

6 選択した位置に収まるようにウィンドウサイズが変更されてアプリが配置されます。

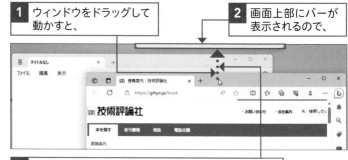

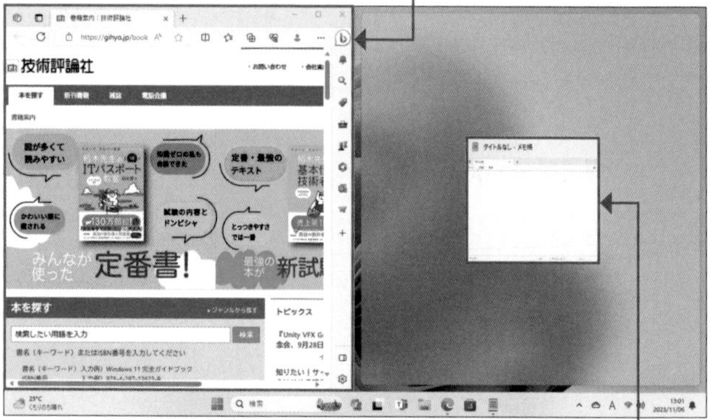

7 2つ以上のアプリを起動しているときは、残りの画面領域が配置レイアウトにもとづいて分割表示され、残りのアプリのサムネイルが表示されます。

8 その位置に配置したいアプリをクリックして選択します。

応用技

ウィンドウを左右にスナップする

ウィンドウを画面の右端や左端いっぱいまでドラッグすると、画面の右半分や左半分にそのウィンドウを表示できます。また、上端いっぱいにまでドラッグするとそのウィンドウを全画面表示できるほか、画面の4隅の方向にドラッグするとアプリのウィンドウを画面の4分の1のサイズで表示できます。

ヒント

スナップレイアウトの設定

スナップレイアウトのオン／オフなどの設定は、「設定」を開き（26ページ参照）、[システム]→[マルチタスク]→[ウィンドウのスナップ]とクリックすることで行えます。

9 選択した位置に収まるようにウィンドウサイズが変更されて選択したアプリが配置されます。

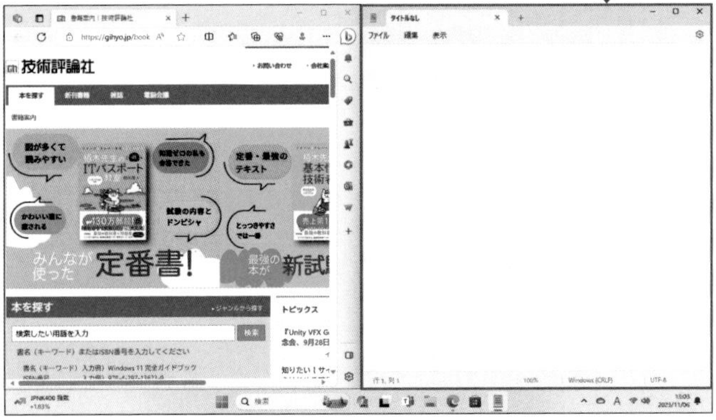

応用技 スナップグループを活用する

スナップレイアウトで配置されたウィンドウは、グループ管理されています。これをスナップグループと呼び、ウィンドウの切り替えはスナップグループ単位で行うこともできます。たとえば、スナップレイアウトで配置したウィンドウとは別のウィンドウを全画面で利用している場合に、全画面のウィンドウとの切り替えにスナップグループを利用できます。スナップグループを利用したウィンドウの切り替えは、タスクバーに表示されているアプリのボタンから行います。ここでは、Microsoft Edgeとメモ帳、Microsoft Storeの3つのアプリのウィンドウをスナップレイアウトで配置してグループ化し、エクスプローラーを全画面のウィンドウで利用している場合を例に、スナップグループでウィンドウを切り替える方法を説明します。

1 タスクバーにあるスナップレイアウトでグループ化しているアプリのボタン（ここでは[Microsoft Edge]）の上にマウスポインターを置くと、

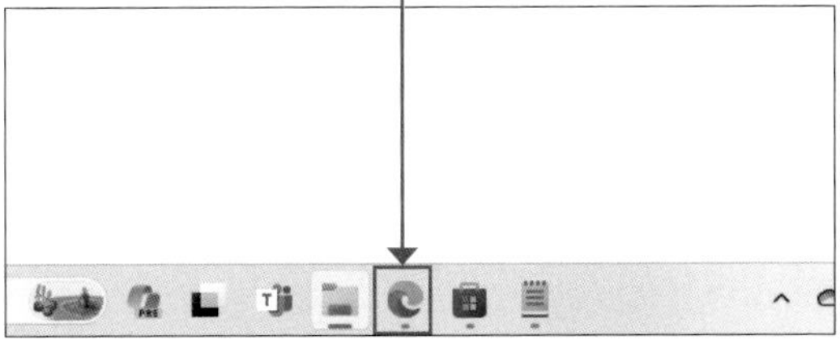

2 サムネイルアイコンが表示されます。

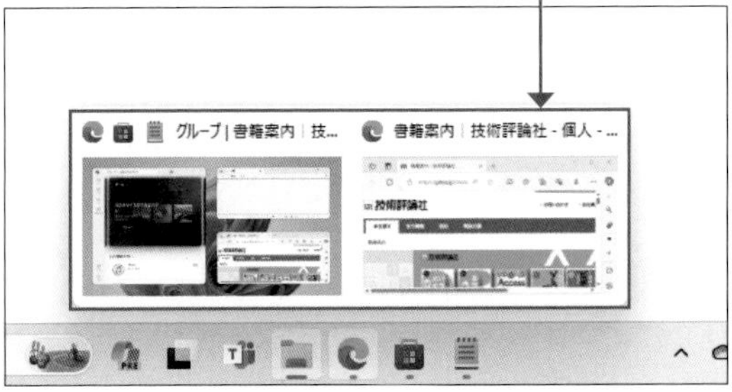

3 [グループ]と書かれたアイコンをクリックすると、

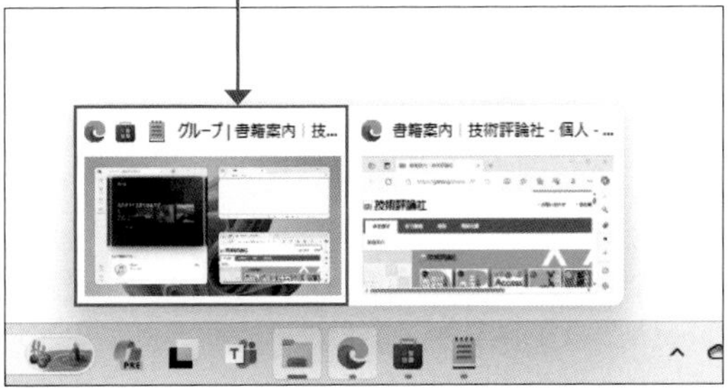

4 スナップレイアウトでグループ化したウィンドウに切り替わります。

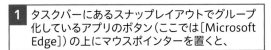

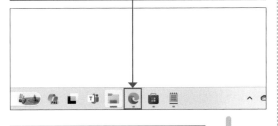

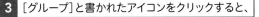

Section

07 タスクビューを利用しよう

ここで学ぶこと

・タスクビュー
・アクティブウィンドウ
・仮想デスクトップ

複数のアプリを同時に起動すると、デスクトップにウィンドウが所狭しと表示され、作業効率が低下します。たくさんのアプリを起動していてもタスクビューを利用すれば、かんたんに**アクティブウィンドウを切り替え**られます。

1 タスクビューでアクティブウィンドウを切り替える

解説

タスクビューを利用する

タスクビューでは、利用中のアプリをサムネイルで一覧表示したり、仮想デスクトップ（43ページ参照）の作成や利用中の仮想デスクトップの切り替えを行ったりできます。右の手順では、タスクビューを表示して、アクティブウィンドウを切り替える方法を説明しています。

応用技

ショートカットキーで アプリを切り替える

Alt を押しながら Tab を押すと、利用中のアプリがサムネイルで一覧表示され、続けて Tab を押すごとに対象を示す枠が移動します。目的のアプリで Alt キーから指を離すか、アプリのサムネイルをクリックすると、アクティブウィンドウがそのアプリに切り替わります。

1 ■ をクリックします。

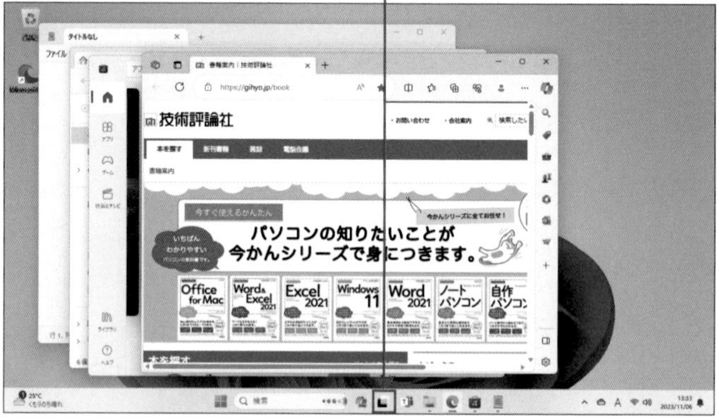

2 タスクビューが表示され、利用中のアプリがサムネイルで一覧表示されます。

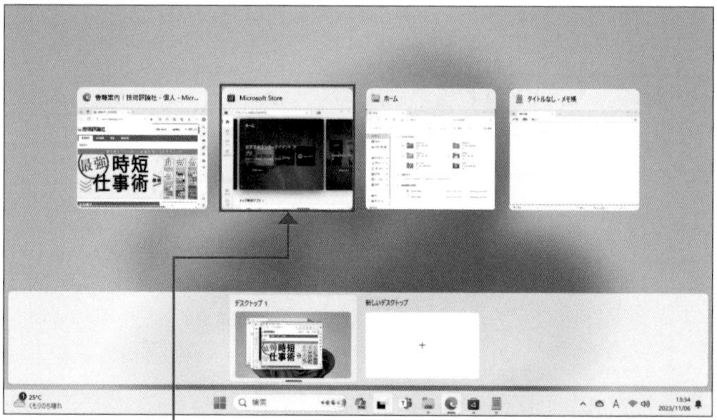

3 サムネイル（ここでは［Microsoft Store］）をクリックすると、

補足

デスクトップに戻る

タスクビューの表示からデスクトップに戻りたいときは、再度 をクリックするか、Escを押します。また、サムネイルが表示されていない場所をクリックしてもデスクトップに戻ります。

4 手順3でクリックしたアプリが最前面に表示されてアクティブウィンドウが切り替わります。

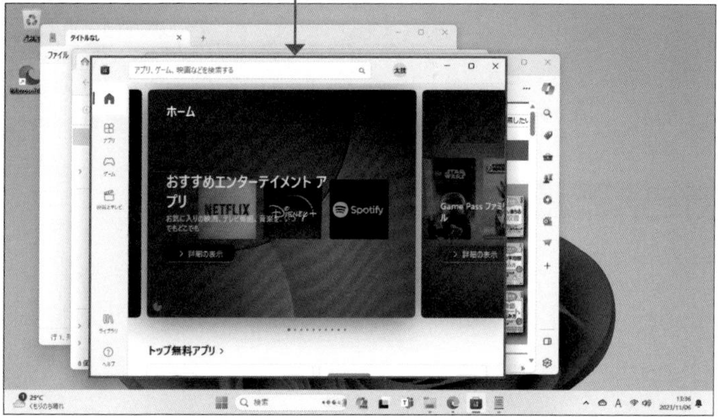

応用技 仮想デスクトップを利用する

仮想デスクトップは、複数のデスクトップを作成し、それぞれで異なるアプリを利用したり、共通のアプリとウィンドウを利用したりできる機能です。仮想デスクトップは利用するアプリを整理でき、画面サイズが小さいノートパソコンなどでもアプリを効率よく利用できます。仮想デスクトップは以下の手順で利用できます。

1 をクリックしてタスクビューを表示します。

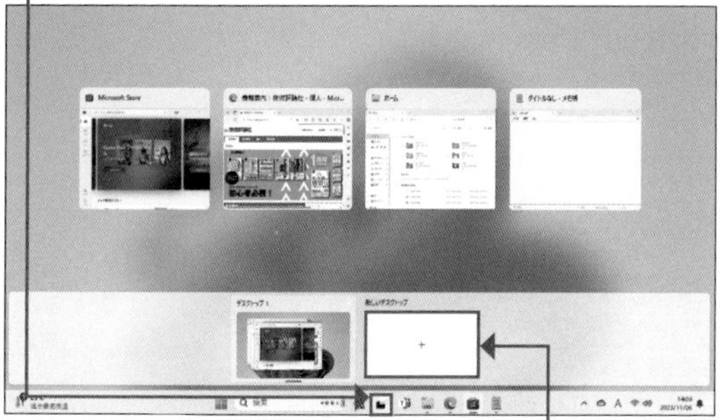

2 [新しいデスクトップ]をクリックします。

3 新しいデスクトップ（ここでは、[デスクトップ2]）が作成されるので、作成されたデスクトップをクリックします。

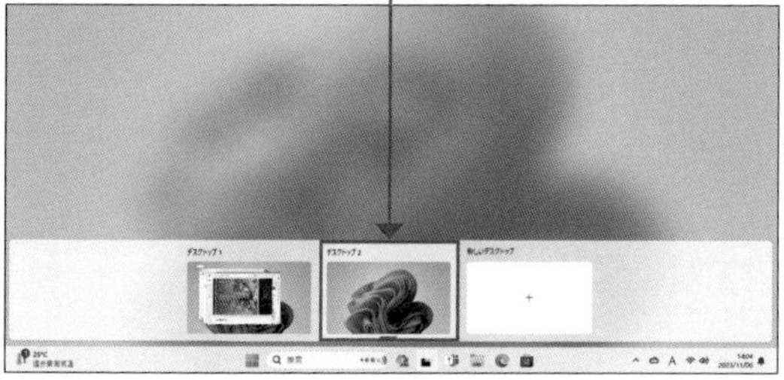

4 新しいデスクトップが表示され、アプリを起動できます。

5 をクリックしてタスクビューを表示し、

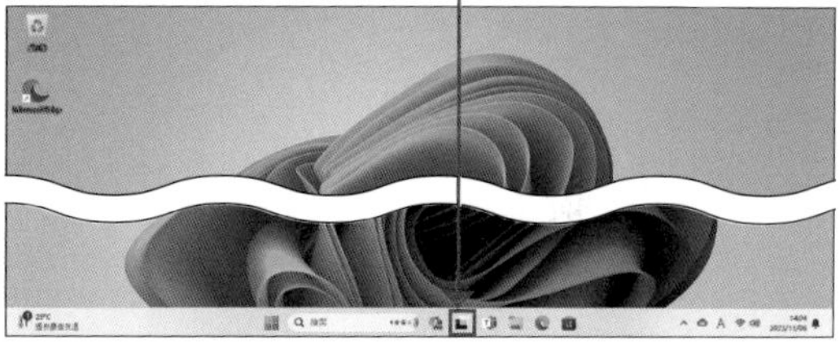

6 利用したいデスクトップを切り替えたいときは、目的のデスクトップ（ここでは[デスクトップ1]）をクリックします。

7 をクリックすると、その仮想デスクトップを終了でき、そこで利用中だったアプリは1つ前の仮想デスクトップに自動的に移動します。

Section

08 よく使うアプリをピン留めしよう

ここで学ぶこと

・ピン留め
・タスクバー
・スタートメニュー

アプリは、タスクバーやスタートメニューに**ピン留め**できます。タスクバーにピン留めすると、タスクバーから目的のアプリをすばやく起動できます。スタートメニューにピン留めすると、「**ピン留め済み」にアプリのボタンが表示**されます。

1 アプリをタスクバーにピン留めする

解説

アプリをピン留めする

ピン留めとは、あらかじめ決められた場所(タスクバーやスタートメニュー)にアプリを表示する機能です。アプリのピン留めは、スタートメニューから行えます。右の手順では、「メディアプレーヤー」アプリを例にタスクバーにアプリをピン留めする方法を説明しています。

補足

タスクバーにピン留めする

アプリをタスクバーにピン留めしたいときは、スタートメニューの「ピン留め済み」の画面からも行えます。ピン留め済みから行うときも、右の手順同様にアプリを右クリックして表示されるメニューから行います。

1 (［スタート］ボタン)をクリックし、

2 ［すべてのアプリ］をクリックします。

3 必要に応じて画面をスクロールし、

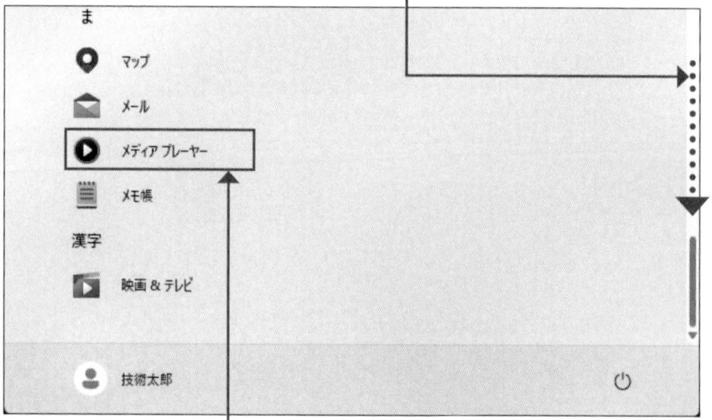

4 ピン留めしたいアプリ(ここでは［メディアプレーヤー］)を右クリックします。

補足

スタートメニューに ピン留めする

ここでは、タスクバーにアプリをピン留めしていますが、手順5で[スタートにピン留めする]をクリックすると、スタートメニューの「ピン留め済み」画面にアプリをピン留めできます。

5 メニューが表示されるので、[詳細]の上にマウスポインターを移動させ、

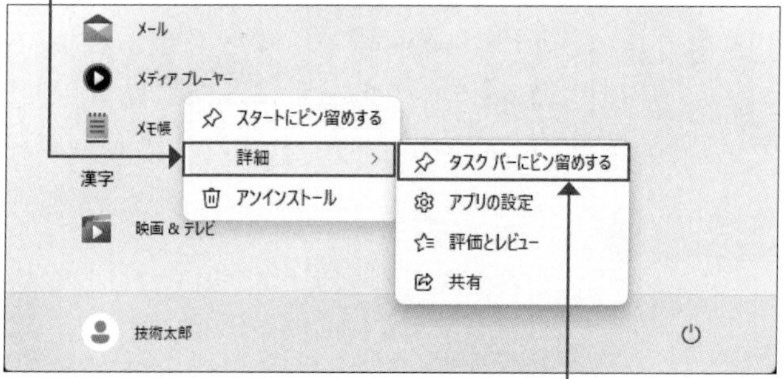

6 [タスクバーにピン留めする]をクリックします。

7 タスクバーにアプリ(ここでは ((「メディアプレーヤー」アプリ))が追加されます。

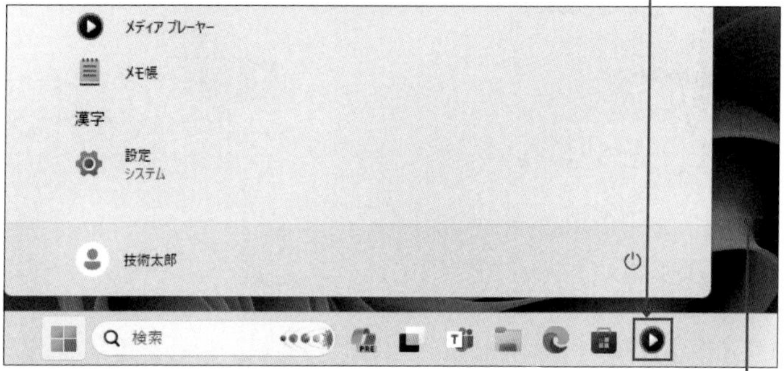

8 スタートメニュー以外の場所をクリックしてスタートメニューを閉じます。

ヒント

ピン留めを外す

アプリのピン留めを外したいときは、ピン留めされたアプリを右クリックし、表示されるメニューから[タスクバーからピン留めを外す]または[スタートからピン留めを外す]をクリックします。

応用技 **起動中のアプリをタスクバーにピン留めする**

アプリのタスクバーへのピン留めは、アプリの起動中に行うこともできます。起動中のアプリをタスクバーにピン留めしたいときは、右の手順で行います。

1 タスクバーに表示されている起動中のアプリ(ここでは「メディアプレーヤー」アプリ)の「ボタン」を右クリックし、

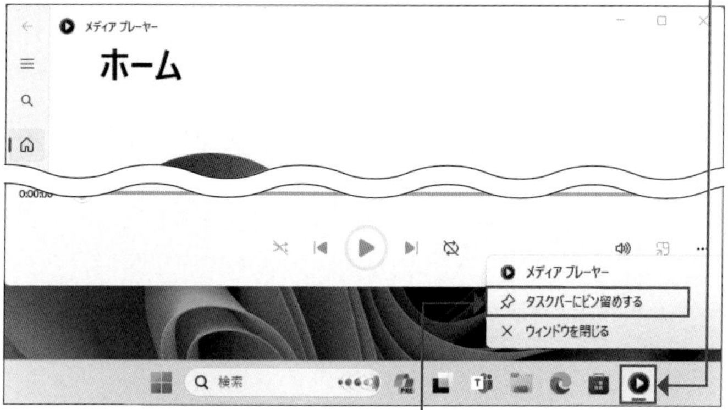

2 [タスクバーにピン留めする]をクリックします。

Section

09 日本語を入力しよう

ここで学ぶこと

- 日本語IME
- 日本語入力の切り替え
- タッチキーボード

日本語の入力を行いたいときは、**日本語IME（Input Method Editor）**と呼ばれるソフトウェアを利用します。日本語IMEをオンにするとキーボードで日本語や全角英数字などの入力が行え、オフにすると半角英数字を入力できます。

1 日本語入力に切り替える

解説

日本語IMEのオン／オフの切り替え

通常、半角/全角を押すと、日本語IMEがオフのときはオンに切り替わり、オンのときはオフに切り替わります。また、スペースの左にA、右にあを備えたキーボードは、Aを押すと日本語IMEがオフ、あを押すと日本語IMEがオンになります。

補足

マウス操作で日本語IMEをオン／オフする

日本語IMEのオン／オフは、右の手順2で確認した日本語IMEの状態を示すボタンをクリックすることでも切り替えられます。

1 あらかじめ日本語入力を行いたいアプリ（ここでは「メモ帳」）を起動しておきます（34ページ参照）。

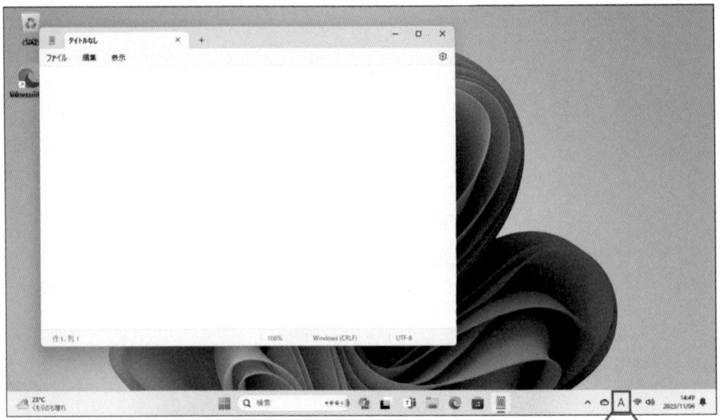

2 タスクバーの右隅にある日本語IMEの状態を示すボタンを確認します。Aと表示されているときは、キーボードの半角/全角を押します。

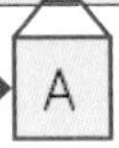

3 日本語IMEがオンになり表示があに切り替わります。

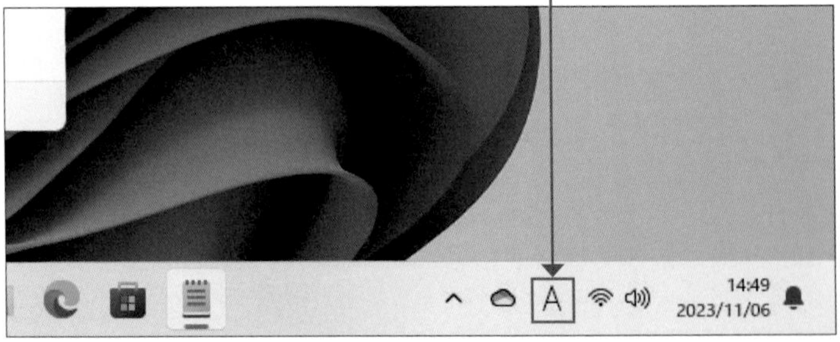

2 タッチキーボードで日本語入力に切り替える

解説

タッチキーボードで日本語を入力する

タッチキーボードでは、日本語IMEのオン／オフの切り替えを[スペース]の左横にあるキーで切り替えます。 A と表示されているときは日本語IMEがオフ、 あ と表示されているときはオンです。

ヒント

⌨ が表示されていない

タスクバーに ⌨ が表示されていないときは、タッチキーボードアイコンの表示設定を変更します。タスクバーのボタンがないところを長押しすると、メニューが表示されるので[タスクバーの設定]をタップし、システムトレイアイコンにある「タッチキーボード」の設定を[キーボードが接続されていない場合]から[常に表示する]に変更すると、タスクバーに ⌨ が常時表示されます。

補足

タッチキーボードの自動表示

アプリの入力欄をタップすると、タッチキーボードが自動表示されることもあります。

1 あらかじめ日本語入力を行いたいアプリ（ここでは「メモ帳」）を起動しておきます（34ページ参照）。

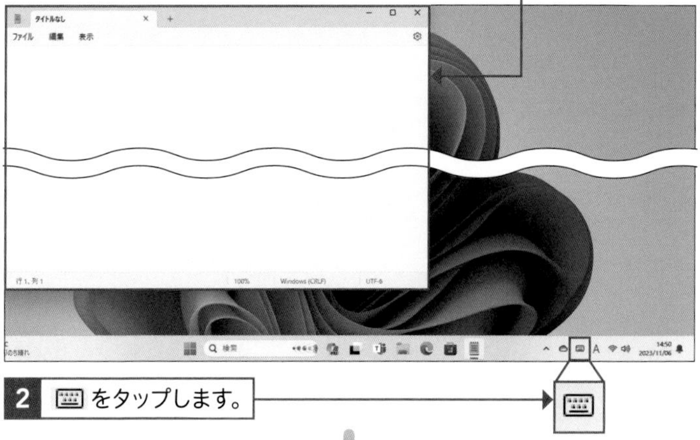

2 ⌨ をタップします。

3 タッチキーボードが表示されます。

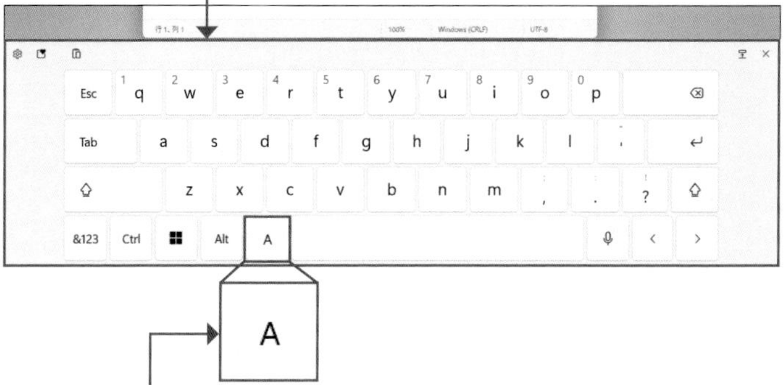

4 [スペース]の左横に A が表示されているときは、A をタップします。

5 表示が あ に切り替わり、日本語IMEがオンになります。

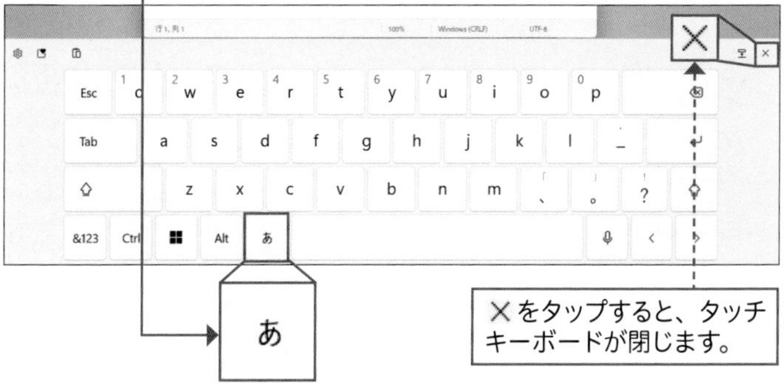

✕ をタップすると、タッチキーボードが閉じます。

③ 予測入力で漢字変換を行う

解説

予測入力を利用する

予測入力とは、文字列をすべて入力しなくても、入力された文字からユーザーが入力するであろう単語を予測して変換候補を表示する機能です。予測入力によって漢字変換を行うときは、右の手順で行えます。

1 アプリ（ここでは「メモ帳」）に漢字の読み（ここでは［にほん］）を入力すると、

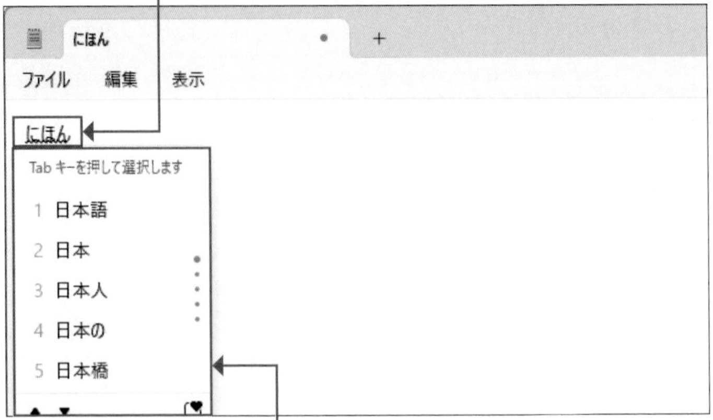

2 変換候補のリストが表示されます。

3 キーボードの↑↓で選択し、

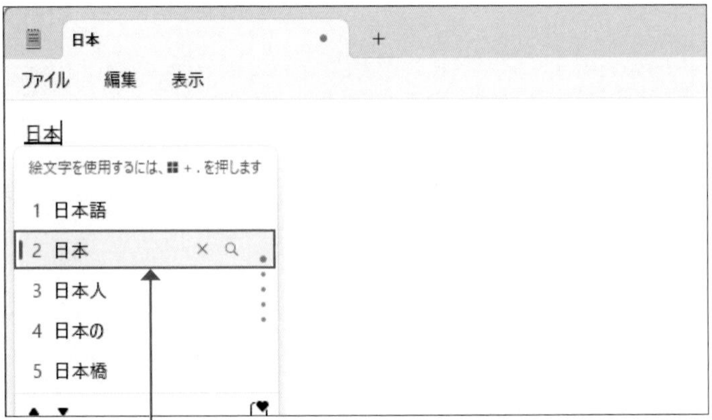

4 Enterを押します。

5 文字が確定されます。

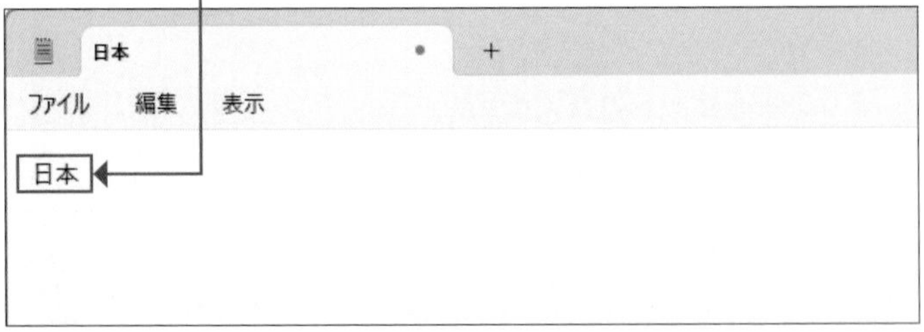

ヒント

文字入力の方法

日本語入力は、通常、ローマ字入力で行います。右の例の「にほん」は、NIHONNの順にキーを押して入力します。なお、日本語入力の方法には、ローマ字入力以外にもひらがなで入力する「かな入力」があります。かな入力を行いたいときは、タスクバーの右隅にある日本語IMEの状態を示すボタン（ A または あ ）を右クリックし、メニューから［かな入力（オフ）］をクリックして、かな入力をオンにします。

4 スペースキーで漢字変換を行う

解説

[スペース]で変換する

[スペース]を用いた漢字変換は、予測入力で目的の候補が表示されないときや、入力した文字列を文節単位や入力した文字列のみを対象に変換したいときに利用します。通常[スペース]を押すと、最初に第一候補のみが表示され、再度、[スペース]を押すと変換候補が9個単位でウィンドウに表示されます。変換候補が2つしか表示されない場合は、57ページを参照してください。

応用技

文節を移動する

右の手順のように単語ではなく文章を入力して[スペース]を押すと、文節単位で漢字変換を行います。変換対象の文節は太線が引かれて変換対象でない文字列と区別され、[←][→]を押すことで文節を移動できます。また、[Shift]を押しながら[←][→]を押すと、文節の区切りを変更できます。

補足

変換候補をより多く表示する

右の手順4で[⇥]をクリックすると、変換候補がテーブルビューで表示されます。テーブルビューでは、より多くの変換候補が1つの画面内に表示されます。

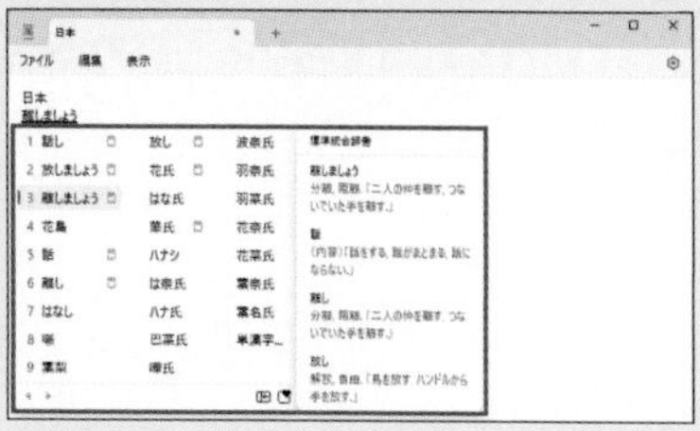

1 漢字の読み（ここでは、[はなしましょう]）と入力し、[スペース]を押します。

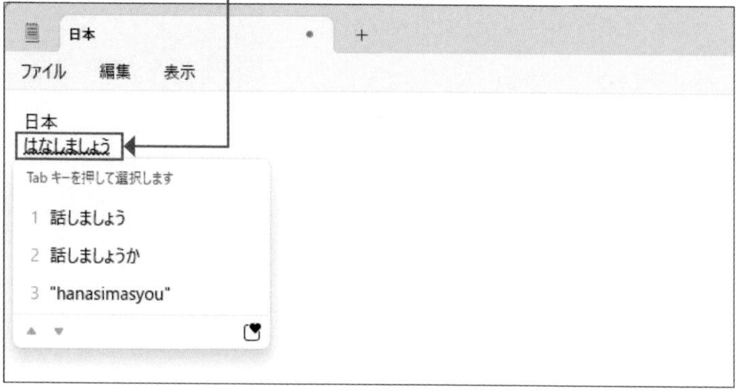

2 第一候補に変換されます。

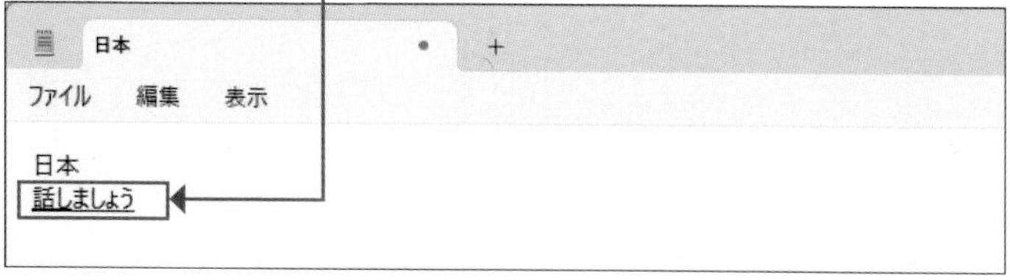

3 目的の変換ではなかったときは、再度[スペース]を押します。

4 そのほかの候補がウィンドウに表示されます。

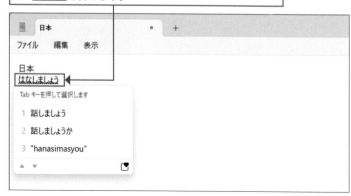

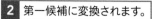

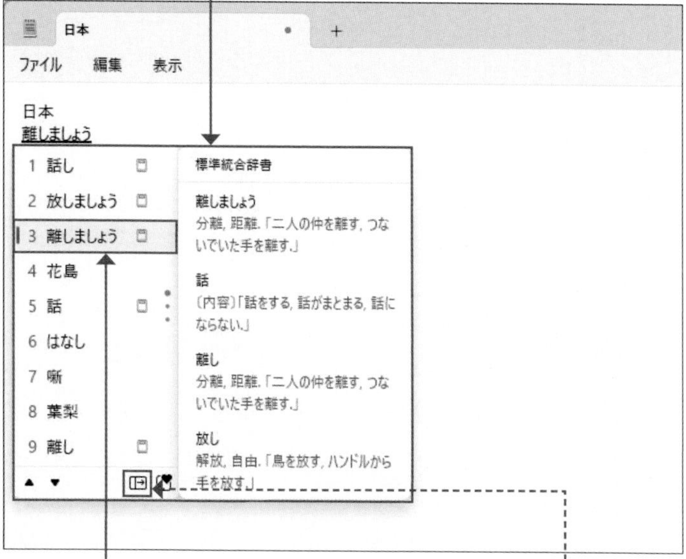

5 [スペース][↑][↓]などのキーを押して候補を選択し、[Enter]で確定します。

左の「補足」参照

5 タッチキーボードで漢字変換を行う

解説

タッチキーボードで漢字変換する

タッチキーボードでは、右の手順2の画面のように、入力した文字に対する変換候補がタッチキーボードの上部に横並びで表示され、目的の候補をタップすると文字が確定されます。

補足

別の候補を表示する

目的の候補が見つからないときは、横並びで表示されている変換候補のリストをスライドすると、次の候補が表示されます。また、文字を入力すると[スペース]が[次候補]の表示に切り替わります。これをタップすると、変換候補が左から右に1つずつ移動します。

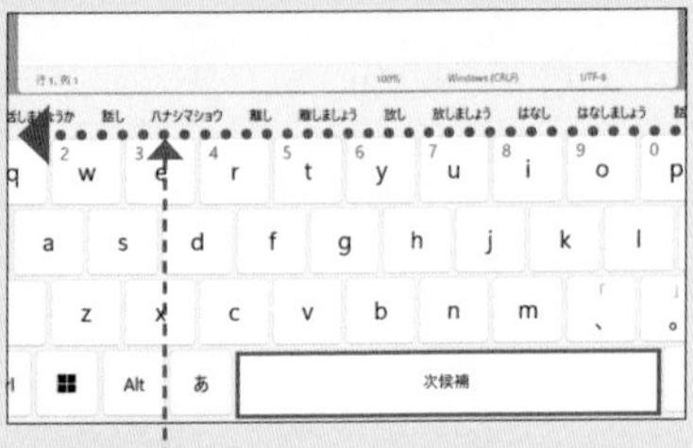

スライド

注意

予測入力のみが利用可能

タッチキーボードを用いた日本語入力では、予測入力のみが利用できます。物理キーボードのように スペース を用いた変換は行えません。

1 アプリ（ここでは「メモ帳」）に漢字の読み（ここでは[はなしましょう]）を入力すると、

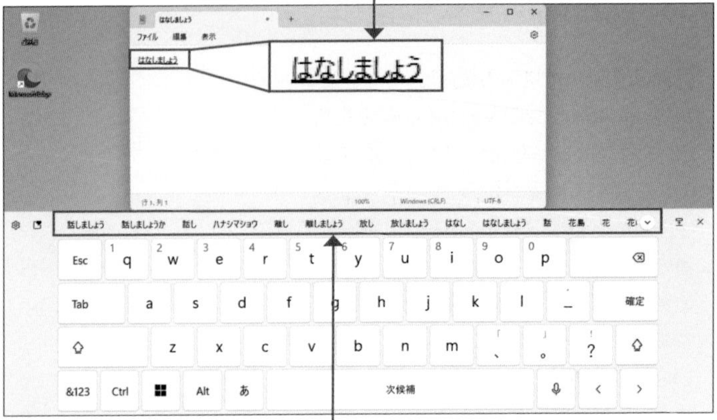

2 変換候補が横並びでタッチキーボードの上部に表示されます。

3 変換したい候補（ここでは[離しましょう]）をタップすると、

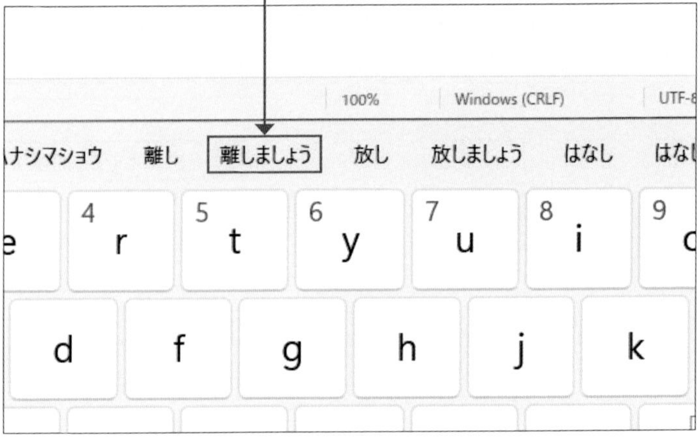

4 文字が確定されます。

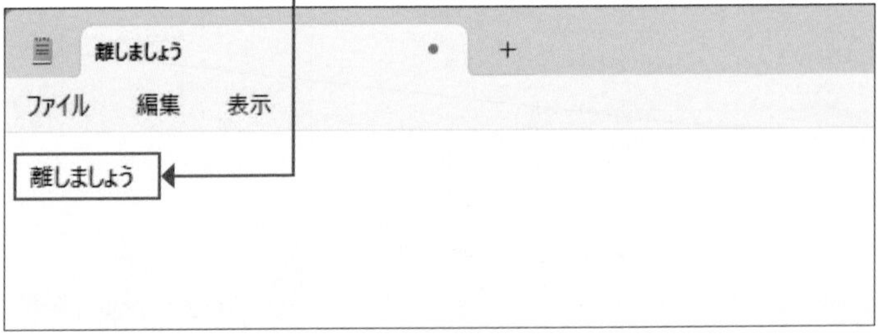

6 カタカナや英数字に変換する

解説

カタカナや英数字への変換

カタカナや英数字への変換は、キーボードのファンクションキーを押すことで行えます。左の手順では、入力した文字列を全角カタカナ（F7）と半角英数字（F10）に変換する方法を説明していますが、半角カタカナに変換したいときはF8、全角英数字に変換したいときはF9を押します。なお、F8は、変換対象の文字列が全角英数字だった場合は半角英数字に変換します。

補足

Fn搭載キーボードの場合

Fnを備えたキーボードでは、F1からF12までのファンクションキーに複数の機能が割りてられており、そのまま押すと別の機能が優先的に利用される場合があります。そのようなパソコンでは、Fnを押しながらファンクションキーを押してください。たとえば、F7の場合は、Fnを押しながらF7を押します。

1 文字（ここでは、［ぎじゅつたろう］）と入力し、

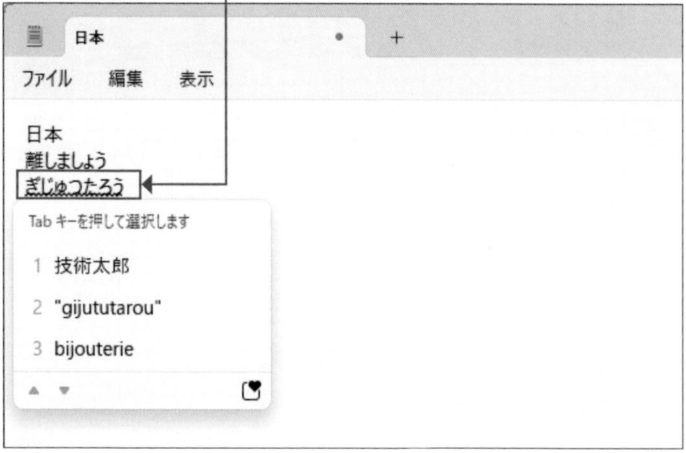

2 F7を押します。

3 入力した文字が全角カタカナに変換されます。

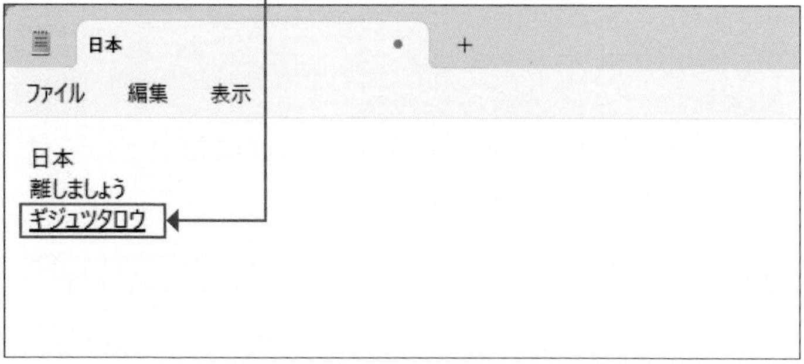

4 F10を押します。

5 入力した文字が半角英数字に変換されます。

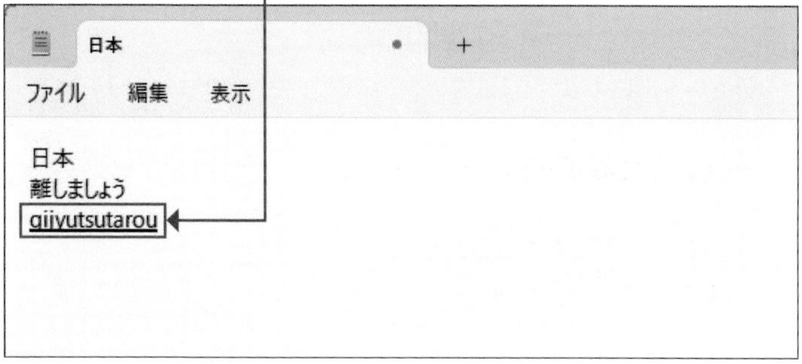

6 Enterを押して確定します。

Section

10 アルファベットや記号を入力しよう

ここで学ぶこと

- アルファベット
- 大文字／小文字
- 特殊記号

Windows 11を活用していく上で欠かせないのが、**アルファベット**や**特殊記号**の入力です。アルファベットの入力は、日本語IMEをオフにすることで入力します。また、大文字や特殊記号は、キーボードのShiftを押しながら入力します。

1 アルファベットを入力する

解説

アルファベットの入力

アルファベットなどの半角英数字を入力するときは、日本語IMEがオフになっていることを確認し、入力を行います。日本語IMEのオン／オフの切り替えの詳細については、46ページを参照してください。

補足

タッチキーボードの場合は

タッチキーボードの場合は、［スペース］左横に A が表示されていると、日本語IMEがオフです。詳細は、47ページを参照してください。

ヒント

日本語IMEがオンになっていたときは

右の手順2でタスクバーの右隅にある日本語IMEの状態を示すボタンが あ と表示されていたときは、半角/全角を押して、日本語IMEをオフにします。

1 あらかじめ日本語入力を行いたいアプリ（ここでは「メモ帳」）を起動しておきます（34ページ参照）。

2 タスクバーの右隅にある日本語IMEの状態を示すボタンが A と表示されていることを確認し、

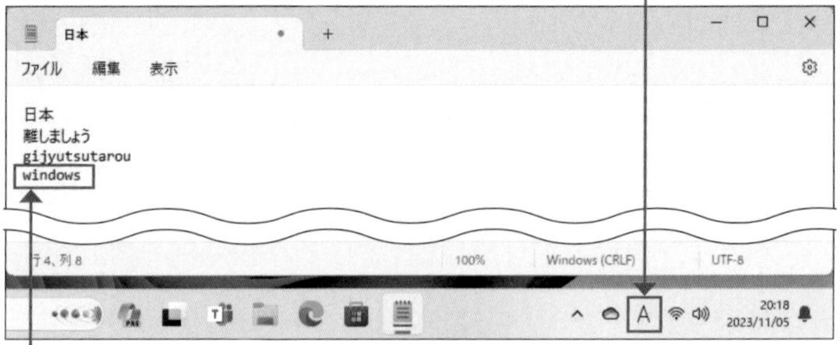

3 アルファベットを入力します（ここでは、［windows］）。日本語と異なり、確定操作は必要ありません。

4 キーボードのShiftを押しながら、

5 大文字入力したいキー（ここではA）を押すと、

補足

大文字が常に入力される

[Shift]を押しながらアルファベットキーを押さなくても大文字が入力されるときは、[Caps Lock]がオンになっています。Caps Lockの解除は、[Shift]を押しながら[Caps Lock]を押すことで行えます。

6 アルファベットの大文字（ここでは[A]）が入力されます。

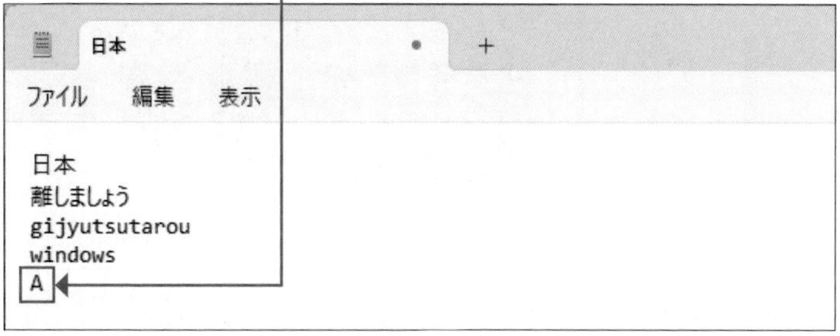

2 特殊記号を入力する

解説

特殊記号の入力

特殊記号を入力するときは、[Shift]を押しながら入力します。アルファベット以外のキーは、[Shift]を押しながら入力すると、キーに刻印されている上の記号が入力されます。

1 キーボードの[Shift]を押しながら、

2 入力したい特殊記号（ここでは、[_]）を押します。

3 特殊記号（ここでは[_（アンダースコア）]）が入力されます。

補足

タッチキーボードの場合は

タッチキーボードで特殊記号を入力するときは、&123 をタップすると、特殊記号などを入力できるキーボードに切り替わります。

ヒント 絵文字や顔文字、記号を一覧から入力する

[⊞]を押しながら[.]を押すと、絵文字ピッカーが表示されます。絵文字ピッカーを利用すると、絵文字や顔文字、記号などの入力がかんたんに行えます。なお、Windowsで作成したテキストファイルなどをMacで開いた場合、絵文字が表示されない、または見た目が異なる場合があります。

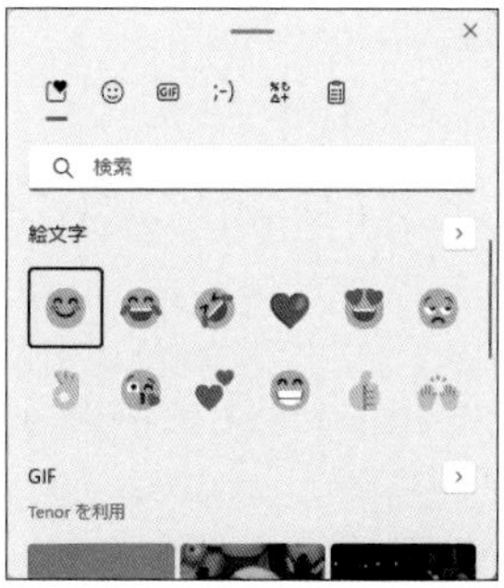

Section

11 単語を登録しよう

ここで学ぶこと

- 日本語IME
- 単語登録
- 単語削除

日本語IMEの単語登録を行うと、登録した単語が必ず**変換候補として表示**されます。変換候補に表示されにくい名詞や人名、地名などを登録したり、短縮読みや顔文字などを登録したりしておけば、**日本語入力の作業効率をアップ**できます。

1 辞書に単語を登録する

解説

単語を登録する

単語の登録は、右の手順で「単語の登録」画面を表示して行います。また、登録した単語は、「よみがな」を入力すると、変換候補として表示されます。このため、短縮よみを登録し、少ない入力文字数でその単語を候補に表示したり、顔文字を候補に表示したりできます。

応用技

文章も登録できる

単語登録では、最大60文字の文字列を登録できます。このため、メールアドレスを登録したり、挨拶文などの定型文を登録しておき、少ない入力文字数で効率的に文章を作成したりする手助けに利用することもできます。

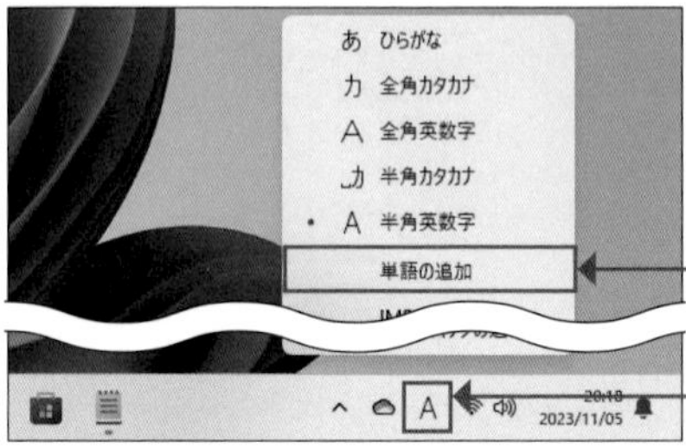
あ ひらがな
カ 全角カタカナ
A 全角英数字
ｶ 半角カタカナ
A 半角英数字
単語の追加
2023/11/05

1 タスクバーの右隅にある A または あ を右クリックすると、

2 メニューが表示されるので[単語の追加]をクリックします。

3 「単語の登録」画面が表示されます。

4 登録したい単語(ここでは[技術評論社])を入力し、

5 よみがな(ここでは[ぎひょう])を入力します。

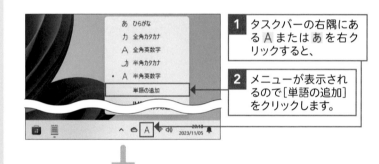

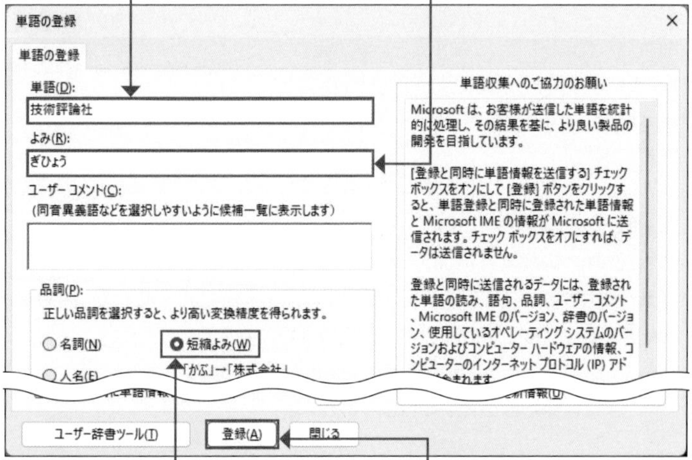
単語の登録
単語(D):
技術評論社
よみ(R):
ぎひょう
ユーザー コメント(C):
(同音異義語などを選択しやすいように候補一覧に表示します)
品詞(P):
正しい品詞を選択すると、より高い変換精度を得られます。
名詞(N)
短縮よみ(W)
人名(E)
「かぶ」→「株式会社」
単語収集へのご協力のお願い
Microsoft は、お客様が送信した単語を統計的に処理し、その結果を基に、より良い製品の開発を目指しています。
[登録と同時に単語情報を送信する] チェック ボックスをオンにして [登録] ボタンをクリックすると、単語登録と同時に登録された単語情報と Microsoft IME の情報が Microsoft に送信されます。チェック ボックスをオフにすれば、データは送信されません。
登録と同時に送信されるデータには、登録された単語の読み、語句、品詞、ユーザー コメント、Microsoft IME のバージョン、辞書のバージョン、使用しているオペレーティング システムのバージョンおよびコンピューター ハードウェアの情報、コンピューターのインターネット プロトコル (IP) アド
ユーザー辞書ツール(T)
登録(A)
閉じる

6 品詞(ここでは[短縮よみ])をクリックしてオンにし、

7 [登録]をクリックします。

補足

単語の登録先

登録単語は、ユーザー辞書と呼ばれるその人専用の辞書に登録され、ほかのユーザーの辞書には反映されません。たとえば、1台のパソコンを2人で共有し、別々のアカウントで利用している場合、単語登録を行ったアカウント以外では、登録単語は利用できません。

8 単語が登録され、手順**3**の画面に戻ります。

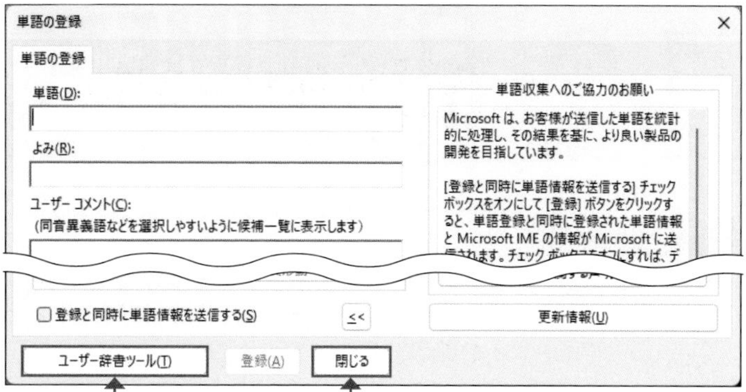

下の「ヒント」参照

9 [閉じる]をクリックして、「単語の登録」画面を閉じます。

10 アプリで登録した単語のよみがな（ここでは[ぎひょう]）を入力すると、

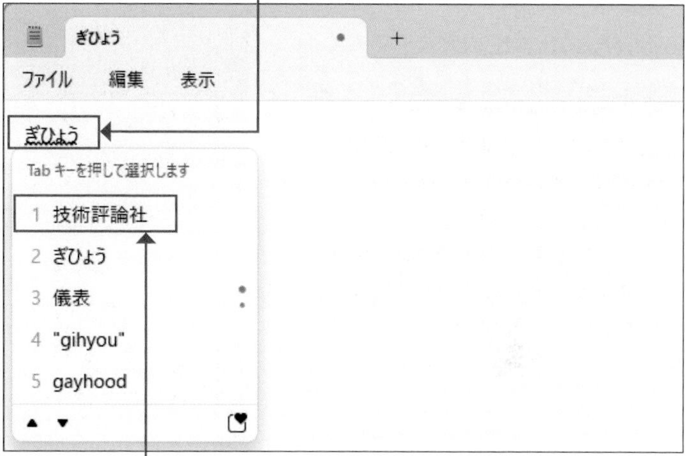

11 登録した単語が変換候補に表示されることを確認できます。

ヒント 登録した単語を削除する

間違った単語を登録したときは、単語の削除を行います。「単語の登録」画面下にある「ユーザー辞書ツール」をクリックすると、「Microsoft IMEユーザー辞書ツール」が表示されます。削除したい単語をクリックし、[編集]→[削除]の順にクリックすると、単語を削除できます。

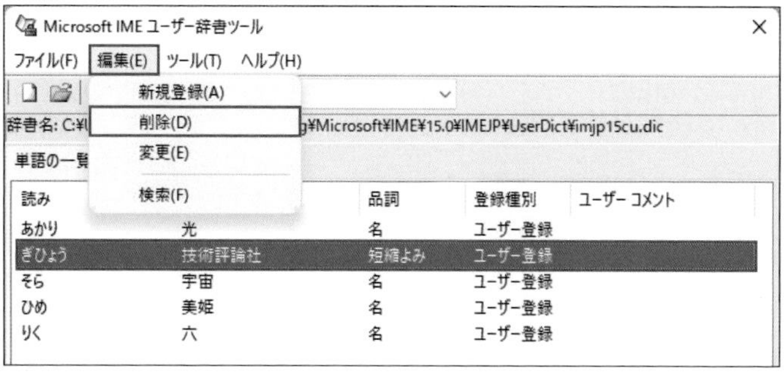

Section

12 日本語IMEをカスタマイズしよう

ここで学ぶこと

- Microsoft IME
- IMEツールバー
- 予測入力

Windows 11には、日本語入力を行うために「**Microsoft IME**」と呼ばれる**日本語IME**がプリインストールされています。ここでは、Microsoft IMEの**設定ページの開き方**や**トラブルが発生したときの対処方**などを紹介します。

1 Microsoft IMEの設定を行う

解説

Microsoft IMEのカスタマイズ

Microsoft 日本語IMEのカスタマイズは、右の手順でMicrosoft IMEの設定ページを開きます。Microsoft IMEの設定ページでは、変換候補に表示する文字の種類（ひらがな、全角カタカナ、半角カタカナ、ローマ字）や句読点の種類などの入力設定のほか、予測入力のオン／オフ、無変換や変換を押したときのキーの割り当てのキーカスタマイズ、学習方法の設定や辞書への単語の登録、デザインなどの各種設定が行えます。

補足

日本語IMEとMicrosoft IMEの違い

日本語IMEは、Windowsで日本語入力を行うためのアプリケーションの総称です。一方で、Microsoft IMEとはマクロソフトが開発したWindowsで日本語入力を行うためのアプリケーションです。

1 タスクバーの右隅にあるAまたはあを右クリックすると、

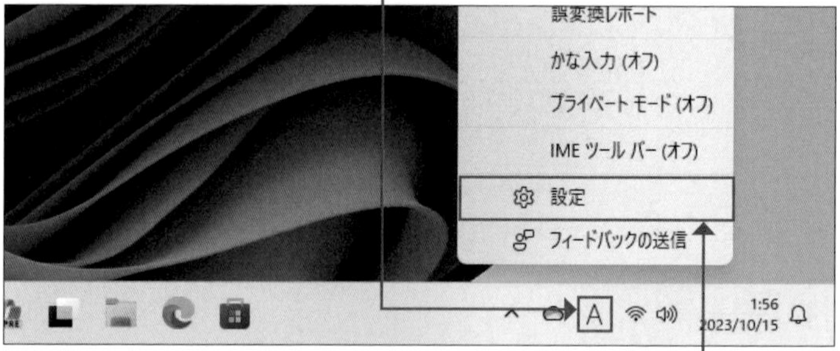

2 メニューが表示されるので、［設定］をクリックします。

3 Microsoft IMEの設定ページが表示されます。

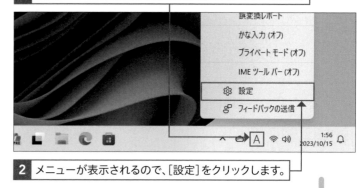

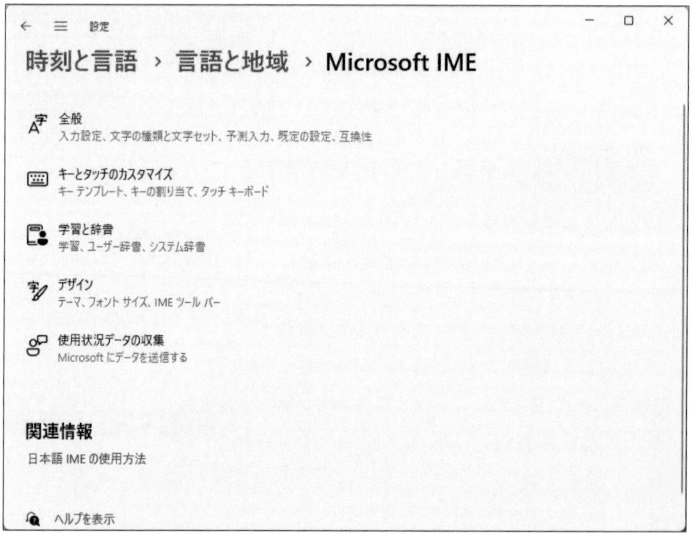

② 以前のバージョンのIMEに戻す

解説

問題が発生した場合の対処方

Microsoft IMEを利用していて、変換候補が2つしか表示されないなど日本語入力に関するトラブルが発生したときは、右の手順で以前のバージョンのMicrosoft IMEに戻すことでトライブを解消できる場合があります。

補足

「設定」からMicrosoft IMEの設定を開く

56ページの手順でMicrosoft IMEの設定ページが開けないとき、または以前のバージョンのMicrosoft IMEを使っているときは、「設定」を開き、[時刻と言語]→[言語と地域]→「日本語」の…→[…言語のオプション]→「Microsoft IME」の…→[…キーボードオプション]の順にクリックすることで、Microsoft IMEの設定ページを開けます。

1 56ページの手順でMicrosoft IMEの設定ページを開きます。

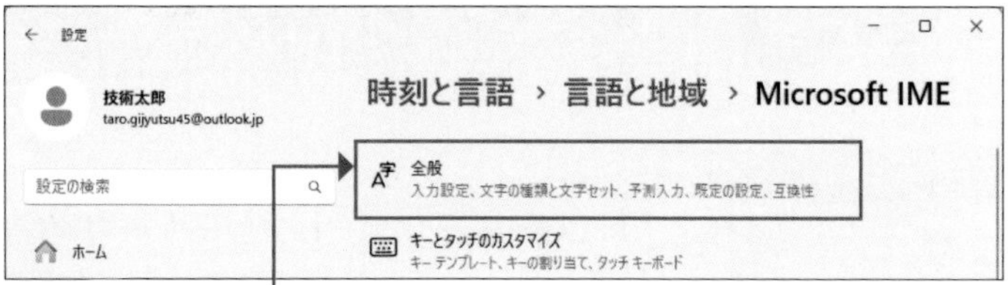

2 [全般]をクリックします。

3 画面をスクロールして、

4 [以前のバージョンのMicrosoft IMEを使う]の をクリックして、

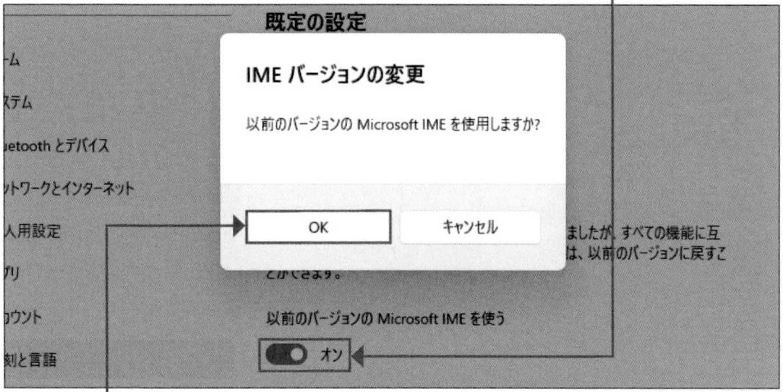

5 [OK]をクリックします。

6 パソコンを再起動します。

応用技 予測入力をオフにする

日本語IMEの予測入力を利用したくないときは、以下の手順で予測入力をオフにできます。

1 56ページの手順でMicrosoft IMEの設定ページを表示し、[全般]をクリックします。

2 画面をスクロールして「予測入力」を表示し、

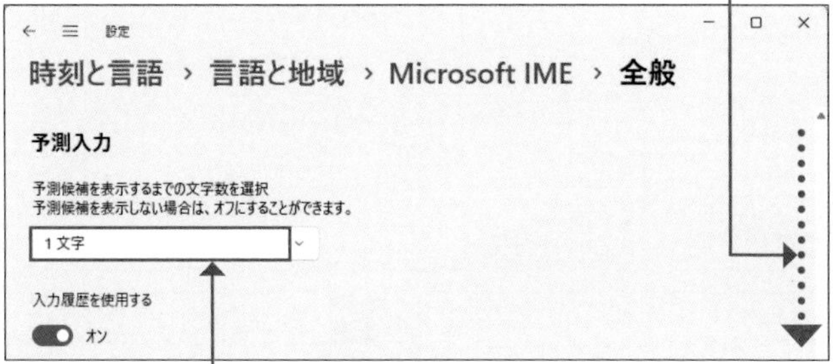

3 [1文字]をクリックします。

4 [オフ]をクリックすると、予測入力がオフになります。

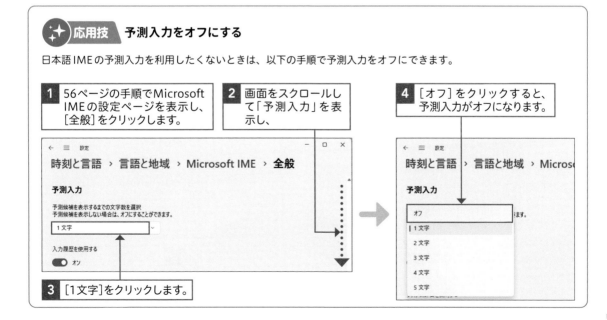

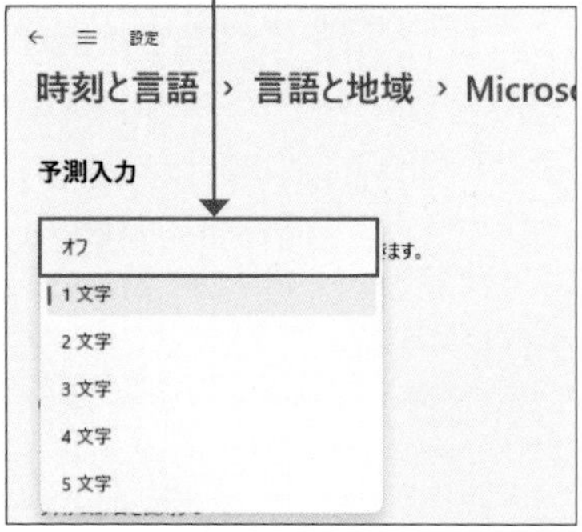

Section

13 アプリを終了しよう

ここで学ぶこと

- ファイル
- 保存
- アプリの終了

「メモ帳」などのアプリで行った作業の結果は、アプリを終了する前に**ファイルとして保存**します。ファイルとして保存しておけば、作業結果が失われることはありません。また、保存しておいたファイルを開き、再編集することもできます。

1 ファイルを保存する

解説

ファイルに保存する

メモ帳などのように新規のデータ(文書)を作成するアプリでは、作業結果をファイルに保存できます。右の手順では、メモ帳を例に、作業結果をファイルに保存する手順を説明しています。

応用技

上書き保存

ファイルの保存方法には、[名前を付けて保存]と[上書き保存]に大別されます。[上書き保存]は、同じファイル名で保存されて、保存先のフォルダー内にあるもとのファイルは、内容が上書きされます。また、[名前を付けて保存]は、新しいファイル名を付けて、別ファイルとして保存します。なお、[名前を付けて保存]は、アプリによっては[別名で保存]と表記されることもあります。

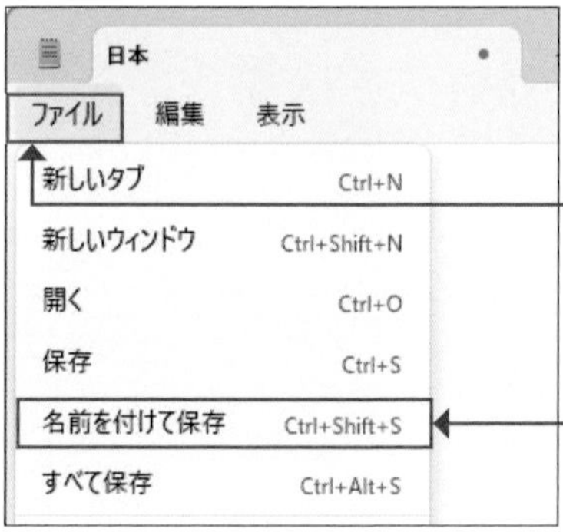

1 作業内容を保存したいアプリ(ここでは「メモ帳」)の[ファイル]をクリックし、

2 [名前を付けて保存]をクリックします。

3 ファイルの名前(ここでは、[文字入力の練習])を入力し、

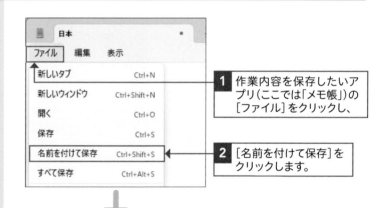

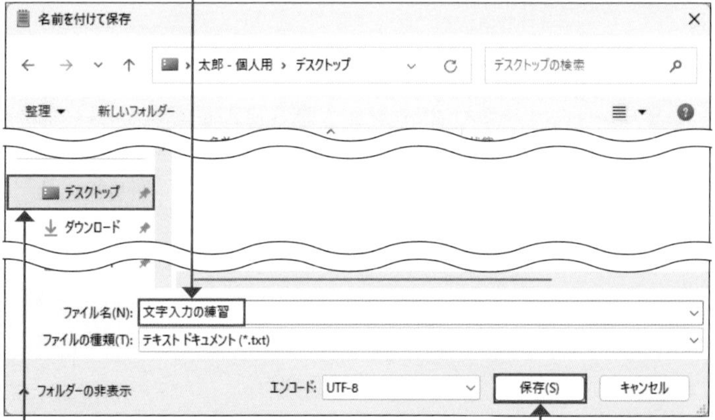

4 保存先フォルダー(ここでは[デスクトップ])をクリックし、

5 [保存]をクリックすると、

6 ファイルが保存されます。

注意

ファイル名に使えない文字

ファイル名には、使えない文字があります。以下の半角文字は、ファイル名には使えません。

\ / ? : * " > < |

7 アプリのタイトルバーにファイル名が表示されます。

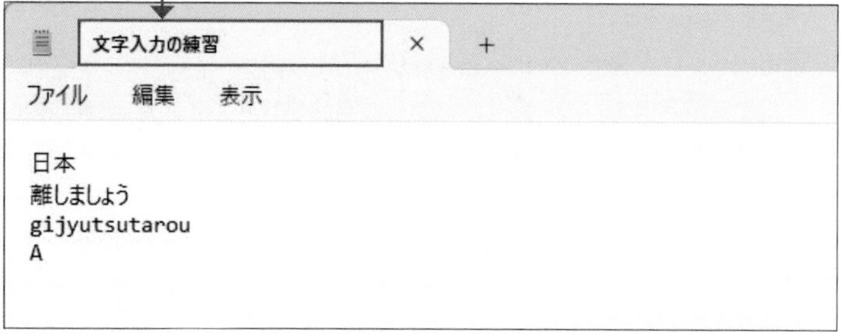

2 アプリを終了する

解説

アプリの終了

利用中のアプリを終了したいときは、アプリの右上にある×をクリックします。また、通常、アプリは、[ファイル]をクリックすることで表示されるメニューからも終了できます。

1 終了したいアプリ(ここでは、「メモ帳」)の×をクリックすると、

2 対象のアプリが終了します。

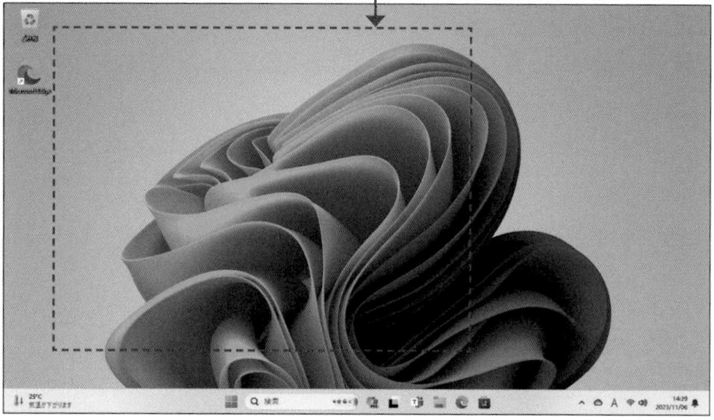

補足

ダイアログボックスが表示される

ファイルに保存するかどうかをたずねるダイアログボックスが表示されたときは、ダイアログボックスの内容に従って、保存/保存しない、キャンセルなどの選択を行ってください。

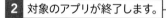

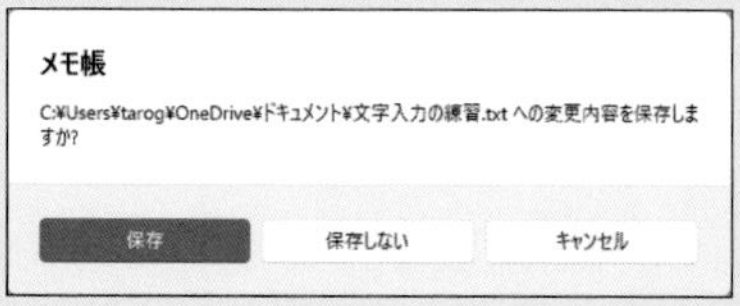

応用技　日本語IMEのオン／オフに利用するキーをカスタマイズする

Windows 11に備わっている日本語IME「Microsoft IME」は、日本語IMEのオン／オフに割り当てるキーを任意のキーに変更できます。ここでは、変換を日本語IMEの「オン」、無変換を「オフ」に割り当てるカスタマイズを例に、キーの割り当ての変更方法を解説します。

1 タスクバーの右隅にある A または あ を右クリックすると、

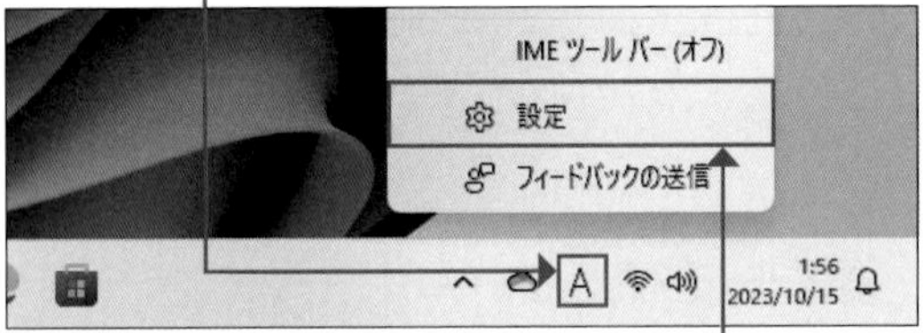

2 メニューが表示されるので［設定］をクリックします。

3 ［キーとタッチのカスタマイズ］をクリックします。

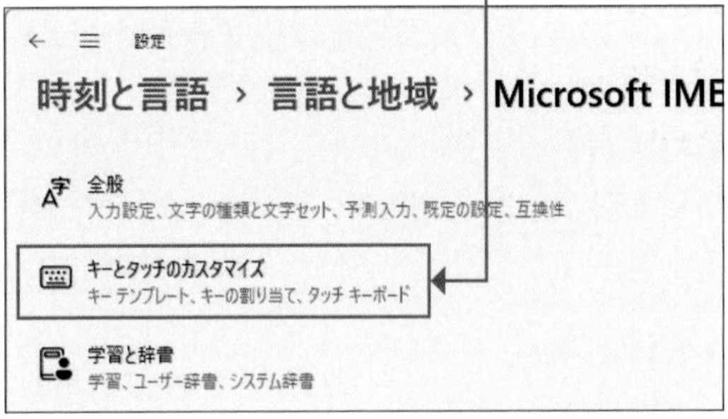

4 キーの割り当ての をクリックして にします。

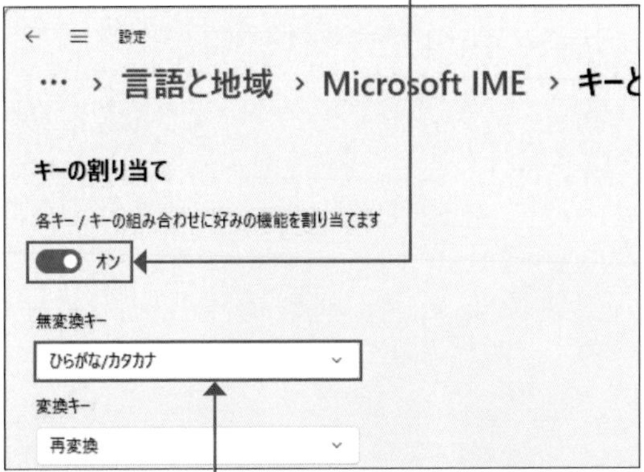

5 無変換キーの［ひらがな／カタカナ］をクリックし、

6 ［IME-オフ］をクリックします。

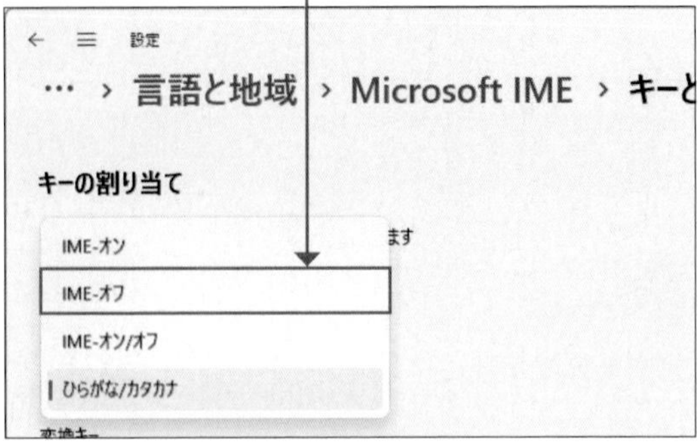

7 無変換キーが「IME-オフ」に設定されます。

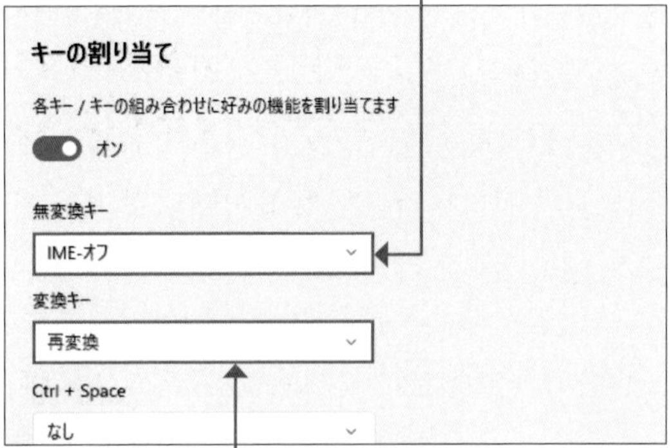

8 変換キーの［再変換］をクリックし、

9 ［IME-オン］をクリックします。

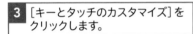

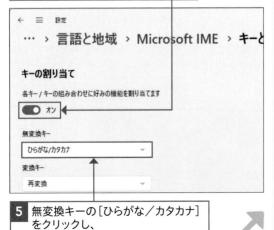

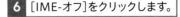

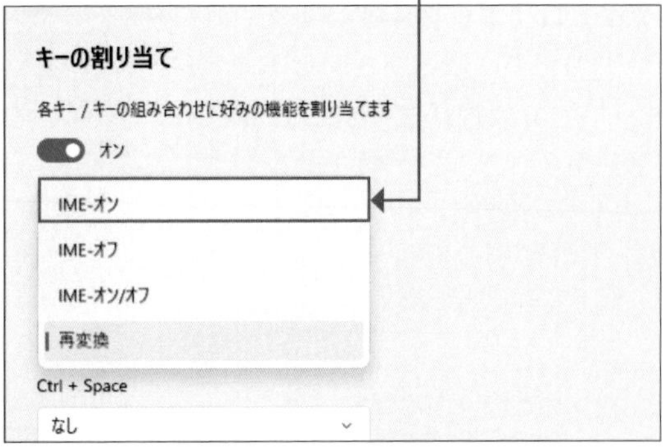

10 変換キーが「IME-オン」に設定されます。

第 3 章

ファイルを利用しよう

Section 14

ファイルやフォルダーを表示しよう

ここで学ぶこと

・エクスプローラー
・画面構成
・フォルダーの表示

Windows 11には、ファイルやフォルダーを操作するためのアプリとして**エクスプローラー**を用意しています。エクスプローラーを使うと、ファイルやフォルダーの**コピー**や**移動**、**削除**、**名前の変更**といったさまざまな操作を行えます。

1 エクスプローラーでフォルダーの内容を表示する

解説

エクスプローラーとは

フォルダー内のファイルの表示やファイル／フォルダーのコピー、移動、削除、名前の変更などの操作を行うときに利用するのが、エクスプローラーです。エクスプローラーは、タスクバーの をクリックすることで起動します。

補足

エクスプローラーのデザイン

Windows 11では、Windows 10とは異なる新しいデザインのエクスプローラーが備わっています。また、Windows 11のエクスプローラーは改良が継続されており、バージョン22H2ではタブ機能が追加され、23H2ではタブの分離結合機能が追加されています。

1 タスクバーの （[エクスプローラー]）をクリックすると、

2 エクスプローラーが起動します。

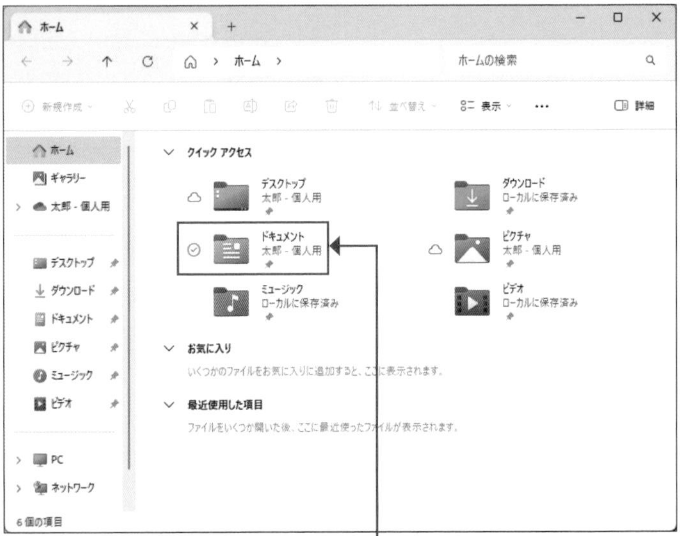

3 [ドキュメント]をダブルクリックすると、

ヒント アイコンの大きさを変更する

エクスプローラーで表示されるファイルやフォルダーのアイコンは、大きさを変更できます。アイコンの大きさは、ツールバーの[表示]をクリックすると表示されるメニューから選択できます。ここでは、「ドキュメント」フォルダー内のアイコンの大きさを「詳細」で解説しています。

4 「ドキュメント」フォルダーの内容が表示されます。

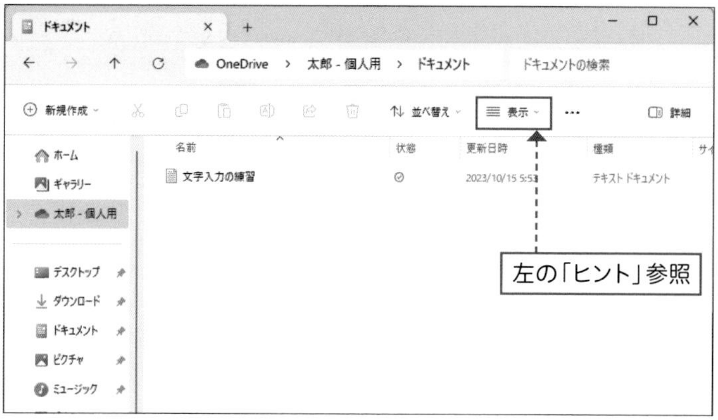

ヒント エクスプローラーの画面構成

ファイルやフォルダーの操作に使用するエクスプローラーは、画面左側（左ペイン）にナビゲーションウィンドウが表示され、画面中央にはあらかじめ用意されているフォルダーやよく使用するフォルダー、最近使用したファイルなどが表示されます。また、ナビゲーションウィンドウのクイックアクセスには、利用頻度の高いフォルダーへのリンクが表示されます。なお、タッチパネルを備えたパソコンでは、通常、フォルダーやファイルのアイコンの左横に「項目チェックボックス」が表示されます。エクスプローラーは、以下のような画面構成です。

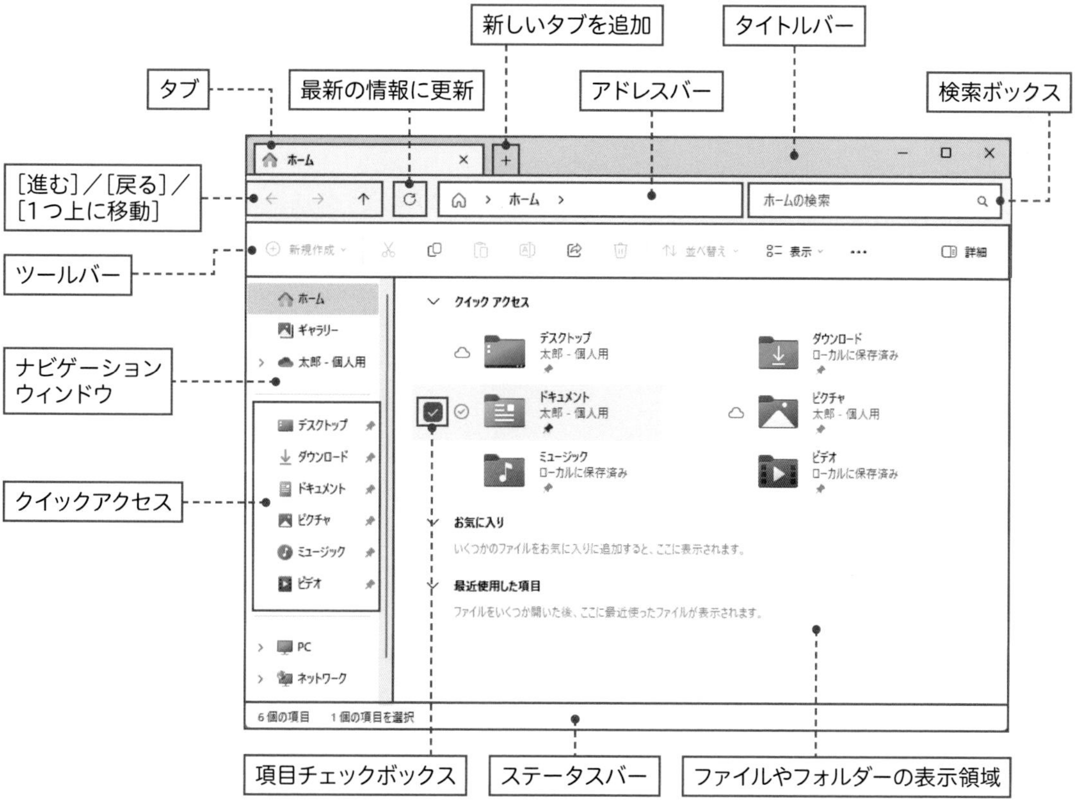

② タブを利用する

解説

タブの分離と結合

タブを利用すると1つのウィンドウ内で複数のフォルダーを操作できます。また、タブは、分離してその内容を新しいウィンドウで表示できるほか、タブを別のウィンドウに移動させて結合することもできます。ここでは、タブを新規作成し、作成したタブを新しいウィンドウで表示する方法を説明します。

補足

タブを別のウィンドウに移動する

タブを別のエクスプローラーのタブ領域にドラッグ＆ドロップすると、そのタブを移動できます。また、タブを移動させた場合、そのウィンドウで利用したタブが1つのみだった場合は、そのウィンドウは自動的に閉じます。

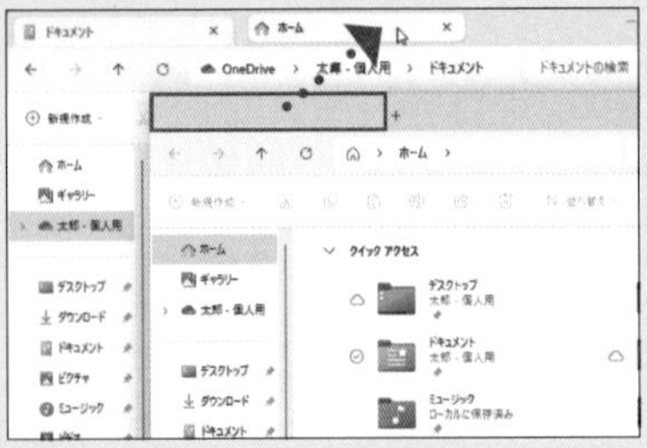

1 ＋をクリックすると、

2 新しいタブが追加されます。

3 追加されたタブをウィンドウの外にドラッグして離すと、

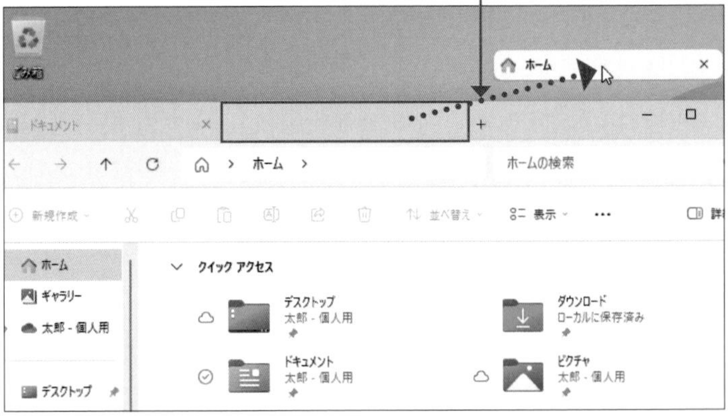

補足

タブを閉じる

タブを閉じたいときは、閉じたいタブの×をクリックします。ウィンドウで開いているタブが1つのときは、タブが閉じるとともにウィンドウも閉じます。2つ以上あるときは、×をクリックしたタブのみが閉じます。

4 タブが新しいウィンドウとして切り離されます。

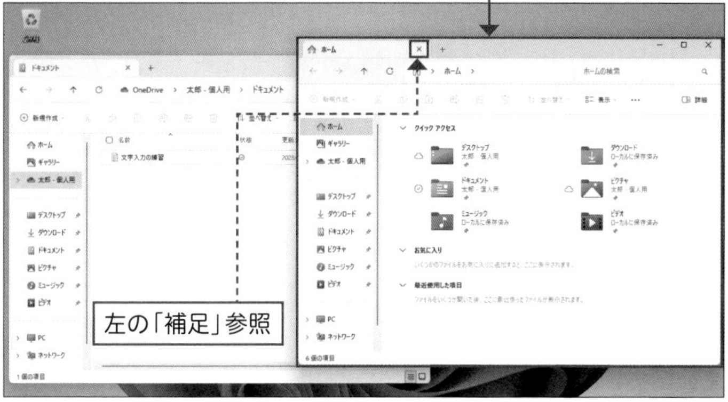

3 フォルダーを新しいウィンドウで開く

ヒント

フォルダーをタブで開く

右の手順2で[新しいタブで開く]をクリックすると、そのフォルダーを新しいタブで開きます。

1 エクスプローラーを起動し、フォルダー（ここでは[ドキュメント]）を右クリックして、

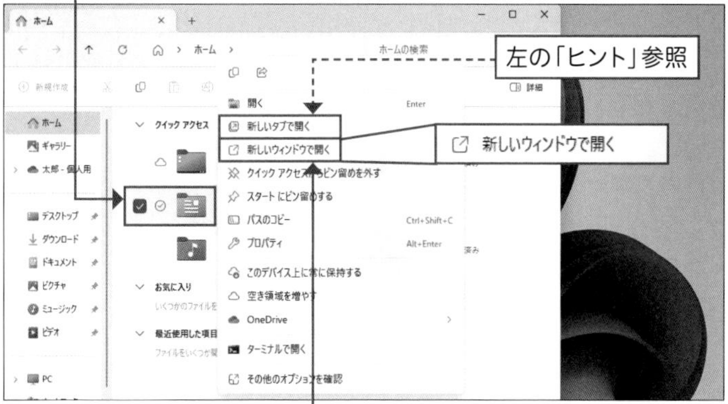

2 [新しいウィンドウで開く]をクリックします。

3 フォルダー（ここでは[ドキュメント]）の内容が新しいウィンドウで表示されます。

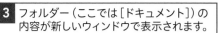

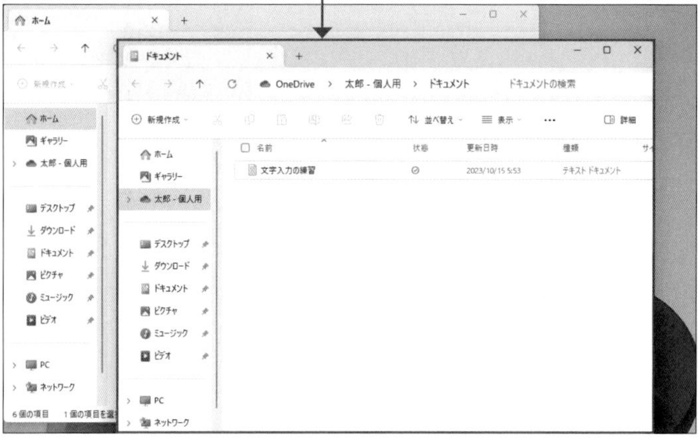

Section

15 新しいフォルダーを作成しよう

ここで学ぶこと

- フォルダーの新規作成
- ファイルの分類
- 保管

フォルダーは、ファイルを分類して整理するときに利用する**保管場所**です。フォルダーを利用して関係のあるファイルをまとめて保存しておけば、**目的のファイルが見つけやすく**なります。

1 エクスプローラーで新しいフォルダーを作成する

解説

フォルダーの作成

エクスプローラーで新しいフォルダーを作成するときは、ツールバーの[新規作成]をクリックし、表示されたメニューから[フォルダー]をクリックします。右の手順では、「ドキュメント」フォルダー内に新しいフォルダーを作成する手順を例に新しいフォルダーの作成手順を説明しています。

ヒント

キーボードショートカットで作成する

エクスプローラーでは、キーボードショートカットで新しいフォルダーを作成することもできます。キーボードショートカットで新しいフォルダーを作成するときは、Ctrlを押しながらShiftを押し、続けてNを押します。

1 [新規作成]をクリックし、

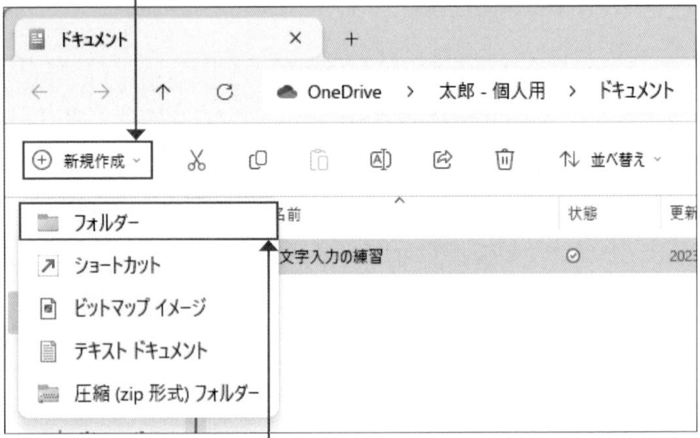

2 [フォルダー]をクリックします。

3 新しいフォルダーが作成され、名前の入力状態になります。

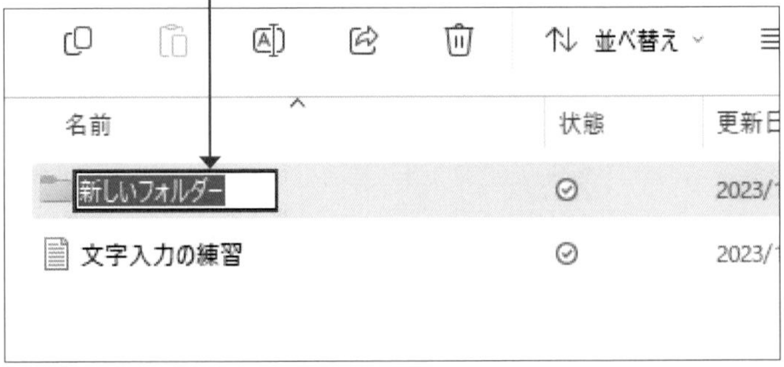

ヒント

フォルダーやファイルの名前を変更する

フォルダー／ファイルの名前は、名前を変更したいフォルダー／ファイルを選択し、をクリックすることで行います。また、名前を変更したいフォルダー／ファイルを右クリックし、表示されたメニューにあるをクリックすることでも行えます。

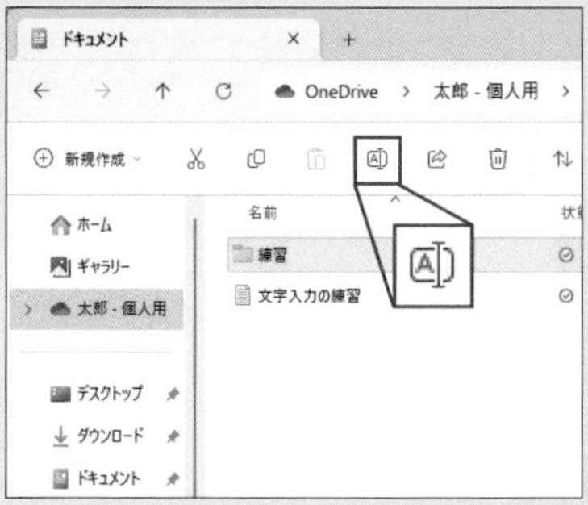

4 フォルダーの名前（ここでは、[練習]）を入力し、

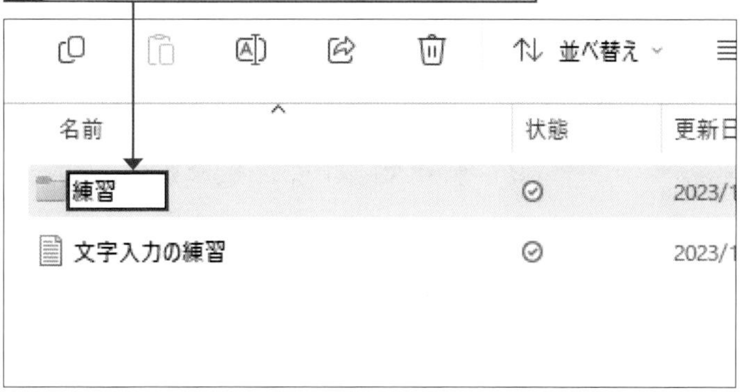

5 Enter を押すか、ファイル名以外の場所をクリックします。

6 手順4で入力した名前のフォルダーが作成されます。

補足 **デスクトップに新しいフォルダーを作成する**

デスクトップに新しいフォルダーを作成したいときは、右クリックメニューを利用します。デスクトップの何もない場所を右クリックしてメニューを表示し、［新規作成］→［フォルダー］の順にクリックすることで新しいフォルダーを作成できます。なお、エクスプローラーも同様の操作で右クリックメニューから新しいフォルダーを作成できます。

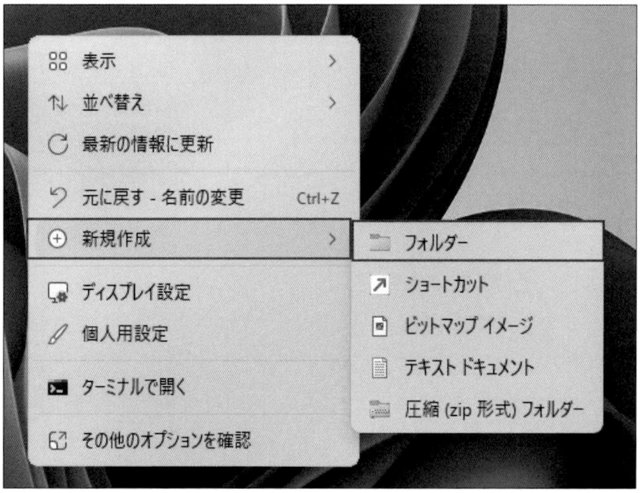

Section

16 ファイルやフォルダーをコピーしよう

ここで学ぶこと

・エクスプローラー
・コピー／貼り付け
・ドラッグ＆ドロップ

ファイルやフォルダーの操作において基本操作の1つが、**コピーの作成**です。ファイルやフォルダーのコピーの作成は、エクスプローラーで行えるほか、ドラッグ＆ドロップやキーボードショートカットなど複数の方法で行えます。

1 ファイルをフォルダーにコピーする

解説

コピーを作成する

ファイルやフォルダーのコピーでは、オリジナルと完全に一致したファイルやフォルダーを作成できます。右の手順では、エクスプローラーのツールバーにある（[コピー]）と（[貼り付け]）を利用して選択したファイルのコピーを別のフォルダー内に作成する手順を説明しています。同じ手順でフォルダーを選択すると、そのフォルダーのコピーを作成できます。

1 コピーを作成したいファイル（ここでは、[文字入力の練習]）をクリックし、

2 ツールバーのをクリックします。

3 コピー先フォルダー（ここでは、[練習]）をダブルクリックして開きます。

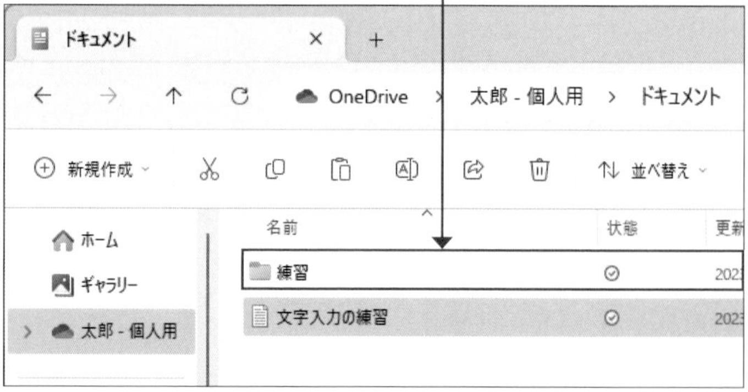

3 ファイルを利用しよう

補足

キーボードショートカットを利用する

キーボードショートカットを利用して、ファイルやフォルダーをコピーするには、コピーしたいファイルやフォルダーをクリックして選択し、Ctrlを押しながらCを押します。続いて、コピー先フォルダーを開いてCtrlを押しながらVを押すと、選択したファイルやフォルダーのコピーが作成されます。

4 ツールバーの📋をクリックすると、

5 ファイルのコピーが作成されます。

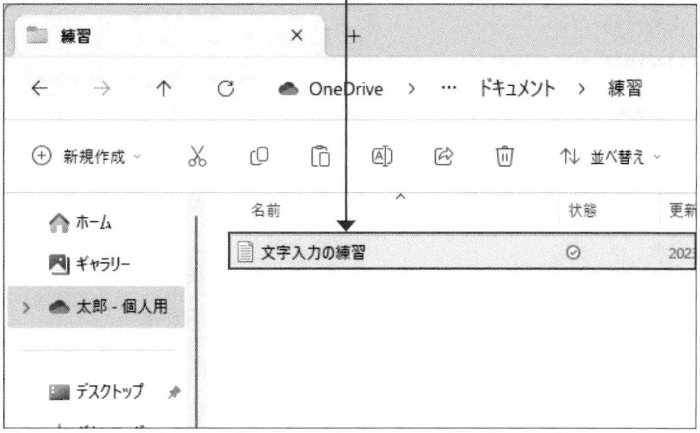

ヒント **ドラッグ&ドロップでコピーを作成する**

Ctrlを押しながらファイル／フォルダーをコピー先フォルダーにドラッグ&ドロップすると、そのファイル／フォルダーのコピーを作成できます。なお、Ctrlを押さずにドラッグ&ドロップすると、移動操作になります。ドラッグ&ドロップを利用する場合は、ファイル／フォルダーをドラッグした場合に表示される操作内容を必ず確認してください。

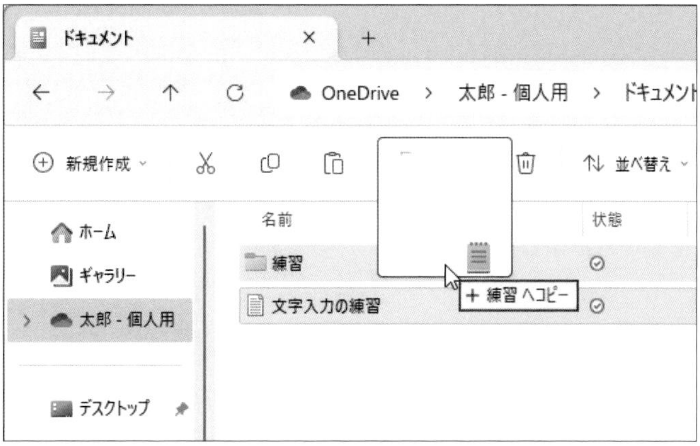

Section

17 ファイルやフォルダーを移動／削除しよう

ここで学ぶこと

- ドラッグ＆ドロップ
- 移動
- ごみ箱

ファイルやフォルダーの**移動**や**削除**は、**ドラッグ操作**で行います。ファイルやフォルダーの移動は、移動したいフォルダーにドラッグ＆ドロップします。また、ファイルやフォルダーの削除は、ごみ箱にドラッグ＆ドロップします。

1 ファイルをフォルダーに移動する

解説

ファイル／フォルダーの移動

ファイルやフォルダーの移動は、ドラッグ操作でかんたんに行えます。右の手順では、ファイルの移動方法を例に解説していますが、フォルダーも同じ手順で移動できます。

ヒント

移動の取り消し

間違ったフォルダーにファイル／フォルダーを移動した場合は、Ctrlを押しながらZを押すと、移動前の状態に戻せます。

1 移動したいファイル（ここでは［文字入力の練習］）をドラッグし、移動したいフォルダーに重ねると、

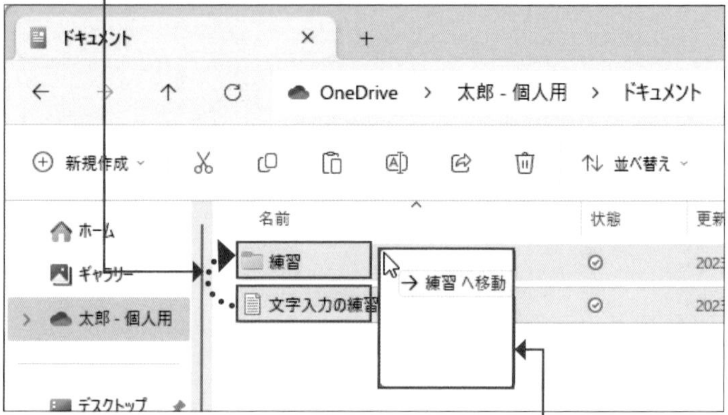

2 ［フォルダー名へ移動（ここでは［練習へ移動］）と表示されるので、マウスボタンから指を離します。

3 ファイルがフォルダーの中に移動します。

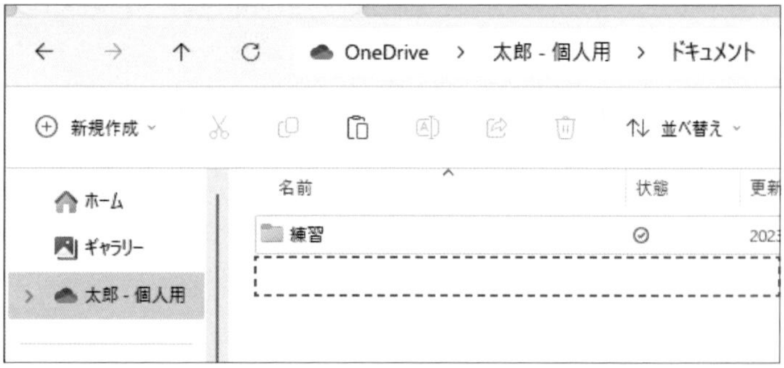

② 不要なファイルをごみ箱に捨てる

解説 ごみ箱にファイル／フォルダーを捨てる

ファイル／フォルダーをごみ箱に捨てるときは、右の手順でごみ箱に移動するか、ごみ箱に移したいファイル／フォルダーを選択し、エクスプローラーのツールバーにある 🗑 をクリックします。なお、ごみ箱にファイル／フォルダーを移しただけでは実ファイルの削除は行われていません。下のヒントを参考にごみ箱からファイル／フォルダーを取り出せます。

ヒント ごみ箱の中からファイル／フォルダーを戻す

ごみ箱にあるファイルやフォルダーをもとに戻したいときは、[ごみ箱]をダブルクリックして開き、もとの場所に戻したいファイル／フォルダーをクリックして選択し、ツールバーの[選択した項目を元に戻す]をクリックします。また、ファイル／フォルダーを別の場所へドラッグ＆ドロップしても、ごみ箱から取り出せます。

1 削除したいファイルまたはフォルダー（ここでは、[文字入力の練習]）をドラッグし、ごみ箱に重ねると、

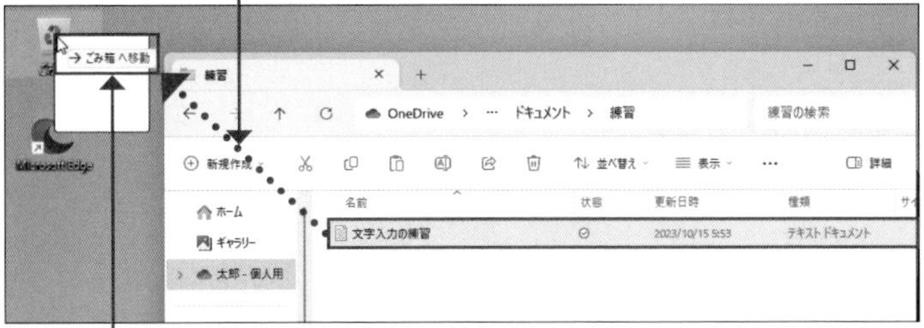

2 [ごみ箱へ移動]と表示されるので、マウスボタンから指を離します。

3 ファイル／フォルダーがごみ箱に移され、ごみ箱のアイコンのデザインが変わります。

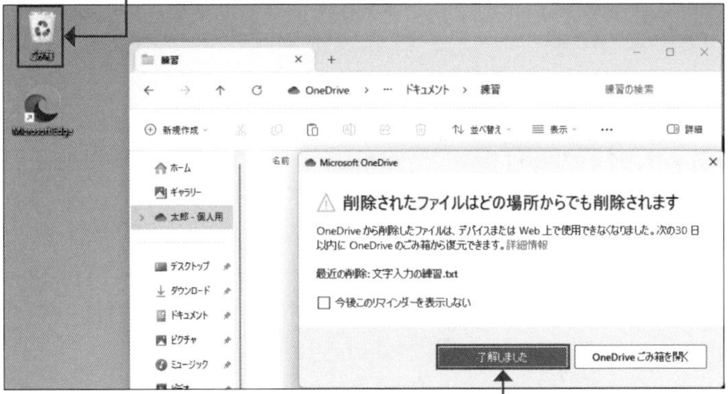

4 OneDriveのダイアログボックスが表示されたときは、[了解しました]をクリックします。

補足 ツールバーに表示される項目について

ツールバーに表示される項目の数は、エクスプローラーのウィンドウサイズによって異なります。目的の項目が表示されていないときは、••• （[もっと見る]）をクリックすると、表示されていない項目のリストがメニューで表示されます。

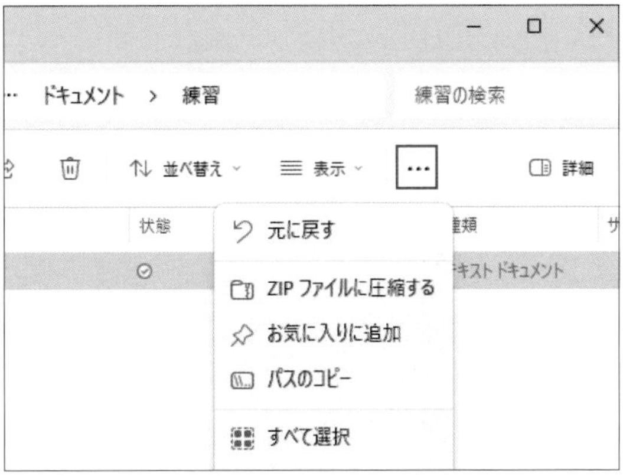

Section

18 ファイルを圧縮／展開しよう

ここで学ぶこと

- 圧縮
- 圧縮ファイルの展開
- エクスプローラー

ファイルの**圧縮**とは、もとのファイルよりも小さな容量のファイルを作成することです。複数のファイルやフォルダーを1つのファイルにまとめることもできます。また、圧縮されたファイルは、**展開**することでもとの状態に戻せます。

1 ファイルを圧縮する

解説

ファイル／フォルダーの圧縮

圧縮ファイルとは、データの内容を変えずにファイルの容量を小さくする技術を用いて作成されたファイルです。ファイル単体だけでなく、複数のファイルやフォルダーを1つのファイルにまとめることもできます。右の手順では、フォルダー内のすべてのファイルを圧縮する方法を説明しています。なお、2023年12月現在、Windows 11で作成できる圧縮ファイルは、「.zip」形式のみです。

ヒント

ファイルをまとめて選択する

手順1で Ctrl を押しながら A を押すと、フォルダー内のファイルをすべて選択できます。1つ1つファイルを選択する場合は、Ctrl を押しながらファイルをクリックしていきます。また、ファイルをクリックし、Shift を押しながら別のファイルをクリックすると、最初にクリックしたファイルから最後にクリックしたファイル間のファイルすべてが選択されます。

1 圧縮したいファイルやフォルダーが収められたフォルダーをエクスプローラーで開き、

2 … をクリックし、

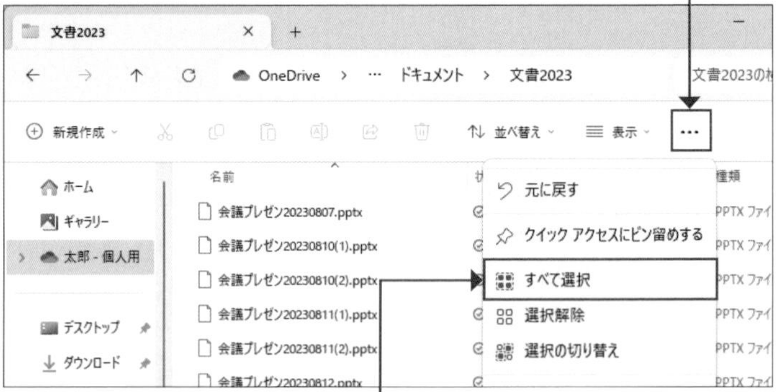

3 ［すべて選択］をクリックします。

4 ファイルがすべて選択されます。

5 … をクリックし、

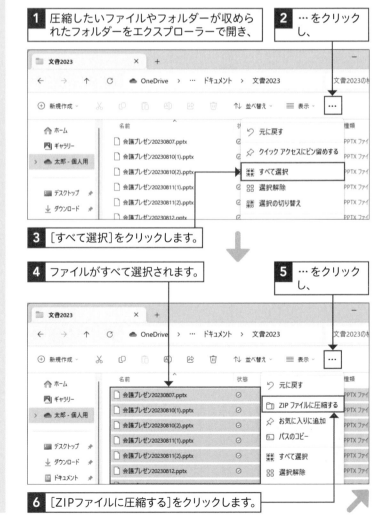

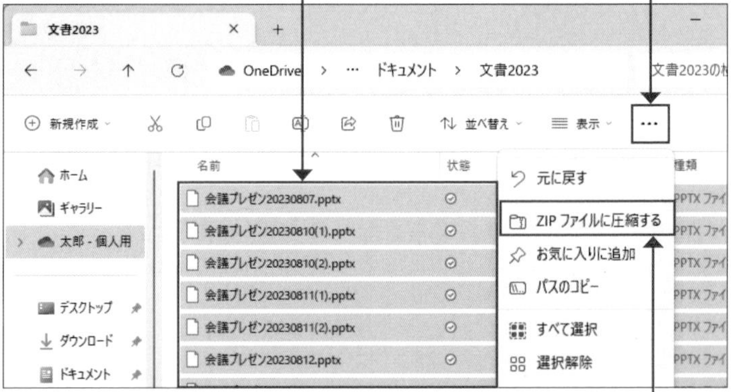

6 ［ZIPファイルに圧縮する］をクリックします。

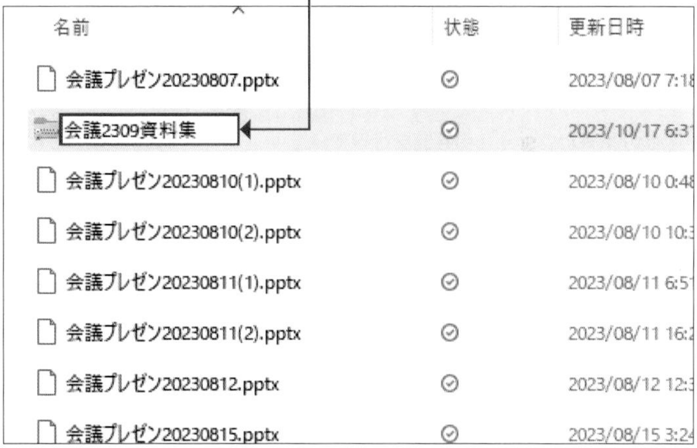

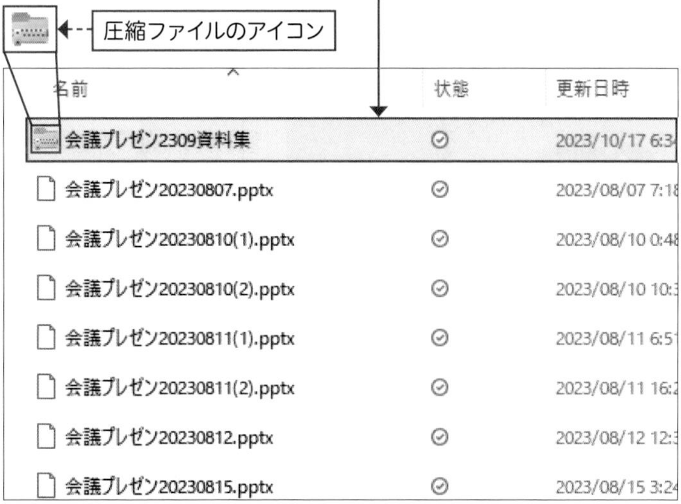

応用技

ファイルとフォルダーを圧縮する

ここでは、フォルダー内にあるすべての
ファイルを圧縮していますが、1つのファ
イルやフォルダーのみを圧縮したり、
ファイルとフォルダーを混在させて圧縮
することもできます。

補足

右クリックメニューから圧縮する

ファイルの圧縮は、右クリックメニュー
からも行えます。右クリックメニューを
利用するときは、ファイルやフォルダー
をクリックして選択し、右クリックする
とメニューが表示されるので、[ZIPファ
イルに圧縮する]をクリックします。

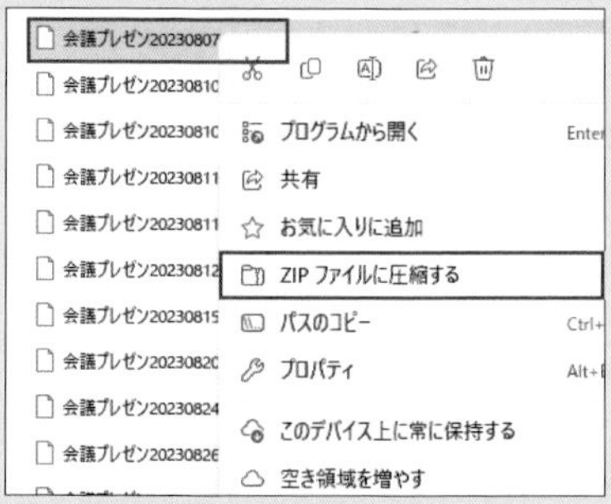

注意

圧縮後のファイルサイズについて

ファイルの種類によっては、圧縮しても
容量が減らない場合があります。たとえ
ば、写真で一般的なJPEG形式や、電子
文書でよく使われるPDF形式のファイ
ルは、圧縮してもファイルサイズはほと
んど変化しません。

7 ファイルの圧縮が行われます。

8 ファイルの圧縮が終了したら、ファイル名（ここでは［会議2309
資料集］）を入力し、

名前		状態	更新日時
会議プレゼン20230807.pptx		⊘	2023/08/07 7:18
会議2309資料集		⊘	2023/10/17 6:31
会議プレゼン20230810(1).pptx		⊘	2023/08/10 0:48
会議プレゼン20230810(2).pptx		⊘	2023/08/10 10:3
会議プレゼン20230811(1).pptx		⊘	2023/08/11 6:51
会議プレゼン20230811(2).pptx		⊘	2023/08/11 16:2
会議プレゼン20230812.pptx		⊘	2023/08/12 12:3
会議プレゼン20230815.pptx		⊘	2023/08/15 3:24

9 Enter を押します。

10 ファイル名が確定され、ファイルの圧縮が完了しました。

 圧縮ファイルのアイコン

名前		状態	更新日時
会議プレゼン2309資料集		⊘	2023/10/17 6:3
会議プレゼン20230807.pptx		⊘	2023/08/07 7:18
会議プレゼン20230810(1).pptx		⊘	2023/08/10 0:48
会議プレゼン20230810(2).pptx		⊘	2023/08/10 10:3
会議プレゼン20230811(1).pptx		⊘	2023/08/11 6:51
会議プレゼン20230811(2).pptx		⊘	2023/08/11 16:2
会議プレゼン20230812.pptx		⊘	2023/08/12 12:3
会議プレゼン20230815.pptx		⊘	2023/08/15 3:24

② USBメモリー／USB HDDを取り外す

解説

USBメモリー／USB HDDの取り外し

USBメモリー／USB HDDは、右の手順で取り出し処理を行ってから、取り外してください。右の手順を行わずに取り外すと、書き込み中のデータが正しく保存されず、USBメモリー／USB HDD内にあるファイルが破壊されてしまう可能性があります。なお、右の手順❷の［取り出す］が表示されていない場合は、…をクリックするか、ウィンドウの幅を広くすると表示されます。

補足

右クリックメニューから取り外す

USBメモリー／USB HDDの取り外しは、ナビゲーションウィンドウのUSBメモリーのドライブアイコンを右クリックし、表示されたメニューから［取り出し］をクリックすることでも行えます。

1 ナビゲーションウィンドウの［USBメモリーのドライブアイコン（ここでは、［USBドライブ（D:）］）をクリックし、

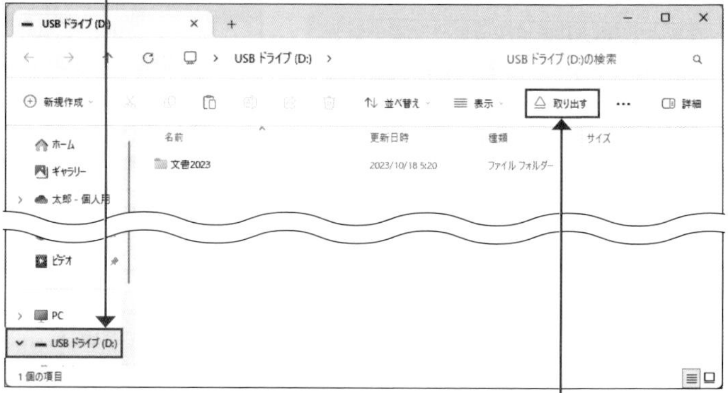

2 ［取り出す］をクリックします（左の「解説」参照）。

3 通知バナーが表示されます。

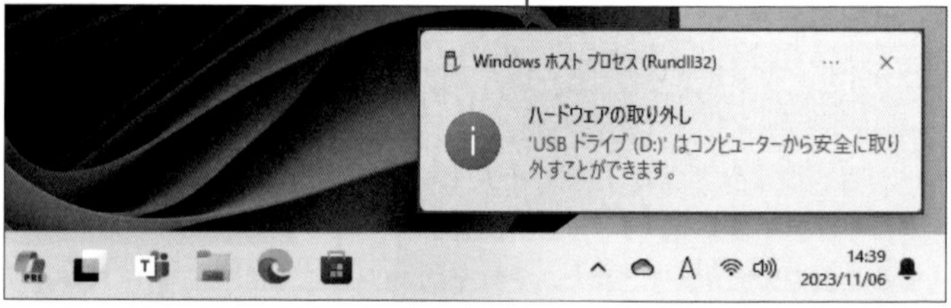

4 USBメモリーを取り外します。

③ USBメモリー／USB HDDをフォーマットする

解説

フォーマットを行う

フォーマットは、USBメモリー／USB HDD内のデータをすべて消去し、OS（ここでは、「Windows 11」）で利用可能な状態にすることです。USBメモリー／USB HDD内のすべてのデータを消去したいときは、右の手順でフォーマットを行います。ここでは、USBメモリーのフォーマットを例に説明していますが、USB HDDも同じ手順でフォーマットを行えます。

1 ナビゲーションウィンドウの［USBメモリーのドライブアイコン（ここでは、［USBドライブ（D:）］）をクリックし、

2 …をクリックします。

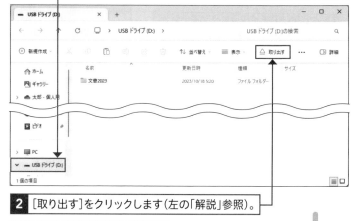

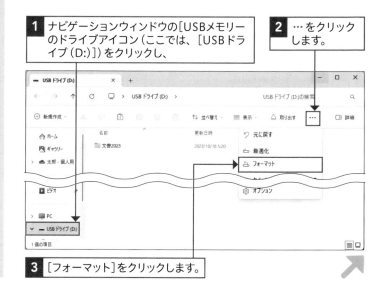

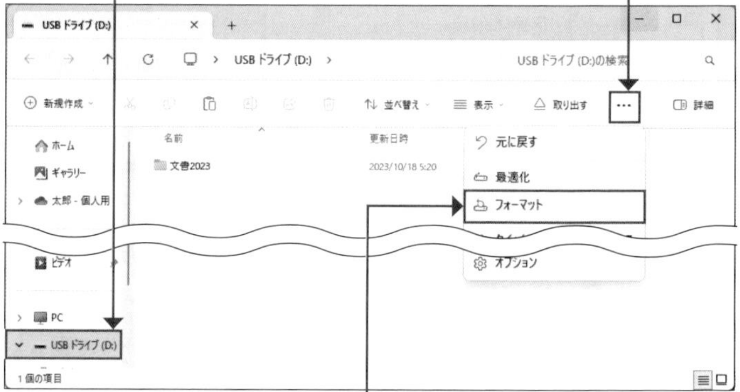

3 ［フォーマット］をクリックします。

注意

データの確認

フォーマットを行うと、USBメモリー／USB HDD内のデータはすべて消去されます。フォーマットは、必要なデータが残っていないかを確認してから行ってください。

補足

ボリュームラベルとは

ボリュームラベルとは、ドライブなどに付ける任意の名称です。エクスプローラーではドライブ文字（D:やE:など）とともにこの名称が表示されます。ボリュームラベルの入力は必須ではありません。

ヒント

右クリックメニューからフォーマットする

USBメモリー／USB HDDのフォーマットは、ナビゲーションウィンドウのUSBメモリーのドライブアイコンを右クリックし、表示されたメニューから［フォーマット］をクリックすることでも行えます。

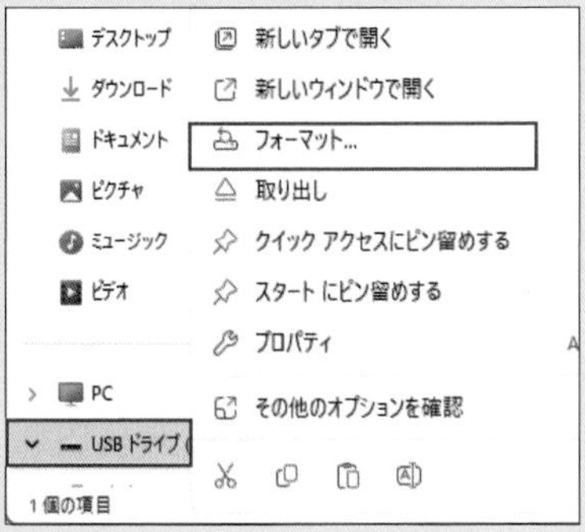

4 必要に応じてボリュームラベルを入力し、

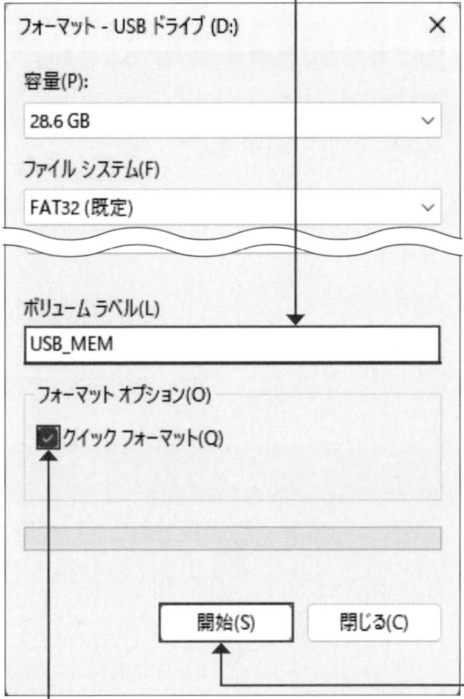

5 ［クイックフォーマット］のチェックボックスがオンになっていることを確認します。

6 ［開始］をクリックします。

7 ダイアログボックスが表示されたら［OK］をクリックします。

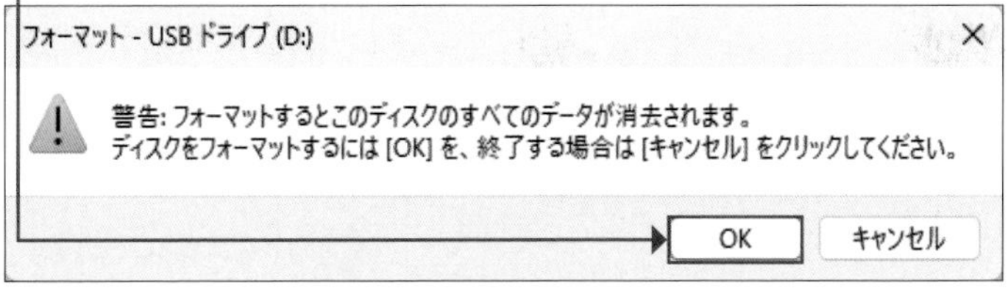

8 フォーマットが完了するとダイアログボックスが表示されます。

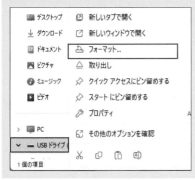

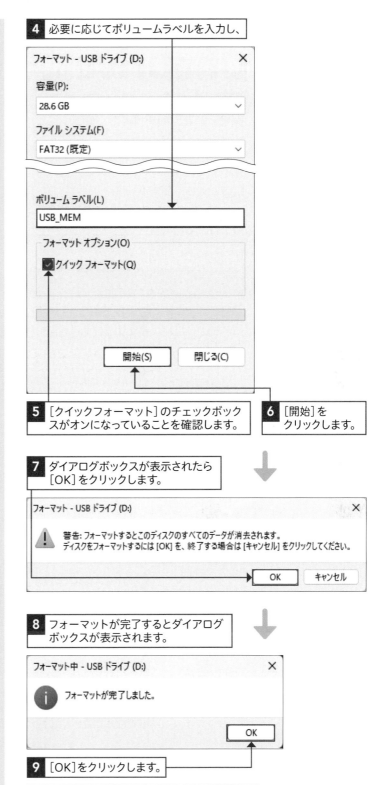

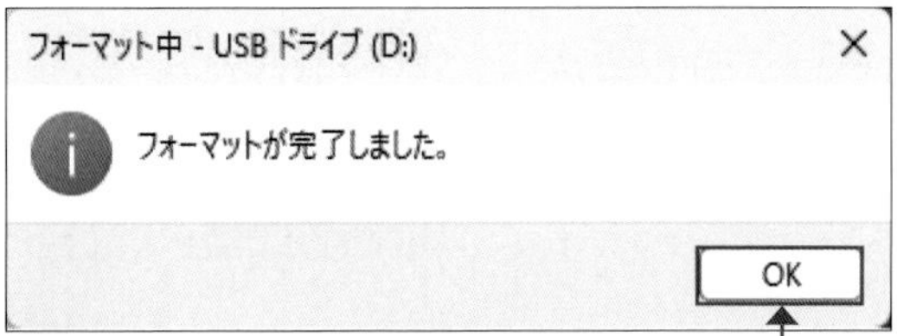

9 ［OK］をクリックします。

10 手順4の画面の［閉じる］をクリックして、フォーマット画面を終了します。

Section

21 OneDriveにデータを保存しよう

ここで学ぶこと

- OneDrive
- アップロード
- 同期状態

OneDriveは、マイクロソフトが提供している**インターネット上のデータ保管庫**です。オンラインストレージとも呼ばれます。エクスプローラーのナビゲーションウィンドウに表示される「OneDrive」フォルダーを通して利用できます。

1 エクスプローラーでOneDriveにファイルを保存する

解説

OneDriveにデータを保存する

インターネット上のデータ保管庫であるOneDriveは、通常、エクスプローラーの「OneDrive」フォルダーを通して利用します。「OneDrive」フォルダーは、ナビゲーションウィンドウ上部に「☁+[名称]-個人用(ここでは「☁太郎-個人用」)」の形式で表示されています。また、「OneDrive」フォルダーの内容とインターネット上のOneDriveの内容は常に同じになるように同期されています。パソコン内の「OneDrive」フォルダーの内容またはインターネット上のOneDriveの内容を変更すると、その結果はそれぞれに自動的に反映されます。

1 OneDriveに保存したいファイルがあるフォルダー(ここでは、[ビデオ])をエクスプローラーで開きます。

2 OneDriveに保存したいファイル／フォルダー(ここでは[ワイン動画])をクリックし、

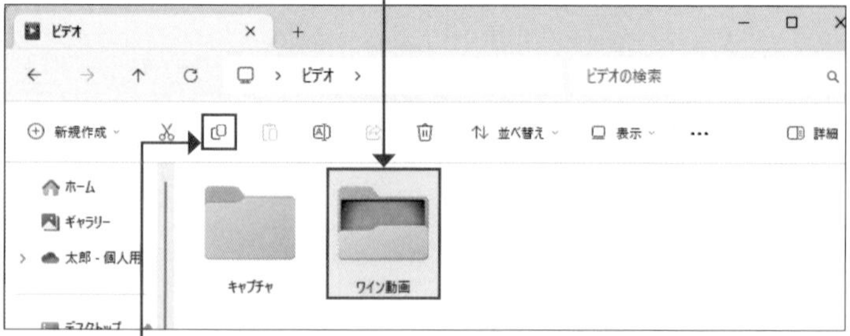

3 をクリックします。

4 [OneDrive]をクリックします。

5 をクリックします。

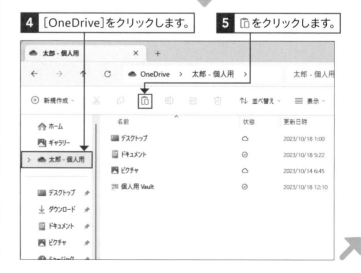

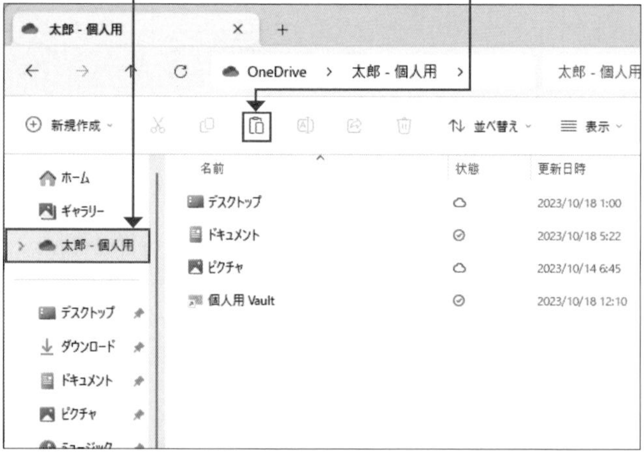

補足

OneDriveの容量は

OneDriveは、Microsoft アカウントを取得していれば無償で「5GB」の容量を利用できます。また、Microsoft 365 Personalを利用しているユーザーは、「1TB」の容量を追加費用なしで利用できます。

ヒント

自動保存を設定しているときは

「デスクトップ」や「ドキュメント」フォルダー、「ピクチャ」（または「画像」）フォルダーをOneDriveに自動保存する設定を行うと、クイックアクセスにあるこれらのフォルダーの参照先が「OneDrive」フォルダー内の「デスクトップ」「ドキュメント」、「ピクチャ」または「画像」に変更されます。このため、エクスプローラーでこれらのフォルダーに保存したファイルは、常に「OneDrive」フォルダー内に保存されます。

6 ファイル／フォルダーがコピーされ、状態を示すアイコンに 🔄 が表示されます。

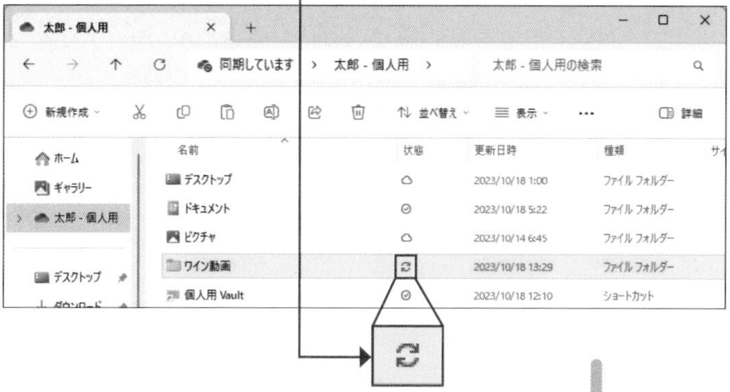

7 OneDriveへのアップロードが完了すると、状態を示すアイコンが ⊘ に変わります。

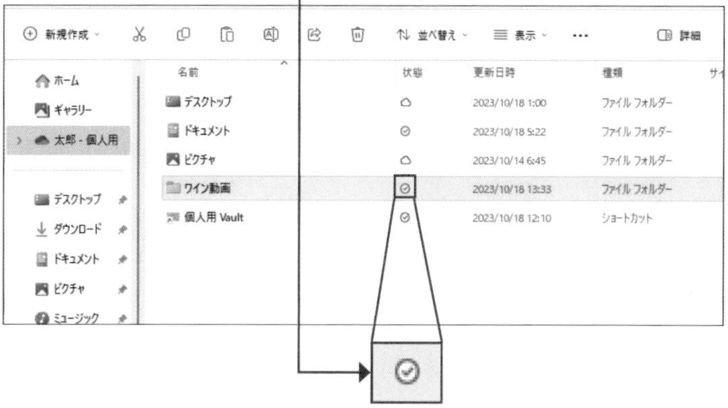

補足 「OneDrive」フォルダーの状態を示すアイコンの形状

「OneDrive」フォルダー内のファイルやフォルダーは、状態を示すアイコンを確認することで、そのファイルやフォルダーが現在どのような状態なのかを知ることができます。OnDriveのファイル／フォルダーには4種類の状態を示すアイコンがあります。

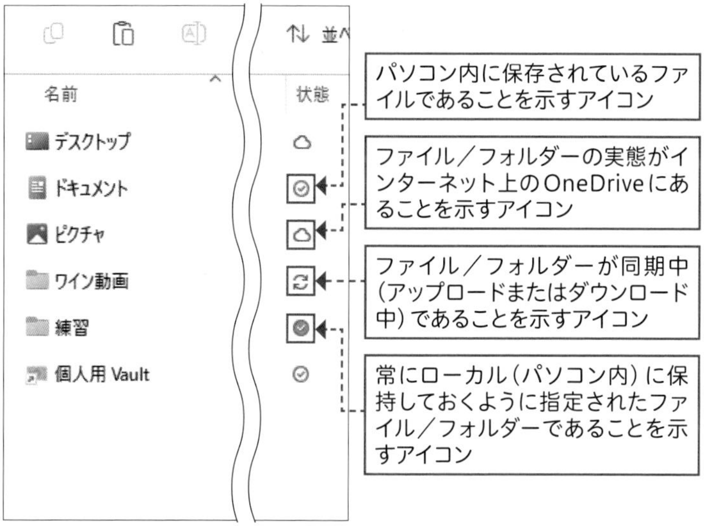

② WebブラウザーでOneDriveを操作する

解説
WebブラウザーでOneDriveを利用する

OneDriveは、Microsoft Edgeなどの Webブラウザーから OneDriveのURL（https://onedrive.live.com）を開くことでも各種操作が行えます。ネットカフェに設置されたパソコンなどからOneDrive内のファイル／フォルダーを操作したいときはWebブラウザーを利用します。

1 Microsoft Edgeを起動し（100ページ参照）、OneDriveのURL（https://onedrive.live.com）を開きます。

2 OneDriveの説明ページが表示されます。

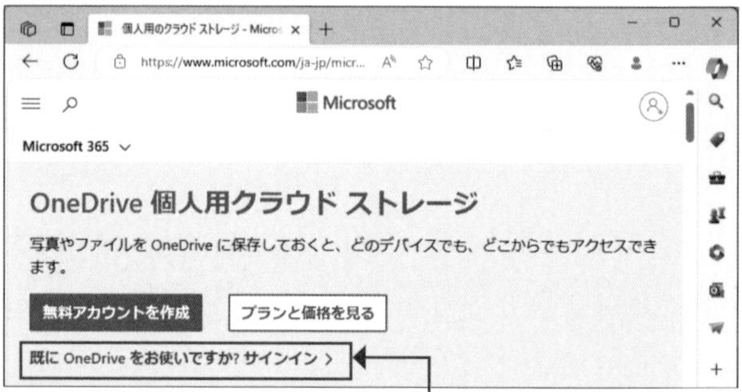

3 ［既にOneDriveをお使いですか？サインイン>］をクリックします。

4 OneDrive内のファイルやフォルダーが表示されます。

5 必要に応じて画面をスクロールして、

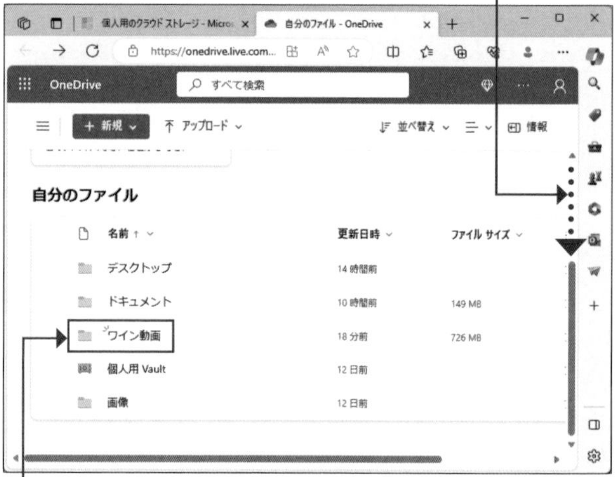

6 閲覧したいフォルダー（ここでは［ワイン動画］）をクリックします。

ヒント
サインイン画面が表示される

ネットカフェに設置されたパソコンなど、外出先のパソコンでOneDriveのURLを開いたときは、手順**4**でOneDriveへの［サインイン］画面が表示され、Microsoft アカウントでサインインを行うと、手順**4**の画面が表示されます。

ヒント

ファイルやフォルダーを操作する

Webブラウザーでインターネット上のOneDrive内にあるファイルやフォルダーの操作を行うときは、操作を行いたいファイルやフォルダーの上にマウスポインターを移動して、チェックをオンにして選択し、[削除]や[移動]、[コピー]などをクリックすると、ファイルやフォルダーの削除や移動、コピーが行えます。

ヒント

ファイル／フォルダーのアップロード／ダウンロード

[アップロード]をクリックし、ファイル／フォルダーを選択すると、選択したファイル／フォルダーを閲覧中のフォルダーにアップロードできます。また、[ダウンロード]をクリックすると、現在閲覧中のフォルダー内のすべてのファイル／フォルダーを圧縮してダウンロードします。ダウンロードしたいファイルやフォルダーのチェックをオンにして選択し、[ダウンロード]をクリックすると、選択したフォルダー／ファイルのみをダウンロードできます。

7 選択したフォルダー内のファイルが表示されます。

8 閲覧したいファイル(ここでは[IMG_3241.HEIC])をクリックすると、

9 そのファイルの内容が表示されます。

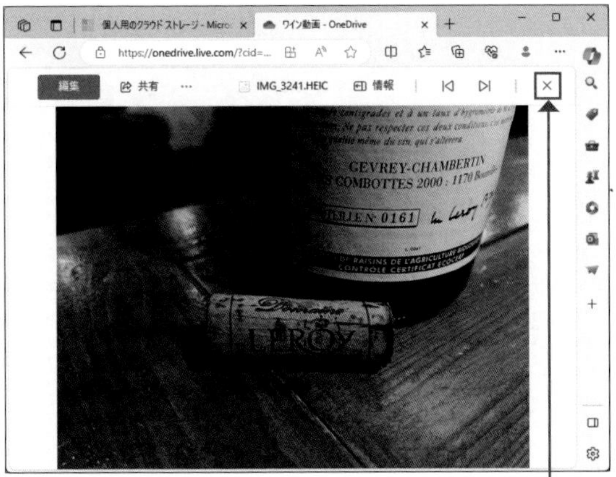

10 ×をクリックすると、

11 ファイルの閲覧が終了し、手順**7**のフォルダー内のファイルの表示に戻ります。

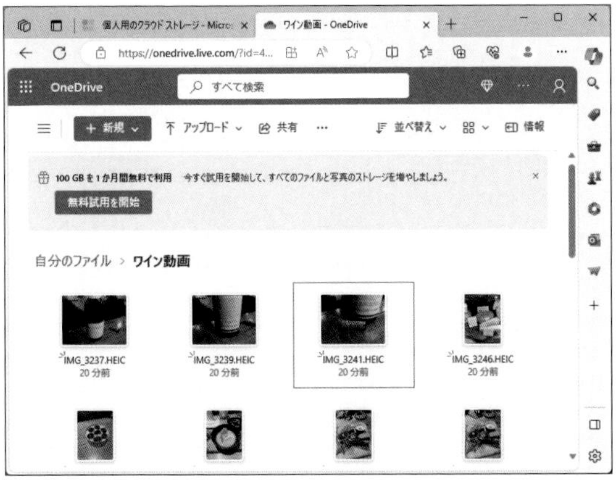

3 Windowsバックアップを利用する

解説

Windowsバックアップとは

Windowsバックアップは、OneDriveを利用したバックアップ機能です。Windows 11にインストールしたアプリやWi-Fiの接続情報、言語や壁紙などの各種設定に加え、特定のフォルダー内のデータをOneDriveにバックアップしておき、Windowsの再インストール時などに復元できる機能です。右の手順では、パソコン内の特定のフォルダーを自動バックアップする方法を説明します。

応用技

スクリーンショットや写真を自動保存する

手順4の画面で［デバイスの写真やビデオの保存］を［オン］にすると、カメラで撮影した写真やiPhone、Androidスマートフォンなどから取り込んだ写真をOneDriveに自動保存できます。また、［作成したスクリーンショットをOneDriveに保存する］を［オン］にすると、スクリーンショットをOneDriveに自動保存できます。

1 タスクバー右端にある をクリックします。

2 をクリックし、

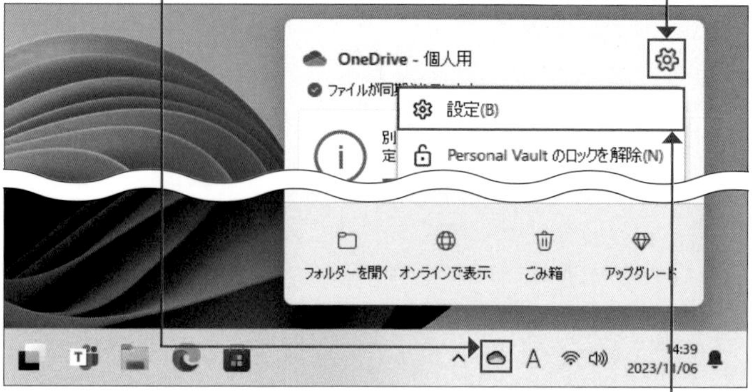

3 ［設定］をクリックします。

4 OneDriveの設定画面が表示されます。

5 ［同期とバックアップ］をクリックし、

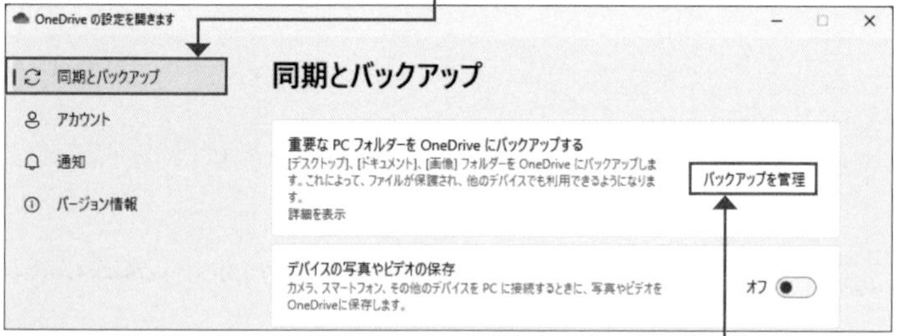

6 ［バックアップを管理］をクリックします。

7 バックアップしたいフォルダーの をクリックして、［オン］にし、

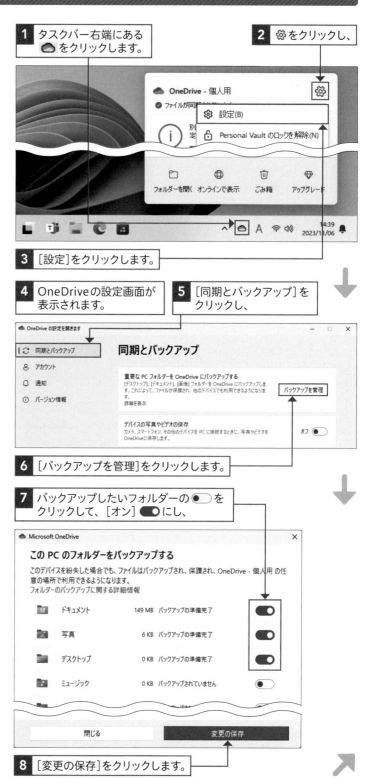

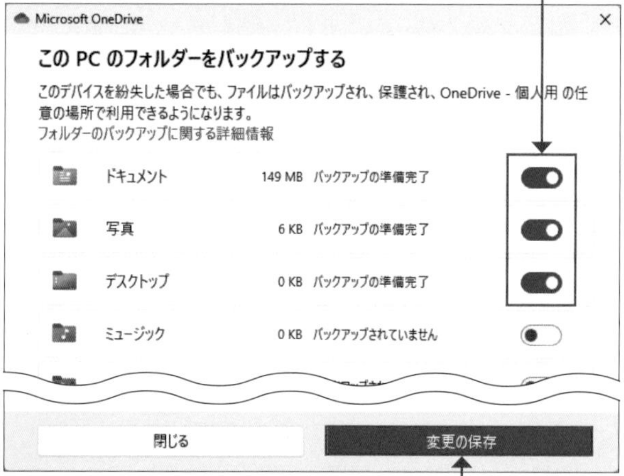

8 ［変更の保存］をクリックします。

応用技

バックアップをオフにする

86ページの手順7の画面でバックアップしたくないフォルダーをオフ にすると、そのフォルダーのバックアップを停止できます。また、すべてのフォルダーをオフ すると、フォルダーの自動バックアップを停止できます。

9 バックアップが開始されます。

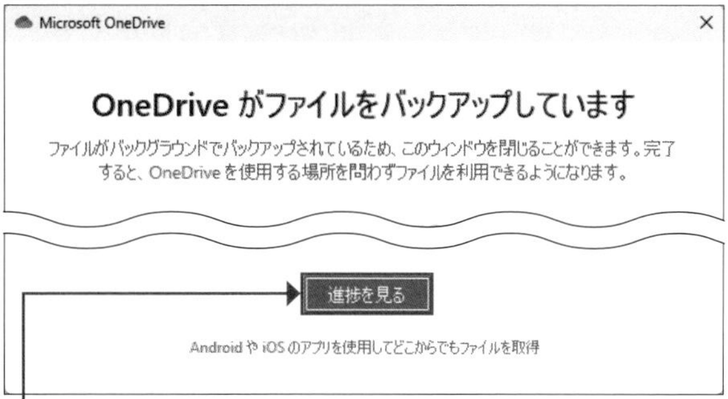

10 [進捗を見る]をクリックすると、

11 手順2で表示された画面で、バックアップの進捗状況が確認できます。

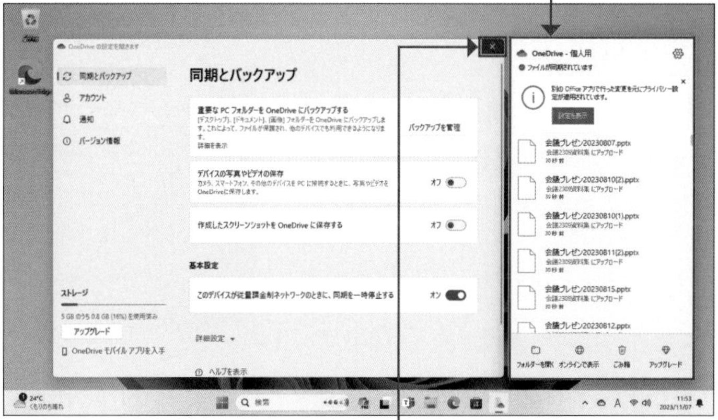

12 OneDriveの設定画面の×をクリックし画面を閉じます。

ヒント 「Windows バックアップ」からバックアップの設定を行う

OneDrive にバックアップするフォルダーの設定は、Windows バックアップの設定からも行えます。この画面は、「設定」を開き、[アカウント]→[Windows バックアップ]の順にクリックすることで表示でき、[同期の設定を管理する]をクリックすると、86ページの手順7の画面が表示されます。また、[自分の設定を保存する]をクリックするとバックアップしたい設定を選択できます。

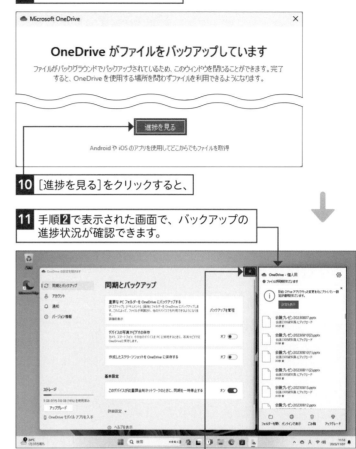

Section

22 CD-RやDVD-Rへ書き込もう

ここで学ぶこと

・ライブファイルシステム
・マスター
・光学ディスク

大切な写真やアプリで作成した文書などを友人に渡したり、万が一に備えたバックアップを作成したりするときは、長期保存が行え、広く普及している**CD-R**や**DVD-R**などの光学ディスクに書き込むのがお勧めです。

1 ライブファイルシステムでデータを書き込む

解説

光学ディスクに書き込む

CD-RやDVD-R、BD-Rなどの光学ディスクにデータを書き込む方法には、USBメモリーと同じように使用できる「ライブファイルシステム」と、CD／DVDプレーヤーで使用するメディアを作成するための「マスター」の2種類があります。右の手順では、ライブファイルシステムを用いた書き込み手順を説明しています。

ヒント

通知バナーが表示されない

通知バナーは、未使用の光学ディスクをはじめてパソコンにセットしたときに表示されます。手順3で操作を選択すると、次回以降は表示されなくなり、手順4の「ディスクの書き込み」ダイアログボックスが表示されます。また、通知バナーが表示されずにアプリが起動したときは、そのアプリを終了し、続いて、エクスプローラーを起動して、ナビゲーションウィンドウの光学ドライブのアイコンをダブルクリックします。

1 空の光学ディスクをドライブにセットします。

2 通知バナーが表示されるのでクリックします。

3 [ファイルをディスクに書き込む]をクリックします。

4 「ディスクの書き込み」ダイアログボックスが表示されます。

5 必要に応じてタイトルを入力し、

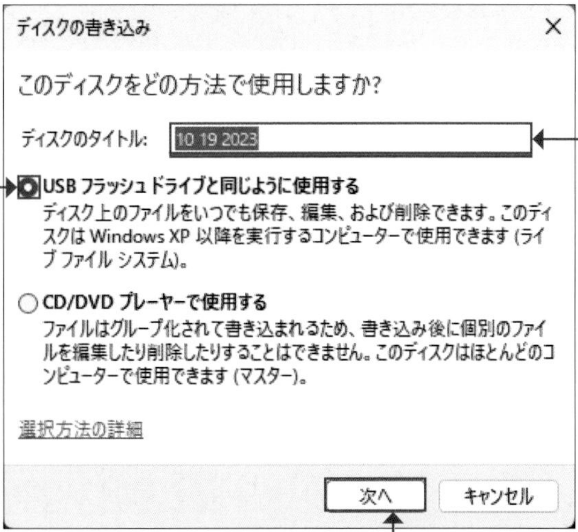

6 [USBフラッシュドライブと同じように使用する]がオンになっていることを確認し、

7 [次へ]をクリックします。

8 光学ディスクのフォーマットがはじまります。

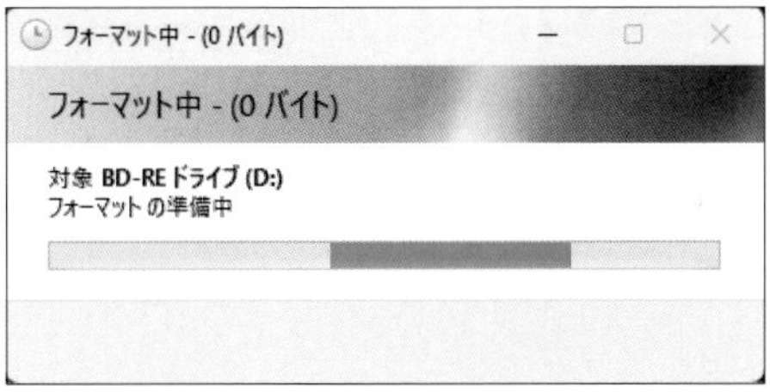

9 フォーマットが完了すると、エクスプローラーが起動し、ウィンドウが開きます。

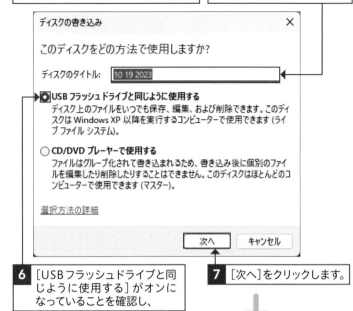

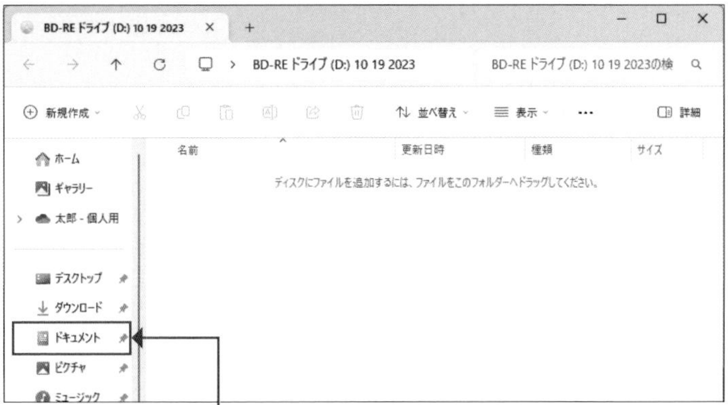

10 書き込みたいファイルがあるフォルダー(ここでは[ドキュメント])をクリックします。

補足

異なるメニューが表示される

市販のライティングソフトなどがインストールされている場合、88ページの手順3とは異なる画面が表示される場合があります。

重要用語

ライブファイルシステム

ライブファイルシステムは、CD-RやDVD-Rなどの光学ディスクをUSBメモリーと同様の使用感で利用できる書き込み方法です。ファイルやフォルダー単位で書き込みを行えるほか、削除や移動、名前の変更なども行えます。右の手順6[USBフラッシュドライブと同じように使用する]にチェックを入れると、ライブファイルシステムが選択されます。

補足

ダイアログボックスが表示されない

手順4の「ディスクの書き込み」ダイアログボックスが表示されないときは、エクスプローラーを起動し、ナビゲーションウィンドウの光学ドライブのアイコンをダブルクリックしてください。

11 書き込みたいファイル／フォルダーをクリックして選択し、

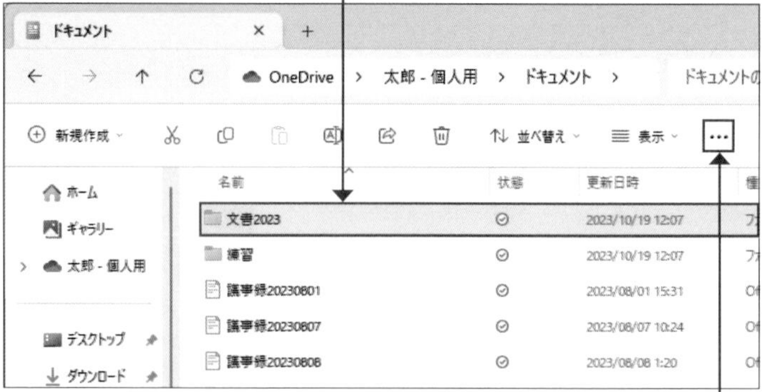

12 …をクリックします。

13 ［ディスクに書き込む］をクリックします。

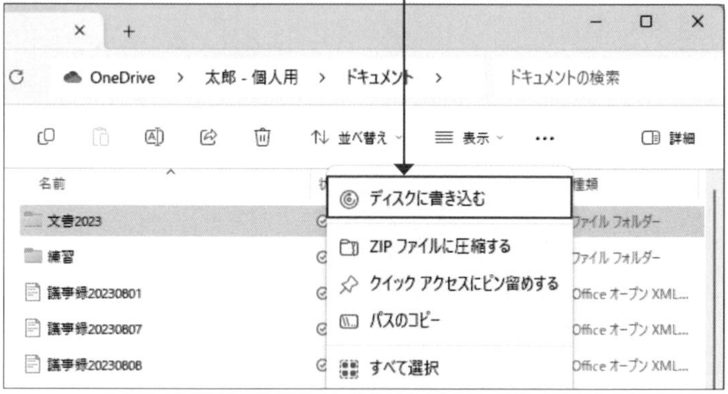

14 光学ディスクに書き込まれるファイル／フォルダーを表示する新しいウィンドウが開き、

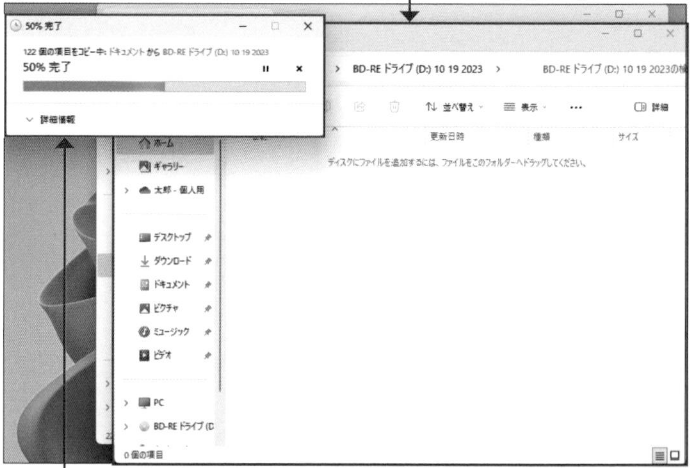

15 書き込みがはじまります。

補足
ファイル／フォルダーの書き込み方法

ライブファイルシステムでは、USBメモリーと同じ操作でファイルやフォルダーを書き込めます。右の手順では、エクスプローラーのツールバーの［ディスクに書き込む］をクリックして書き込んでいますが、USBメモリー同様にドラッグ＆ドロップで書き込みを行うこともできます。

補足
書き込みを中止するには

手順15の画面で ✖ をクリックすると、書き込みを中止できます。その際、CD-R、DVD-R／+R、BD-R などの追記型の光学メディアは、中止の時点ですでに書き込んでしまったファイルの削除はできないため、記憶容量が減少します。一方、CD-RW、DVD-RW／+RW、BD-REなどの書き換え型の光学メディアは、不要なファイルを削除できるため、書き込み前の容量に戻ります。

補足

取り出し処理

ライブファイルシステムでは、光学ディスク取り出し時に取り出し処理が行われます。取り出し処理とは、取り出した光学ディスクが古いパソコンでも読み出せるようにするための処理です。なお、手順16で［取り出す］が表示されていないときは、ウィンドウの幅を広げるか、… をクリックします。

ヒント

取り出し処理の時間

光学ディスクの取り出し処理にかかる時間は、書き込みを行った光学ディスクの種類や書き込んだ容量などによって異なります。一般的には数分程度で完了しますが、DVD-R DLとDVD+R DLをライブファイルシステムで使用すると、取り出し処理に30分近くかかる場合があります。また、DVD-R DLとDVD+R DLは、一度取り出し処理を行うと、以降の書き込みが行えなくなるという制限もあります。

注意

DVDビデオは作成できない

Windows 11では、市販の映画などと同等のDVD（DVDビデオ）を作成する機能を備えていません。ここで紹介した手順で作成できるDVDは、パソコン以外では再生できない場合があります。

16 書き込みが完了すると、新しいウィンドウで光学ディスクに書き込んだ内容を確認できます。

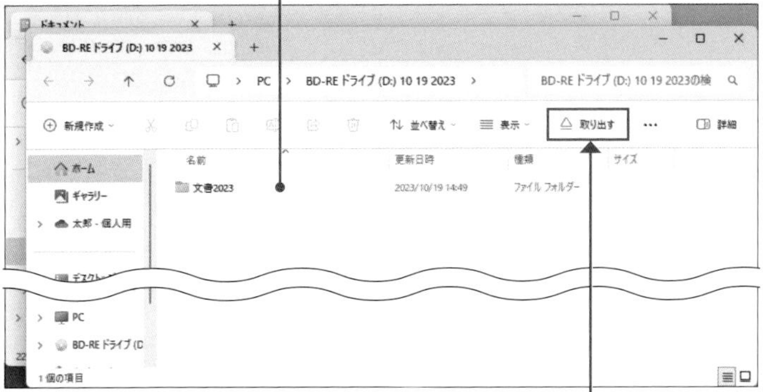

17 光学ディスクを取り出すときは、［取り出す］をクリックします。

18 取り出し処理を行っていることを知らせる通知バナーが表示されます。

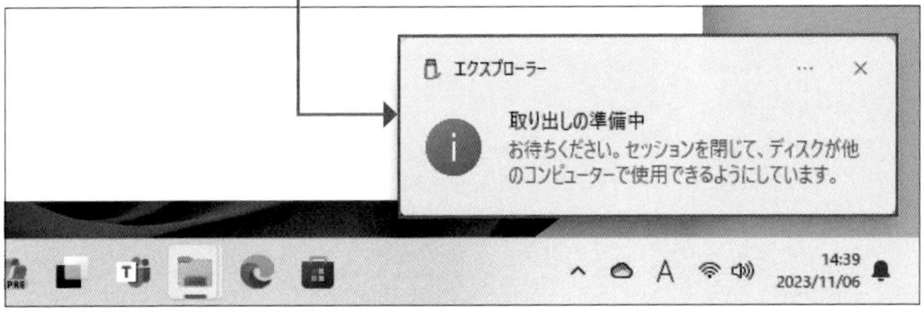

19 取り出し処理が完了すると、光学ディスクが自動的に排出され、

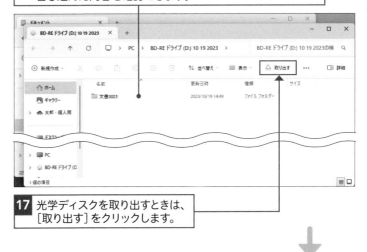

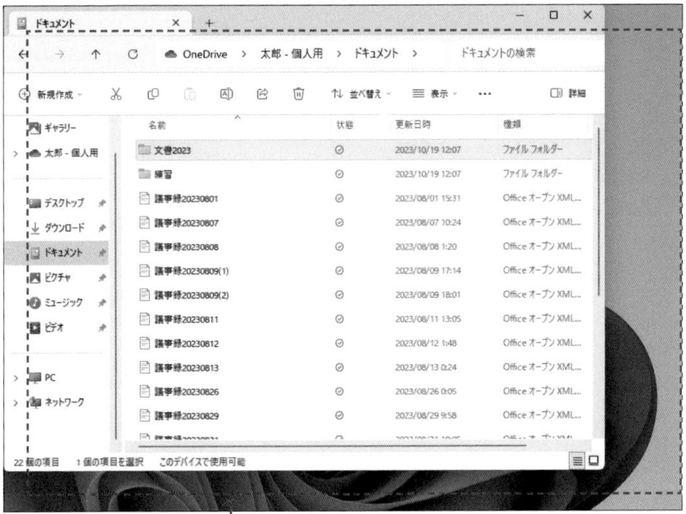

20 光学ディスク内のファイル／フォルダーを表示していたウィンドウが自動的に閉じます。

② マスターで書き込む

解説

マスターで書き込む

マスターは、データの長期保存に適した書き込み方式です。マスターで書き込んだデータは、ライブファイルシステムとは異なり、削除や移動、名前の変更といった操作を行えないため、操作ミスで大切なデータを失ってしまうことはありません。データの長期保存にはマスター、一時的な保存にはライブファイルシステムと使い分けるのがお勧めです。

1 空の光学ディスクをドライブにセットすると、

2 「ディスクの書き込み」ダイアログボックスが表示されます。

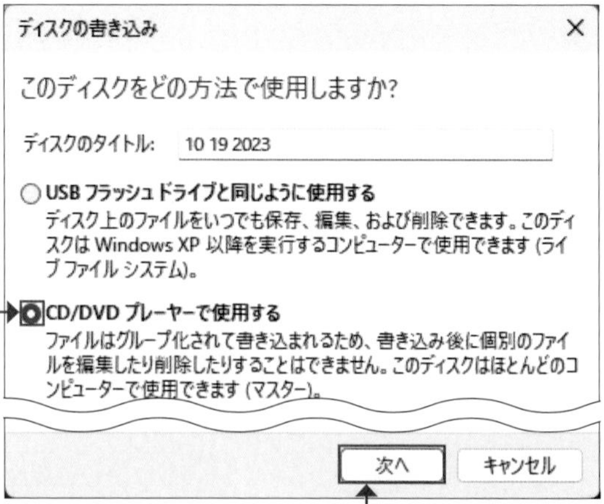

3 [CD/DVDプレーヤーで使用する]の◯をクリックして◉にし、

4 [次へ]をクリックします。

5 新しいエクスプローラーのウィンドウが開きます。

6 書き込みたいファイル／フォルダーが収められているフォルダー（ここでは[ドキュメント]）をクリックし、

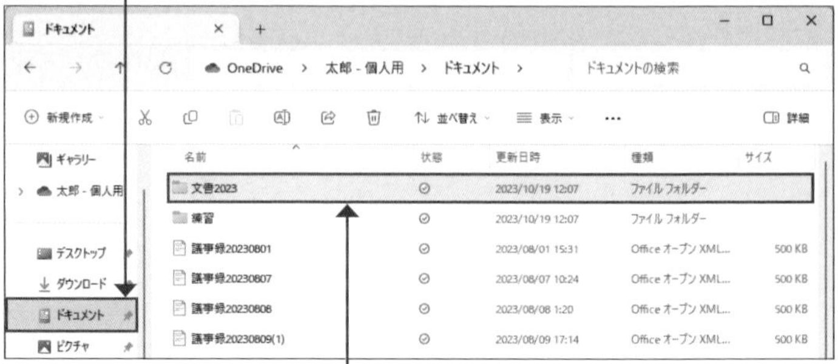

7 書き込みたいファイル／フォルダーをクリックします。

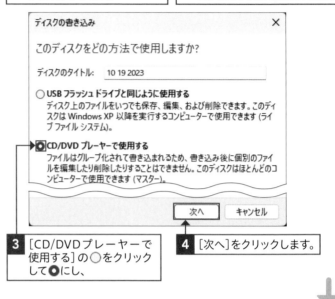

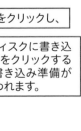

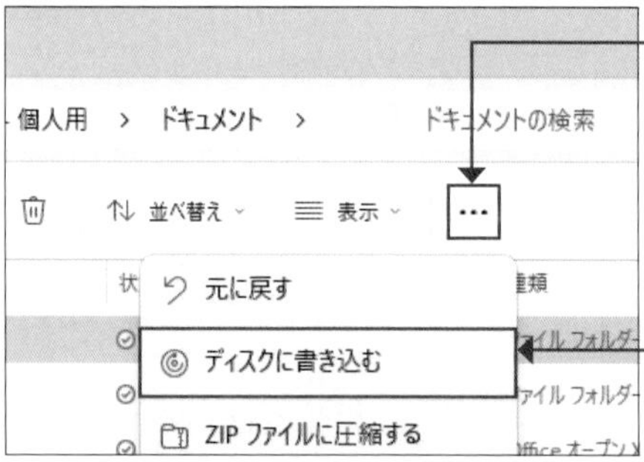

8 …をクリックし、

9 [ディスクに書き込む]をクリックすると書き込み準備が行われます。

応用技

データの追加書き込みについて

マスターでデータを書き込んだディスクは、空き領域がなくなるまで、右の手順でデータの追加書き込みができます。ただし、書き込み済みのファイルやフォルダーを削除したり、上書きすることはできません。また、ライブファイルシステムの場合と同じく、DVD-R DL／+R DLのメディアは追加の書き込みができません。

ヒント

通知バナーが何度も表示される

手順11の通知バナーが何度も表示されるときは、書き込みが完了していないデータがあります。そのときは、手順12以降を参考にデータの書き込みを行ってください。また、データを書き込みたくないときは、光学ドライブのアイコンを右クリックし、表示されるメニューから［その他のオプションを表示］→［一時ファイルの削除］の順でクリックします。

補足

同じディスクを再度作成する

マスターで書き込みを行ったときは、同じ内容の光学ディスクを複数作成できます。複数作成したいときは、手順16の画面で［はい、これらのファイルを別のディスクに書き込む］をオンにすると、［完了］が［次へ］と変わります。新しい光学ディスクをセットして、［次へ］をクリックすると、同じ内容の光学ディスクを作成できます。

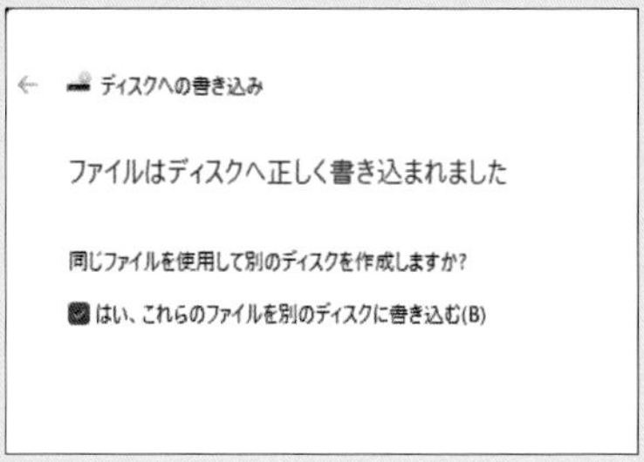

10 書き込み準備が完了すると、新しいウィンドウが開き、

11 通知バナーが表示されます。

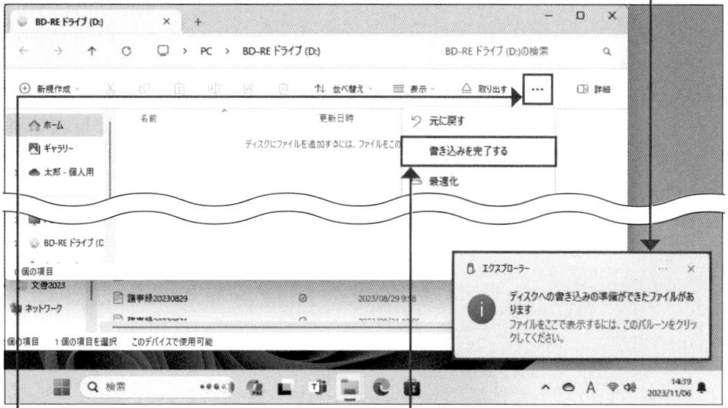

12 …をクリックし、

13 ［書き込みを完了する］をクリックします。

14 必要に応じてディスクのタイトルを入力し、

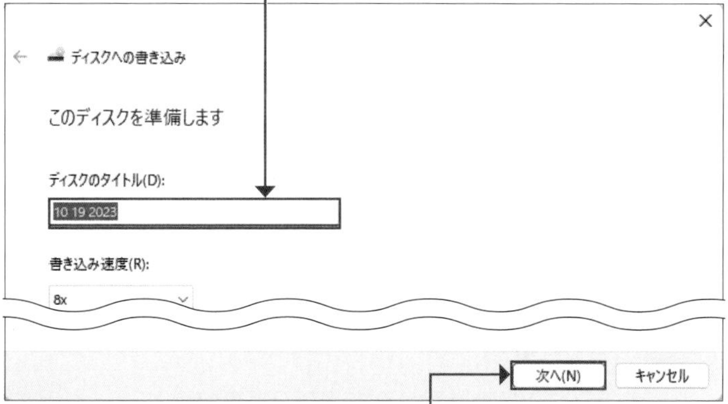

15 ［次へ］をクリックすると、書き込みが行われます。

16 書き込みが終了すると、光学ディスクが自動的に排出されます。

左の「補足」参照

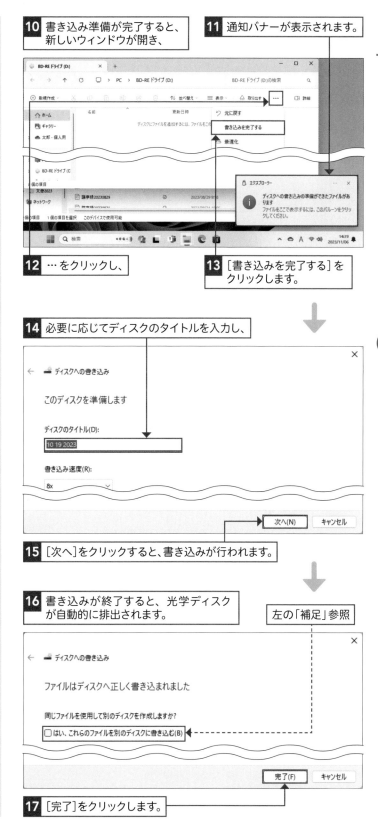

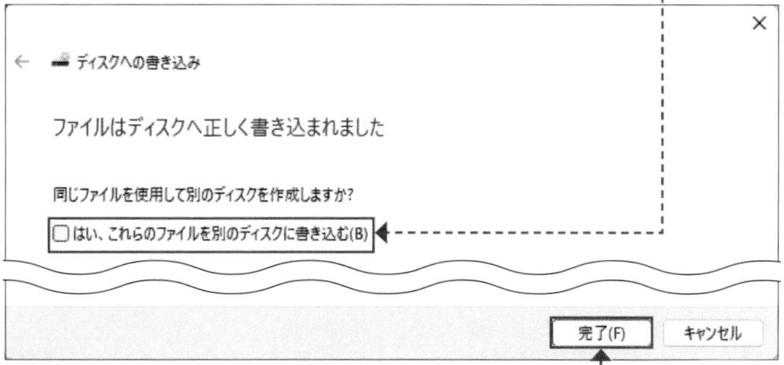

17 ［完了］をクリックします。

応用技 ファイルを検索する

目的のファイルが見つからないときは、検索を行います。Windows 11では、タスクバーの検索ボックスからファイルの検索を行えるほか、エクスプローラーの検索ボックスでファイルを検索できます。

タスクバーから検索する

1 タスクバーの検索ボックスをクリックします。

2 検索ボックスにキーワード（ここでは［ワイン］）を入力すると、

3 検索結果が表示されます。

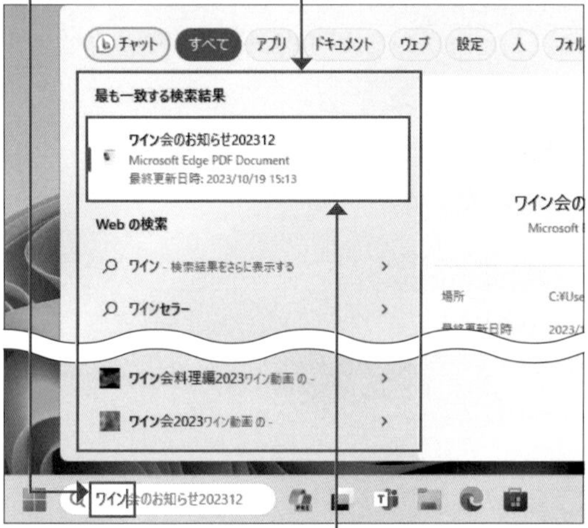

4 目的の結果（ここでは［ワイン会のお知らせ202312］）をクリックすると、

5 ファイルが開いて内容が表示されます。

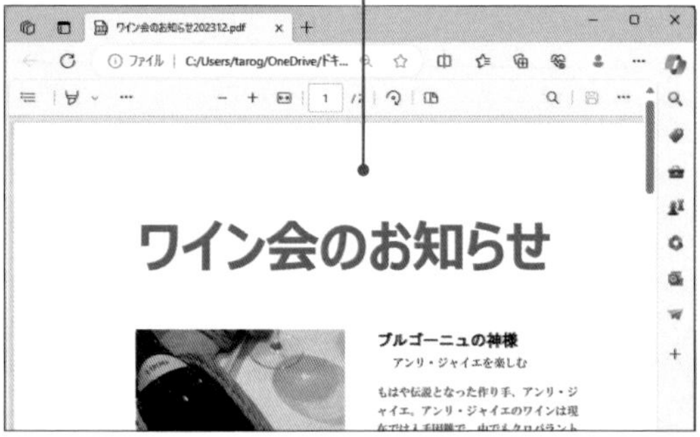

エクスプローラーで検索する

1 エクスプローラーを起動します。

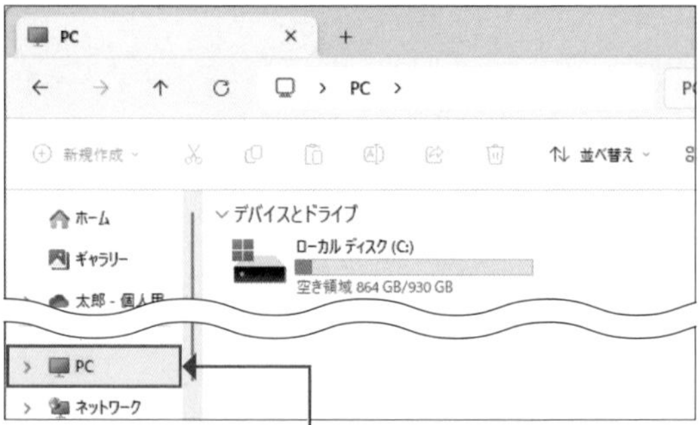

2 検索対象としたい場所（ここではパソコン内全体を対象とするため［PC］）をクリックして選択します。

3 検索ボックスにキーワード（ここでは［ワイン］）を入力すると、

4 検索結果が表示されます。

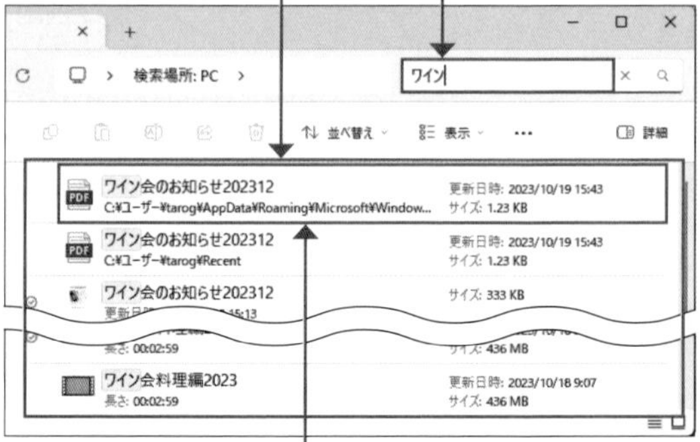

5 目的の結果（ここでは［ワイン会のお知らせ202312］）をダブルクリックすると、

6 ファイルが開いて内容が表示されます。

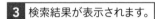

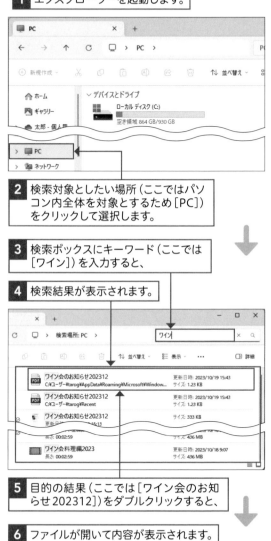

第 4 章

インターネットを利用しよう

Section

23 インターネットを使えるようにしよう

ここで学ぶこと

・インターネット
・有線LAN／Wi-Fi
・ネットワークセキュリティキー

インターネットを利用するには、自宅や会社などに用意されたインターネット接続環境にパソコンを接続します。接続方法には、**有線LAN**を利用する方法と**Wi-Fi**を利用する方法があります。

1 有線LANで接続する

解説

パソコンを有線LANで接続する

有線LANで使用するときは、LANケーブルでパソコンのLAN端子とルーター(またはハブ)を接続します。接続が完了し、インターネットが利用できる状態の場合は、タスクバー右下の アイコンの形状が に変わります。

ヒント

インターネット接続環境について

自宅でインターネットを利用するには、通信(回線)事業者やインターネットサービスプロバイダー(以下、ISP)と契約を結ぶ必要があります。ここでは、すでにインターネット利用環境が整っていることを前提にパソコンの接続方法を説明しています。

1 パソコンのLAN端子とルーターをLANケーブルで接続します。

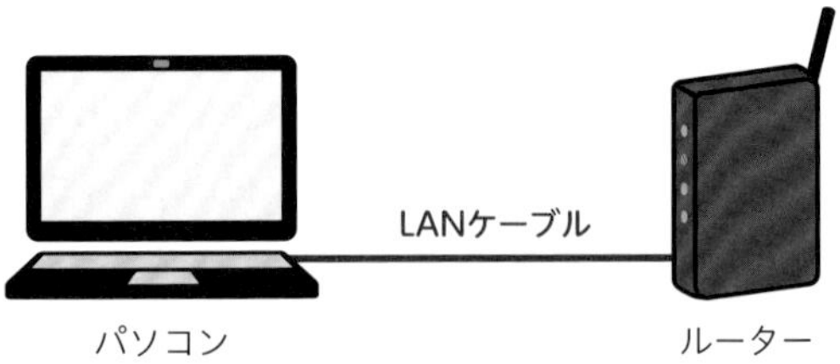

2 タスクバー右端の アイコンの形状が に変わります。

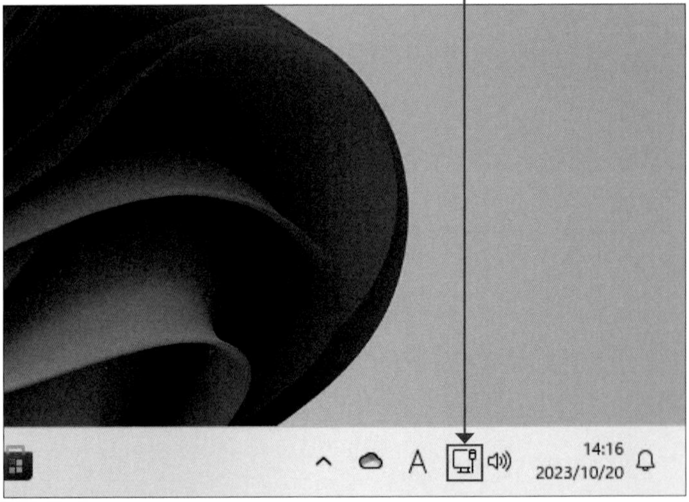

② Wi-Fi（無線LAN）で接続する

解説

パソコンをWi-Fiで接続する

Wi-Fi（無線LAN）で使用するときは、右の手順を参考にタスクバー右端の 🌐 をクリックして、接続先を選択します。なお、Wi-Fiの利用には、接続先のアクセスポイントの識別名とネットワークセキュリティキーが必要になります。これらの情報をWi-Fiルーターの取り扱い説明書や本体のシールなどで事前に確認してから作業を行ってください。

補足

Wi-Fiと無線LAN

Wi-Fiは、厳密に定義すると無線LANの方式の1つですが、今日の実使用においてはWi-Fiと無線LANは事実上、同種のものとして扱われています。このため、同じものと考えてもらって差し支えありません。本書では、Wi-Fiの表記で統一しています。

ヒント

接続先とは

手順3の「接続先」は、SSIDやBSSIDと呼ばれる、Wi-Fiの識別名です。通常、この識別名は、Wi-Fiルーター本体にシールで貼り付けられています。不明な場合は確認してみましょう。

1 タスクバー右端にある 🌐 をクリックします。

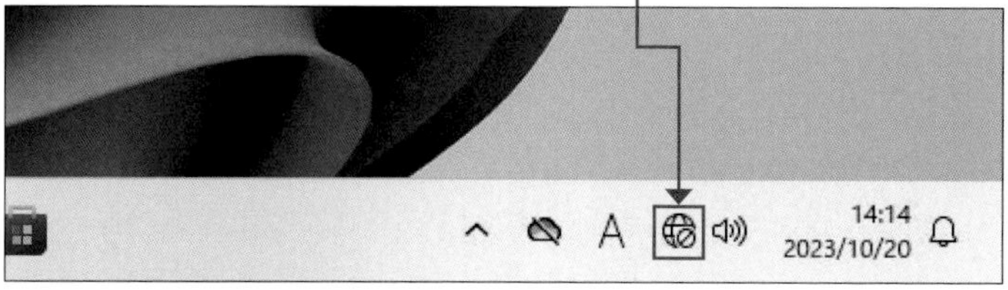

2 ＞をクリックします。

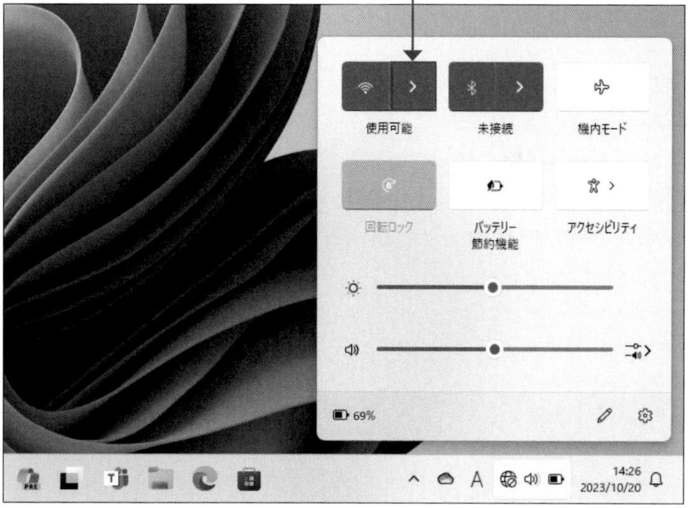

3 接続先（ここでは［Taro_home］）をクリックします。

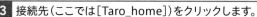

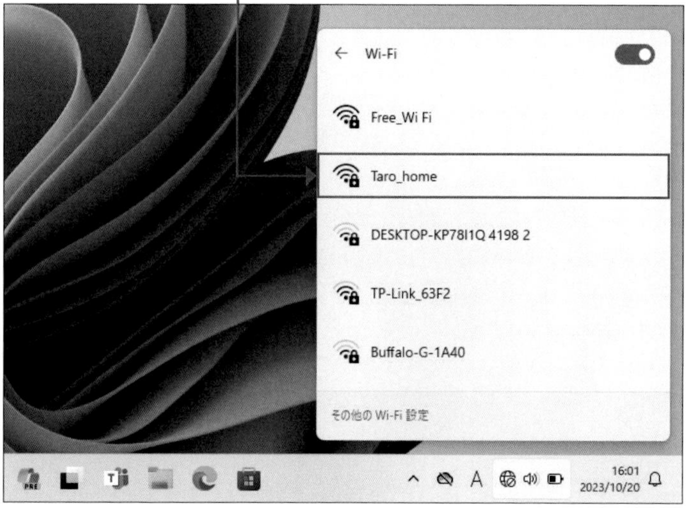

重要用語

ネットワークセキュリティキー

手順5の画面で入力する「ネットワークセキュリティキー」は、Wi-Fiの接続に利用されるパスワードのようなものです。Wi-Fiルーターの取り扱い説明書や本体のシールなどに記載されています。Windows 11では、初回接続時にのみネットワークセキュリティキーの入力を求められます。

応用技

ルーターのボタンで設定する

手順5の画面でネットワークセキュリティキーの入力ボックスの下に[ルーターのボタンを…]が表示されているときは、Wi-Fiルーターに備わっているセットアップボタンを押すことでもネットワークセキュリティキーを設定できます。詳細は、Wi-Fiルーターの取り扱い説明書を参照してください。

4 [接続]をクリックします。

5 ネットワークセキュリティキーを入力し、

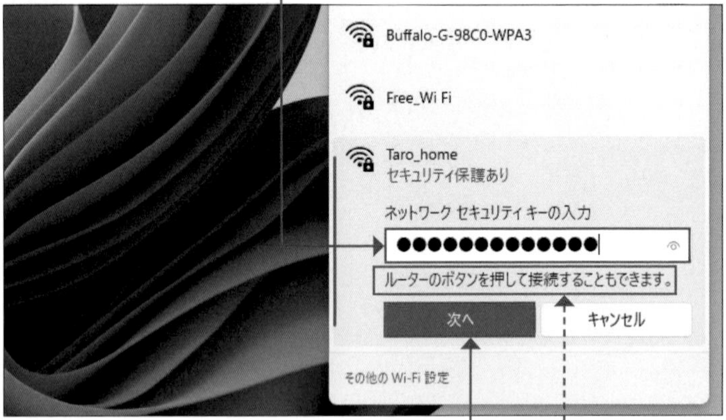

6 [次へ]をクリックします。

左の「応用技」参照

7 選択した接続先に「接続済み」と表示されます。

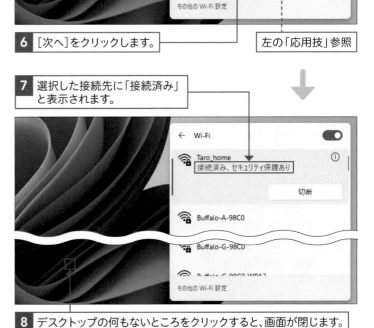

8 デスクトップの何もないところをクリックすると、画面が閉じます。

③ セキュリティの状態を確認する

解説
セキュリティ状態の確認

Windows 11では、右の手順で「Windows セキュリティ」を表示することでセキュリティの状況確認が行えます。異常がなく正常な項目には のアイコンが付き、異常が検出された項目には や のアイコンが付けられます。 は よりも優先度が低い警告で、 は直ちに対応すべき優先度の高い警告です。

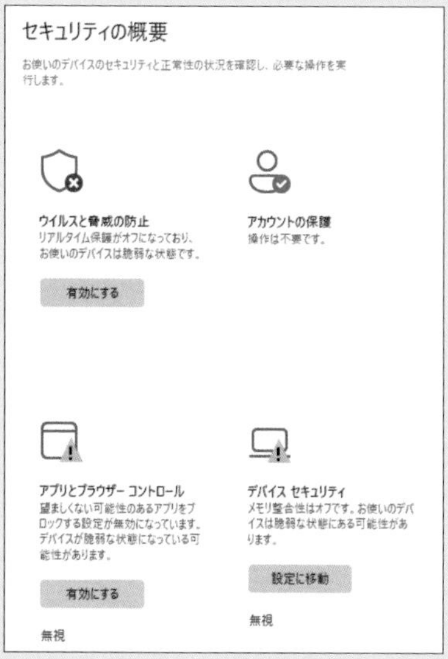

補足
他社製アプリを利用している場合

他社製のセキュリティ対策アプリを利用している場合も、Windows セキュリティを表示すると、利用中のアプリ名の確認やそのアプリの管理画面を表示できます。

1 タスクバー右端の をクリックします。

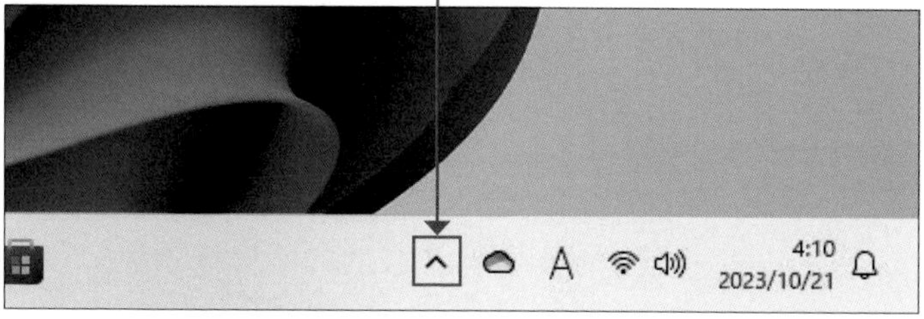

2 をクリックすると、

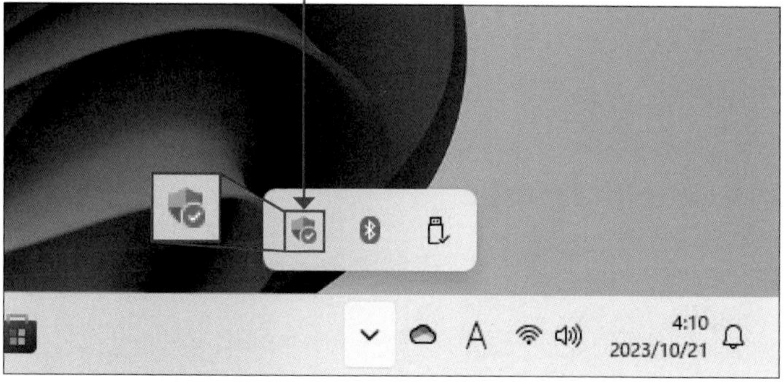

3 Windows セキュリティが表示されます。

4 ［ウイルスと脅威の防止］［ファイアウォールとネットワーク保護］［アプリとブラウザーコントロール］［デバイスセキュリティ］の4項目に が付いていれば安全です。

Section

24 Webブラウザーを起動しよう

ここで学ぶこと

・Webブラウザー
・Microsoft Edge
・起動／終了

Webページの閲覧には、**Webブラウザー**と呼ばれる閲覧アプリを利用します。Windows 11には**Microsoft Edge**というWebブラウザーが標準搭載されています。Microsoft Edgeは、タスクバーに起動用のボタンが配置されています。

1 Microsoft Edgeを起動する

解説

Microsoft Edgeの起動

「Microsoft Edge」は、Windows 11に搭載されているWebブラウザーです。本書では、Microsoft Edgeの使用を前提に解説しています。Microsoft Edgeは、右の手順で起動できます。

補足

Microsoft Edgeについて

新しいMicrosoft Edgeでは、通常、起動後に「新しいタブ」と呼ばれるページを表示します。新しいタブは、画面中央に検索ボックスが、その下にクイックリンクが表示されます。また、クイックリンクの下にはニュースが表示されます。

1 タスクバーのをクリックします。

2 「Microsoft Edge」が起動します。

3 ✕をクリックすると、

補足

はじめて起動したとき

Microsoft Edgeをはじめて起動したときは、「Microsoft Edgeへようこそ」と表示され、初期設定画面が開きます。この画面が表示されたときは、画面の指示に従って操作してください。

4 「Microsoft Edge」が終了します。

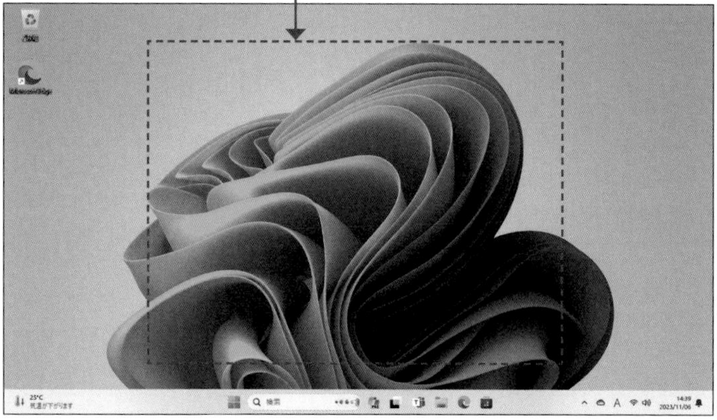

解説

Microsoft Edgeの画面構成

Microsoft Edgeは、Microsoftが開発し無償提供している最新技術を採用したWebブラウザーです。Microsoft Edgeは以下のような画面構成ですが、現在進行系で進化を続けており、今後も機能追加が予定されています。このため、画面構成は変更になる可能性があります。

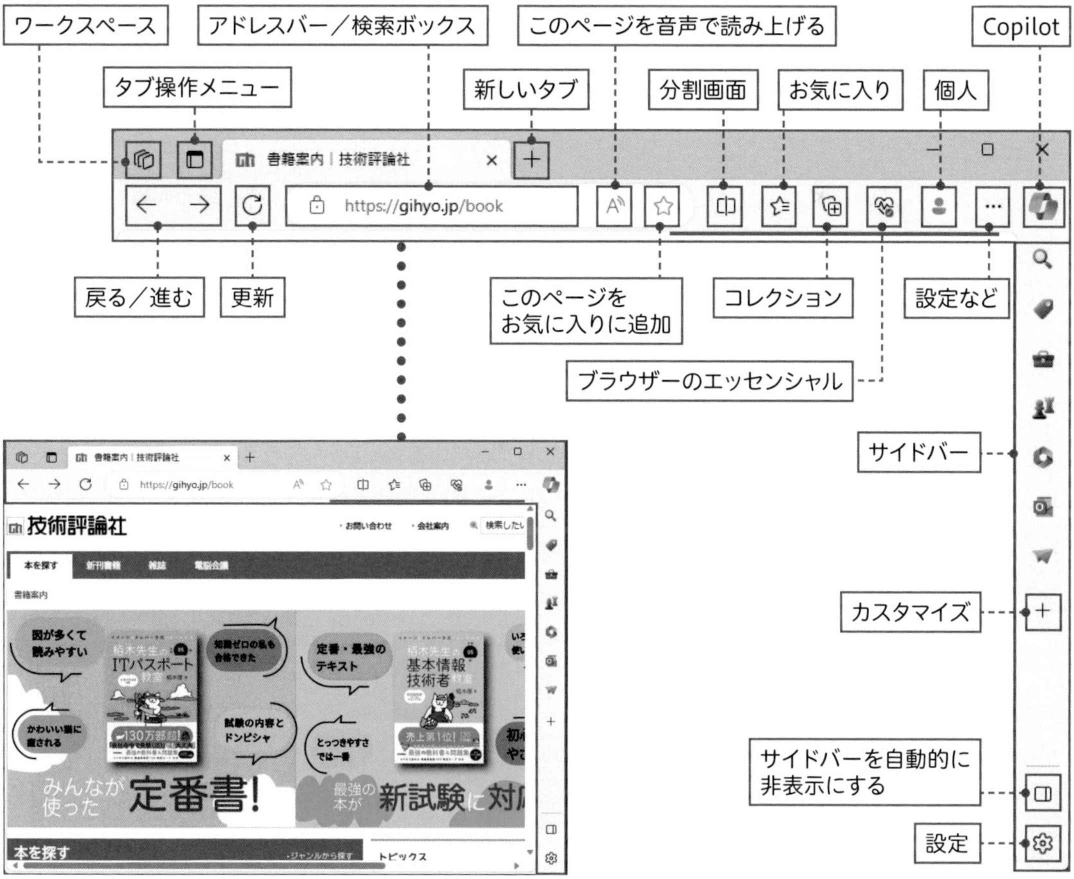

Section

25 Webページを閲覧しよう

ここで学ぶこと

- Microsoft Edge
- Webページ閲覧
- リンク

Microsoft Edgeを利用してWebページを**閲覧**してみましょう。Microsoft EdgeでWebページを閲覧するには、**アドレスバー**に閲覧したいWebページのURLを入力して目的のWebページを表示します。

1 目的のWebページを閲覧する

解説

Webページの閲覧

Microsoft EdgeでWebページを閲覧するには、右の手順に従って、アドレスバーに閲覧したいWebページのURLを入力し、Enterを押します。URLとは、インターネットで目的のWebページを閲覧するための住所に相当する情報です。URLは、「アドレス」と呼ばれることもあります。

1 [検索またはWebアドレスを入力]をクリックすると、

2 URLが入力できるようになります。

3 表示したいWebページのURL(ここでは、[https://gihyo.jp/book])を入力し、

4 Enterを押します。

ヒント

予測入力について

Microsoft Edgeは、URLの一部を入力しただけでURLの候補を表示する予測入力機能が備わっています。表示された候補をクリックすると、目的のWebページを開くことができます。

5 Webページが表示されます。

2 興味のあるリンクをたどる

解説

リンクをたどる

Webページでは、「リンク」または「ハイパーリンク」と呼ばれる画像や文書（文字列）をクリックすると別ページが表示されるしくみを備えています。また、多くのWebページではリンクの文字列の色を青色系の文字とすることで、リンクであることをわかりやすくしています。また、ボタンやバナーがリンクとなっていることもあります。

1 興味があるリンク（ここでは、[新刊書籍]）をクリックします。

2 クリックしたリンクのWebページが表示されました。

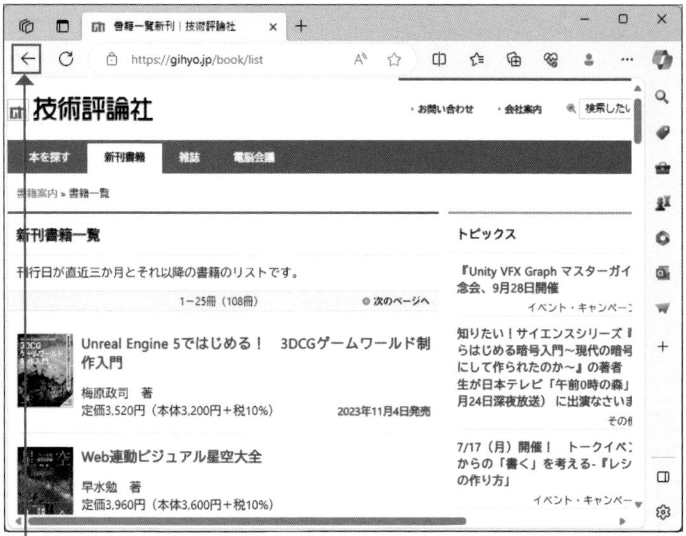

3 ←をクリックすると、直前に表示していたWebページに戻ります。

Section 26

タブを利用して Webページを閲覧しよう

ここで学ぶこと

・タブ
・Webページの閲覧
・垂直タブバー

タブを利用すると、**複数のWebページを1つのウィンドウ内で同時に開いて閲覧**できます。また、画面左側にタブを縦に並べる**垂直タブバー**を備えており、多くのWebページを開いたときでもすばやくタブを切り替えることができます。

① 新しいタブでWebページを開く

解説

タブでWebページを開く

タブは、複数のWebページを1つのウィンドウ内で開き、切り替えて表示するために利用されます。タブを利用したWebページの閲覧は、右の手順で行います。

応用技

垂直タブバーを利用する

画面左側にタブを縦に並べて操作する垂直タブバーを利用したいときは、□をクリックし、表示されたメニューから[垂直タブバーをオンにする]をクリックします。また、もとの横並びのタブバーに戻したいときは、□をクリックして、[垂直タブバーをオフにする]をクリックします。

1 ＋(新しいタブ)をクリックすると、

左の「応用技」参照

2 新しいタブが表示され、URLが入力できるようになります。

3 開きたいWebページのURL(ここでは、「https://www.microsoft.com/ja-jp」を入力し、

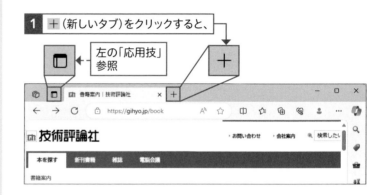

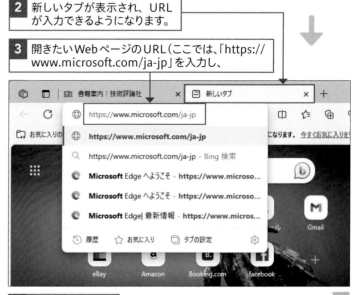

4 Enterを押します。

ヒント

ショートカットキーを利用する

新しいタブはショートカットキーで開くこともできます。新しいタブをキーボード操作で開きたいときは、Ctrlを押しながら、Tを押します。

5 新しいWebページが表示されます。

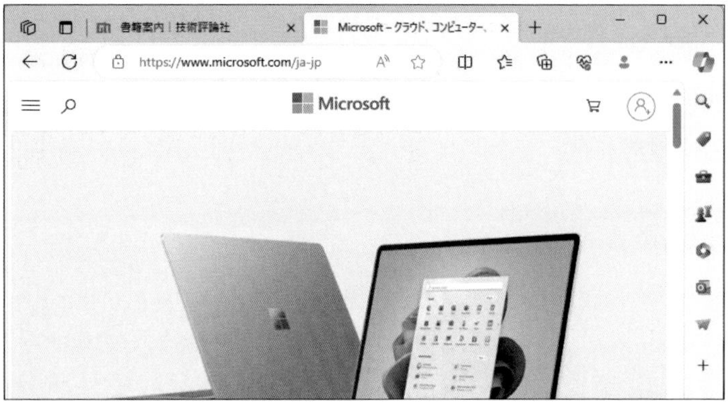

2 タブを切り替える

解説

タブの切り替え

タブの切り替えは、横または縦に並んでいるタブをクリックすることで切り替えられます。

1 表示したいタブをクリックします。

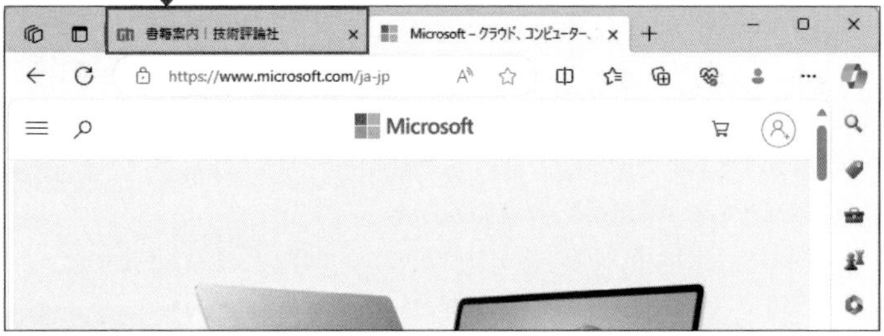

2 選択したタブでWebページが表示されます。

3 マウスポインターをタブ上に置いて、表示される×をクリックします。

4 タブが閉じます。

応用技

タブをピン留めする

閲覧中のタブは、ピン留めすることもできます。ピン留めしたタブは、左詰めで固定され、起動時に毎回読み出しが行われます。タブのピン留めは、ピン留めしたいタブを右クリックし、[タブのピン留め]をクリックします。

Section

27 Webページを検索しよう

ここで学ぶこと

- Microsoft Edge
- 検索
- アドレスバー

インターネットから必要な情報を探し当てるには、検索サイトで検索を行うと効率的です。Microsoft Edgeでは、**アドレスバーが検索ボックスを兼ねて**います。このため、わざわざ検索サイトを表示する必要はありません。

1 インターネット検索を行う

解説

インターネット検索

Microsoft Edgeでは、アドレスバーに検索キーワードを入力することでインターネット検索を行えます。Microsoft Edgeで利用される検索サイトは、通常、マイクロソフトが提供している検索サイト「Bing（ビング）」が利用されます。

ヒント

キーワード入力のポイント

多くの検索サイトでは、複数の検索キーワードをスペースで区切るか、特殊な記号を併用することで、検索結果を絞り込めます。通常、検索キーワードの間をスペースもしくは半角スペースで区切ると、入力したキーワードすべてを含む「AND検索」が行われます。また、キーワードを"（ダブルクォーテーション）で囲むと完全一致検索が行われます。

1 ↻の右横にマウスポインターを移動して、表示されているURLをクリックすると、

2 検索キーワードが入力できるようになるので、

3 検索したいキーワード（ここでは、[ショパン]）を入力して、

4 Enterを押します。

応用技

ページ内検索を行う

閲覧中のWebページ内の文字列を検索したいときは、「ページ内の検索」を行います。 ··· →[ページ内の検索]とクリックするか Ctrl を押しながら F を押すと、アドレスバーの下にページ検索用の検索ボックスが表示され、Webページ内の検索が行えます。

5 検索結果が表示されます。

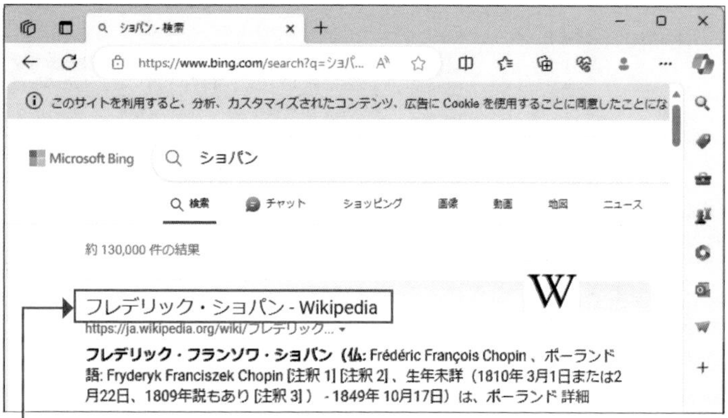

6 表示したい項目のリンク（ここでは、[フレデリック・ショパン-Wikipedia]）をクリックすると、

7 目的のWebページが表示されます。

応用技 **タスクバーの検索ボックスから検索する**

Webページの検索は、タスクバーの検索ボックスに検索キーワードを入力することでも検索できます。また、Copilotを利用すると、AIとの会話形式でさまざまな事柄について調べることができます。Copilotの利用法については、8章を参照してください。

Section
28 お気に入りを登録しよう

ここで学ぶこと
・お気に入り
・閲覧
・URL

お気に入りは、リストから選択するだけで目的のWebページを閲覧できる機能です。**毎日チェックするWebページを登録**しておくと、複雑なURLを入力しなくてもかんたんな操作で目的のWebページを表示できます。

1 Webページをお気に入りに登録する

解説
お気に入りに登録する

Microsoft Edgeでは、☆をクリックすると、閲覧中のWebページをお気に入りに登録できます。また、登録されたWebページは☆が★に変わり、お気に入りに登録されていないWebページと区別されます。

補足
お気に入りバーについて

お気に入りバーは、お気に入りのWebページへのアクセスアイコンをアドレスバー/検索ボックスの下に表示する機能です。通常は新しいタブを開くとこのアイコンが表示されますが、☆≡→…→[お気に入りバーの表示]→[常に]の順にクリックすることで常時表示にできます。また、右の手順3ではお気に入りバーにWebページを追加していますが、フォルダーの∨をクリックすると追加先を選択できます。

1 登録したいWebページを表示します。

2 ☆をクリックします。

3 登録する名前を入力して、

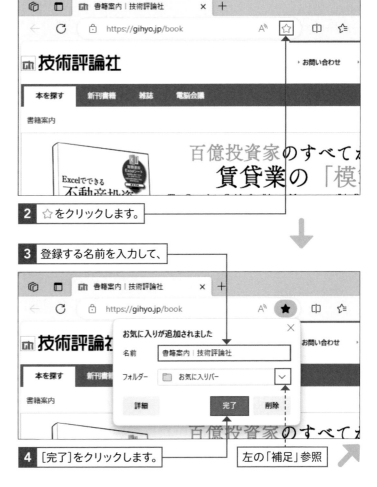

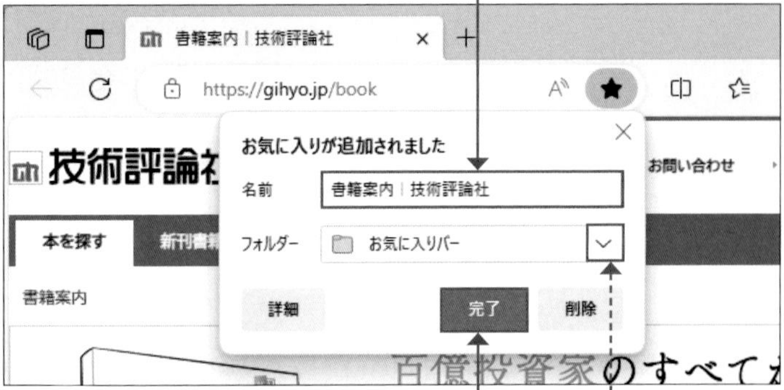

4 [完了]をクリックします。

左の「補足」参照

5 Webページがお気に入りに登録されると、☆が★に変わります。

2 お気に入りからWebページを閲覧する

ヒント

お気に入りを削除する

登録済みのお気に入りを削除したいときは、手順3の画面で削除したいお気に入りを右クリックし、[削除]をクリックします。

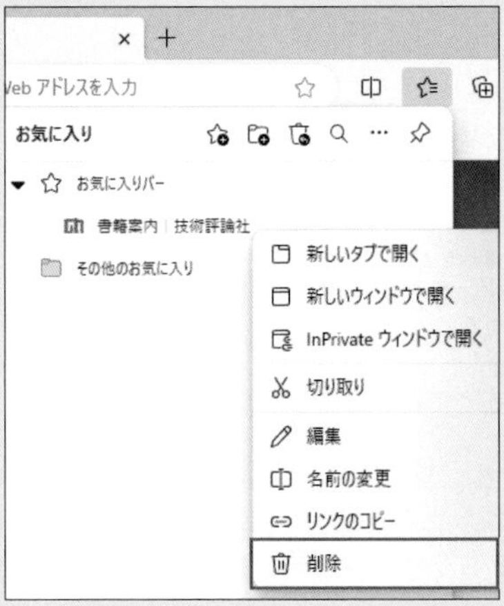

1 ☆をクリックすると、

2 お気に入りがリストに表示されます。

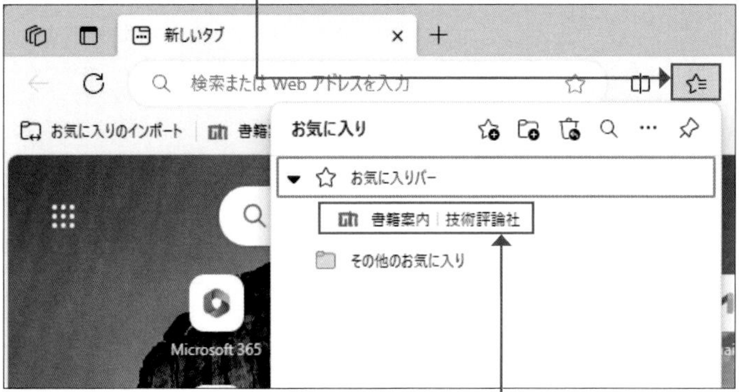

3 閲覧したいWebページをクリックすると、

4 手順3でクリックしたWebページが表示されます。

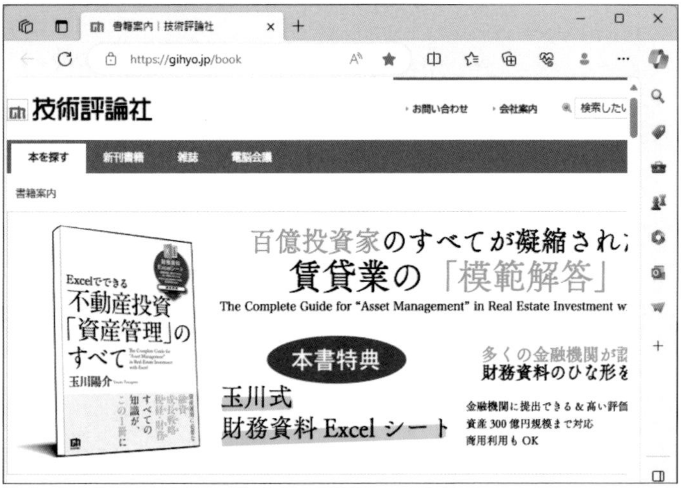

Section

29 履歴を表示しよう

ここで学ぶこと

- 履歴
- Webページ
- 履歴の検索

Microsoft Edgeは、過去に閲覧したWebページの情報を記録しておく**履歴機能**を備えています。**直近に閲覧したWebページ**をかんたんな操作で表示できるほか、**履歴の検索**も行えます。

1 履歴から目的のWebページを表示する

解説

Webページの閲覧履歴を表示する

Webページの閲覧履歴を参照したいときは、右の手順で操作します。閲覧履歴は、メニューで一覧表示され、履歴をクリックするとそのWebページが表示されます。

ヒント

履歴を検索する

閲覧履歴を検索したいときは、手順3の画面で🔍をクリックします。検索ボックスが表示されるので、検索ボックスにキーワードを入力すると、検索結果が表示されます。

1 … をクリックし、

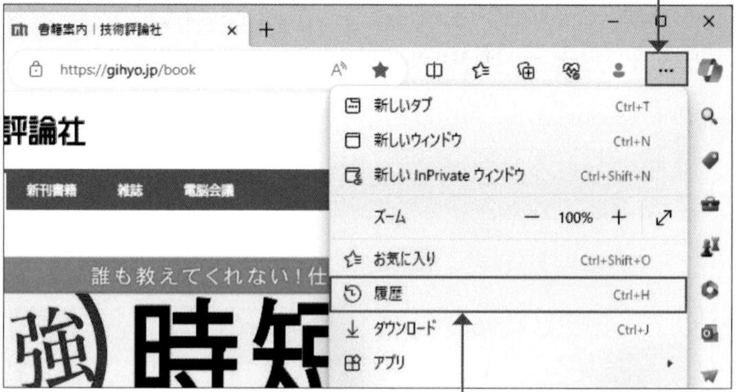

2 ［履歴］をクリックします。

3 閲覧履歴が表示されます。

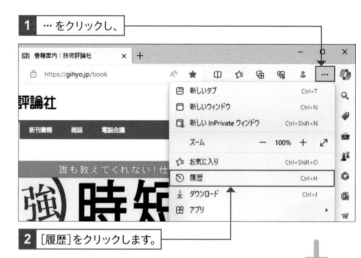

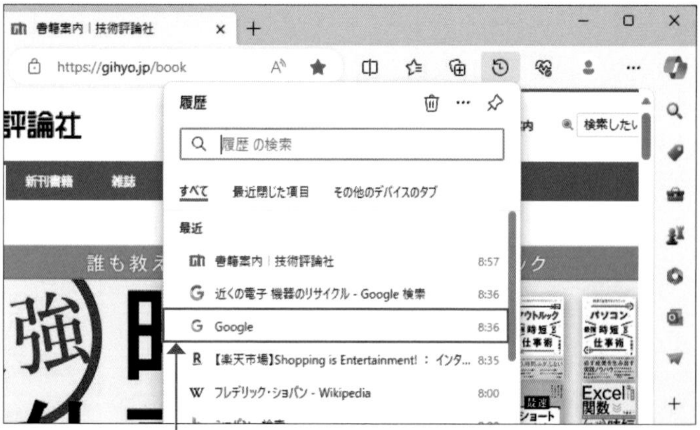

4 閲覧したい履歴（ここでは［Google］）をクリックすると、

補足

履歴を削除する

削除したい履歴の上のマウスを移動させ、✕をクリックするとその履歴を削除できます。

5 選択したWebページが表示されます。

応用技 「履歴」ページを利用する

履歴の詳細な管理を行いたいときは、「履歴」ページを表示します。「履歴」ページでは、履歴の検索、選択した履歴の削除などが行えます。「履歴」ページは以下の手順で表示できます。

1 … をクリックし、

2 [履歴]をクリックします。

3 … をクリックし、

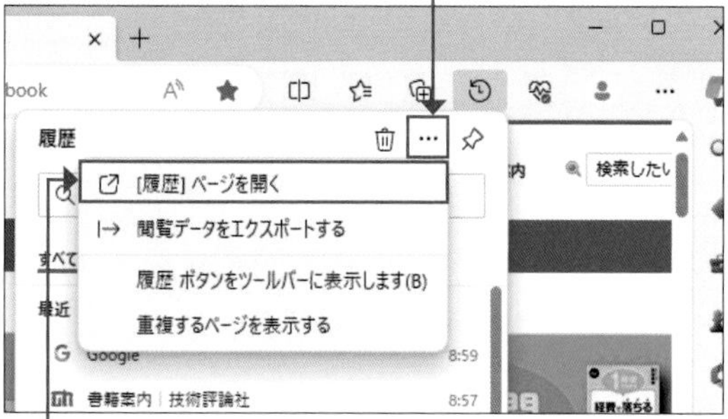

4 [[履歴]ページを開く]をクリックします。

5 「履歴」ページが表示されます。

6 ☰ が表示されていたときは、これをクリックすると、

7 履歴のフィルターメニューが表示されます。

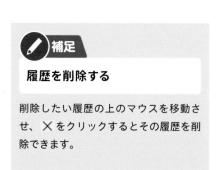

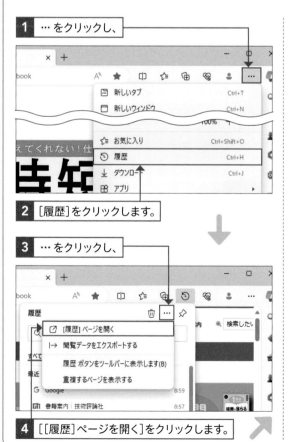

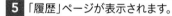

8 再度、☰ をクリックするとメニューが閉じます。

Section

30 ファイルを ダウンロードしよう

ここで学ぶこと

- ダウンロード
- 開く
- 実行

Webページでは、さまざまな情報が発信されているだけでなく、文書ファイルやアプリなどが配布されている場合があります。これらの配布文書やアプリを、パソコンに保存することを**ダウンロード**と呼びます。

1 ファイルをダウンロードする

解説

ファイルのダウンロード

Webページからファイルをダウンロードするときは、通常、[○○のダウンロード]や[今すぐダウンロード]、[DOWNLOAD]などとWebページに記載されているファイルのダウンロード用のリンクをクリックします。右の手順では、Acrobat Readerのインストーラーをダウンロードする手順を例に、ダウンロードの方法を説明しています。

補足

写真や文書ファイルの ダウンロード

写真やPDFファイルなどの一部のファイルは、その内容がMicrosoft Edgeで直接表示され、ダウンロード中の進捗状況などは表示されません。

1 Microsoft Edgeを起動し、ダウンロードしたいファイルがあるWebページ(ここでは、[https://get.adobe.com/jp/reader/])を開きます。

2 [Acrobat Readerをダウンロード]をクリックします。

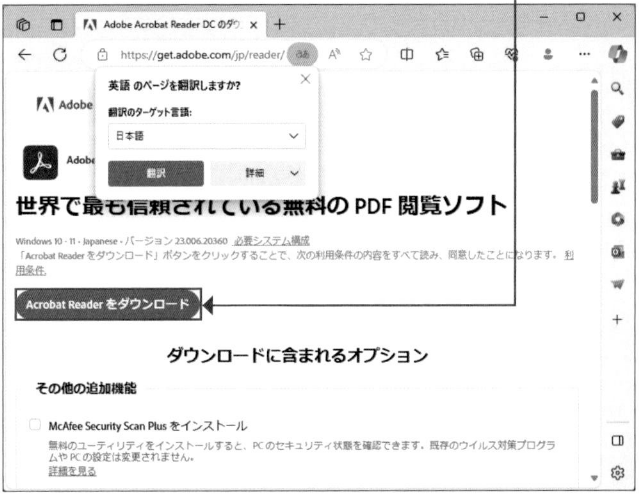

補足

ダウンロードしたファイルを開く／実行する

手順5の画面で[ファイルを開く]をクリックすると、ダウンロードしたファイルが圧縮ファイルだった場合は、エクスプローラーが起動し、ファイルの内容を表示します。また、ダウンロードしたファイルがアプリのインストーラーなどの実行ファイルだった場合は、そのファイルがすぐに実行されます。

3 ダウンロードが完了したら、

下の「ヒント」参照

左の「補足」参照

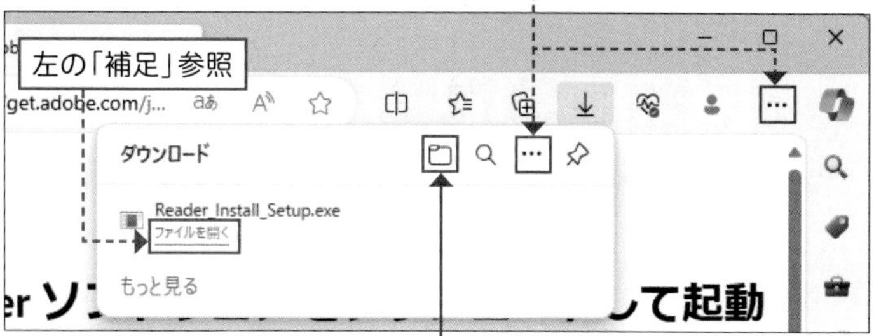

4 🗀をクリックします。

5 エクスプローラーが起動し、

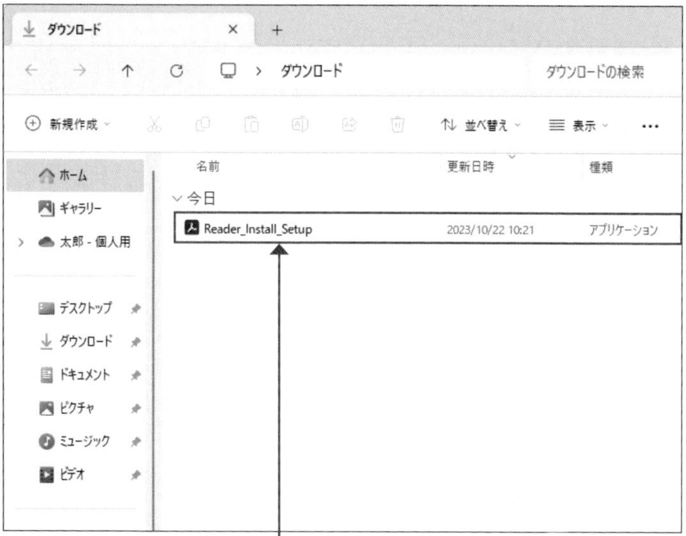

6 ダウンロードしたファイルを確認できます。

ヒント ダウンロード履歴を表示する

Microsoft Edgeの[ダウンロード]ページを開くと、詳細なダウンロードの履歴を表示できます。[ダウンロード]ページは、手順4の画面でA ••• をクリックし、[[ダウンロード]ページを開く]をクリックすることで行えます。また、手順4の画面が消えてしまったときは、B ••• をクリックし、[ダウンロード]をクリックすることで再表示できます。

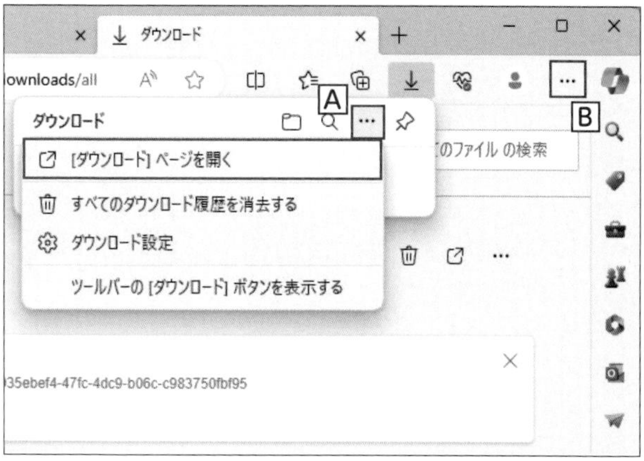

Section

31 PDFを閲覧／編集しよう

ここで学ぶこと

- PDF
- ハイライト
- 手書き

Microsoft Edgeは、**PDFファイルの閲覧機能**を備えています。また、かんたんな**編集機能**も備えており、選択した文字列をハイライトで表示したり、手書きで文字や図形を書き込んだりといったことが行えます。

1 PDFを表示する

解説

PDFの編集

Microsoft Edgeが備えているPDFファイルの編集機能は、右の手順で利用できます。PDFファイルは、パソコンだけでなく、スマートフォンやタブレットなどでも同じように見ることができるファイルの形式です。PDFは、会社などで利用される資料や取り扱い説明書の配布など、文書の配布形式として広く普及しています。

補足

違うアプリが起動した場合

手順3でMicrosoft Edgeではなく、別のアプリでPDFファイルが表示されたときは、パソコンにPDF閲覧用のアプリがインストールされています。Microsoft EdgeでPDFファイルを表示したいときは、PDFファイルを右クリックし、［プログラムから開く］→［Microsoft Edge］の順にクリックします。

1 エクスプローラーを起動し、閲覧したいPDFファイルが保存されたフォルダーを表示します。

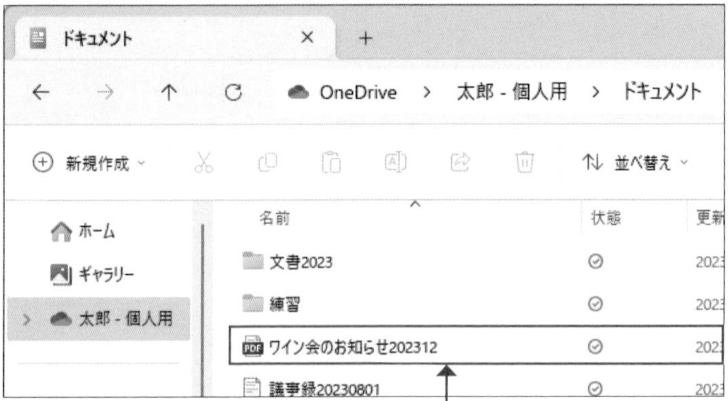

2 閲覧したいPDFファイルをダブルクリックします。

3 PDFファイルがMicrosoft Edgeで表示されます。

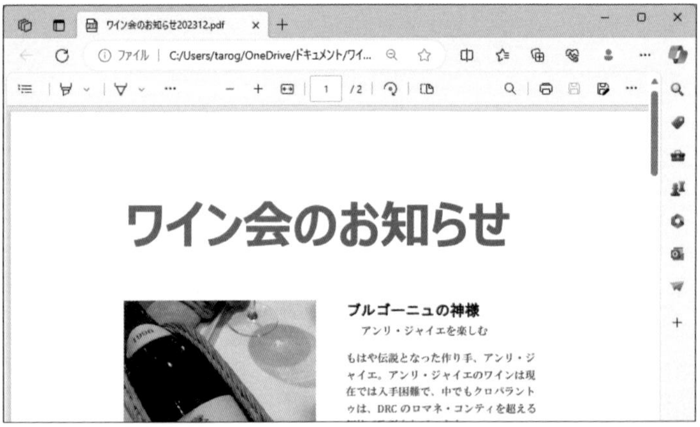

2 選択した文字をハイライトで表示する

解説

文字をハイライト表示する

ハイライトとは、選択した文字列を指定した背景色で強調表示する機能です。重要な用語などをハイライト表示することで、その用語を目立たせることができます。右の手順では、指定した文字列を緑色の背景色でハイライトする手順を例に解説しています。

1 をクリックします。

ワイン会のお知らせ202312.pdf
ファイル | C:/Users/tarog/OneDrive/ドキュメント/ワイ...
ワイン会のお知らせ
ブルゴーニュの神様
アンリ・ジャイエを楽しむ
もはや伝説となった作り手、アンリ・ジャイエ。アンリ・ジャイエのワインは現

2 が に変わります。

3 をクリックし、

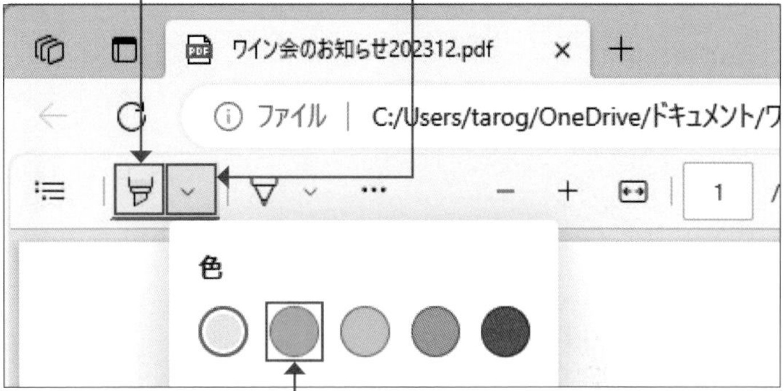
ワイン会のお知らせ202312.pdf
ファイル | C:/Users/tarog/OneDrive/ドキュメント/ワ
色

4 ハイライト表示に使いたい色（ここでは、[緑]）をクリックします。

5 ハイライト表示したい文字列をドラッグして指定すると、

ワイン会のお知らせ
ブルゴーニュの神様
アンリ・ジャイエを楽しむ
もはや伝説となった作り手、アンリ・ジャイエ。アンリ・ジャイエのワインは現在では入手困難で、中でもクロパラントゥは、DRC のロマネ・コンティを超える

6 その範囲がハイライト表示されます。

補足

編集できないPDFもある

PDFは、作成者が編集可／不可などのアクセス制限（保護）を施せます。閲覧したPDFが保護されている場合、右の手順のような編集は行えません。なお、保護されたPDFを閲覧すると、以下の画面のように一部の機能にアクセスできないことを知らせるバーが表示されます。

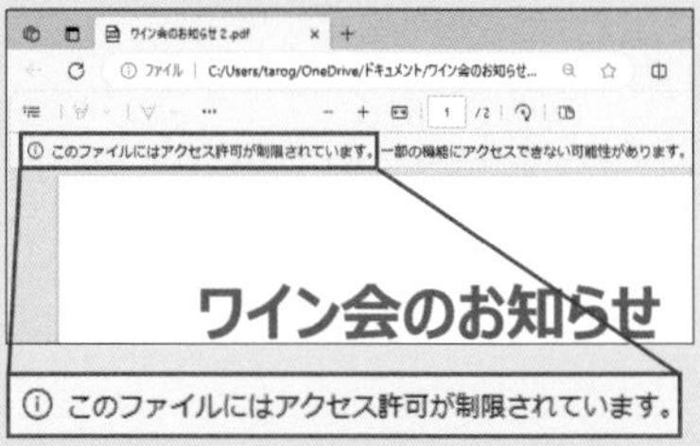
このファイルにはアクセス許可が制限されています。一部の機能にアクセスできない可能性があります。
ワイン会のお知らせ
このファイルにはアクセス許可が制限されています。

補足

ハイライト表示の解除

ハイライト表示を解除したいときは、解除したい文字列を右クリックし、[ハイライト]→[なし]の順にクリックします。

3 PDFに手書きする

解説

PDFに手書きする

PDFに手書きしたいときは、右の手順で行います。タッチ対応のパソコンでは、画面を指でタッチしてなぞるか、専用のペンで文字や図形などを描けます。また、マウスを利用する場合は、左ボタンを押したままマウスを動かすことで文字や図形などを描けます。

1 ▽をクリックします。

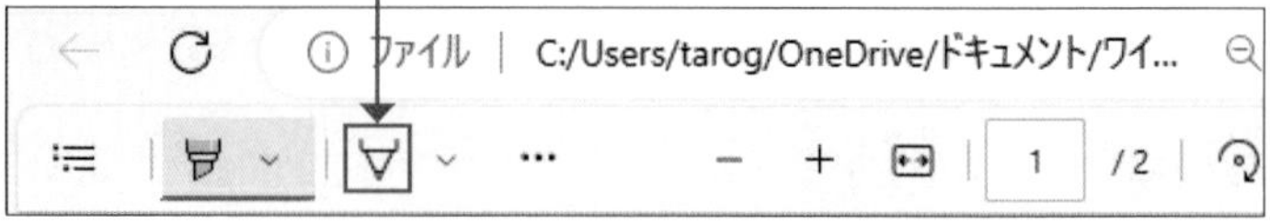

ファイル
C:/Users/tarog/OneDrive/ドキュメント/ワイ...
1
/2

2 ▽が▼に変わります。

3 ⌄をクリックし、

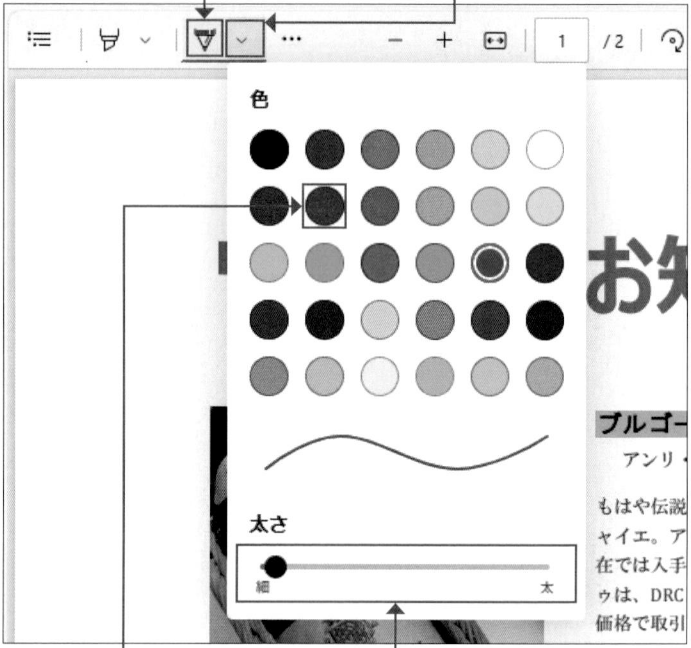

4 手書きの色（ここでは、●［赤］）をクリックします。

5 ［太さ］のスライドバーをドラッグして先の太さを設定し、

6 Escを押します。

7 PDFに手書きします。

8 手書きを終えるときは、▼をクリックします。

ヒント

手書きを消去する

間違った文字や図形を描いてしまった場合など、手書きを消去したいときは、◇をクリックし、消去したい部分をクリックします。◇が表示されていないときは、ウィンドウの幅を広げるか、…をクリックして、表示されるメニューから◇をクリックします。

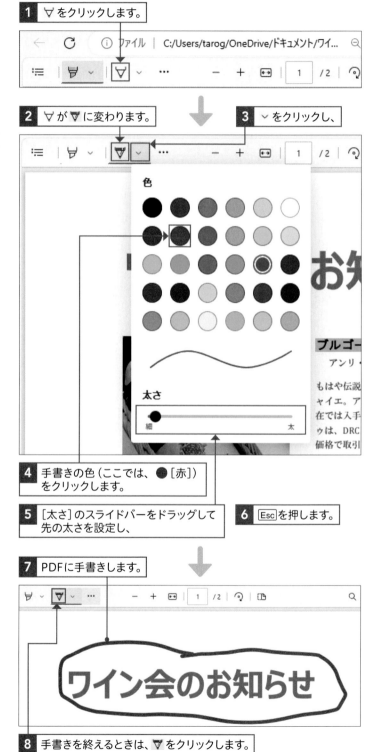

4 編集済みのPDFを保存する

解説

編集済みPDFの保存

ハイライト表示を行ったり、手書きしたりしたときの編集結果を反映するには、PDFファイルを保存する必要があります。編集済みのPDFファイルの保存は、右の手順で行います。なお、右の手順では、別名で保存していますが、左の 🖫 をクリックすると上書き保存できます。また、保存を行わずにPDFファイルのタブを閉じたり、Microsoft Edgeを終了したりすると、編集内容を保存するかどうかをたずねるダイアログボックスが表示されます。

1 🖫 をクリックします。

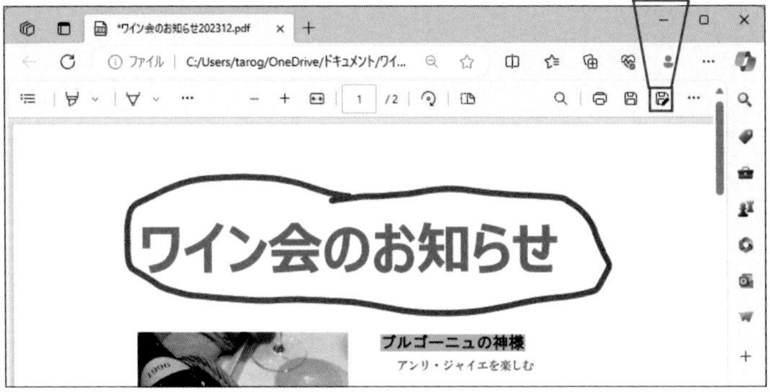

2 ファイル名を入力し、

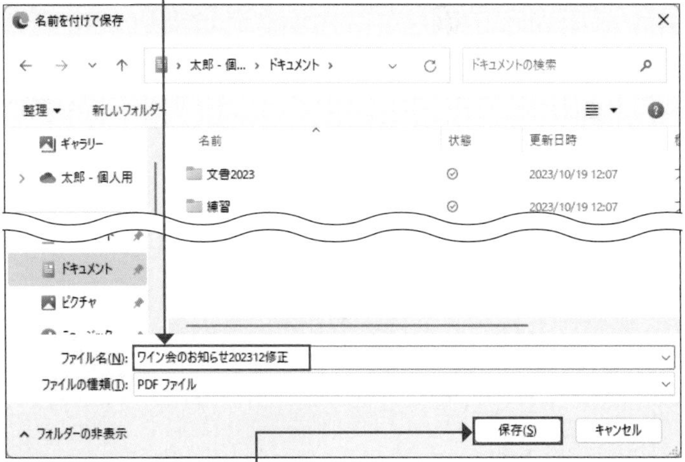

3 ［保存］をクリックします。

4 修正したPDFファイルが保存され、そのファイルが読み込まれます。

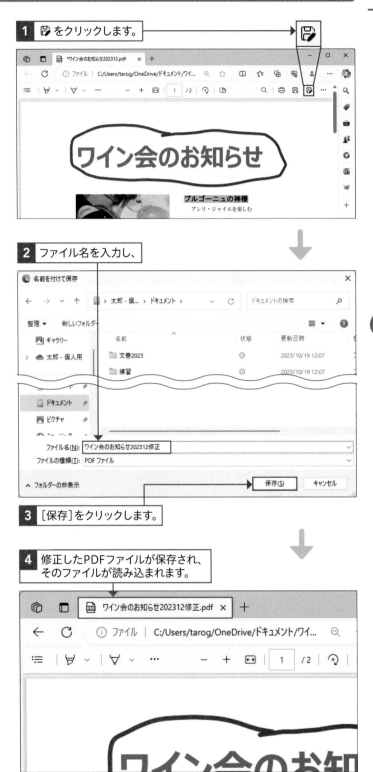

応用技 サイドバーの表示／非表示を切り替える

Microsoft Edgeの画面右側に表示されているサイドバーは、表示／非表示を切り替えられます。サイドバーの表示／非常時の切り替えは以下の手順で行います。

サイドバーを非表示にする

1 サイドバー下の◫をクリックします。

2 サイドバーが非表示になります。

サイドバーを表示する

1 …をクリックし、

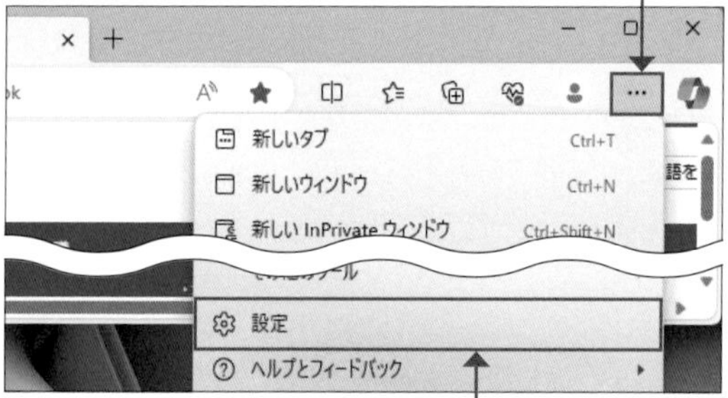

2 ［設定］をクリックします。

3 「設定」ページが開きます。

4 ☰をクリックし、

5 ［サイドバー］をクリックします。

6 ［Copilot］をクリックします。

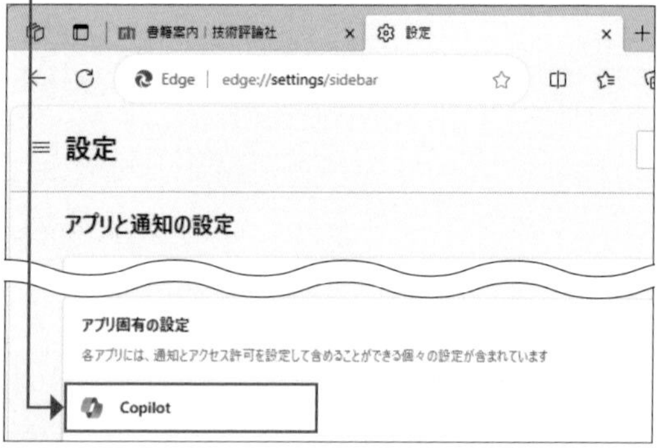

7 ［サイドバーを常に表示する］の ⚪ をクリックして ⚫ にすると、

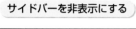

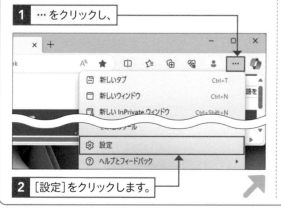

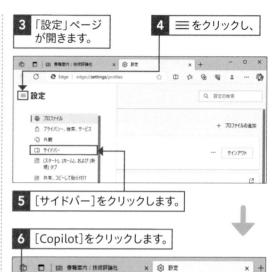

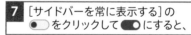

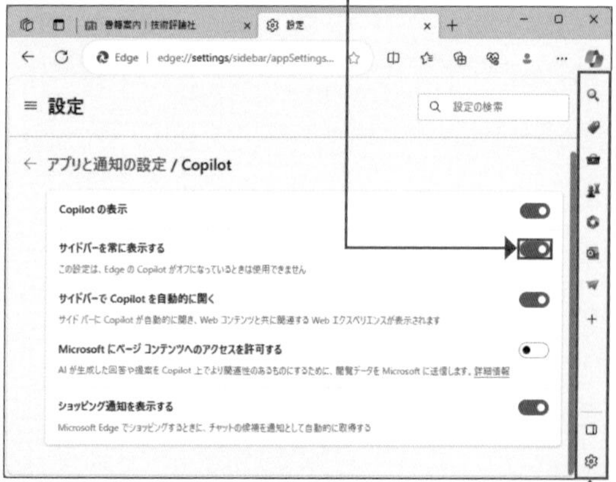

8 サイドバーが表示されます。

第 5 章

メールを利用しよう

Section

32 Outlook for Windowsを起動しよう

ここで学ぶこと

- Outlook for Windows
- 起動
- メールの閲覧

Outlook for Windowsは、**メールの閲覧**や**送受信**を行うアプリです。Windows 11にあらかじめインストールされています。Outlook.comで取得したメールアカウントやプロバイダーメールのアカウントの管理を行えます。

1 Outlook for Windowsを起動する

解説

Outlook for Windowsの活用

Outlook for Windowsは、長らく利用されてきた「メール」/「カレンダー」アプリに変わるアプリとして提供がはじまり、2024年以降には既定のアプリになる予定です。本稿執筆時点(2023年11月)では画面右上に[新しいOutlook] 新しい Outlook が表示され、これをクリックすることで「メール」アプリに戻せる場合もあります。なお、手順2で「Outlook (new)」がピン留めされていない場合は、[すべてのアプリ]をクリックし、[Outlook (new)]をクリックしてください。

注意

すでにメールを利用している場合は

Windows 11のOutlook for Windows以外のアプリでメールを利用している場合やGmail/Yahoo!メールなどのWebメールをすでに利用している場合は、利用環境を無理に変更する必要はありません。メールの利用環境を変更したいときのみ、本書を参考に設定を行ってください。

1 をクリックし、

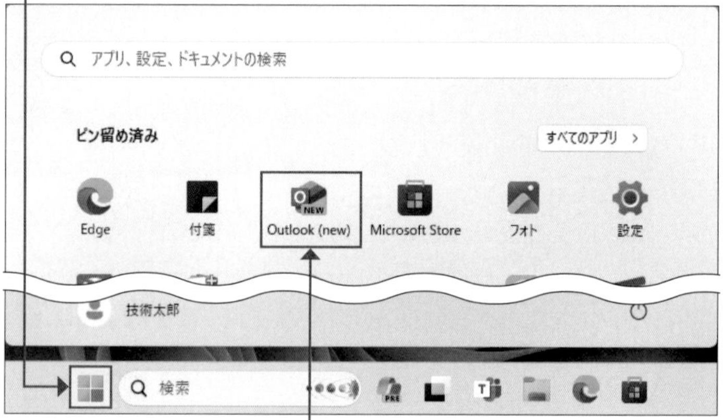

2 [Outlook(new)]をクリックします。

3 Outlook for Windowsが起動します。

② メールを閲覧する

補足

画面デザインが異なる

Outlook for Windowsは、ウィンドウの幅の広さによって画面デザインが一部異なります。本書の画面と異なるときは、ウィンドウの幅を広げたり、狭くしたりしてみてください。

補足

スレッドを展開する

Outlook for Windowsには、件名などを基準に関連すると思われるメールをまとめて表示するスレッド表示という機能を備えています。スレッドにまとめられているメールには ＞ が付けられており、これをクリックすることでスレッドを展開できます。

1 読みたいメールをクリックすると、

2 メールの内容が表示されます。

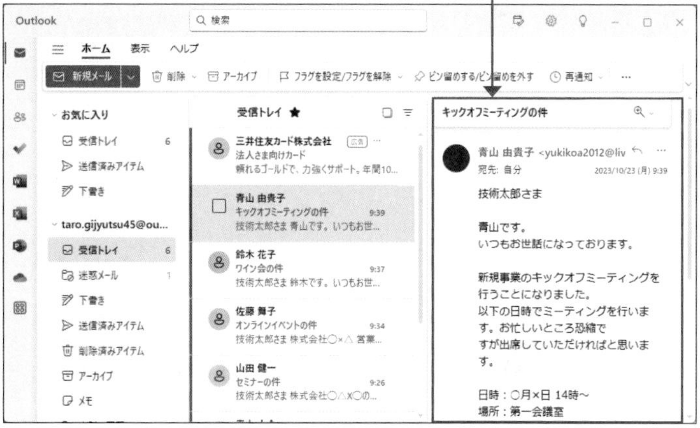

補足 **ようこそ画面が表示される**

Outlook for Windowsをはじめて起動したときは、「新しいOutlookへようこそ」という画面が表示される場合があります。この画面が表示されたときは、Outlook for Windowsで利用するメールアカウントの初期設定を行います。Microsoft アカウントで利用しているメールアドレスの設定を行うときは、お勧めのアカウントにそのメールアドレスが表示されていることを確認し、[続行] をクリックして画面の指示に従って初期設定を行います。ほかのメールアドレスを設定したいときは、そのメールアドレスを入力し、[続行] をクリックして画面の指示に従って初期設定を行います。

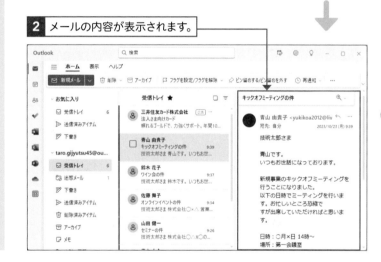

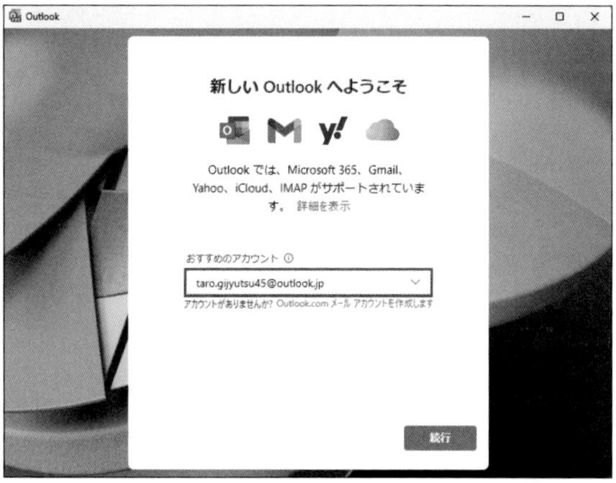

Section

33 メールアカウントを追加しよう

ここで学ぶこと

- メールアカウント
- プロバイダーメール
- アカウントの追加

Outlook for Windowsは、**複数のメールアカウントを登録**し、それぞれを別々に管理できます。たとえば、仕事用とプライベート用のメールアカウントを登録し、**使い分ける**ことができます。

1 メールアカウントを追加する

解説

複数のメールアカウントの管理

Outlook for Windowsは、複数のメールアカウントを管理できます。ここでは、@outlook.jpや@outlook.com などのOutlook.com のメールアカウントがすでに設定されている状態で、プロバイダーが提供しているメールアカウント（ここでは「@nifty」）を追加する方法を説明しています。

補足

追加できるメールアカウント

Outlook for Windowsは、Microsoft 365やGmail、Yahoo、iCloudなどのメールサービスに対応しているほか、IMAPで利用できるメールサービスであれば、プロバイダーメールとWebメールのどちらでもメールアカウントを追加できます。

1 Outlook for Windowsを起動します。

2 ナビゲーションウィンドウを下にスクロールして、

3 ［アカウントを追加］をクリックします。

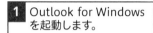

4 追加したいメールアドレスを入力し、

5 ［続行］をクリックします。

ヒント

プロバイダーを選択する

手順6の画面で［プロバイダーを選択］をクリックすると、メールサービスのプロバイダーを選択できます。

補足

追加のメール設定を行う

手順6の画面で［表示数を増やす］をクリックしてにすると、送信メールサーバーや受信メールサーバーのアドレス（URLまたはIPアドレス）の情報など、詳細な設定を行えます。

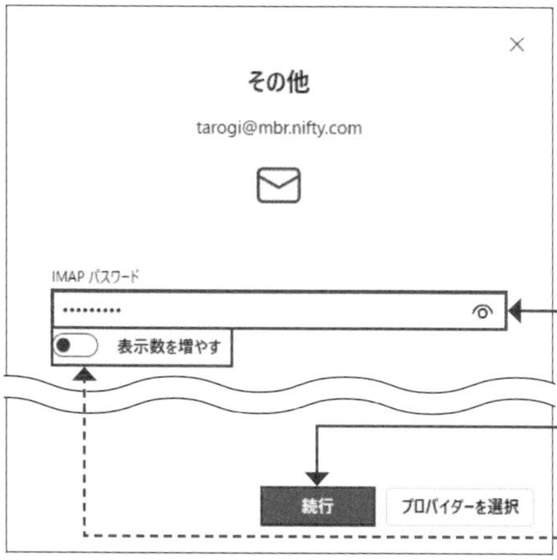

6 ［パスワード］を入力し、

7 ［続行］をクリックします。

左の「補足」参照

8 ［続行］をクリックします。

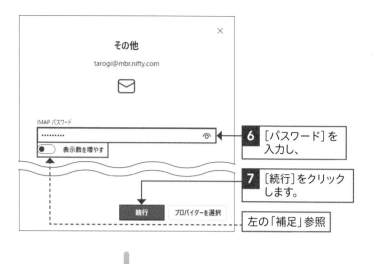

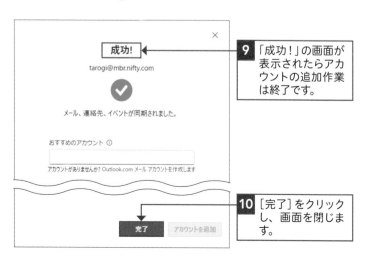

9 「成功！」の画面が表示されたらアカウントの追加作業は終了です。

10 ［完了］をクリックし、画面を閉じます。

Section

34 メールを送信しよう

ここで学ぶこと

- メールの新規作成
- 送信
- CC／BCC

友人や会社の同僚、取り引き先の担当者などに新しいメールを**送信**したいときは、「**メールの新規作成**」を行います。メールの新規作成を行ったら、宛先や件名、本文などを入力し、メールの送信を行います。

1 新規メールを送信する

解説

メールを新規作成する

Outlook for Windowsで新規メールを作成するときは、右の手順で行います。ここでは、Outlook for Windowsで、自分宛てのメールを新規に作成して送信を行うことで、メールアカウントが正しく設定されているかどうかの確認を行っています。

ヒント

宛先の予測入力

Outlook for Windowsは、宛先メールアドレスの一部を入力すると宛先候補を表示する機能を備えており、表示された候補をクリックすると宛先に入力できます。

1 [新規メール]をクリックします。

2 送信先のメールアドレス(ここでは、[自分のメールアドレス])を入力し、

125ページ上段の「補足」参照

3 [件名を追加]をクリックします。

4 件名を入力し、

5 件名の下をクリックします。

6 本文を入力し、

左中段の「ヒント」参照

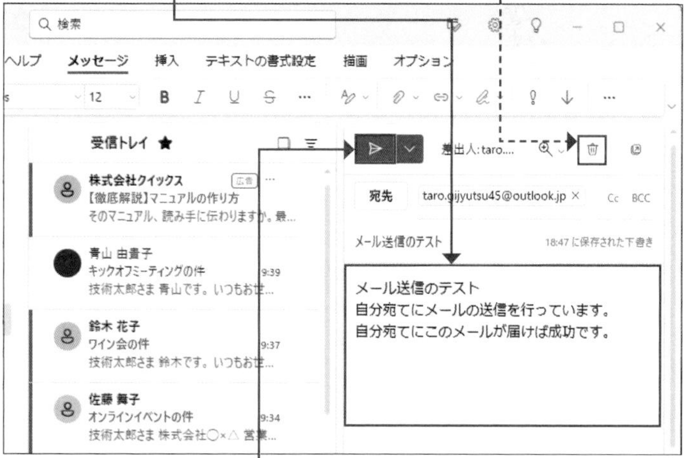

7 [送信]をクリックします。

8 メールが送信され、

9 メールの一覧画面に戻り、

左下段の「ヒント」参照

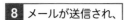

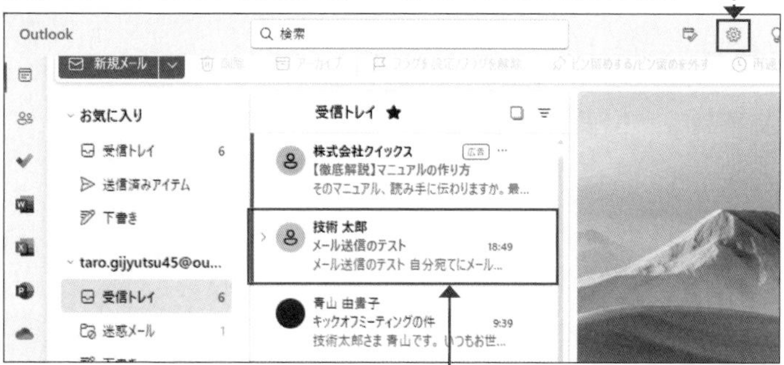

10 しばらくすると自分宛てに送信したメールが届きます。

補足

CCとBCCの違い

124ページの手順2で、[CCとBCC]をクリックしてメールアドレスを入力すると、同じ内容のメールを複数の相手に送信できます。CCに入力したメールアドレスはすべて受信者に公開されますが、BCCに入力したメールアドレスは公開されません。「同じメールが誰に送信されたのか」について、受信者に知らせる場合はCC、知らせてはいけない場合はBCCを利用しましょう。

ヒント

作成中のメールを破棄する

手順6の画面で [破棄]をクリックすると、作成中のメールを破棄できます。

補足

メールの受信について

Outlook for Windowsではメールの受信は自動で行われ、メールを受信すると通知で知らせます。

ヒント

署名の設定について

メールの末尾に記載されるメール送信者の名前や連絡先、勤務先などの情報を記した署名の作成と編集は、 をクリックし、[アカウント]→[署名]の順にクリックすることで行えます。

Section

35 メールを返信／転送しよう

ここで学ぶこと

- メールの返信
- メールの転送
- RE：／FW：

受信したメールは、**返信**したり、別の相手に**転送**したりできます。返信メールの件名の先頭には返信を示す「**RE:**」の文字が追加され、転送メールの件名の先頭には、転送を示す「**FW:**」の文字が追加されます。

1 メールを返信する

解説

メールの返信

メールの内容を表示しておき、↰［返信］または↰［全員に返信］をクリックすると、そのメールに返信できます。メールの送信者のみに返信したいときは↰［返信］、CCなどで送られた複数宛先のメールで、すべての宛先に返信したい場合は↰［全員に返信］をクリックします。

1 返信したいメールを表示しておき、

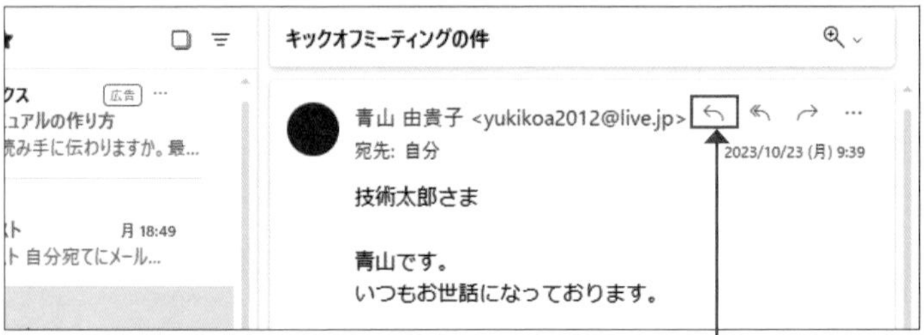
キックオフミーティングの件
青山 由貴子 <yukikoa2012@live.jp>
宛先: 自分
2023/10/23 (月) 9:39
技術太郎さま
青山です。
いつもお世話になっております。

2 ↰［返信］をクリックします。

3 宛先が入力された状態で返信メールの作成画面が表示されます。

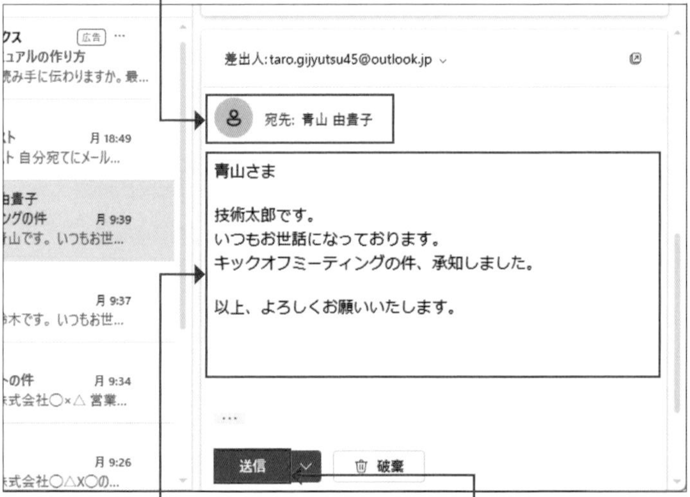
差出人: taro.gijyutsu45@outlook.jp
宛先: 青山 由貴子
青山さま
技術太郎です。
いつもお世話になっております。
キックオフミーティングの件、承知しました。
以上、よろしくお願いいたします。
送信
破棄

4 返信メッセージを入力し、

5 ［送信］をクリックします。

補足

返信メールの作成画面

手順**3**の返信メールの作成画面では確認できませんが、返信メールの件名には、先頭に返信を示す「RE:」の文字が自動追加されています。 ··· をクリックすると、返信メールの詳細な作成画面表示され、そこで確認・修正を行えます。

② メールを転送する

解説

メールの転送

受信したメールを別の相手に転送したいときは、転送したいメールを表示しておき ↪［転送］をクリックすると、宛先と件名が入力された状態で転送メールの作成画面が表示されます。その際、件名の先頭には転送を示す「FW:」の文字が追加されます。

1 転送したいメールを表示しておき、

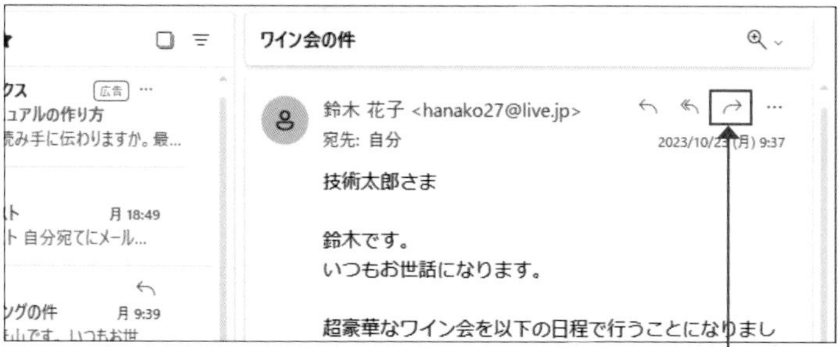
ワイン会の件
鈴木 花子 <hanako27@live.jp>
宛先: 自分
2023/10/23(月) 9:37
技術太郎さま
鈴木です。
いつもお世話になります。
超豪華なワイン会を以下の日程で行うことになりまし

2 ↪ をクリックします。

3 件名が入力された状態で、転送メールの作成画面が表示されます。

4 転送相手のメールアドレスを入力し、

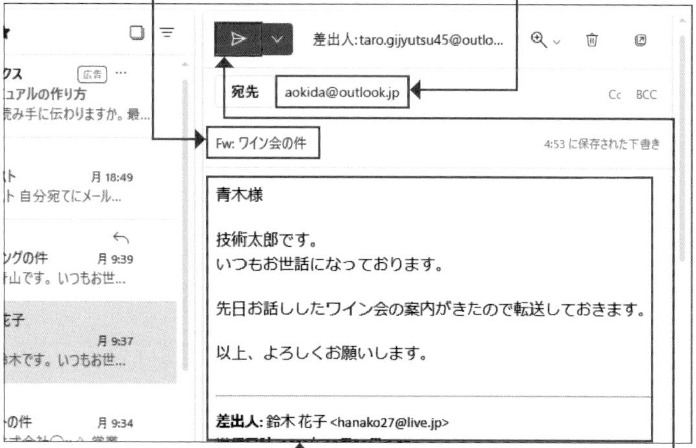
差出人:taro.gijyutsu45@outlo...
宛先
aokida@outlook.jp
Cc BCC
Fw: ワイン会の件
4:53 に保存された下書き
青木様
技術太郎です。
いつもお世話になっております。
先日お話ししたワイン会の案内がきたので転送しておきます。
以上、よろしくお願いします。
差出人: 鈴木 花子 <hanako27@live.jp>

5 メッセージを入力して、

6 ［送信］をクリックします。

補足 返信／転送メールのアイコン

返信や転送を行ったメールには、どのようなアクションを行ったかを示すアイコンが付けられ、区別できます。返信したメールには ↩、転送したメールには ↪ のアイコンが付けられます。

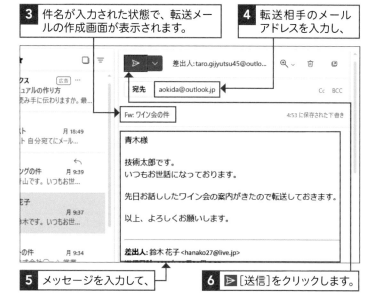

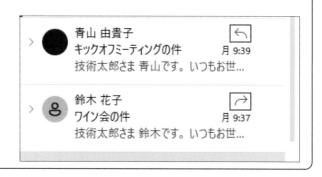

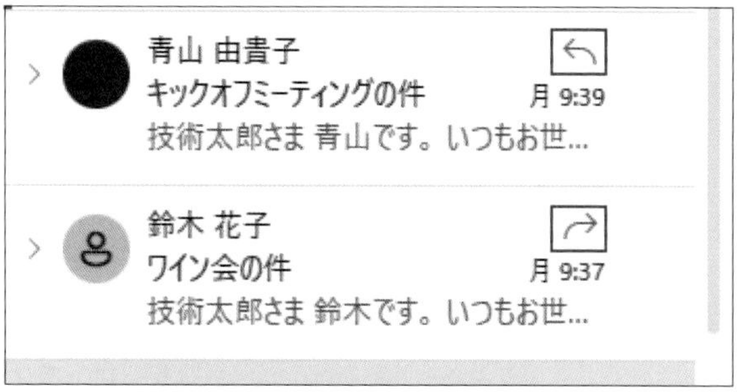
青山 由貴子
キックオフミーティングの件
月 9:39
技術太郎さま 青山です。いつもお世...
鈴木 花子
ワイン会の件
月 9:37
技術太郎さま 鈴木です。いつもお世...

Section

36 ファイルを添付して送信しよう

ここで学ぶこと

- ファイルを添付
- インライン画像
- 表示／保存

メールは文字だけでなく、写真や動画などの**ファイルを添付**して送信することもできます。容量が大きいファイルを送信するのには向きませんが、仕事で使う資料などのちょっとしたファイルを受け渡しする場合に便利です。

1 メールにファイルを添付して送信する

解説

ファイルを添付する

右の手順では、写真などの画像ファイルを添付するメールの送信方法を説明しています。また、手順3で［ピクチャ］をクリックすると、Webページのようにメール本文に写真を追加する専用形式の「インライン画像」も利用できます。なお、文書などほかの形式のファイルも添付できます。

注意

添付ファイルのサイズ制限について

メールには通常、1通あたりの最大容量が決められており、この容量を超えると、送信に失敗したり、相手が受信できなかったりします。そのようなときは、手順4で［OneDrive］や［アップロードして共有］、［リンク］などをクリックし、クラウドストレージを利用してファイルのやり取りを行ってください。

1 124ページを参考に新規メールを作成しておきます。

2 ［挿入］をクリックし、

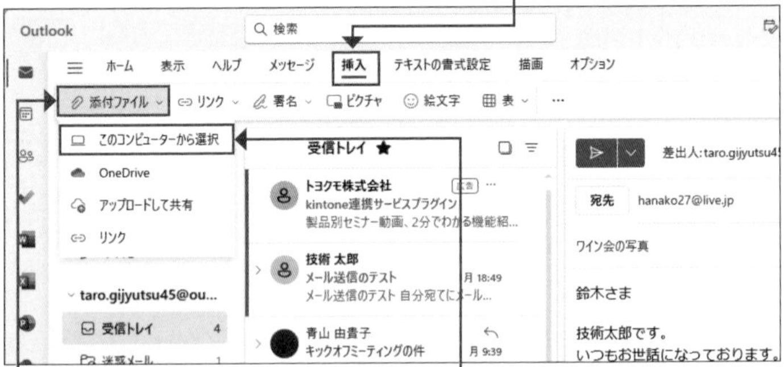

3 ［添付ファイル］をクリックして、

4 ［このコンピューターから選択］をクリックします。

5 添付したいファイルが保存されているフォルダーを開き、

6 添付したいファイルをクリックして選択し、

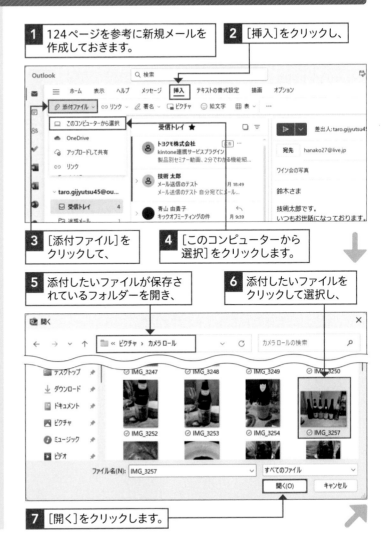

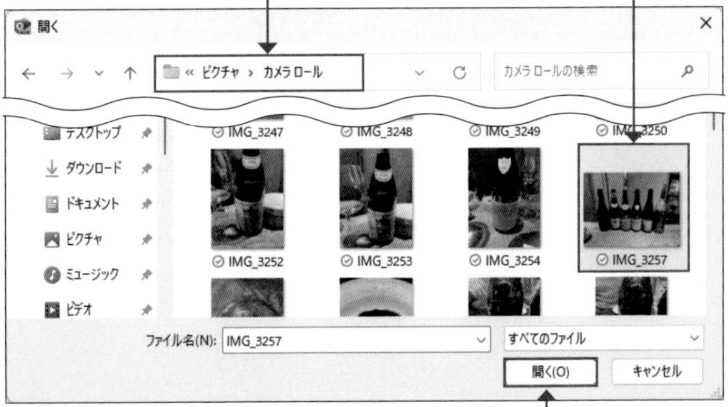

7 ［開く］をクリックします。

補足 添付ファイルを削除する

添付したファイルを削除したいときは、手順9で[v]をクリックして[添付ファイルの削除]をクリックします。

8 選択したファイルが作成中のメールに添付されます。

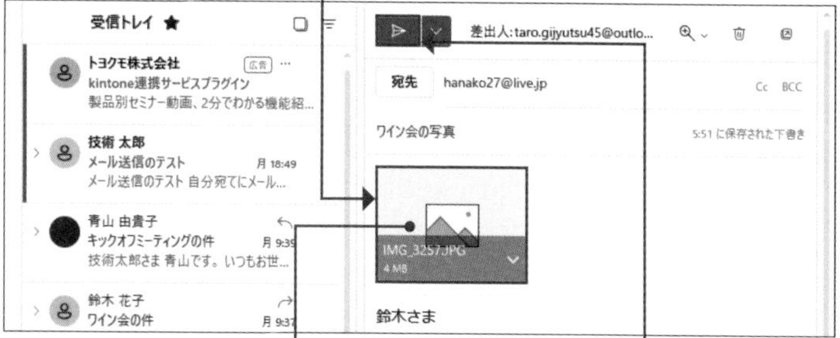

9 添付ファイルの上にマウスポインターを置くと、ファイル名やファイルサイズを確認できます。

10 [送信]をクリックしてメールを送信します。

補足 添付ファイルを表示する／保存する

Outlook for Windowsは、添付されたファイルをクリックすると、そのファイル内容を対応アプリなどを利用して閲覧できます。また、添付されたファイルは、任意のフォルダーに保存できます。添付ファイルの閲覧や保存は以下の手順で行います。

添付ファイルを表示する

1 ファイルが添付されたメールをクリックし、

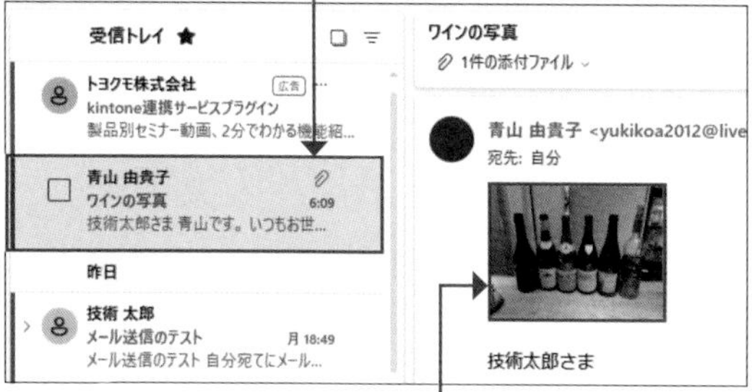

2 添付ファイルをクリックすると、

3 添付されたファイルの内容が表示されます。

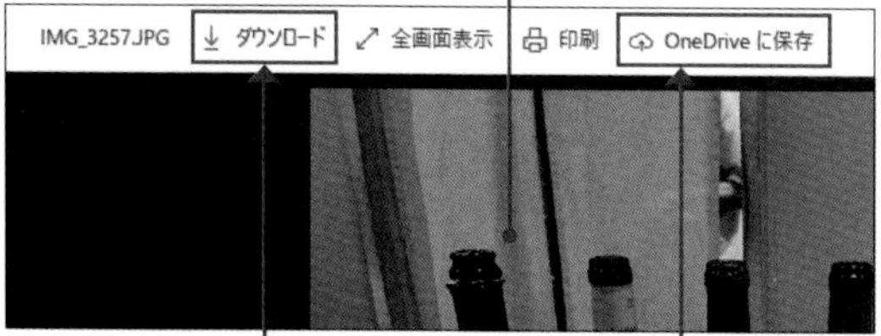

4 [ダウンロード]をクリックすると「ダウンロード」フォルダーに添付ファイルを保存します。

5 [OneDriveに保存]をクリックすると、OneDriveに添付ファイルを保存します。

添付ファイルを保存する

1 添付ファイルの上にマウスポインターを置き、

2 [v]をクリックし、

3 [ダウンロード]をクリックします。

4 添付ファイルが「ダウンロード」フォルダーに保存されます。

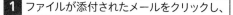

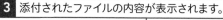

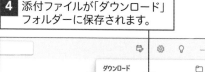

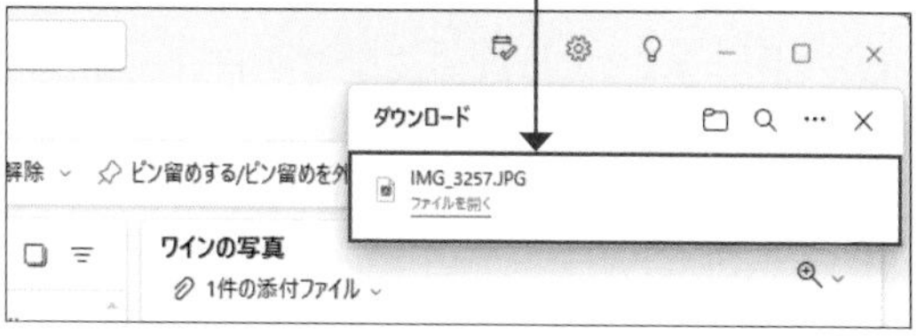

Section

37 迷惑メールを報告しよう

ここで学ぶこと

- 迷惑メール
- スパムメール
- フィッシングサイト

メールを利用していると、スパムメールやスパイウェアを潜ませたメールやフィッシングサイトに誘導するためのメールが送られてくる場合があります。このような怪しいメールは、**迷惑メール**として報告しましょう。

1 迷惑メールを報告する

解説

迷惑メールを報告する

「迷惑メール」とは、無断で送信されてくる宣伝や勧誘のメール、詐欺や情報漏えいの危険が潜んでいる可能性が高いメールなどの総称です。Outlook.comのメールアドレスに迷惑メールが届いた場合は、右の手順で操作を行うと、同じメールアドレスから届いたメールが自動的に「迷惑メール」フォルダーに移動するようになります。

注意

迷惑メール登録時の制限

迷惑メールの登録機能を利用できるのは、アカウントの種類を「IMAP」に設定し、あらかじめ「迷惑メール」フォルダーに該当するフォルダーが作成されている場合に限ります。また、プロバイダーメールでは、「迷惑メール」フォルダーにメールが移動しただけで登録が行えなかったり、正常に移動しなかったりなど、この機能が正常に動作しない場合があります。

1 □をクリックすると、

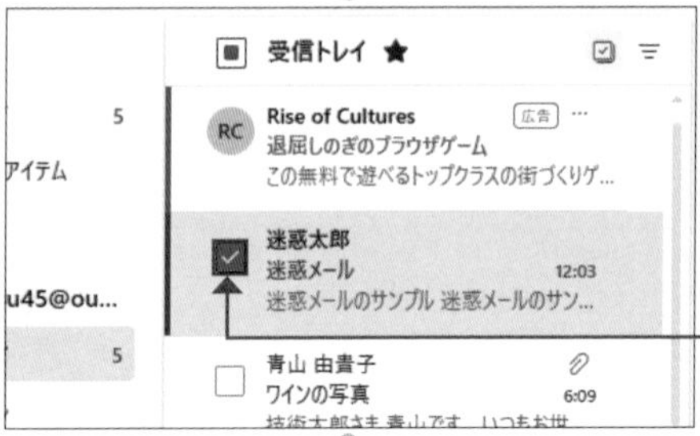

2 すべての受信メールにチェックボックスが表示されます。

3 迷惑メールとして報告したいメールのチェックボックスを☑にして、

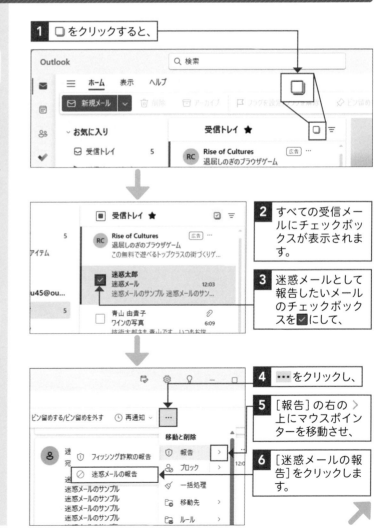

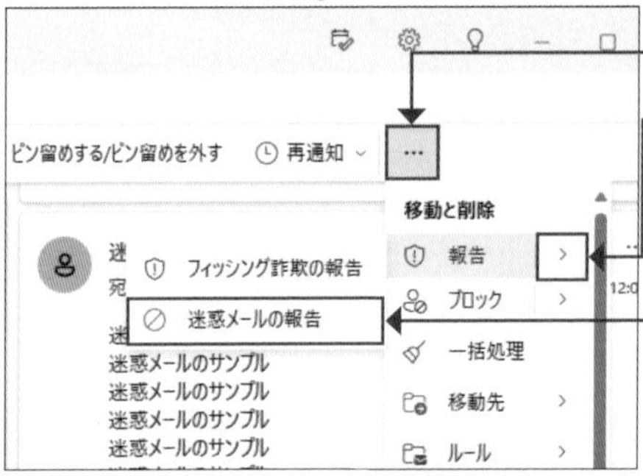

4 ··· をクリックし、

5 ［報告］の右の > 上にマウスポインターを移動させ、

6 ［迷惑メールの報告］をクリックします。

ヒント

「迷惑メール」フォルダーが見つからない

利用環境によっては、一部のフォルダー名が英語表記になっている場合があります。英語表記になっている場合、通常、「Junk Email」フォルダーが「迷惑メール」フォルダーとなります。

補足

迷惑メールから解除する

受信したメールを間違って迷惑メールに登録したときや大切なメールが「迷惑メール」フォルダーに自動的に振り分けられてしまうときは、そのメールを右クリックし、[レポート]→[迷惑メールではない]をクリックします。

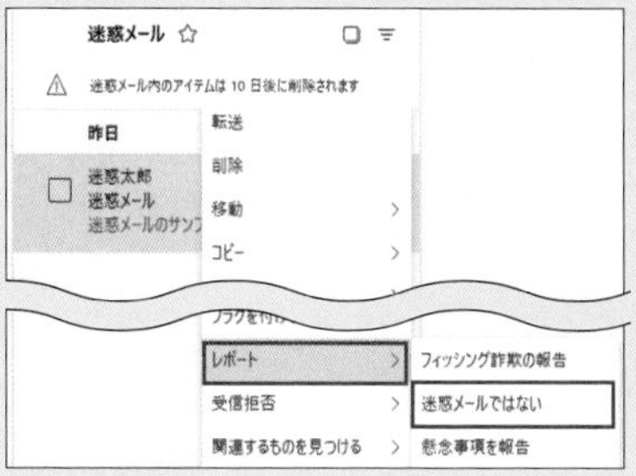

7 選択したメールが「迷惑メール」フォルダーに移動します。

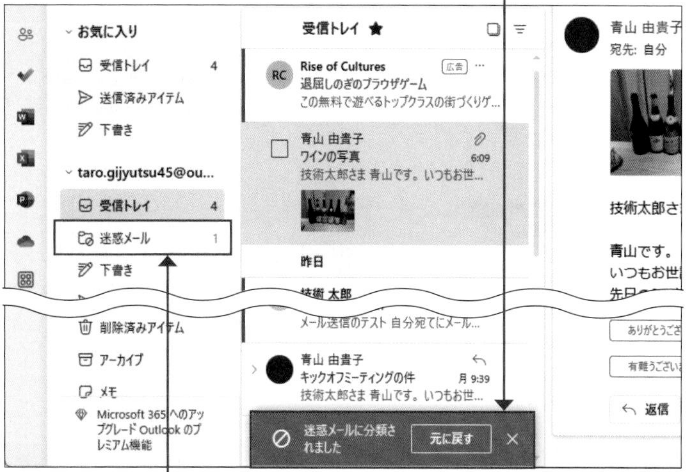

8 [迷惑メール]をクリックすると、

9 選択したメールが「迷惑メール」フォルダーに移動していることを確認できます。

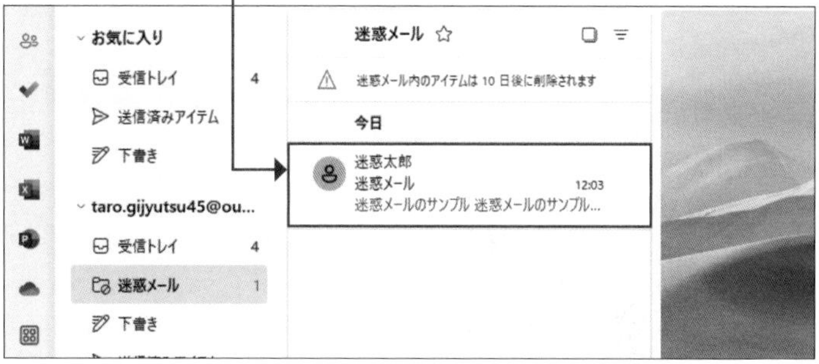

応用技 選択したメールを削除する

メールを削除したいときは、130ページの手順1～3を参考に、削除したいメールを選択し、[削除]をクリックします。また、メールを1通ずつ削除したいときは、削除したいメールの上にマウスポインターを移動させると表示される🗑をクリックします。

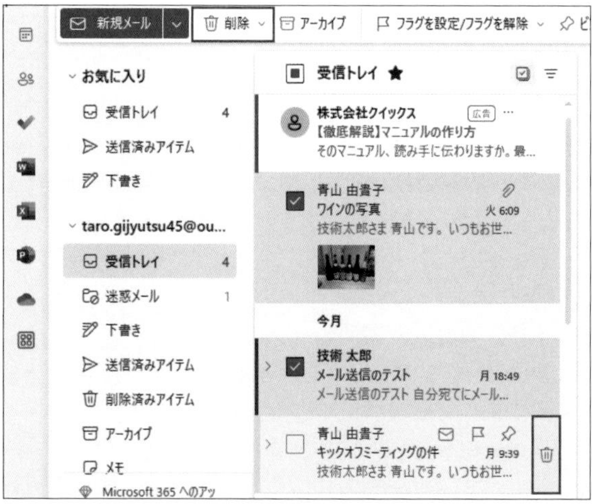

Section

38 メールを検索しよう

ここで学ぶこと

- メールの検索
- 検索キーワード
- 検索の解除

受信メールがたまってくると、目的のメールがかんたんには見つからなくなってしまいます。目的のメールが見つからない場合や過去のメールを確認したい場合は、メールの**検索**を行ってみましょう。

1 メールを検索する

解説

メールの検索

メールの検索を行うときは、検索ボックスに検索キーワードを入力し、🔍をクリックするか、Enterを押します。また、Outlook for Windowsでは、受信トレイを表示した状態で検索を行うと「すべてのフォルダー」を対象に検索を実行します。送信済みやごみ箱など、受信トレイ以外のフォルダーを開いた状態で検索を行うと、そのフォルダー内を対象に検索を実行します。

応用技

メールアドレスで検索する

右の手順では、例としてキーワードで検索を行っていますが、検索はメールアドレスでも行えます。メールアドレスで検索を行うときは、検索ボックスにメールアドレスをキーワードとして入力します。

1 [検索]をクリックします。

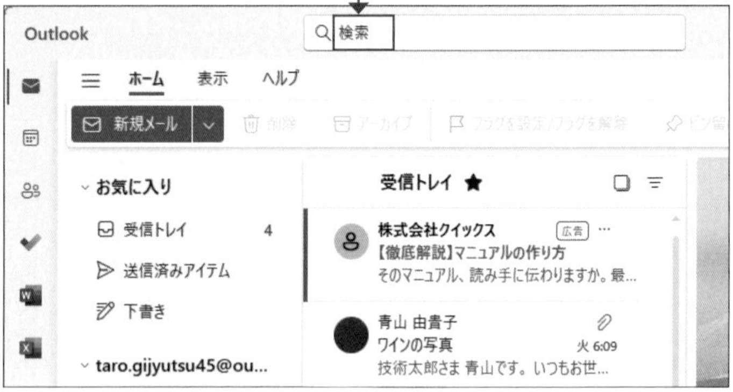

2 検索キーワード(ここでは、[オンライン])を入力し、

3 🔍をクリックするか、Enterを押します。

補足

検索を中止する／解除する

検索を中止したり／解除したいときは、検索ボックスの ← をクリックすると、検索開始前の画面に戻ります。

4 検索結果が表示されます。

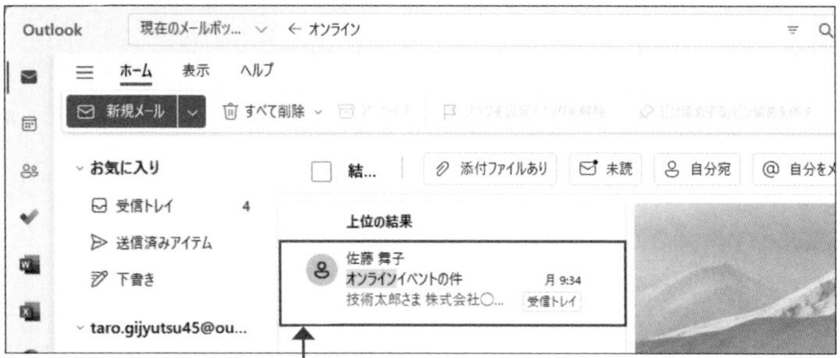

5 目的のメールをクリックすると、

6 メールの内容が表示されます。

補足 条件を指定して検索を行う

検索ボックス内の ≡ をクリックすると、フィルターの設定画面が開きます。この画面を利用すると、差出人や宛先、件名、キーワード、検索期間など詳細な検索条件を指定したメール検索を行えます。

応用技 Outlook.comをWebブラウザーで利用する

マイクロソフトが無償提供しているWebメールサービス「Outlook.com」は、Webブラウザーで利用することもできます。Outlook.comをWebブラウザーで利用するときは、以下の手順でWebページを開き、Outlook.comにサインインします。なお、Microsoft アカウントでWindows 11にサインインしているときは自動的にサインインが行われます。このため、手順3から手順8の画面は表示されません。また、外出先や他人のパソコンから利用するときは、パスワードの保存やサインイン状態の維持を行わないようにしてください。

1 Webブラウザー（ここでは、「Microsoft Edge」）を起動して、Outlook.comのURL（https://www.outlook.com）を開きます。

Microsoft Outlook
無料の個人用メールと予定表を利用して、つながり、整理し、すべきことを完了しましょう。

2 ［サインイン］をクリックします。

3 サインイン画面が表示されたときは、Outlook.comのメールアドレスを入力し、

4 ［次へ］をクリックします。

5 パスワードを入力し、

6 ［サインイン］をクリックします。

7 パスワードの保存画面が表示されたら、［OK］または［なし］をクリックします。

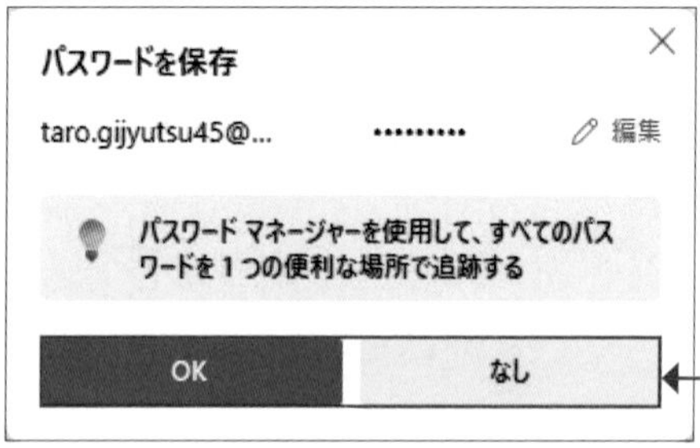

パスワード マネージャーを使用して、すべてのパスワードを１つの便利な場所で追跡する

8 サインインの状態の維持画面が表示されたら、［はい］または［いいえ］をクリックします。

Microsoft
Outlook を続行
taro.gijyutsu45@outlook.jp
サインインの状態を維持しますか?
サインインの状態を維持すると、次回もう一度サインインする必要がなくなります。
今後このメッセージを表示しない
いいえ
はい

9 受信メールの一覧が表示されます。

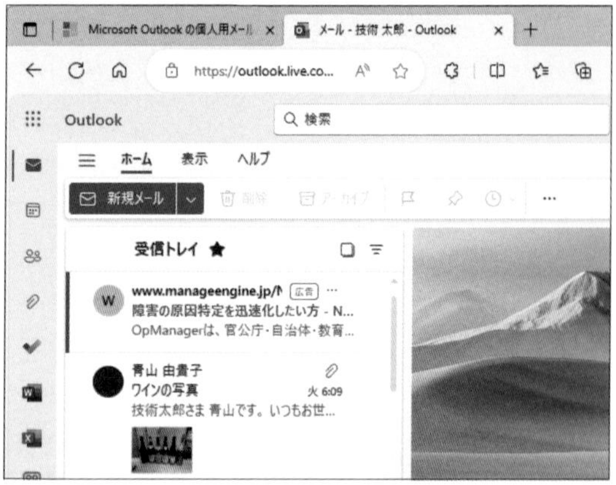

第 6 章

スマートフォンと連携しよう

Section

39 iPhoneと写真や音楽をやり取りしよう

ここで学ぶこと

- 「フォト」アプリ
- iPhone／iCloud
- iTunes

「フォト」アプリを利用すると、iPhoneで撮影した写真やビデオをパソコンで編集できます。また、**iCloud**や**iTunes**などのアプリをインストールすると、写真やビデオ、音楽ファイルを**iPhone**とパソコンとの間でより便利に利用できます。

1 iPhone の写真をパソコンに転送する

解説

iPhone から写真やビデオを取り込む

iPhoneで撮影した写真やビデオをパソコンで楽しむには、USBケーブルを用いてiPhoneからパソコンに写真／ビデオを転送する方法と、Appleが無償提供しているiCloudアプリをインストールして写真／ビデオをiCloud経由でパソコンと共有する方法があります。ここでは、特別なアプリをインストールすることなく利用できる前者のUSBケーブルを用いた転送方法を説明します。

補足

通知バナーについて

手順2の通知バナーや手順3の画面が表示されるのは、iPhoneで撮影した写真やビデオをはじめてパソコンに転送するときのみです。次回からこれらの画面は表示されません。

1 iPhoneのロックを解除して、USBケーブルでパソコンと接続します。

2 通知バナーが表示されたら、クリックします。

3 下に「フォト」と書かれている［写真と動画のインポート］をクリックします。

補足

「フォト」アプリで写真を取り込む

iPhoneからUSBケーブルで写真／ビデオをパソコンに取り込むときは、「フォト」アプリを利用します。この方法で写真／ビデオを取り込むときは、iPhoneに写真やビデオへのアクセス許可を求める画面が表示されたり、パスコードの入力を求められたりする場合があります。アクセス許可を求める画面が表示されたら、必ず［許可］をタップしてください。

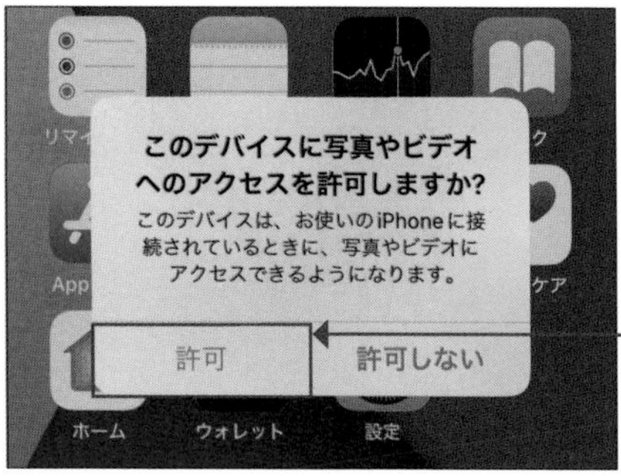
このデバイスに写真やビデオへのアクセスを許可しますか?
このデバイスは、お使いのiPhoneに接続されているときに、写真やビデオにアクセスできるようになります。
許可
許可しない
ホーム
ウォレット
設定

4 「フォト」アプリが起動し「問題が発生しました」と表示されたときは、

5 iPhoneのロックを解除して［許可］をタップします。

6 ［再試行］をクリックします。

フォトのすべてを検索
インポート
Apple iPhone
追加
接続するための通知がデバイスに送信されました
Microsoft フォトにお客様の写真へのアクセスを許可するには、これに同意してください。
PC へのファイル転送に関しては詳細情報を参照してください。
再試行

7 iPhone内にある写真の情報が読み込まれて表示されます。

フォトのすべてを検索
インポート
Apple iPhone
93 枚の写真
追加
新しい (93) の選択
すべて選択 (93)
選択したアイテムのみを表示
IMG_3030.JPG
5.7 MB
IMG_3029.JPG
6.2 MB
"Apple iPhone"からアイテムを読み込んでいます。これには数分かかる場合があります。
キャンセル

補足

「問題が発生しました」画面

手順**3**のあとに「問題が発生しました」と表示された場合は、iPhone内の写真やビデオへのアクセスが承認されていません。この画面が表示されたときは、右の手順に従って操作を行ってください。なお、この画面が何度も表示され手順**7**に進まないときは、iPhoneの「設定」画面を表示し、［写真］→［オリジナルをダウンロード］とタップして手順**1**から作業をやり直してみてください。

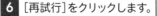

ICLOUD
iCloud写真
すべての写真とビデオをiCloudに自動的にアップロードして安全に保存し、お使いのあらゆるデバイスからブラウズ、検索、および共有できるようにします。
iPhoneのストレージを最適化
オリジナルをダウンロード
このiPhoneには、現在オリジナルの写真とビデオが保存されています。"ストレージを最適化"をオンにすると、このデバイスのストレージが節約されオリジナルはiCloudに保存されます。

解説

写真やビデオの取り込み

右の手順では、パソコンに取り込まれていない状態の写真／ビデオを一括選択して取り込む手順を紹介しています。選択した写真／ビデオのみを取り込みたいときは、写真右上のチェックボックスをクリックして✓［オン］にします。

補足

写真／ビデオの取り込み先

iPhoneから取り込んだ写真／ビデオは、通常、エクスプローラーのクイックアクセスの［ピクチャ］をクリックすることで表示できます。また、手順10の画面に複数のフォルダーが表示されているときは、その中から取り込み先フォルダーを選択できるほか、［フォルダーの作成］をクリックすると、選択中のフォルダー（ここでは［ピクチャ（太郎-個人用）］）内に新しいフォルダーを作成し、そこに写真／ビデオを取り込むことができます。

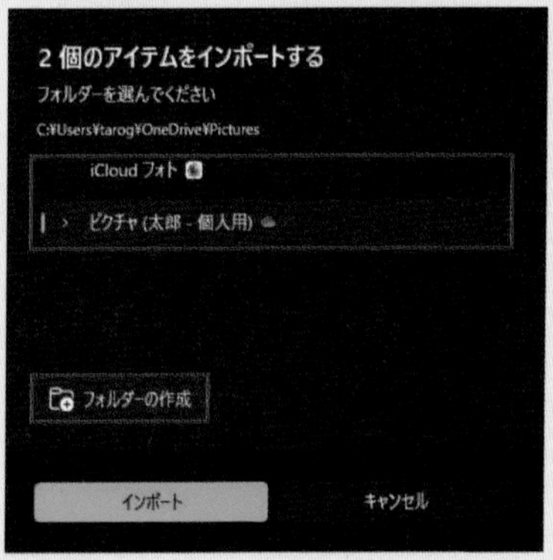

8 ［新しい○（○は写真の数、ここでは「112」）の選択］のチェックボックスの■をクリックして✓［オン］にし、

9 ［○（○は写真の数、ここでは「112」）項目の追加］をクリックします。

左の「解説」参照

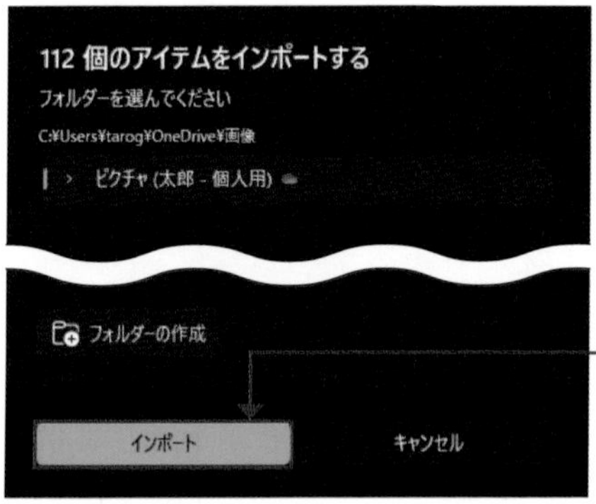

10 ［インポート］をクリックします。

11 選択した写真がパソコンにインポートされます。

12 インポートが完了したら、🖼をクリックします。

補足

iCloudで写真を共有する

パソコンに「iCloud」アプリをインストールすると、Appleの提供するクラウドサービス「iCloud」を経由してパソコンとiPhoneの間で写真を共有できます。「iCloud」アプリのインストールは「フォト」アプリの[iCloudフォト]をクリックし、[Windows用iCloudを取得]をクリックすることでインストールできます。

13 インポートした写真を確認できます。

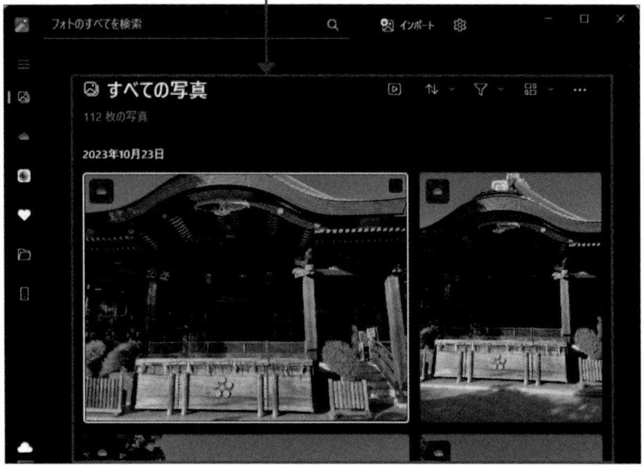

応用技

音楽ファイルをiTunesでiPhoneに転送する

音楽ファイルをiPhoneに転送したいときは、Appleが無償配布しているアプリ「iTunes」を利用します。iTunesを利用すると、音楽CDからパソコンに音楽ファイルを取り込んだり、iTunes Storeから音楽を購入したり、iTunesで管理している音楽ファイルをiPhoneに同期（転送）したりできます。iTunesを利用してパソコン内の音楽ファイルをiPhoneに転送するときは、以下の手順で行います。iTunesのインストールについては、207ページを参照してください。また、iTunesの初期設定などについては画面の指示に従って行っておいてください。

1 iPhoneのロックを解除して、USBケーブルでパソコンと接続して、iTunesを開きます。

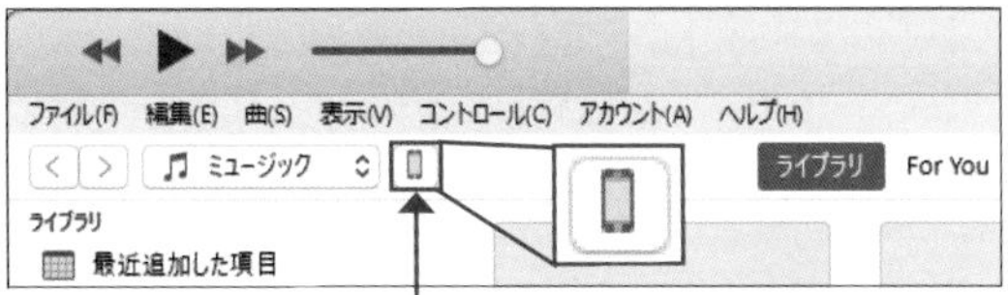

2 をクリックします。

3 接続中のiPhoneの情報が表示されます。

4 [ミュージック]をクリックし、

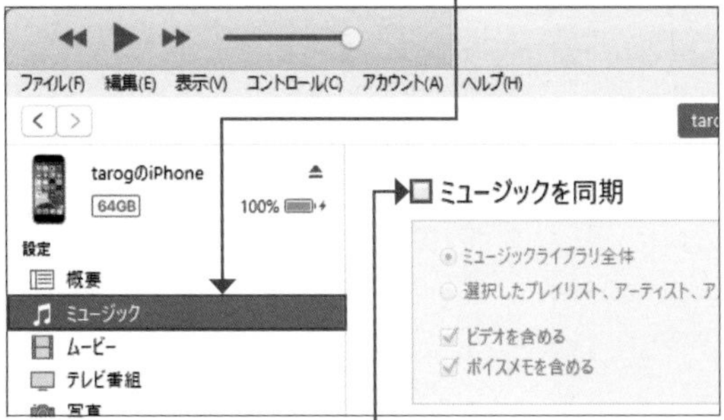

5 [ミュージックを同期]の をクリックします。

6 [適用]をクリックします。

7 音楽ファイルの同期が行われます。

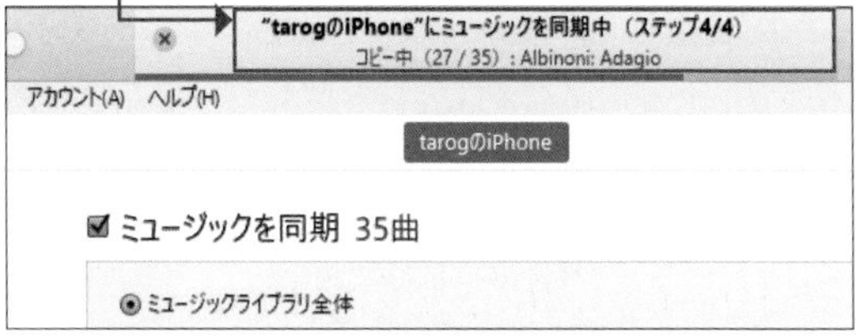

8 同期が完了したら[終了]→×とクリックするか、×をクリックしてiTunesを終了します。

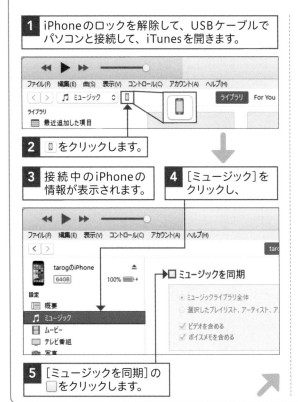

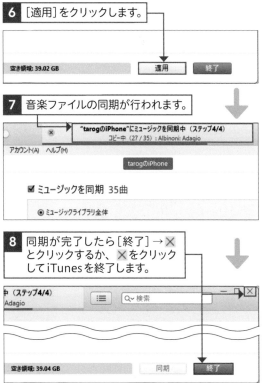

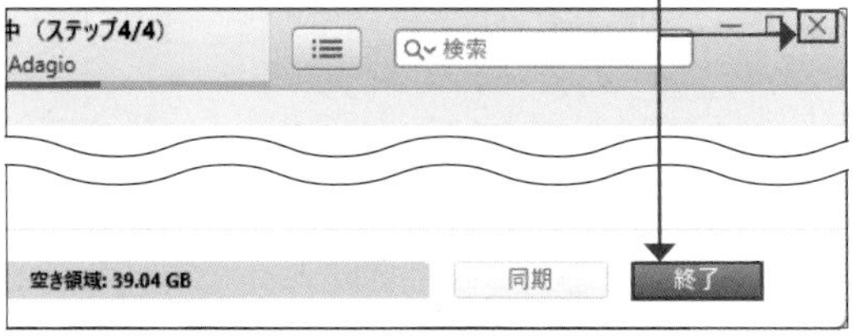

Section

40 スマートフォンと写真や音楽をやり取りしよう

ここで学ぶこと

- 「フォト」アプリ
- Android
- エクスプローラー

Androidスマートフォンで撮影した写真やビデオは、**「フォト」アプリ**を利用してパソコンに取り込めます。また、パソコン内の音楽ファイルをAndroid スマートフォンに転送するときは、**エクスプローラー**を利用します。

1 Androidスマートフォンから写真をパソコンに転送する

解説

写真やビデオをパソコンに取り込む

Androidスマートフォンで撮影した写真やビデオは、「フォト」アプリを利用することでパソコンに取り込めます。ここでは、GoogleのPixel 7a（OSはAndroid 14）を例に、Androidスマートフォンから写真やビデオを取り込む方法を説明します。

補足

通知バナーについて

通知バナーが表示されるのは、Androidスマートフォンで撮影した写真やビデオをはじめてパソコンに転送するときのみです。次回からは通知バナーは表示されません。

1 Androidスマートフォンとパソコンを USBケーブルで接続します。

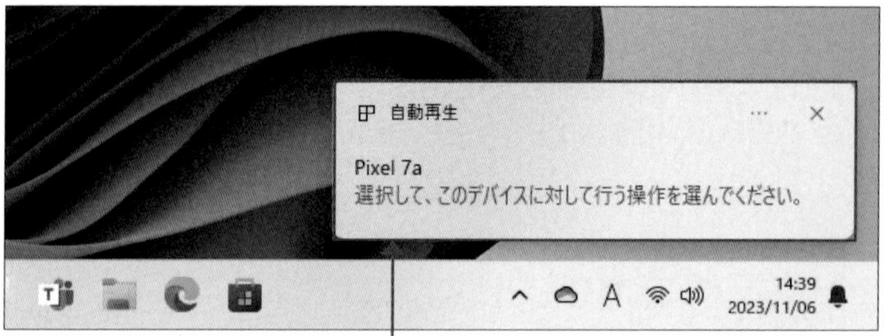

2 通知バナーが表示されたら、クリックします。

3 下に「フォト」と書かれている［写真と動画のインポート］をクリックします。

4 「フォト」アプリが起動し「デバイスの設定を更新してください」と表示されます。

5 Androidスマートフォンのロックを解除し、

6 上から下にスワイプして「通知パネル」を表示します。

7 ［このデバイスをUSBで充電中］をタップします。

8 画面下にメッセージが追加されるので、［このデバイスをUSBで充電中］を再度タップします。

補足

Androidスマートフォンでの操作

Androidスマートフォンで撮影した写真やビデオをパソコンに転送するには、Androidスマートフォンとパソコンを接続したときのUSBの動作モードを「充電」から［ファイル転送／Android Auto］に変更する必要があります。右の手順5以降の操作は、Pixel 7aを例にこの手順を説明しています。

補足

ロックを解除したら画面が表示された

手順5のスマートフォンのロックを解除したあとに「アクセスを許可しますか？」の画面が表示されたときは、［許可］をタップします。

応用技

ほかのAndroidスマートフォンの場合

ほかのAndroidスマートフォンを利用している場合やAndroidのバージョンが異なる場合など、右の手順と操作画面が異なる場合は、使用しているAndroidスマートフォンの取り扱い説明書などを参考にUSBの動作モードを［ファイル転送／Android Auto］や「ファイル転送」に変更してください。

Section

41 Androidスマートフォンと連携しよう

ここで学ぶこと

- スマートフォン連携
- リンク
- Androidスマートフォン

「スマートフォン連携」アプリを利用すると、Androidスマートフォンに届いたSMSのメッセージをパソコンで送受信したり、通話をしたりできます。この機能を利用するには、Androidスマートフォンとパソコンをリンクします。

1 Androidスマートフォン/タブレットとのリンクの準備を行う

解説

「スマートフォン連携」アプリを利用するには

Androidスマートフォンで「スマートフォン連携」アプリを利用するためには、Microsoft アカウントが必要です。また、Androidスマートフォンとパソコンをリンクする必要があります。リンクは、右の手順で「スマートフォン連携」アプリでパソコンのモニターに「QRコード」を表示し、146ページからの手順でそのQRコードをAndroidスマートフォンで読み込むことで行います。

ヒント

Windowsの初期設定でも設定できる

Androidスマートフォンとパソコンのリンクは、Windows 11の初期設定時（292ページ参照）に行うこともできます。Windows 11の初期設定時にリンクを行う場合は、146ページからの手順を参考にAndroidスマートフォンで作業を行ってください。

1 ■をクリックしてスタートメニューを表示し、

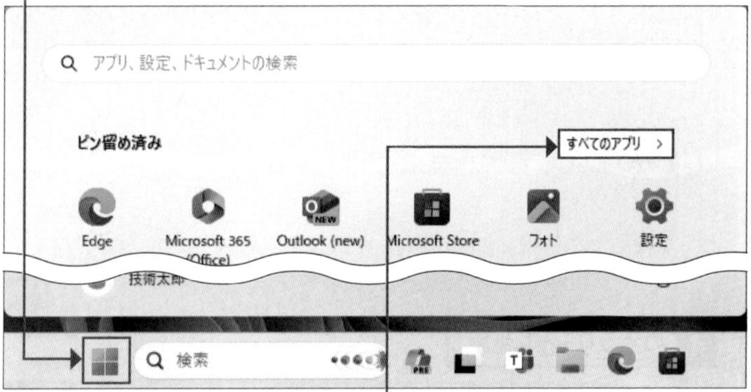

2 ［すべてのアプリ］をクリックします。

3 画面をスクロールして、

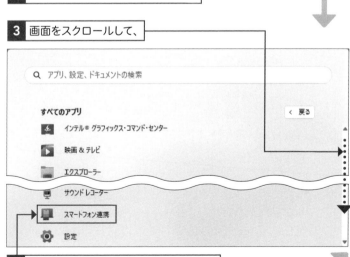

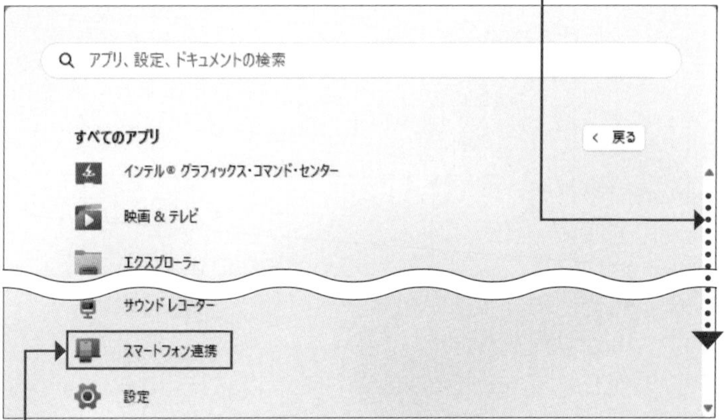

4 ［スマートフォン連携］をクリックします。

補足
iPhoneの場合

iPhoneとパソコンをリンクするときの手順については、154ページで紹介しています。手順6で［iPhone］をクリックし、154ページからの手順を参考にリンク作業を行ってください。

補足
連携済みの機器がある場合

2台目以降の機器を連携させるときは、右の手順5の画面は表示されません。手順5の画面を表示したいときは、［設定］→［自分のデバイス］→［新しいデバイスのリンク］の順にクリックします。なお、「スマートフォン連携」アプリで連携できるのは、「既定」に設定された1台機器のみです。現状では2台の機器を連携しても2台同時に利用できるわけではありません。

5 「スマートフォン連携」が開きます。

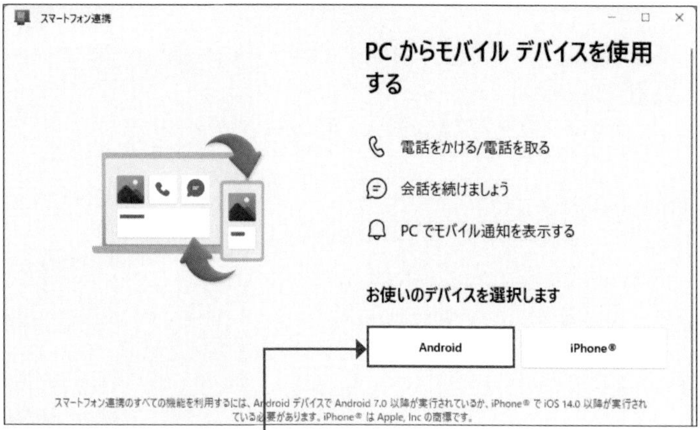

スマートフォン連携
PC からモバイル デバイスを使用する
電話をかける/電話を取る
会話を続けましょう
PC でモバイル通知を表示する
お使いのデバイスを選択します
Android
iPhone®
スマートフォン連携のすべての機能を利用するには、Android デバイスで Android 7.0 以降が実行されているか、iPhone® で iOS 14.0 以降が実行されている必要があります。iPhone® は Apple, Inc の商標です。

6 リンクしたいデバイス（ここでは［Android］）をクリックします。

7 QRコードが表示されます。パソコンはこのままの状態にしておき、146ページを参考にAndroidスマートフォンでリンク設定を開始してください。

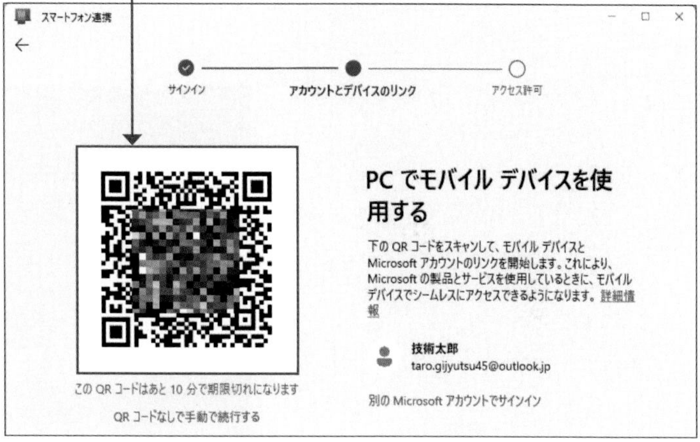

スマートフォン連携
サインイン
アカウントとデバイスのリンク
アクセス許可
PC でモバイル デバイスを使用する
下の QR コードをスキャンして、モバイル デバイスと Microsoft アカウントのリンクを開始します。これにより、Microsoft の製品とサービスを使用しているときに、モバイル デバイスでシームレスにアクセスできるようになります。詳細情報
技術太郎
taro.gijyutsu45@outlook.jp
この QR コードはあと 10 分で期限切れになります
QR コードなしで手動で続行する
別の Microsoft アカウントでサインイン

応用技 「設定」から「スマートフォン連携」アプリを開く

「設定」を開き、［Bluetoothとデバイス］→［スマートフォン連携］の順にクリックすることでも、「スマートフォン連携」アプリは開きます。［スマートフォン連携］を［オン］にすると、上の手順5の画面が開きます。また、リンク済みの場合は、［スマートフォン連携を開く］をクリックすると、「スマートフォン連携」アプリが開きます。

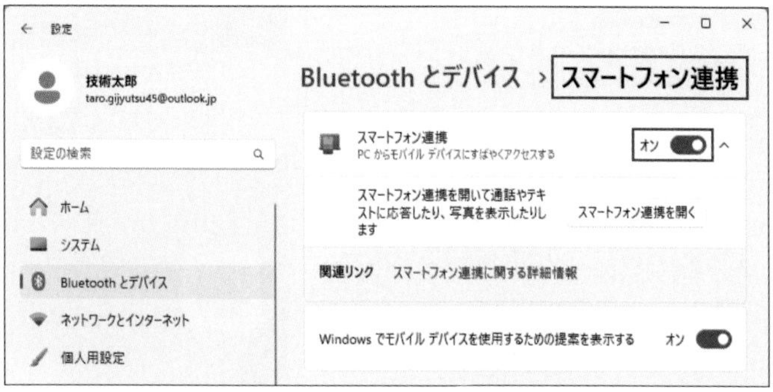

設定
技術太郎
taro.gijyutsu45@outlook.jp
設定の検索
ホーム
システム
Bluetooth とデバイス
ネットワークとインターネット
個人用設定
Bluetooth とデバイス › スマートフォン連携
スマートフォン連携
PC からモバイル デバイスにすばやくアクセスする
オン
スマートフォン連携を開いて通話やテキストに応答したり、写真を表示したりします
スマートフォン連携を開く
関連リンク スマートフォン連携に関する詳細情報
Windows でモバイル デバイスを使用するための提案を表示する
オン

② Androidスマートフォンをパソコンとリンクする

解説

Androidスマートフォンとパソコンのリンク

144～145ページの手順でパソコンにQRコードを表示したら、Androidスマートフォンとパソコンのリンクを行います。この作業は、右の手順に従ってAndroidスマートフォンで行います。

1 Androidスマートフォンで「カメラ」アプリを起動し、

2 パソコンのモニターに表示されたQRコードを読み取ります。

3 「カメラ」アプリに表示されたリンクをタップします。

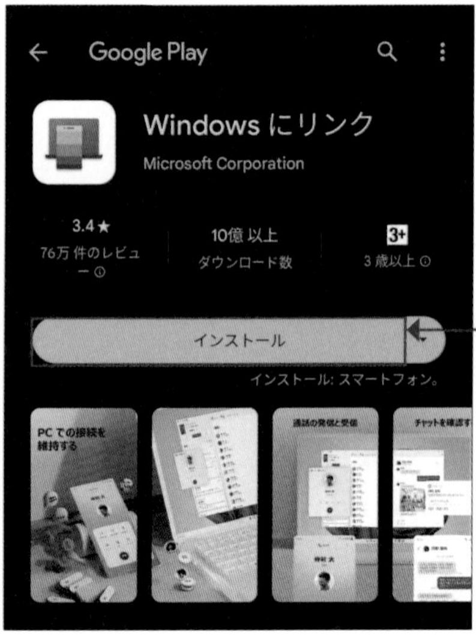

4 Google Playの「Windowsにリンク」アプリのインストールページが表示されます。

5 ［インストール］をタップします。

6 インストールが完了したら、［次へ］をタップします。

ヒント

サムスン製スマートフォンについて

5G対応のサムスン製スマートフォンの多くには、「Windowsにリンク」アプリがプリインストールされた状態で出荷されています。「Windowsにリンク」アプリがプリインストールされた製品では、右の手順3のあとに147ページの手順7の画面が表示されます。

Windows にリンク
PC に表示されているコードを入力してください
5HTMKU
続行

7 コードの入力画面が表示されるので、

8 PCに表示されているコードを入力し、

9 ［続行］をタップします。

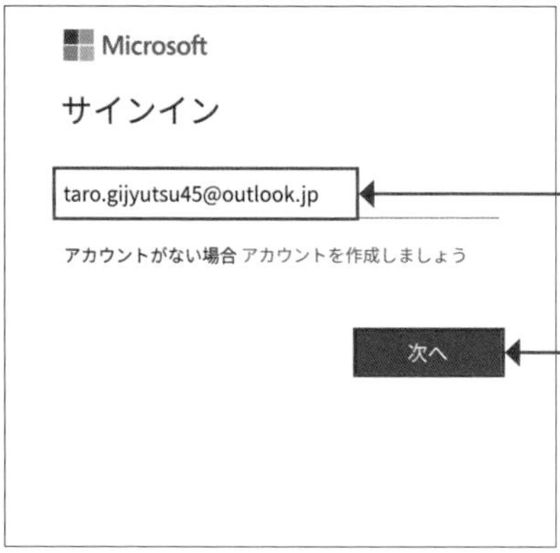
Microsoft
サインイン
taro.gijyutsu45@outlook.jp
アカウントがない場合 アカウントを作成しましょう
次へ

10 Microsoft アカウントのサインイン画面が表示されたときは、

11 Microsoft アカウントのメールアドレスを入力し、

12 ［次へ］をタップします。

Microsoft
もう少し情報が必要です
このメールは Microsoft の複数のアカウントで使用されています。どのアカウントを使用しますか?
職場または学校アカウント
IT 部門によって作成されました
個人用アカウント
自分で作成しました
これが何度も表示されますか? 個人用の Microsoft アカウントの名前を変更します。

13 「もう少し情報が必要です」画面が表示されたときは、

14 アカウントの種類（ここでは［個人用アカウント］）をタップします。

ヒント

入力コードについて

手順8で入力するコードは、パソコン側で起動中の「スマートフォン連携」アプリに自動表示されます。なお、コードの有効時間は10分間です。10分以内にコードを入力してください。

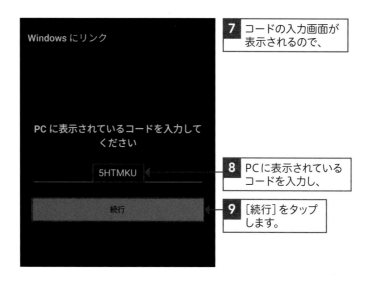

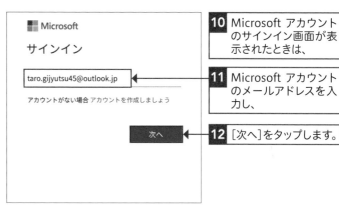

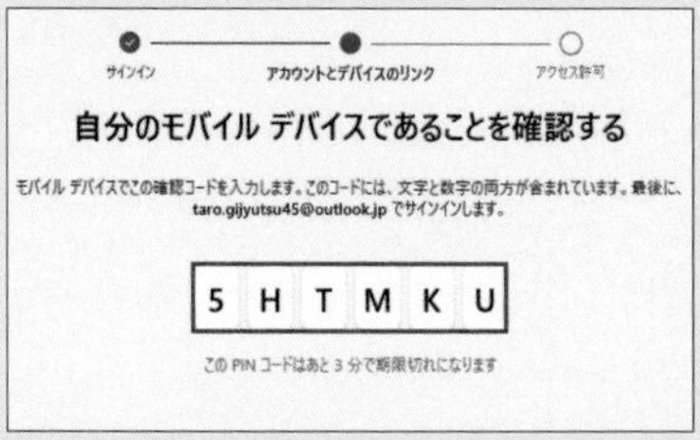
サインイン
アカウントとデバイスのリンク
アクセス許可
自分のモバイル デバイスであることを確認する
taro.gijyutsu45@outlook.jp でサインインします。
5 H T M K U

補足

Microsoft アカウントでサインイン

Androidスマートフォンにインストールした「Windowsにリンク」アプリの利用にはMicrosoft アカウントでのサインインが必須です。手順11では、リンクするパソコンと同じMicrosoft アカウントを入力します。

補足

「ネットワーク接続なし」と表示された

手順14のあとに、「ネットワーク接続なし」と表示され先に進めなくなったときは、Wi-Fi接続をオフにしてモバイル回線に切り替えて手順を進めてください。

補足

アクセス権限の設定について

手順17から行うアクセス権限の設定は、「SMSメッセージの送信と表示」「写真と動画へのアクセス」「電話の発信と管理」「連絡先」「通知の送信」を「Windowsにリンク」アプリに認めるかどうかの設定です。許可をした項目に関連する機能のみが、Windows 11で利用できます。また、この設定が開始されると、パソコン側で起動中の「スマートフォン連携」アプリの画面がアクセス権限の設定中であることを知らせる内容に変わります。

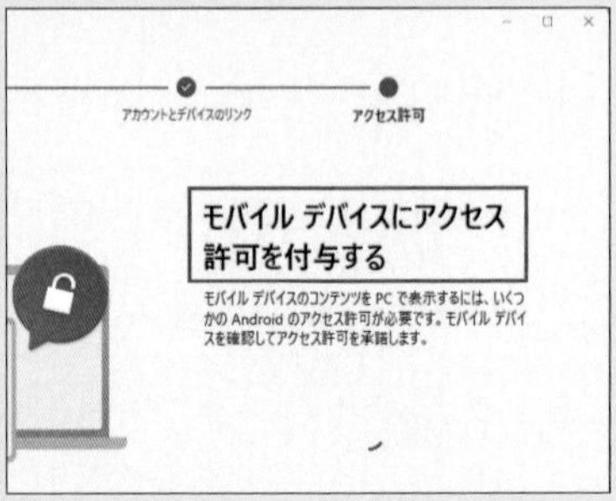
アカウントとデバイスのリンク
アクセス許可
モバイル デバイスにアクセス許可を付与する
モバイル デバイスのコンテンツを PC で表示するには、いくつかの Android のアクセス許可が必要です。モバイル デバイスを確認してアクセス許可を承諾します。

Microsoft
taro.gijyutsu45@outlook.jp
パスワードの入力
パスワードを忘れた場合
taro.gijyutsu45@outlook.jp についての電子メール コード
サインイン

15 パスワードを入力し、

16 [サインイン]をタップします。

SMS メッセージの送信と表示を「Windows にリンク」に許可しますか？
許可
許可しない

17 「Windowsにリンク」アプリへのアクセス権限の設定を行います。画面の指示に従って問題がなければ[許可]または[すべて許可]をタップしていきます。

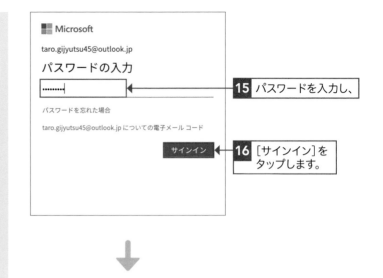

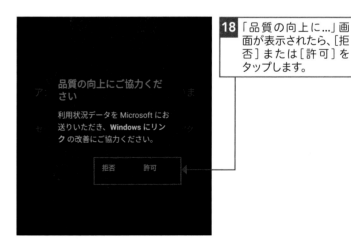

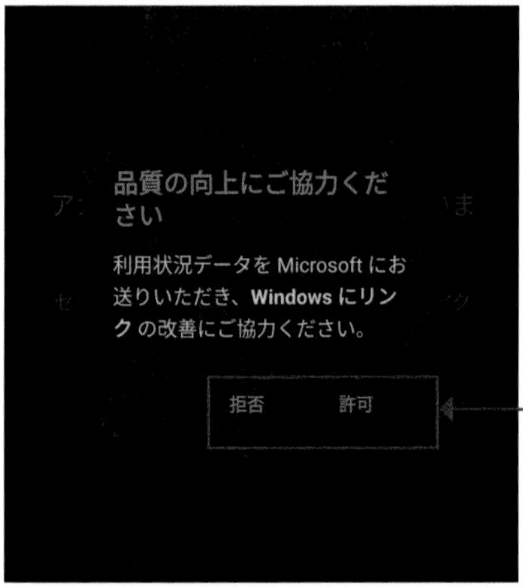
品質の向上にご協力ください
利用状況データを Microsoft にお送りいただき、Windows にリンク の改善にご協力ください。
拒否
許可

18 「品質の向上に...」画面が表示されたら、[拒否]または[許可]をタップします。

補足

サインイン時に「スマートフォン連携」を開く

手順23の「スマートフォン連携へようこそ！」画面で[Windowsにサインインするときに...]の☐を☑にすると、Windowsにサインインすると「スマートフォン連携」アプリが自動的に開かれます。

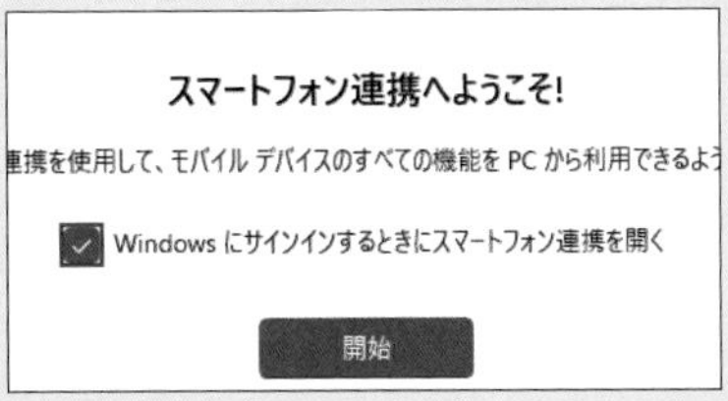
スマートフォン連携へようこそ!
連携を使用して、モバイル デバイスのすべての機能を PC から利用できるよう
Windows にサインインするときにスマートフォン連携を開く
開始

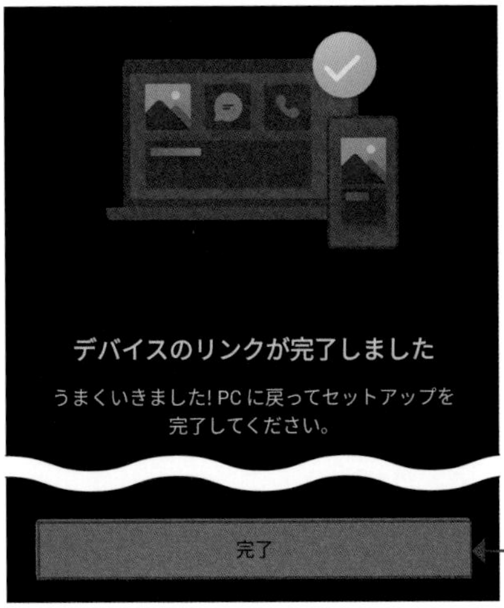
デバイスのリンクが完了しました
うまくいきました! PC に戻ってセットアップを完了してください。
完了

19 この画面が表示されたらパソコンとのリンクは完了です。

20 [完了]をタップします。

21 リンクが完了すると、パソコン側の「スマートフォン連携」アプリに「すべて完了しています」と表示されます。

すべて完了しています
PC でお気に入りのモバイル アプリの使用、通知の受信、写真の表示など、さまざまなことができます。
そのまま進む

22 [そのまま進む]をクリックすると、

23 「スマートフォン連携へようこそ！」と表示されます。

スマートフォン連携へようこそ!
スマートフォン連携を使用して、モバイル デバイスのすべての機能を PC から利用できるようになりました。
Windows にサインインするときにスマートフォン連携を開く
開始

24 [開始]をクリックし、次の画面で[スキップ]をクリックしてください。続いて150ページに進み、スマートフォンの連携設定を行ってください（左下の「補足」参照）。

補足

追加の設定について

Androidスマートフォンは、「スマートフォン連携」アプリとのリンクを行っただけでは、通話機能やAndroidスマートフォンが受け取った通知を表示する機能は利用できません。これらの機能を利用するには、150～153ページを参考に追加の設定を行う必要があります。

Section

42 スマートフォン連携の設定を行おう

ここで学ぶこと

- Androidスマートフォン
- 音声通話
- 通知

Androidスマートフォンにかかってきた**音声通話**をパソコンで受けたり、パソコンから発信したりするには、そのための**設定**を別途行う必要があります。この設定を行っておけば、パソコンをより便利に利用できます。

1 パソコンで音声通話をするための設定を行う

解説

パソコンで音声通話を行うための設定

「スマートフォン連携」アプリを利用しパソコンで音声通話を行うには、AndroidスマートフォンとパソコンをBluetoothでペアリングし、Androidスマートフォンでアクセス許可の設定を行います。ここでは、その手順を説明しています。

補足

設定にはBluetoothが必須

「スマートフォン連携」アプリを利用しパソコンで音声通話を行うには、パソコンがBluetoothを備えている必要があります。Bluetoothを備えていないパソコンでは、音声通話は行えません。

1 144ページの手順を参考に「スマートフォン連携」アプリを開き、

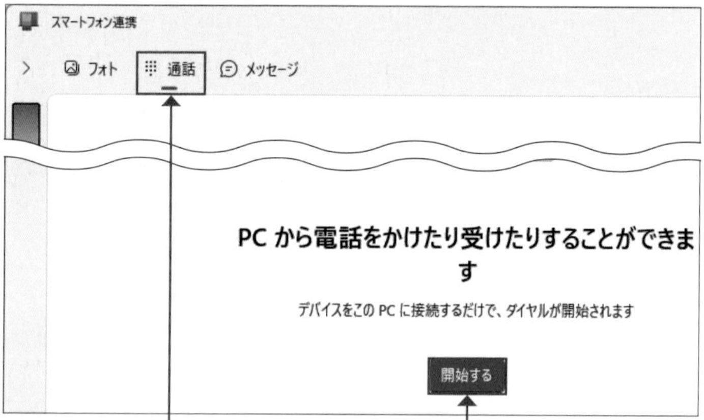
スマートフォン連携
フォト
通話
メッセージ
PC から電話をかけたり受けたりすることができます
デバイスをこの PC に接続するだけで、ダイヤルが開始されます
開始する

2 ［通話］をクリックして、

3 ［開始する］をクリックします。

4 ［ペアリングの開始］をクリックします。

モバイル デバイスと PC をペアリングする
スマートフォンが近くにあり、Bluetooth がオンになっていることを確認します。
ペアリングの開始

ヒント

パソコンの画面について

Bluetoothのペアリングを開始する手順5の操作のあと、パソコンの画面には、「お使いのデバイスを確認してください」と表示されます。また、パソコンの画面は、Androidスマートフォンの設定の進捗状況によって自動的に変わります。

補足

アクセス許可の画面が表示された

手順8のあとに、Androidスマートフォンに「付近のデバイスの検出…」というアクセス許可を求める画面が表示されたときは、［許可］をタップします。

5 ［設定］をクリックします。

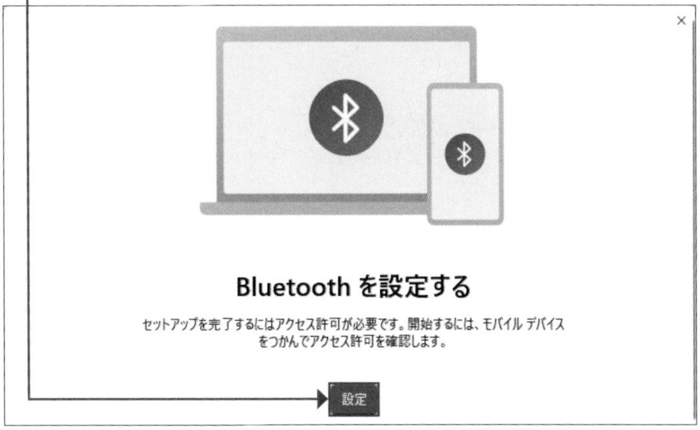
Bluetooth を設定する
セットアップを完了するにはアクセス許可が必要です。開始するには、モバイル デバイスをつかんでアクセス許可を確認します。
設定

Windows にリンク
52%
Windows にリンク
スマートフォン連携アプリを動作させる...
閉じる
開く

6 Androidスマートフォンに通知が表示されるので、

7 ［開く］をタップします。

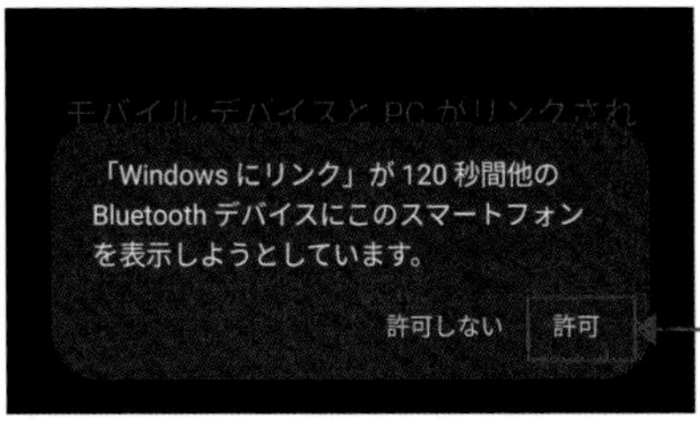
「Windows にリンク」が 120 秒間他の Bluetooth デバイスにこのスマートフォンを表示しようとしています。
許可しない
許可

8 ［「Windowsにリンク」が…］の画面が表示されたら、［許可］をタップします。

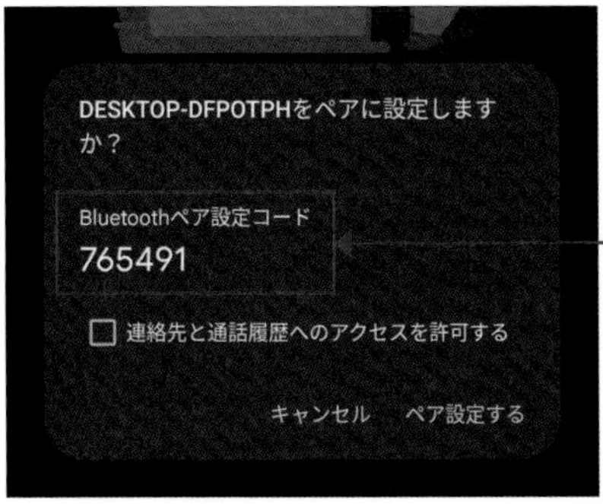
DESKTOP-DFPOTPHをペアに設定しますか？
Bluetoothペア設定コード
765491
連絡先と通話履歴へのアクセスを許可する
キャンセル
ペア設定する

9 AndroidスマートフォンにBluetoothペア設定コード（PINコード）が表示されます。次はパソコンの操作になります。

ヒント

パソコンで音声通話が行える条件

Androidスマートフォンに着信した音声通話をパソコンで受けて通話するには、パソコンで利用しているスピーカーやマイク、ヘッドセットなどの機器が、Bluetoothを利用していないことが条件です。音声通話を行うときにBluetoothのスピーカーやマイク、ヘッドセットのいずれかをパソコンで利用しているときは、そのパソコンで音声通話は行えません(2023年11月時点)。パソコンで音声通話を行いたいときは、USB接続のマイクやスピーカー、ヘッドセットを利用してください。

補足

通話履歴のアクセス許可を設定する

通話履歴を「スマートフォン連携」アプリに表示するには、手順17で表示される画面で[アクセス許可の送信]をクリックすると、Androidスマートフォンに通知が表示されるので、[開く]をタップして、ダイアログボックスが表示されたら[許可]をタップします。

スマートフォン連携
フォト
通話
メッセージ
通話
モバイル デバイスで最近の通話を表示するには、アクセス許可が必要です
[アクセス許可の送信] を選択し、モバイル デバイスを確認してください
アクセス許可の送信

10 パソコンの画面が「デバイスのペアリング」画面に自動的に切り替わりPINコードが表示されます。

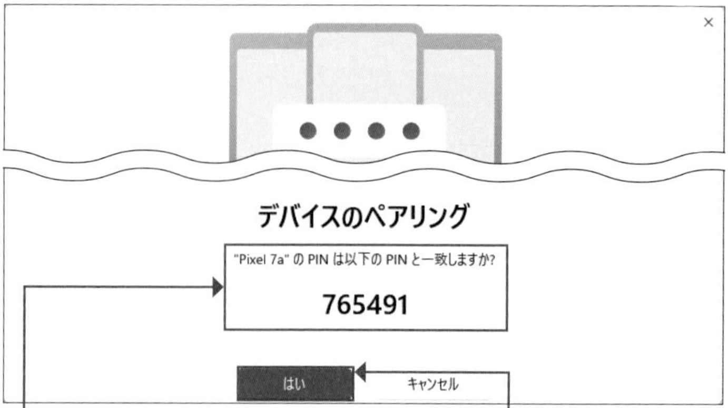
デバイスのペアリング
"Pixel 7a" の PIN は以下の PIN と一致しますか?
765491
はい
キャンセル

11 手順9のAndroidスマートフォンに表示されたPINコードと手順10のPINコードが同じであることを確認します。

12 [はい]をクリックします。 次 はAndroidスマートフォンを操作します。

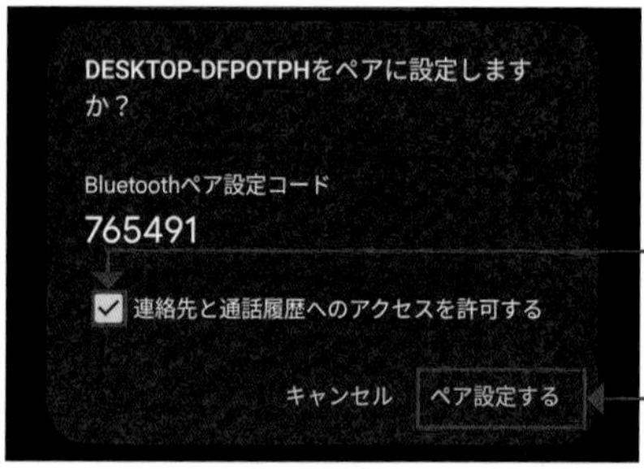
DESKTOP-DFPOTPHをペアに設定しますか?
Bluetoothペア設定コード
765491
連絡先と通話履歴へのアクセスを許可する
キャンセル
ペア設定する

13 Androidスマートフォンの「連絡先と通話履歴への…」をタップして■を☑にして、

14 [ペア設定する]をタップすると、Androidスマートフォン側の操作は完了です。

15 Bluetoothのペアリングに成功するとパソコンの画面が切り替わります。

16 [そのまま進む]をクリックします。

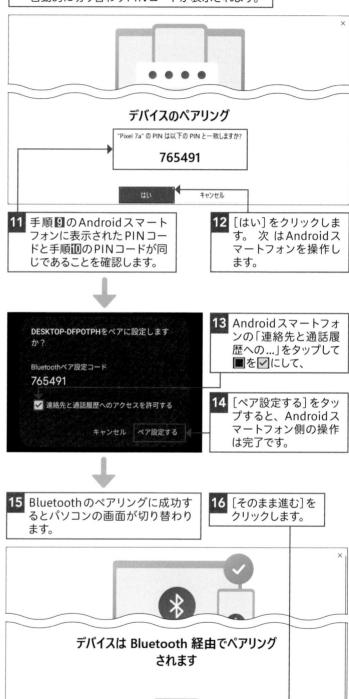

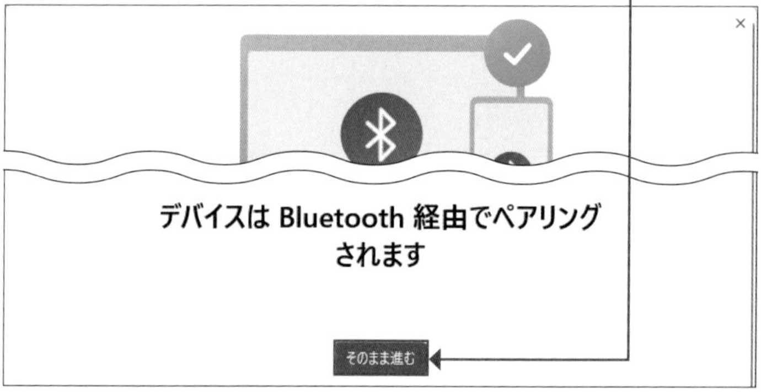
デバイスは Bluetooth 経由でペアリングされます
そのまま進む

17 「スマートフォン連携」アプリの「通話」タブの画面が表示されます。左の「補足」を参考に通話履歴へのアクセス許可の設定も行ってください。

補足 Androidスマートフォンの通知をパソコンに表示する設定を行う

「スマートフォン連携」アプリは、Androidスマートフォンが受け取った各種通知をパソコンに表示する機能を備えています。この機能を利用するには、Androidスマートフォンにパソコンで通知を表示するための設定を行う必要があります。この設定は、以下の手順で行います。

1 144ページの手順を参考に「スマートフォン連携」アプリを開き、

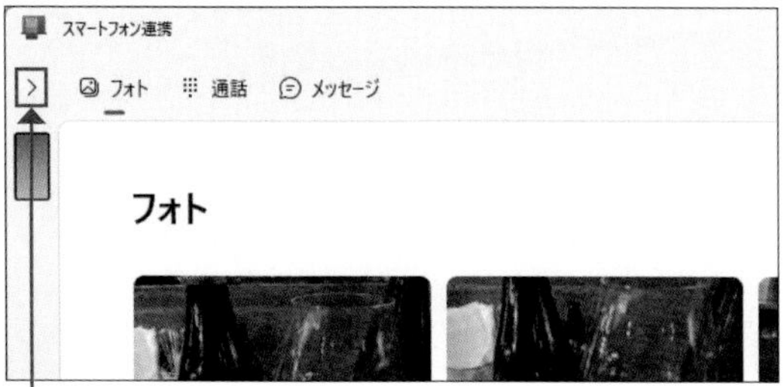

2 ＞をクリックします。

3 ［モデルデバイスで設定を開く］をクリックします。

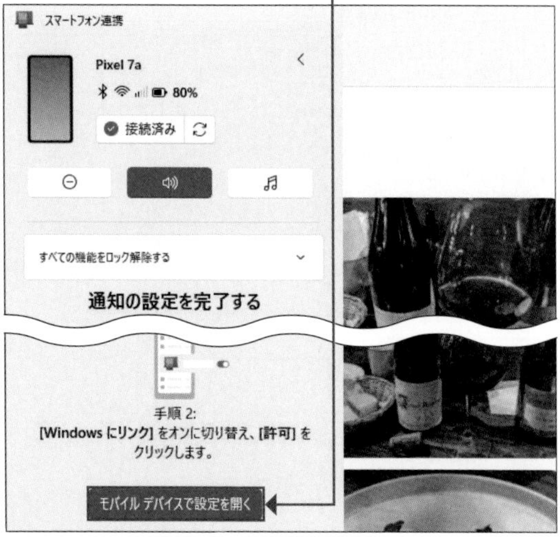

4 Androidスマートフォンに通知が表示されます。

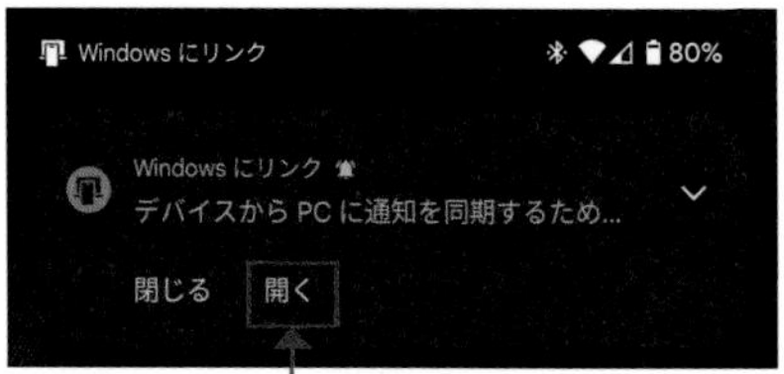

5 ［開く］をタップします。

6 ［Windowsにリンク］をタップします。

7 「通知へのアクセスを許可」のをタップします。

8 ［許可］をタップすると、

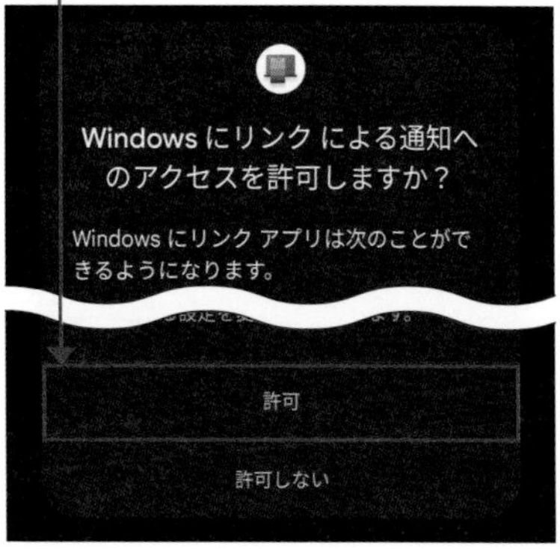

9 手順7の画面に戻り、「通知へのアクセスを許可」がになります。これで通知の設定は完了です。

Section

43 iPhoneと連携しよう

ここで学ぶこと

・スマートフォン連携
・リンク
・iPhone

「スマートフォン連携」アプリを利用すると、iPhoneに届いた**SMSのメッセージ**をパソコンで**送受信**したり、**通話**をしたりできます。この機能を利用するには、iPhoneとパソコンを**リンク**します。

1 iPhoneとのリンクの準備を行う

解説

「スマートフォン連携」アプリを利用するには

「スマートフォン連携」アプリの機能をiPhoneで利用するには、iPhoneとパソコンをペアリング(リンク)する必要があります。ペアリングは、右の手順でパソコンのモニターに「QRコード」を表示し、そのQRコードをiPhoneで読み込むことで行います。

補足

連携済みスマートフォンがある場合

2台目以降の機器を連携させるときは、右の手順1の画面は表示されません。手順1の画面を表示したいときは、[設定]→[自分のデバイス]→[新しいデバイスのリンク]の順にクリックします。なお、「スマートフォン連携」アプリで連携できるのは、「既定」に設定された1台のみです。現状では2台の機器を連携しても2台同時に利用できるわけではありません。

1 144ページの手順を参考に「スマートフォン連携」アプリを開き、

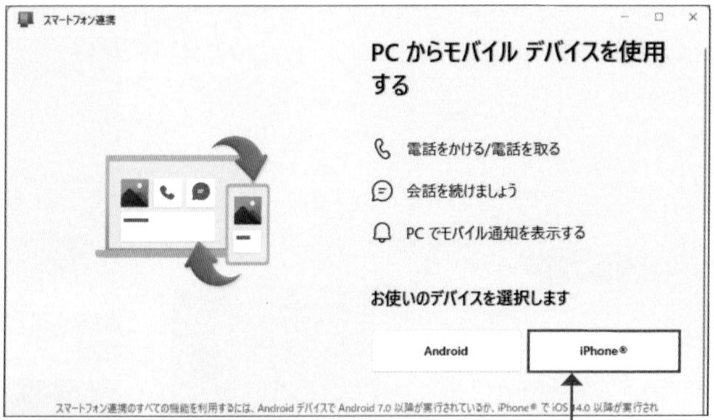

2 [iPhone]をクリックします。

3 QRコードが表示されます。パソコンはこのままの状態にしておき、155ページからの手順を参考にiPhoneで同期設定を開始してください。

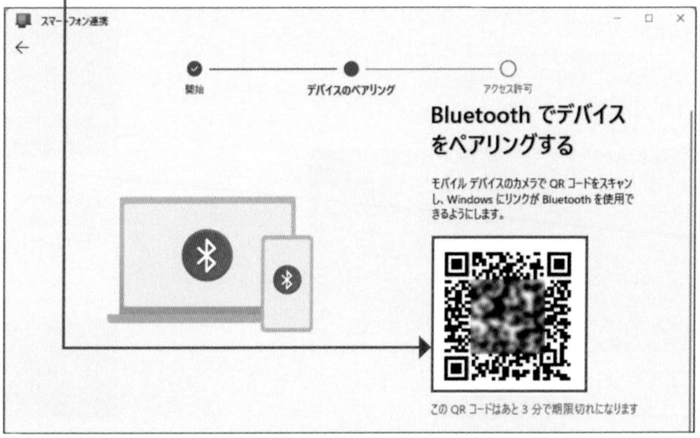

② iPhoneとパソコンをペアリングする

解説

iPhoneとパソコンをペアリングする

iPhoneとパソコンのペアリングには、Bluetoothを利用します。Bluetoothを備えていないパソコンでは「スマートフォン連携」アプリの機能を利用できません。iPhoneとパソコンのペアリングは、右の手順で行います。

1 iPhoneの「カメラ」アプリを起動し、

2 パソコンのモニターに表示されたQRコードを読み取ります。

3 「カメラ」アプリに表示されたリンクをタップします。

4 ［開く］をタップします。

5 「デバイスのペアリング」画面が表示されます。

6 ［続行］をタップします。

補足

QRコードの制限時間

154ページの手順3で表示したQRコードには、「3分間」の制限時間があります。iPhoneとパソコンのペアリングは、QRコードの制限時間内に行えないと失敗する場合があるので注意してください。

ヒント

Bluetoothがオフのときは

iPhoneのBluetoothがオフになっているときは、手順7でBluetoothをオンすることを促す画面が表示されます。この画面が表示されたときは[設定]をタップして、iPhoneの「設定」を表示し、Bluetoothを「オン」にしてください。また、Bluetoothの設定を変更したときは、制限時間を考え、パソコンで表示しているQRコードの画面をいったん終了し、QRコードの表示からやり直すことをお勧めします。

補足

ペアリングに失敗する

iPhoneに「もう一度お試しください」と表示されペアリングに失敗したように見えても、実際には成功している場合があります。そのときは、パソコン側に「もう少しで完了です！」という画面が表示されます。パソコンにこの画面が表示されたときは、iPhoneのペアリング画面を閉じてしばらくすると手順14の画面が表示されます。なお、パソコン側にもペアリングが失敗したことを知らせる画面が表示されたときは、パソコン側の「スマートフォン連携」アプリを終了し、手順1からやり直してみてください。

ヒント

ペアリングの順番

右の手順では、iPhone→パソコンの順にペアリング操作を行っていますが、iPhone／パソコンに同じコードが表示されていることを確認していれば、この順序は逆でもかまいません。

"Windows にリンク"
が Bluetooth の
使用を求めています
PC を検出してペアリングするには、
Bluetooth アクセスが必要です。
許可しない
OK
スマートフォン連携で PC から通話、メッセージ、

7 この画面が表示されたときは、［OK］をタップします。

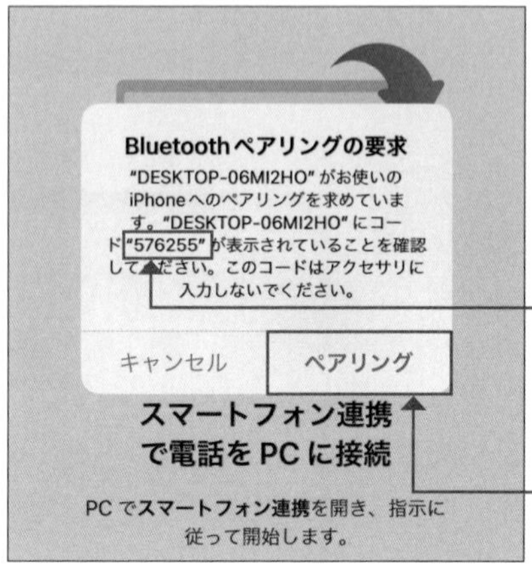
Bluetooth ペアリングの要求
"DESKTOP-06MI2HO" がお使いの iPhone へのペアリングを求めています。"DESKTOP-06MI2HO" にコード "576255" が表示されていることを確認してください。このコードはアクセサリに入力しないでください。
キャンセル
ペアリング
スマートフォン連携
で電話を PC に接続
PC でスマートフォン連携を開き、指示に従って開始します。

8 iPhoneにペアリングの要求画面が表示されたら、

9 パソコンのコードとiPhoneのコードが同じかどうかを確認し、

10 ［ペアリング］をタップします。

11 パソコンにも「デバイスをペアリングしますか？」と表示され、コードが表示されています。

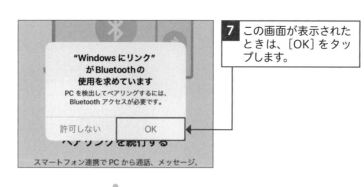

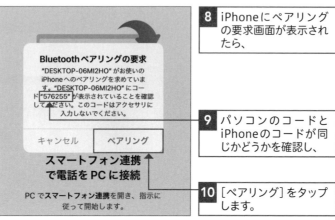

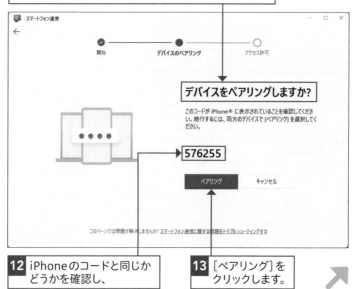

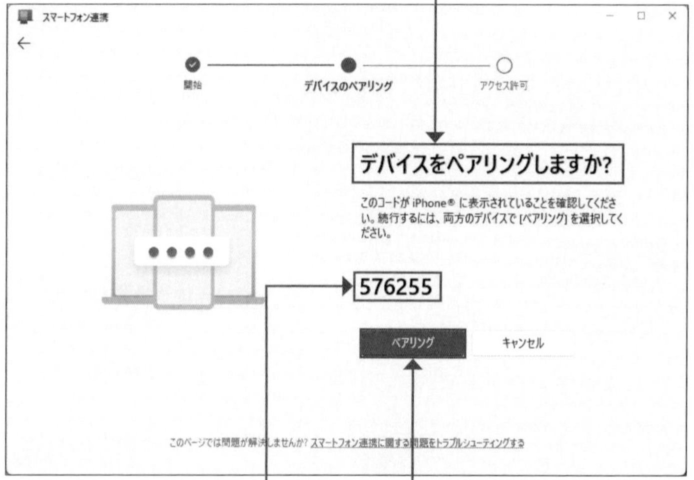
スマートフォン連携
開始
デバイスのペアリング
アクセス許可
デバイスをペアリングしますか?
このコードが iPhone® に表示されていることを確認してください。続行するには、両方のデバイスで [ペアリング] を選択してください。
576255
ペアリング
キャンセル

12 iPhoneのコードと同じかどうかを確認し、

13 ［ペアリング］をクリックします。

5 その相手とのSMSのやり取りが表示されます。

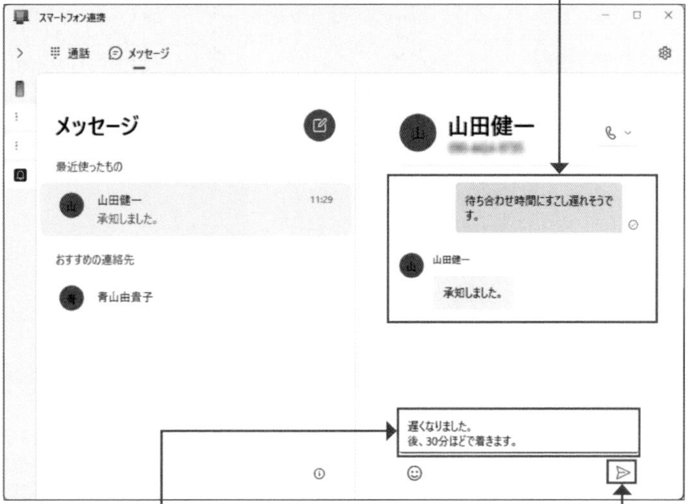

6 メッセージを入力し、

7 Enterを押すか ▷ をクリックすると、

8 入力したメッセージが送信されます。

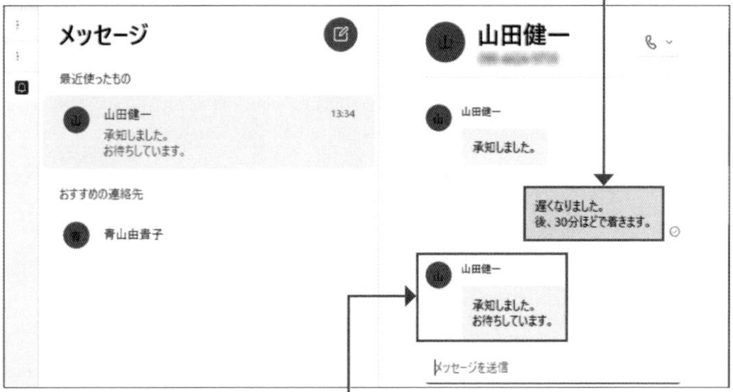

9 アプリ起動中に返信があると、そのメッセージが表示されます。

ヒント

文中で改行する

入力したメッセージを文中で改行したいときは、Shiftを押しながらEnterを押します。Enterのみを押してしまうと、入力したメッセージを送信してしまうので注意してください。

補足

新規メッセージを送信する

画面に表示されていない友達にSMSのメッセージを送信したいときは、をクリックすると、新しい宛先が表示されるので、宛先に電話番号または名前を入力し、メッセージを入力して送信します。

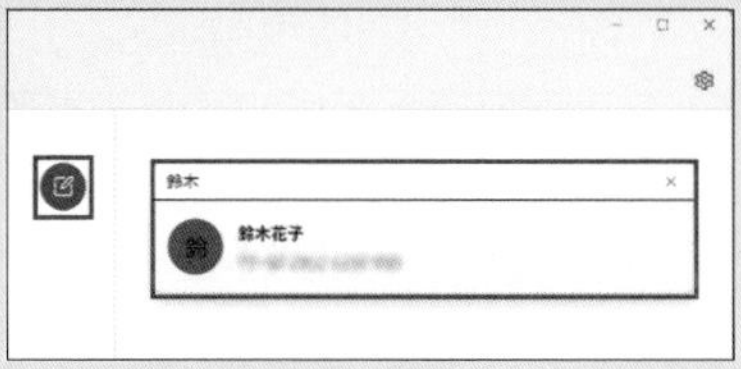

補足

通知バナーでSMSのメッセージに返信する

AndroidやiPhoneとの連携設定を行った「スマートフォン連携」アプリは、通常、Windows 11へのサインインと同時に見えないところで動作しています。これによって、「スマートフォン連携」アプリのウィンドウを表示していなくても、通知バナーで受信したSMSのメッセージの内容を確認したり、返信したりできます。

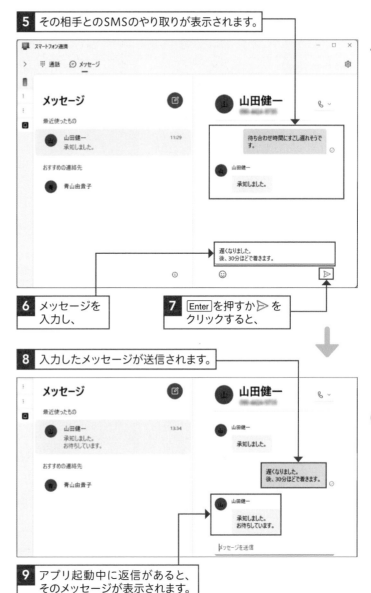

② 着信をパソコンで受ける

解説

パソコンで電話を受ける

Android／iPhoneに音声通話で着信があると、パソコンに通知バナーが表示されます。[承諾]をクリックすると、パソコンのスピーカーやマイクを使って通話できます。なお、Bluetoothのスピーカーやマイク、ヘッドセットなどを利用している場合、現状ではパソコンでの音声通話を行えません。パソコンで音声通話が行えない場合は、通知バナーの表示が[モバイルデバイスを使用する]に変わります。

1 Android／iPhoneに着信があると、通知バナーが表示されます。

2 [承諾]をクリックします。

3 「PCでの通話」画面が表示され、パソコンのマイクやスピーカーを使っての通話が始まります。

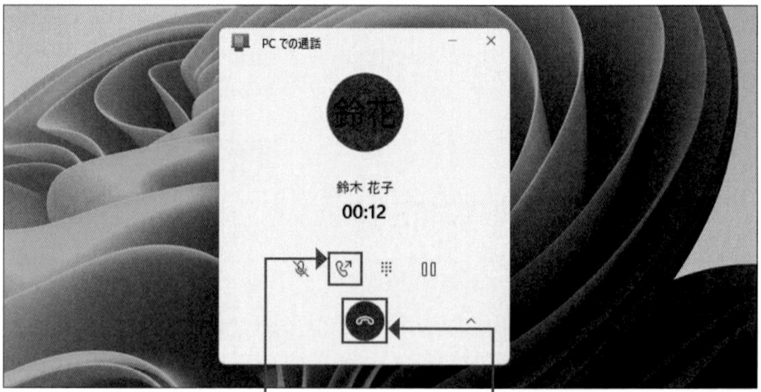

4 をクリックすると、通話をAndroid／iPhoneに切り替えます。

5 をクリックすると、通話を終了します。

③ パソコンから電話をかける

解説

パソコンから電話をかける

「スマートフォン連携」アプリは、Android／iPhoneに変わってパソコンから音声通話の発信を行うこともできます。音声通話の発信は、右の手順で「スマートフォン連携」アプリを開き、[通話]をクリックして発信を行います。

1 「スマートフォン連携」アプリを開き、

2 [通話]をクリックし、

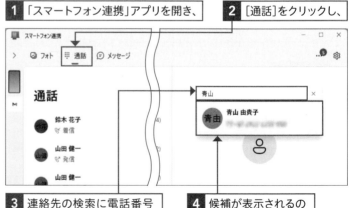

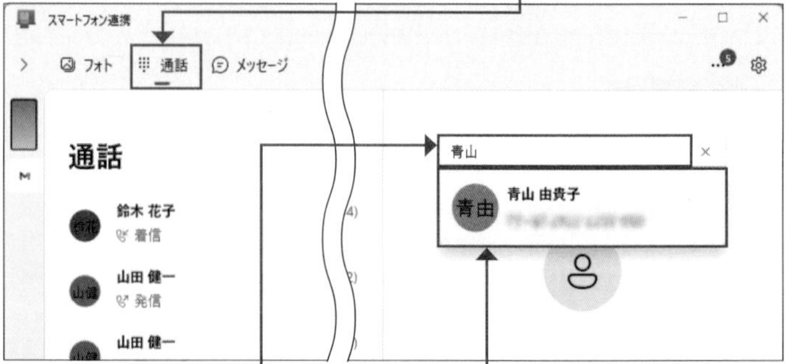

3 連絡先の検索に電話番号または通話相手の名前を入力すると、

4 候補が表示されるのでクリックして選択します。

補足

音声通話発信時の通話について

音声通話の着信をパソコンで受けるときと同様に、パソコンでBluetoothのスピーカーやマイク、ヘッドセットなどを利用している場合、実際の通話をパソコンで行うことはできません。パソコンから発信を行った場合、相手が電話に出るとAndroid／iPhoneに自動的に通話が切り替わります。

5 をクリックすると発信が開始され、

6 「PCでの通話」画面が表示されます。

4 Android／iPhoneの通知履歴を確認する

解説

Android／iPhoneの通知を確認する

Android／iPhoneが受け取った各種通知をパソコンで確認したいときは、右の手順で行えます。また、「スマートフォン連携」アプリを開きいないときにAndroid／iPhoneが通知を受け取ると、その通知は、通知バナーでパソコンに表示されます。

1 「スマートフォン連携」アプリを開き、 **2** ＞をクリックします。

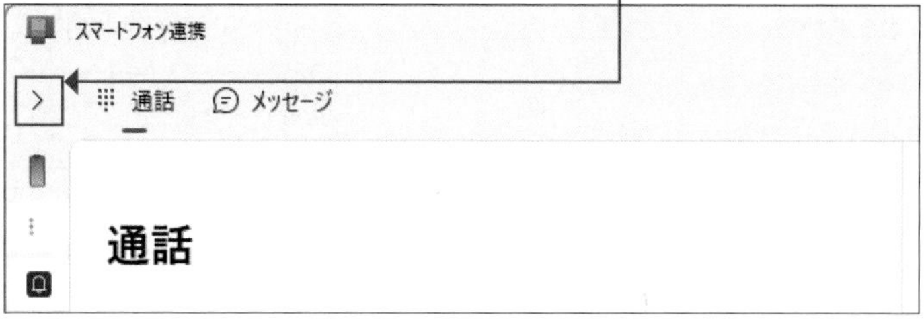

3 Android／iPhoneの通知履歴が表示されます。

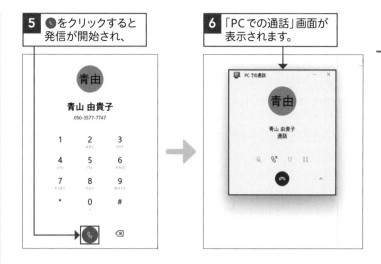

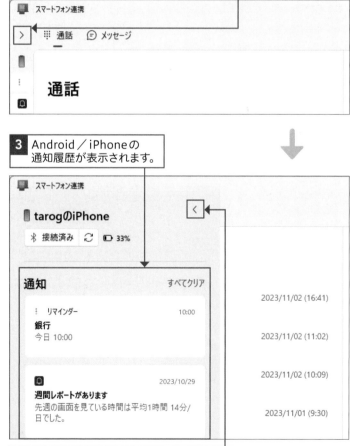

4 ＜をクリックすると、履歴画面が閉じます。

5 Androidの写真を表示する

解説

Androidで撮影した写真を閲覧する

「スマートフォン連携」アプリを利用すると、Androidスマートフォンで撮影した写真やスクリーンショットを閲覧したり、パソコンに保存したりできます。また、閲覧中の写真を別のアプリで表示したり、削除したりすることもできます。写真の閲覧は、右の手順で行います。

1 「スマートフォン連携」アプリを開き、

2 ［フォト］をクリックします。

3 Androidで撮影した写真やスクリーンショットの一覧が表示されます。

4 閲覧したい写真をクリックすると、

5 写真が表示されます。

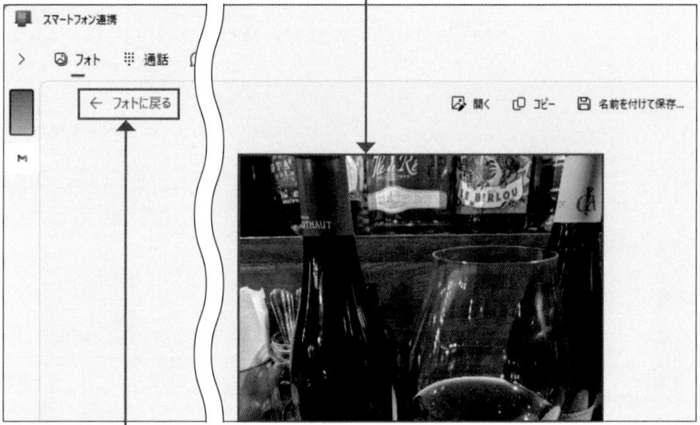

6 ［フォトに戻る］をクリックすると、

7 手順3の写真やスクリーンショットの一覧に戻ります。

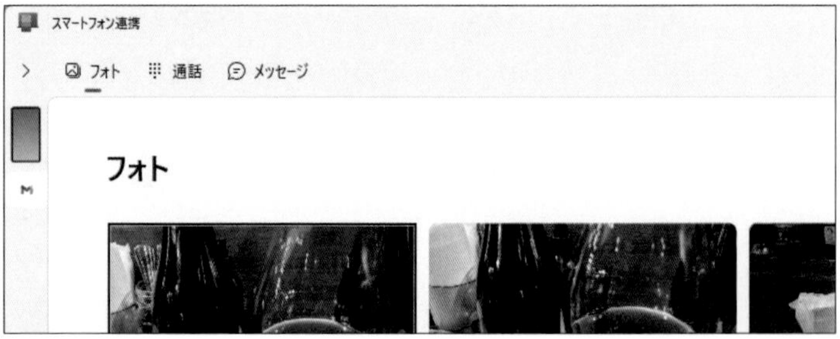

補足

写真をパソコンに保存する

手順5の画面で［名前を付けて保存］をクリックすると、表示中の写真をパソコンに保存できます。また、手順3の画面で、写真を右クリックし、［名前を付けて保存］をクリックすることでも写真をパソコンに保存できます。

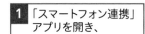

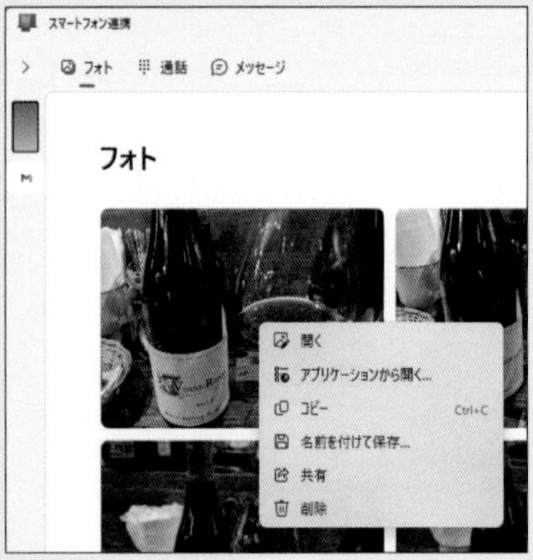

第 7 章

音楽／写真／ビデオを活用しよう

Section

45 音楽CDから曲を取り込もう

ここで学ぶこと

- 曲の取り込み
- 音楽ファイル
- メディアプレーヤー

「メディアプレーヤー」アプリを利用すると、**市販の音楽CD**から好きな曲をパソコンに取り込めます。取り込んだ曲は、パソコンで再生して楽しめるほか、**スマートフォン**や**タブレット**などに転送して再生することもできます。

1 音楽CDの曲をパソコンに取り込む

解説

音楽CDの取り込み

音楽CDの取り込みとは、音楽CDに収録されている曲をパソコンで再生できるファイルに保存することです。「メディアプレーヤー」アプリを利用することで音楽CDの取り込みを行えます。

補足

光学ドライブが必要

音楽CDの取り込みには、光学ドライブが必要です。パソコンに光学ドライブが搭載されていない場合は、この機能を利用できません。USB接続の光学ドライブなど別途用意してください。

1 ■をクリックし、

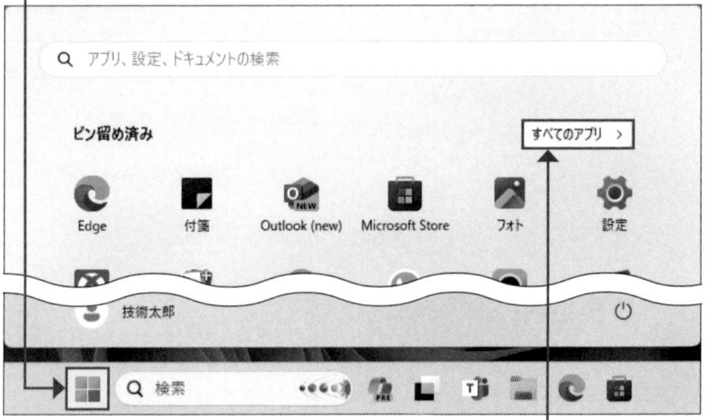

2 ［すべてのアプリ］をクリックします。

3 画面をスクロールして、

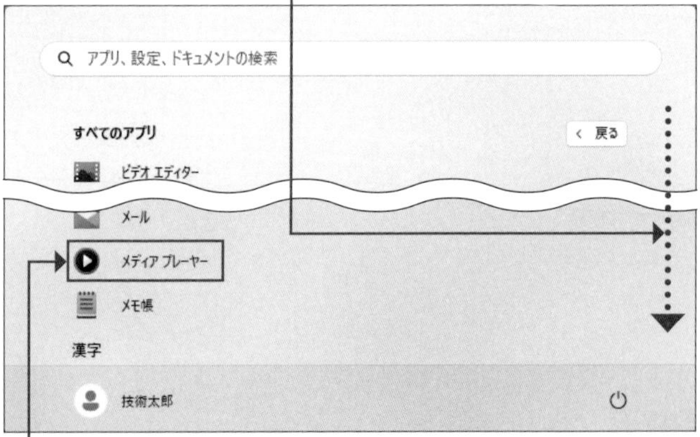

4 ［メディアプレーヤー］をクリックします。

応用技

取り込みの設定

手順9の画面で[取り込みの設定]をクリックすると、音楽CDの取り込み形式（音楽ファイルの形式）やビットレートを変更できます。初期値の形式は、AACが選択されていますが、MP3やWMA、FLAC（ロスレス）、ALAC（ロスレス）なども選択できます。

応用技

特定の曲のみを取り込む

音楽CD内の特定の楽曲を取り込みたいときは、その楽曲の☐をクリックし☑にして選択し、…→[取り込み]をクリックします。

補足

音楽CDを取り込み完了時について

本稿執筆時点で提供されている「メディアプレーヤー」アプリは、音楽CDの取り込みが完了した場合、それを知らせる通知を行いません。取り込みが完了したかどうかは、楽曲右に[取り込み完了]と表示されているかどうかで確認してください。

5 「メディアプレーヤー」アプリが起動します。

6 音楽CDを光学ドライブにセットします。

7 音楽CDが認識されるとそのアイコン が追加されるのでクリックし、

8 … をクリックして、

9 [CDの取り込み]をクリックします。

左上の「応用技」参照

10 セットした音楽CDの取り込みが行われます。

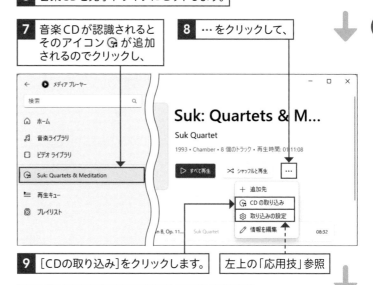

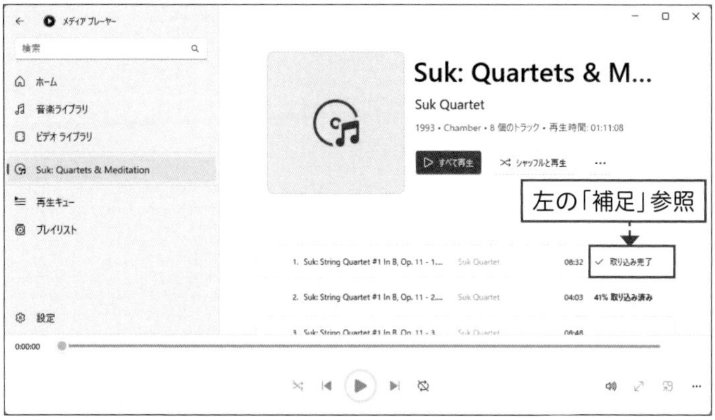

左の「補足」参照

11 複数の音楽CDを取り込みたいときは、音楽CDを交換し手順6からの作業を繰り返します。

② 曲を再生する

解説

曲を再生する

曲の再生は、右の手順で「音楽」ライブラリから行います。また、アルバム内の曲を表示してから再生を開始していますが、手順3の画面で、再生したいアルバムの上にマウスポインターを移動し、▷をクリックすることでもアルバムの再生を行えます。

応用技

特定の曲を再生する

特定の曲を再生したいときは、手順5の画面で再生したい曲の□をクリックして☑にして選択し、［再生］をクリックします。

応用技

ミニプレーヤーで再生する

手順7の画面で右下の⧉をクリックすると、画面サイズを小さくし、楽器の再生を継続するミニプレーヤーで再生します。ミニプレーヤーからもとのサイズに戻したいときは、⧉をクリックします。

1 「メディアプレーヤー」アプリを起動しておき、♫［音楽ライブラリ］をクリックします。

2 曲の表示方法（ここでは、［アルバム］）をクリックすると、

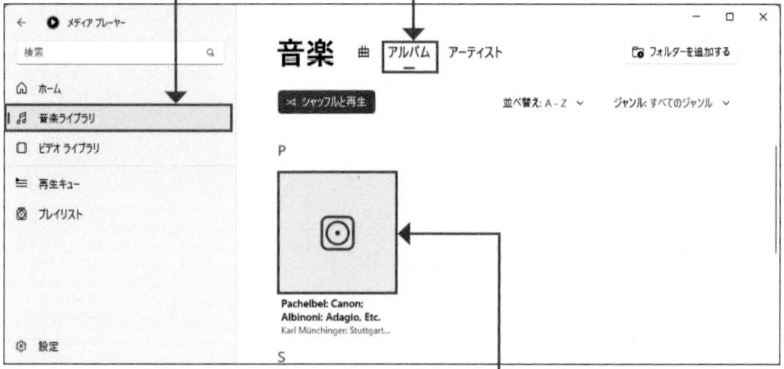

3 アルバムリストが表示されます。

4 再生したいアルバム（ここでは［Pachelbel:Canon…］）をクリックします。

5 アルバム内の曲がリスト表示されます。

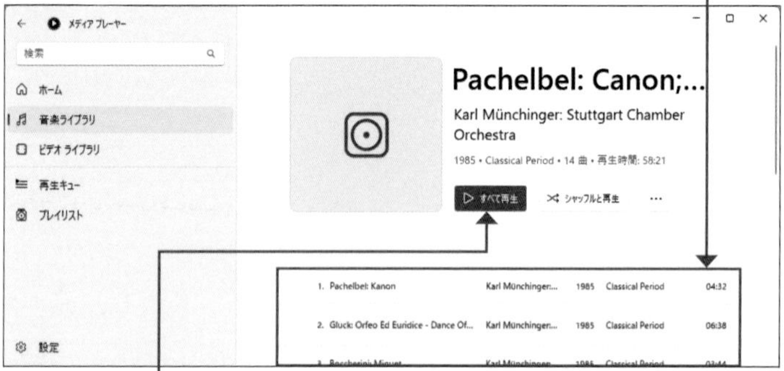

6 ［すべて再生］をクリックすると、

7 曲の再生が行われます。

8 ⏸をクリックすると、再生が停止します。

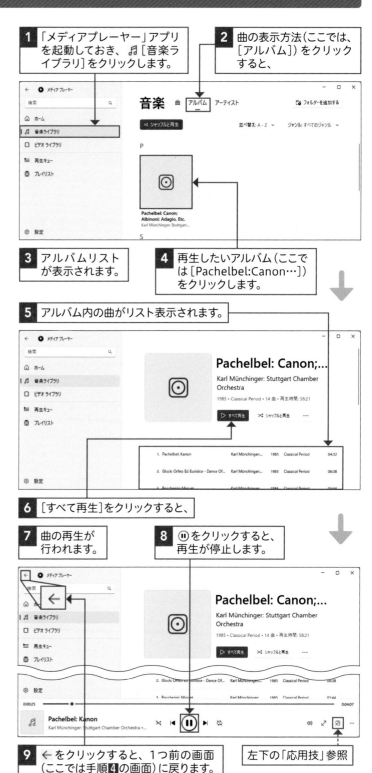

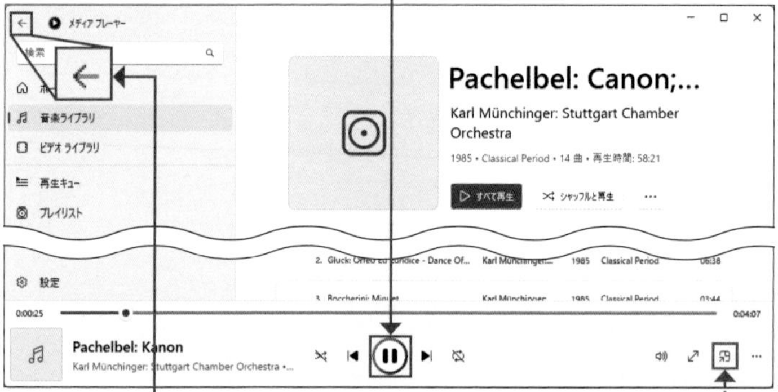

9 ←をクリックすると、1つ前の画面（ここでは手順4の画面）に戻ります。

左下の「応用技」参照

③ プレイリストに曲を追加する

解説

プレイリストに追加する

プレイリストとは、ユーザーが自由に作成できる曲再生専用のリストです。音楽ライブラリに登録されている曲を自由に登録できます。右の手順では、新しいプレイリストを作成してプレイリストに曲を追加する手順を紹介しています。作成済みのプレイリストに選択した曲を追加したいときは、手順4で既存のプレイリストをクリックします。

応用技

アルバムを追加する

アルバムを追加したときは、手順1の画面のアルバム名の下にある…をクリックし、［新しいプレイリスト］または既存のプレイリストをクリックします。また、アルバムのリスト画面でアルバム名の上にマウスポインターを移動させて⋯をクリックし、［追加先］→［新しいプレイリスト］または既存のプレイリストをクリックすることでも追加できます。

補足

プレイリストの再生

プレイリストを再生したいときは、［プレイリスト］をクリックすると、既存のプレイリストの一覧が表示されるので、アルバムを再生するときと同じ手順で再生を開始します。

1 「音楽ライブラリ」でプレイリストに追加したい曲を表示しておきます。

2 プレイリストに追加したい曲の□をクリックして☑にして選択し、

3 ［追加先］をクリックします。

4 ［新しいプレイリスト］をクリックします。

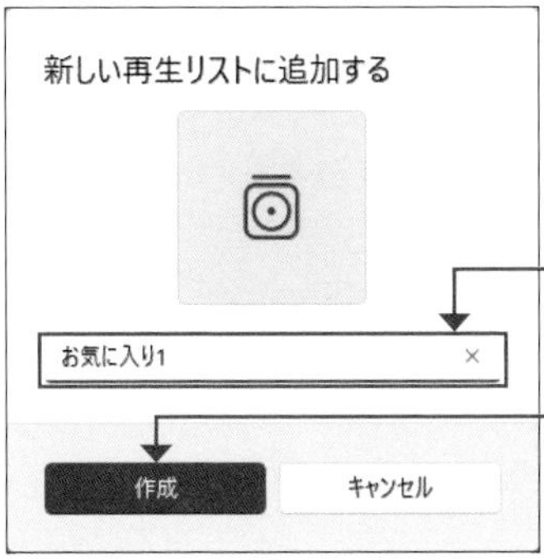

5 作成するプレイリストの名称を入力し、

6 ［作成］をクリックします。

7 プレイリストが作成され、選択した曲が作成したプレイリストに追加されます。

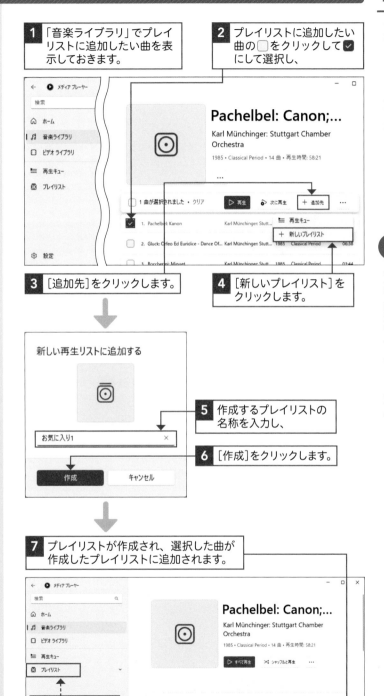

Section

46 写真や動画を撮影しよう

ここで学ぶこと

- ・「カメラ」アプリ
- ・写真撮影
- ・撮影モード

「カメラ」アプリを利用すると、パソコン搭載のカメラで写真やビデオの撮影が行えます。また、前面と背面、外部接続など複数のカメラを備えたパソコンでは、撮影に利用する**カメラを切り替え**られます。

① 写真または動画を撮影する

解説

写真やビデオの撮影

パソコンに搭載されているカメラで写真やビデオを撮影するときは、「カメラ」アプリを利用します。「カメラ」アプリは、右の手順で利用できます。なお、「カメラ」アプリをはじめて起動したときは、位置情報の利用を許可するかどうかをたずねるダイアログボックスが表示されます。位置情報を利用するときは、［はい］をクリックします。

1 ■をクリックし、

2 ［すべてのアプリ］をクリックします。

3 画面をスクロールして、

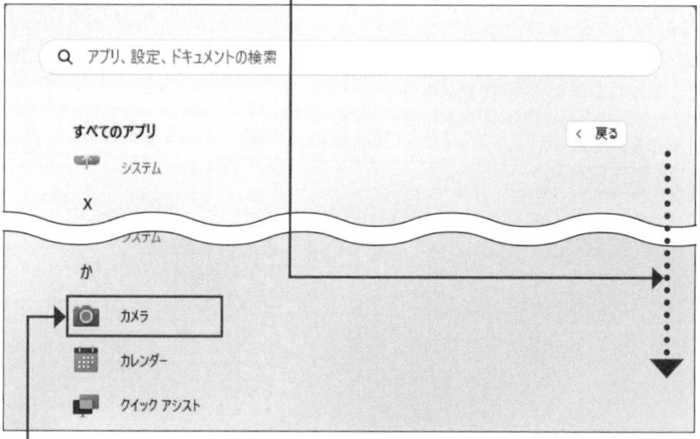

4 ［カメラ］をクリックします。

補足

撮影に利用するカメラを切り替える

前面と背面など、パソコンに複数のカメラが備わっているときは、撮影に利用するカメラを切り替えられます。カメラの切り替えは、をクリックすることで行えます。

応用技

撮影モードについて

パソコンによっては、パノラマ撮影やドキュメント撮影など、複数の撮影モードが利用できる場合があります。これらの撮影モードは、対応した機器でのみ表示され、アイコンをクリックすることで撮影モードを切り替えられます。

補足

撮影した写真を確認する

手順10の撮影した写真のサムネイルをクリックすると、「フォト」アプリで撮影した写真を確認できます。また、をクリックすると、「カメラ」アプリに戻ります。

5 大きく表示されているボタンがの場合は、ビデオ撮影モードです。

6 をクリックすると、

7 写真撮影モードになります。

8 をクリックすると、

9 写真撮影が行われ、

10 画面右下に撮影した写真のサムネイルが表示されます。

Section 47

デジタルカメラから写真を取り込もう

ここで学ぶこと

- 「フォト」アプリ
- デジタルカメラ
- 写真／ビデオの取り込み

デジタルカメラやデジタルビデオカメラで撮影した写真やビデオをパソコンに取り込みたいときは、**「フォト」アプリ**を利用します。「フォト」アプリは、パソコンに取り込んだ**写真を閲覧**したり、**編集**したりするアプリです。

1 デジタルカメラの写真をパソコンに取り込む

解説

写真の取り込み

デジタルカメラで撮影した写真をパソコンに取り込むときは、デジタルカメラをパソコンに接続して電源を入れます。続いて「フォト」アプリを利用して写真の取り込みを行います。右の手順では、デジタルカメラから取り込んでいますが、SDメモリーカードから取り込みを行うときも同じ手順で取り込みを行えます。

1 デジタルカメラをパソコンに接続し、デジタルカメラの電源を入れます。

2 通知バナーが表示されたら、これをクリックします。

3 下に「フォト」と書かれている［写真と動画のインポート］をクリックします。

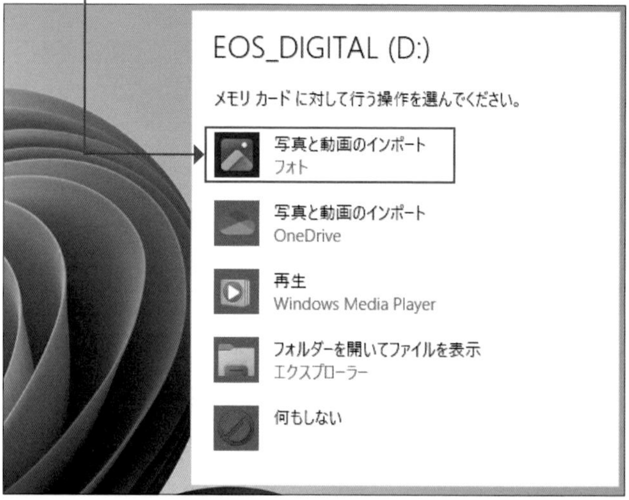

補足

「フォト」アプリが起動しない

170ページの手順2の通知バナーが表示されなかったり、「フォト」アプリが自動起動しないときは、172ページの手順を参考に「フォト」アプリを起動して、「フォト」アプリの左ペインの外部デバイスで接続したデジタルカメラをクリックするか、［インポート］をクリックし、接続したデジタルカメラをクリックすると、手順4の画面が表示されます。

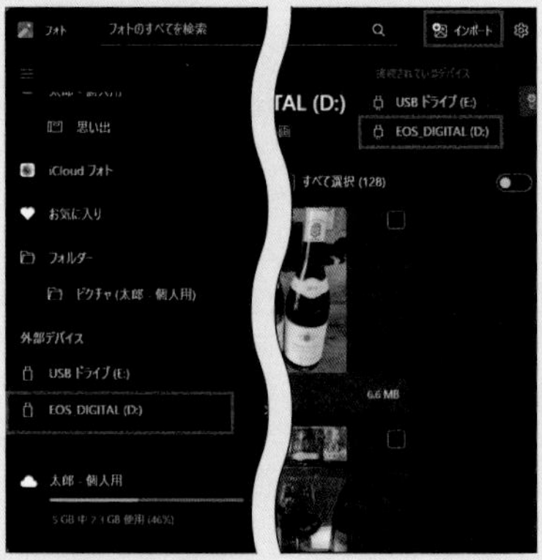

応用技

ビデオの取り込み

ここでは、デジタルカメラで撮影した写真の取り込み方法を解説していますが、デジタルビデオカメラで撮影したビデオ映像をパソコンに取り込むときも同じ手順で行えます。

補足

写真やビデオの取り込み先

取り込まれた写真やビデオは、通常「ピクチャ」または「画像」フォルダー内に保存されます。

4 「フォト」アプリが起動し、デジタルカメラ内の写真の情報を読み込みます。

5 ［新しい○（○は写真の数、ここでは「124」）の選択］のチェックボックスの■をクリックして✓［オン］にし、

6 ［○（○は写真の数、ここでは「124」）項目の追加］をクリックします。

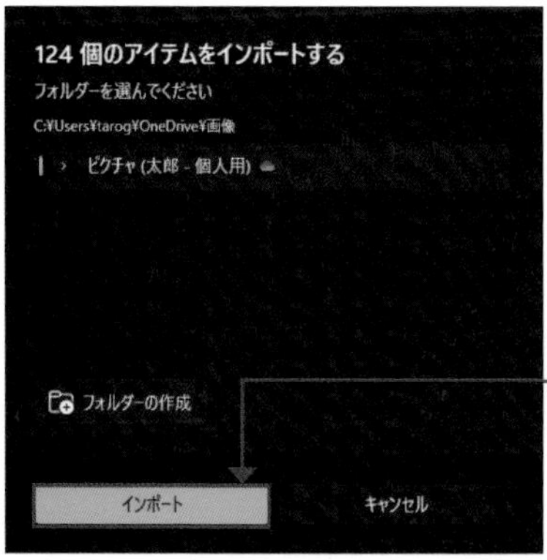

7 ［インポート］をクリックします。

8 選択した写真がパソコンにインポートされます。

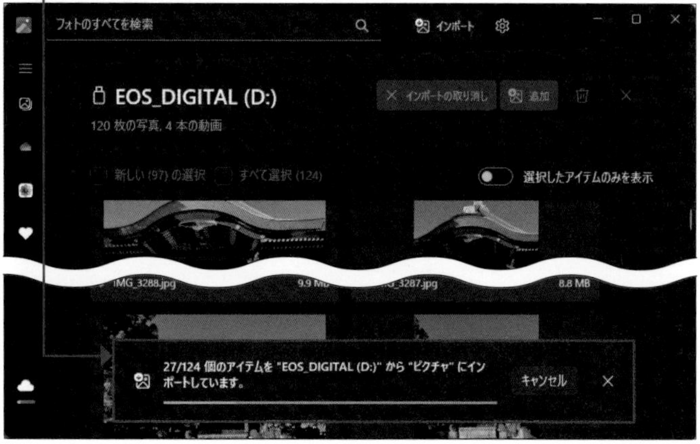

Section

48 写真を閲覧しよう

ここで学ぶこと

・「フォト」アプリ
・閲覧
・削除

「カメラ」アプリで撮影した写真やデジカメやスマートフォンから取り込んだ写真は、**「フォト」アプリで閲覧**できます。写真は**「撮影日時」で一覧表示**され、閲覧中の写真は**拡大や縮小が行える**ほか、不要な写真の削除を行えます。

1 「フォト」アプリで写真を閲覧する

解説

写真を閲覧する

「フォト」アプリは、写真の閲覧やトリミング、色補正などの写真編集が行えるアプリです。右の手順では、「フォト」アプリを起動し、写真の閲覧を行う基本操作を説明しています。

補足

写真の保存場所について

手順3の画面の写真の左上のアイコンは、保存場所を示しています。□のアイコンは「OneDrive」またはパソコン内の「ピクチャ」フォルダーに保存されている写真、□のアイコンは、iCloudに保存されている写真です。

1 ■をクリックし、

2 [フォト]をクリックします。

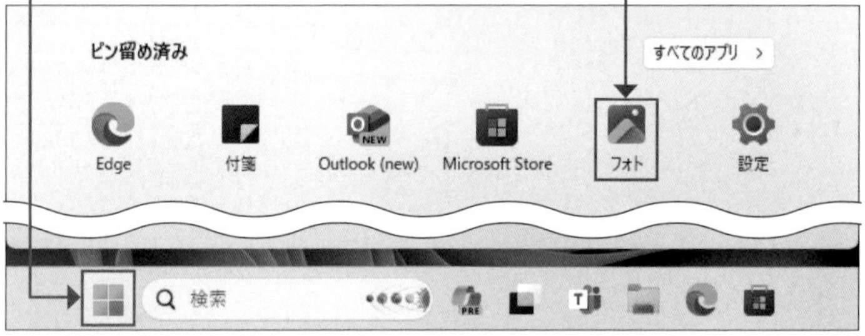

3 「フォト」アプリが起動します。

4 ドラッグすると、

5 撮影日や期間ごとにまとめられた写真が表示されます。

6 閲覧したい写真をダブルクリックすると、

ヒント

閲覧する写真を切り替える

「フィルムストリップ（映写スライド）」上の写真をクリックすると、閲覧したい写真を切り替えられます。また、フィルムストリップの上にマウスポインターを置き、ホイールを回転させるとフィルムストリップをスクロールできます。マウスポインターを画面右端または左端に移動すると［次へ］または［前へ］ボタンが表示され、この状態でクリックすると、次の写真または前の写真を閲覧できます。

補足

写真を拡大／縮小する

手順7の画面の をクリックすると写真が拡大表示され、 をクリックすると縮小表示されます。また、写真の上でマウスのホイールを回転させることでも写真の拡大／縮小表示を行えます。

補足

スライドショーで表示する

172ページの手順3またはこのページの手順7の画面で をクリックするか、 →［スライドショーの開始］をクリックすると、写真をスライドショーで閲覧できます。

7 選択した写真が別ウィンドウで表示されます。

フィルムストリップ

8 画面下のフィルムストリップの写真をクリックすると、

9 その写真が表示されます。

10 フィルムストリップ（映写スライド）の写真の上にマウスポインターを移動させ をクリックすると、

11 手順8で選択した写真と手順10で選択した写真が1つのウィンドウに表示されます。

12 写真を閲覧を終了したいときは、 をクリックします。

Section
49 写真を編集しよう

ここで学ぶこと

・写真の編集
・トリミング
・背景をぼかす

「フォト」アプリは、写真を閲覧するだけでなく、本格的な写真の編集機能も備えています。たとえば、写真を**トリミング**したり、AIの支援によって写真内の物体や人物を識別し**背景をぼかしたり**できます。

1 写真(画像)の編集を開始する

解説

写真の編集を行う

「フォト」アプリを利用して写真の編集を行うときは、右の手順で写真の編集モードに切り替えて作業を行います。

1 「フォト」アプリで色調整を行いたい写真を表示します。

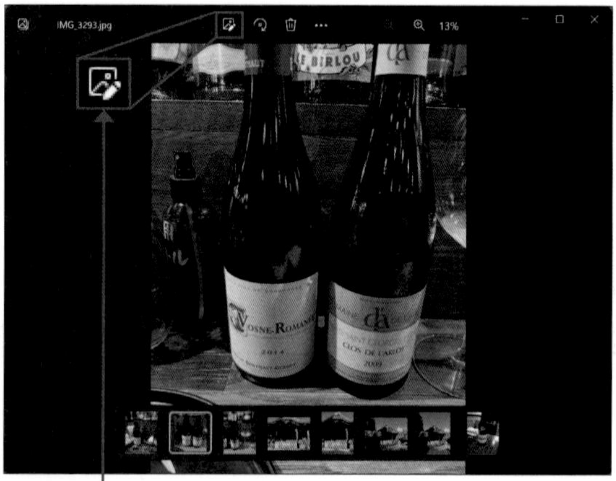

2 をクリックすると、

3 写真(画像)の編集モードに切り替わります。

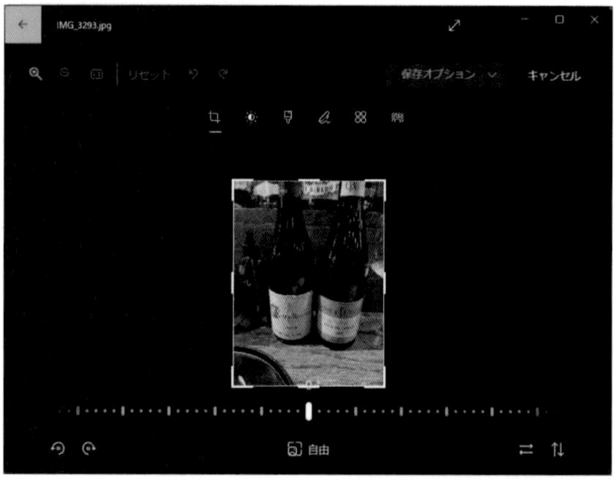

補足

HEICの写真の編集する場合

iPhone／iPadで撮影したHEIC形式の写真の編集を行うときは、HEIC形式とは別の形式で編集後の写真を保存する必要があることを知らせるダイアログボックスが表示されます。この画面が表示されたときは[OK]をクリックしてください。

② 写真をトリミングする

解説

写真のトリミング

「フォト」アプリのトリミング機能は、グリッド内に配置されている部分を残し、それ以外をカットします。トリミングをやり直したいときは、画面上の［リセット］をクリックすることで設定前の状態に戻せます。右の手順では、グリッドの縦横の幅を変更し、残したい部分の調整を行う方法を紹介しています。

応用技

縦横比や拡大／縮小でトリミングする

画面下の 自由 をクリックすると、あらかじめ用意されている縦横比でグリッドの大きさを変更できます。また、写真の特定部分を拡大して残したいときは、画面上の をクリックして縮尺を調整します。

補足

写真の傾きを調整する

画面下の をドラッグすると、写真の傾きを調整できます。また、 をクリックすると写真を反時計回り／時計回りに90度回転させます。 をクリックすると写真を水平／垂直に反転させます。

1 が選択されていないときは、 をクリックします。

2 写真の上下（ここでは下）の枠にマウスポインターを移動すると、マウスポインターの形状が変化（ここでは ⇕ ）するので、

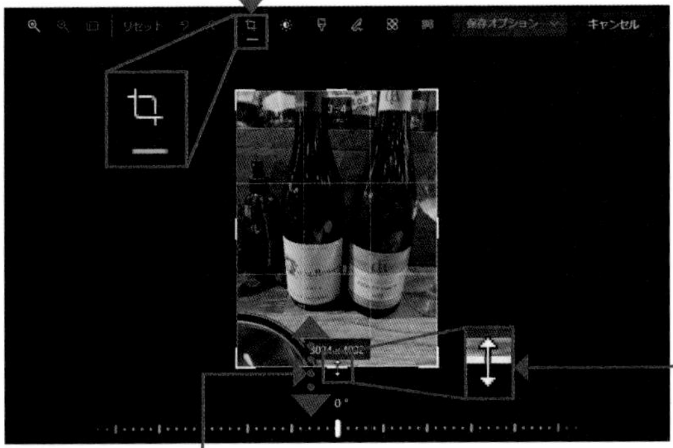

3 ドラッグして枠（縦の枠）の幅を調整します。

4 縦枠の幅が変更されます。

5 続いて左右（ここでは左）の枠にマウスポインターを移動すると、マウスポインターの形状が変化（ここでは ⇔ ）するので、

6 ドラッグして枠（横の枠）の幅を調整します。

7 横枠の幅が変更されます。

8 写真をドラッグして位置を微調整します。枠内の部分が残され、それ以外はカットされます。

③ 写真の背景をぼかす

解説

写真の背景をぼかす

写真の背景のぼかし機能では、AIの支援によって写真内の物体や人物を「フォト」アプリが自動識別します。このためユーザーは、ぼかしの強度を調整するだけで背景をぼかすことができます。背景のぼかし機能は、をクリックすることで利用できます。

補足

選択範囲を手動で微調整する

選択ブラシツールの［オフ］をクリックし、［オン］にして、追加したい範囲をブラシでドラッグすると、選択範囲を手動で調整できます。自動識別によって選択された範囲を変更したいときは、この機能で調整を行ってください。

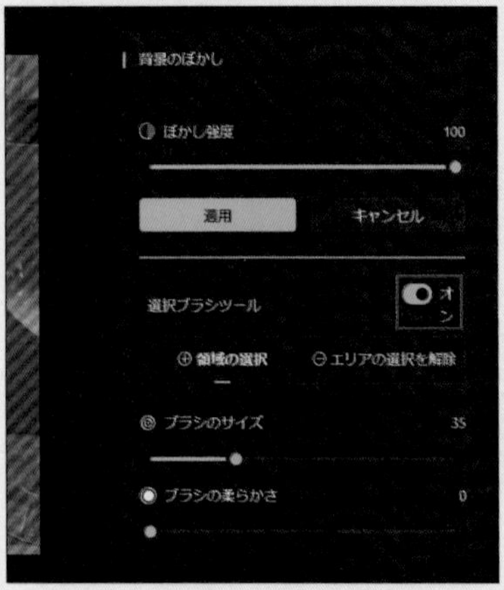

1 をクリックすると、

2 写真の背景が自動選択されます。

3 をドラッグして背景のぼかしの強度を調整します。

4 ［適用］をクリックします。

5 背景のぼかしが写真に適用されます。

4 写真を保存する

解説

編集内容を保存する

「フォト」アプリでは、編集済みの写真を別の写真として保存する「コピーとして保存」とオリジナルに上書き保存する「保存」の2種類の保存方法があります。編集前のオリジナルを残しておきたいときは、[コピーとして保存]を選択してください。なお、iPhone／iPadで撮影したHEIC形式の写真は、[コピーとして保存]のみを選択でき、上書き保存は行えません。手順1の画面で[キャンセル]をクリックすると、編集内容をすべて破棄し、写真の閲覧状態に戻ります。

補足

編集内容を破棄してやり直す

編集内容をすべて破棄して、写真の編集を最初からやり直したいときは、手順1の画面で[リセット]をクリックし、「画像をリセットしますか？」と表示されたら[リセット]をクリックします。

1 [保存オプション]をクリックし、

2 保存方法（ここでは[コピーとして保存]）をクリックします。

左の「補足」参照

3 保存先フォルダー（ここでは[ピクチャ]）をクリックして選択します。

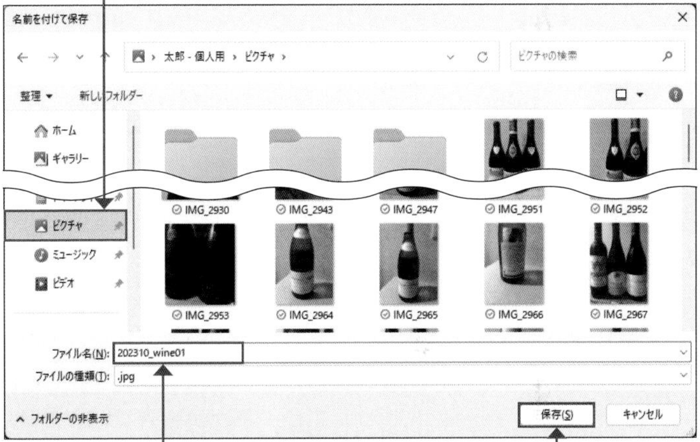

4 ファイル名を入力し、

5 [保存]をクリックします。

6 編集済みの写真が保存されます。

7 ☒をクリックすると、写真の編集画面が閉じます。

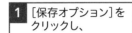

Section

50 オリジナルのビデオを作成しよう

ここで学ぶこと

- Clipchamp
- ビデオの自動作成
- AI

パソコンに取り込んだ写真やビデオから**オリジナルのビデオを作成**したいときは、**「Microsoft Clipchamp」アプリ**を利用します。同アプリは、AIを利用したビデオの自動作成機能を備え、かんたんにビデオを作成できます。

1 AIでビデオを自動作成する

解説

ビデオの自動作成

「Microsoft Clipchamp」アプリは、AIによるオリジナルビデオの作成機能を備えたビデオ編集アプリです。写真やビデオを登録するだけで自動的にオリジナルのビデオを作成できます。なお、「Microsoft Clipchamp」アプリをはじめて起動したときは、名前や使用目的などをたずねる画面が表示される場合があります。この画面が表示されたときは、画面の指示に従って操作してください。

補足

Premiumプランも用意

「Microsoft Clipchamp」アプリは、ほとんどの機能を無料で利用できますが、月額1,374円（税込み）のPremiumプランにアップグレードすると、4Kビデオの編集機能などいくつかの付加機能を利用できます。Premiumプランは、［アップグレード］をクリックすることで申し込めます。

1 ■をクリックして、スタートメニューを表示し、

2 ［Microsoft Clipchamp］をクリックします。

3 「Clipchamp」が起動します。

左の「補足」参照

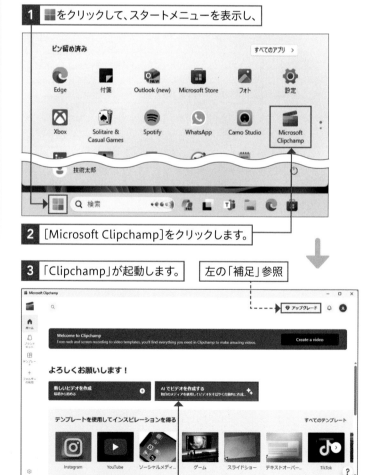

4 ［AIでビデオを作成する］をクリックします。

補足

ドラッグ&ドロップでファイルを追加する

ビデオの作成に用いる写真やビデオなどのファイルは、エクスプローラーからファイルを手順6の場所にドラッグ&ドロップすることでも追加できます。

補足

追加できるファイルの形式

右の手順では写真／ビデオファイルを追加していますが、音楽ファイルを追加することもできます。追加した音楽ファイルは、BGMに利用できます（181ページの「応用技」参照）。

ヒント

追加したファイルを削除する

間違って不要なファイルを追加したときは、削除したいファイルの上にマウスポインターを移動します。🗑が表示されるのでクリックすると、そのファイルを削除できます。

5 ビデオのタイトルを入力し、

6 ［クリックしてメディアを…］をクリックします。

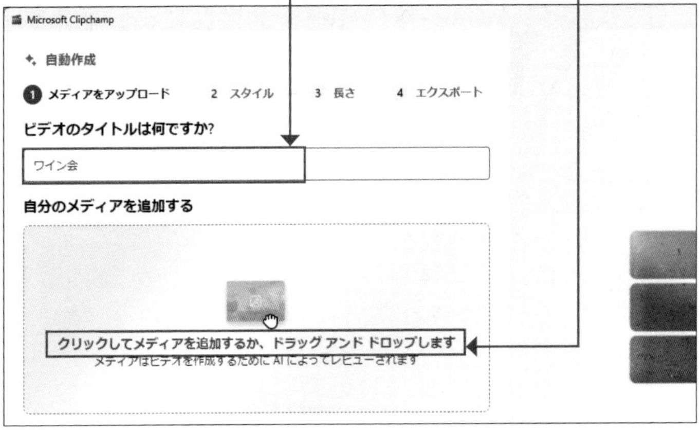

7 追加したいビデオまたは写真が保存されたフォルダー（ここでは［ビデオ］）を開き、

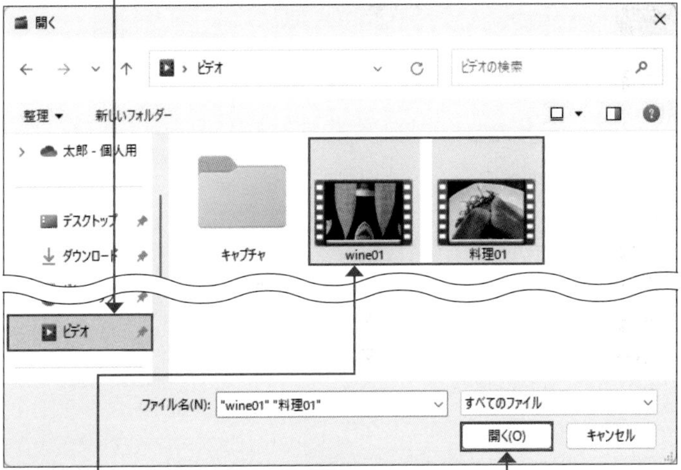

8 追加したいファイルを選択し、

9 ［開く］をクリックします。

10 写真またはビデオが追加されます。

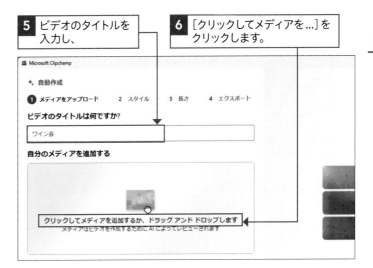

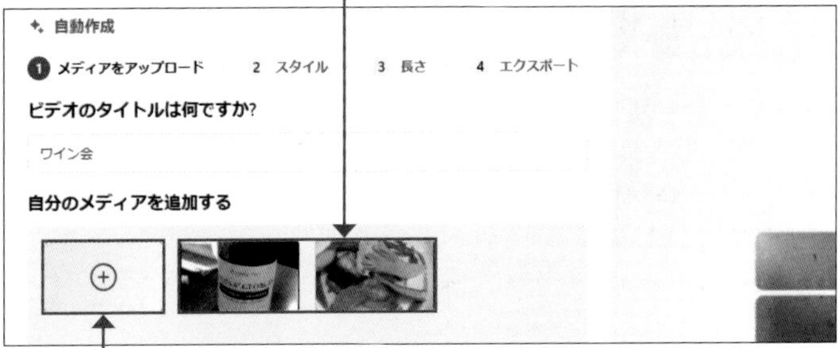

11 さらに写真またはビデオを追加したいときは⊕をクリックして手順7～9の作業を繰り替えします。

解説

スタイルの選択

スタイルの特徴は、左下の文字(「Modern」や「Sleek」など)で表現されています。また、[自動選択]をクリックするとスタイルの決定をAIに任せ、手順17に進みます。なお、 または のボタンは、好みを表明するもので、 をクリックすると別のスタイルが表示されます。 をクリックすると、表示されているスタイルでビデオの作成が進みます。合計10回クリックすると、自動選択され手順17に進みます。

補足

作成手順を戻したい

ファイルの登録画面に戻りたいときは、手順12の画面で、[メディアをアップロード]をクリックします。また、[長さ]や[エクスポート]をクリックすると、その間の設定をスキップして手順を進めることができます。

12 追加したいビデオまたは写真をすべて登録したら、

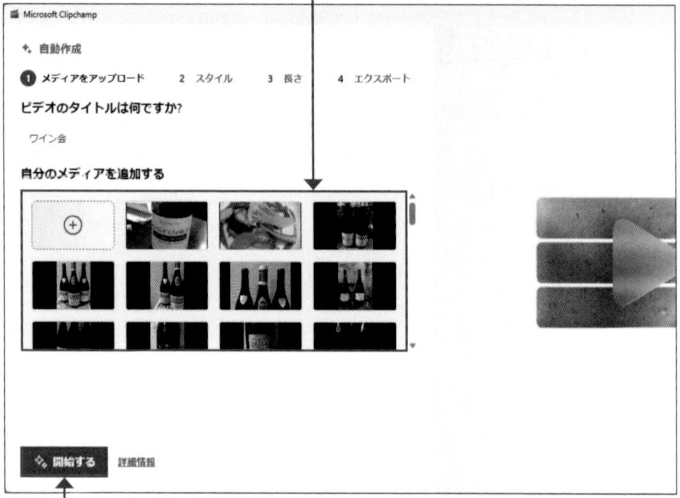

13 [開始する]をクリックします。

14 または をクリックしてスタイルを変更します。

左の「解説」参照

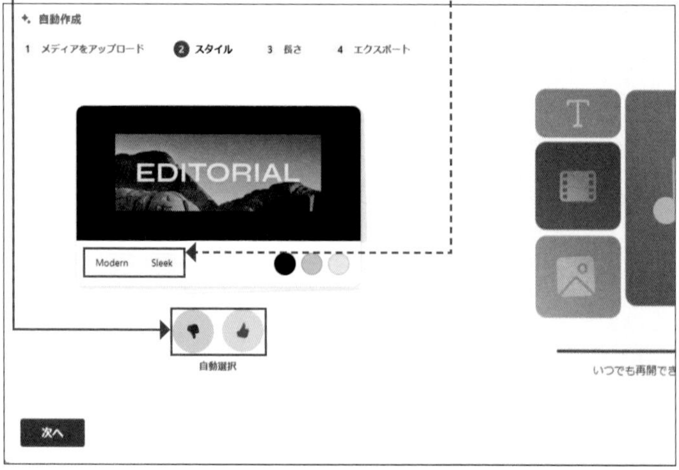

15 スタイルの選択が終わったら、

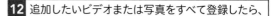

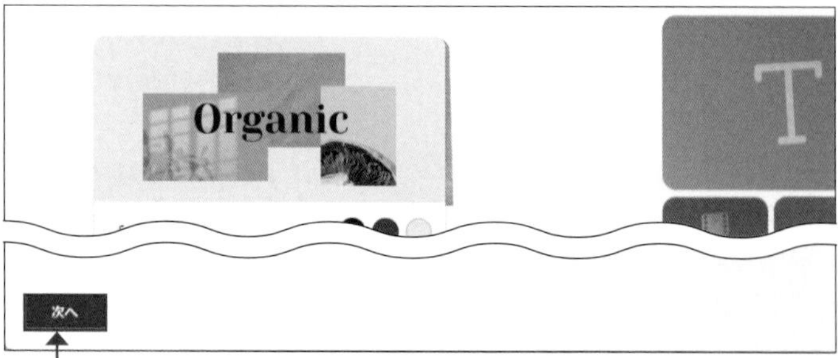

16 [次へ]をクリックします。

ヒント

作成するビデオの長さについて

手順18では作成するビデオの長さの設定を行っています。[30秒未満]や[およそ1分]ではその長さのビデオが作成され、[全長]をクリックすると、写真は1枚3秒、ビデオはオリジナルほぼそのままの長さでビデオが作成されます。

応用技

音楽の追加と文字種の変更

手順20の画面で[音楽]をクリックすると、ビデオの背景で再生する音楽を選択できます。また、[フォント]をクリックすると、ビデオのタイトルなどの文字で利用するフォントの種類を選択できます。

補足

ビデオを確認する／作り直す

手順20の画面で▶をクリックすると、作成したビデオのプレビューを行えます。また、自動作成したビデオが気にいらなかった場合、[新しいバージョンを作成します]をクリックすると、ビデオの自動作成をやり直します。

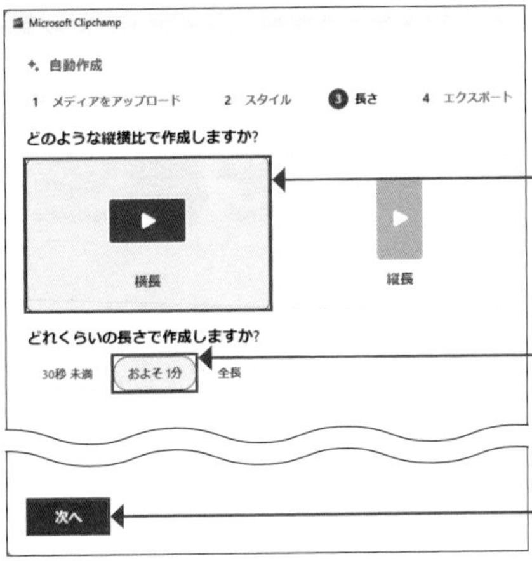

17 縦横比（ここでは［横長］）をクリックし、

18 動画の長さ（ここでは［およそ1分］）を選択します。

19 ［次へ］をクリックします。

20 ［エクスポート］をクリックすると、ファイルへの出力が開始されます。

左の「応用技」参照

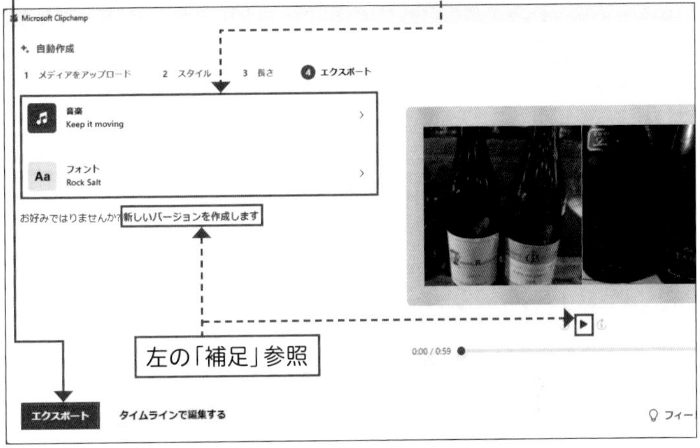

左の「補足」参照

21 ビデオの出力が完了すると、出力したファイルが「ダウンロード」フォルダーに保存されます。

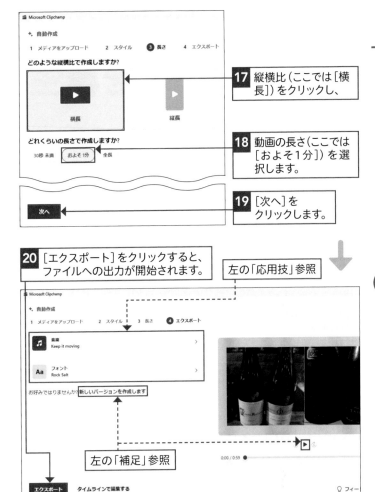

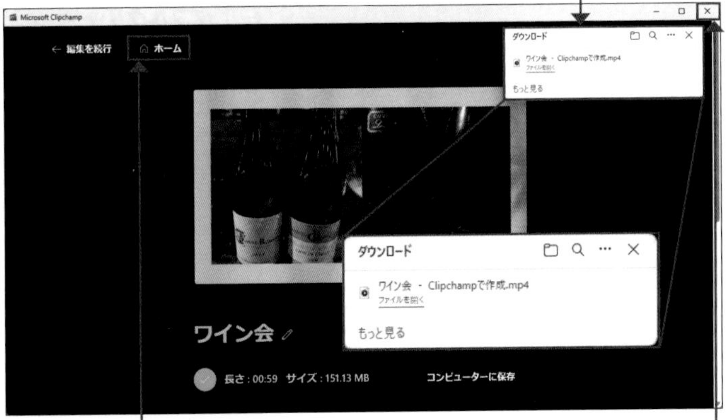

22 ＜ホーム＞をクリックすると、178ページの手順3の画面に戻ります。

23 Microsoft Clipchampを終了したいときは ✕ をクリックします。

補足
回答文をコピーする

回答内にマウスポインターを移動させ、□をクリックすると、回答の文章と詳細情報として表示されているWebページの参照リンクなどをコピーできます。コピーした内容は、Wordやメモ帳などに貼り付けて利用できます。

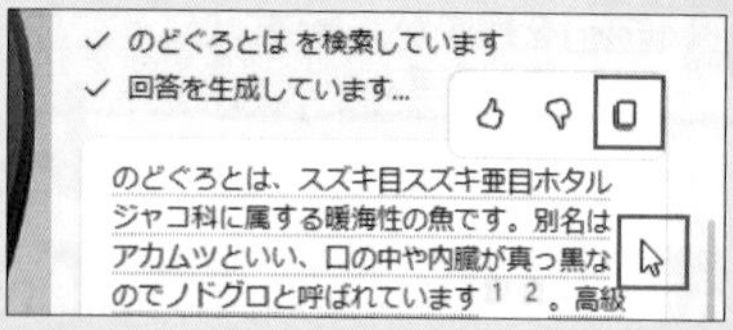
✓ のどぐろとは を検索しています
✓ 回答を生成しています...
のどぐろとは、スズキ目スズキ亜目ホタルジャコ科に属する暖海性の魚です。別名はアカムツといい、口の中や内臓が真っ黒なのでノドグロと呼ばれています 1 2 。高級

応用技
より関連性の高い回答を得る

質問の内容によっては回答の下に「より関連性の高い回答を得る」と表示され、複数の質問候補が表示される場合があります。これらの質問をクリックすると、最初の内容に関連した情報を会話形式でさらに調べることができます。

補足
回答の最大数について

Copilot in Windowsでは、最大30回連続して質問できます。回答の右下に何度質問したかが表示されるので、それを目安に会話を続けてください。30回を超えて質問する場合は、右の手順11を参考に質問／回答をリセットしてください。

補足
◎が表示されていない

手順11の◎が表示されていないときは、Copilotのサイドバーの何も表示されていない部分をクリックすると、◎が表示されます。

7 下部点線がある文章の上にマウスポインターを置くと、

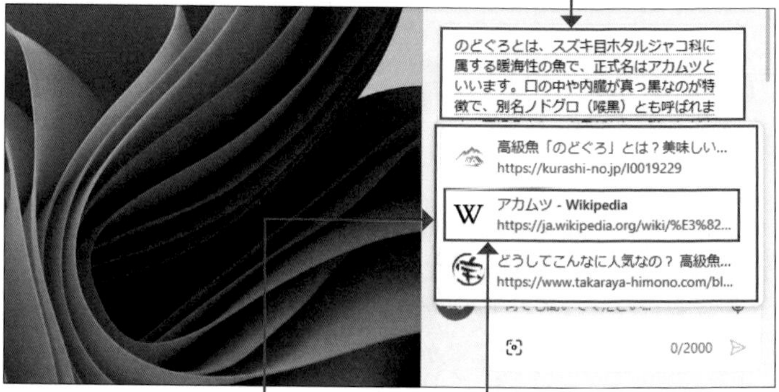
のどぐろとは、スズキ目ホタルジャコ科に属する暖海性の魚で、正式名はアカムツといいます。口の中や内臓が真っ黒なのが特徴で、別名ノドグロ（喉黒）とも呼ばれま
高級魚「のどぐろ」とは？美味しい...
https://kurashi-no.jp/I0019229
アカムツ - Wikipedia
https://ja.wikipedia.org/wiki/%E3%82...
どうしてこんなに人気なの？ 高級魚...
https://www.takaraya-himono.com/bl...
0/2000

8 Webページの参照リンクが表示されます。

9 参照リンクをクリックすると、

10 Webブラウザーが開き、そのページが表示されます。

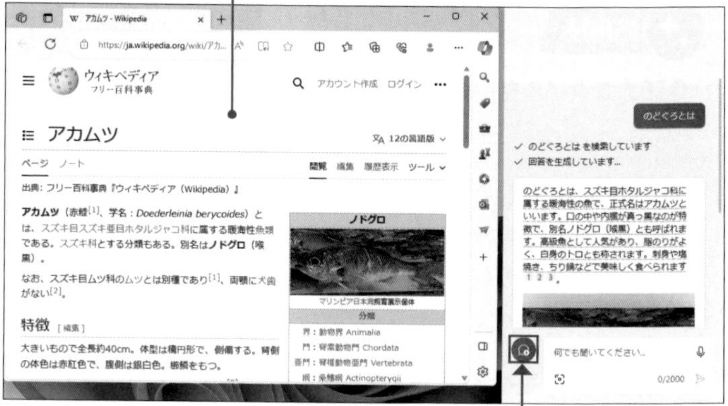
アカムツ - Wikipedia
ウィキペディア
フリー百科事典
アカムツ
のどぐろとは
何でも聞いてください...
0/2000

11 チャットウィンドウの◎をクリックすると、

12 質問および回答がクリアされます。

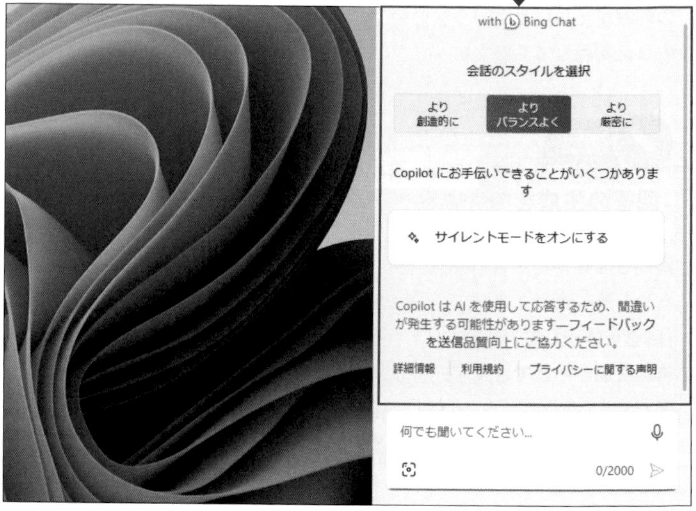
with Bing Chat
会話のスタイルを選択
より創造的に
よりバランスよく
より厳密に
Copilot にお手伝いできることがいくつかあります
サイレントモードをオンにする
Copilot は AI を使用して応答するため、間違いが発生する可能性があります—フィードバックを送信品質向上にご協力ください。
詳細情報
利用規約
プライバシーに関する声明
何でも聞いてください...
0/2000

③ 音声入力で質問する

解説

音声入力を利用する

パソコンでマイクとスピーカーまたはヘッドセットが利用できるときは、右の手順で音声入力による質問が行えます。音声入力で質問を行うと、質問内容がチャットウィンドウに自動入力されて、自動的に回答文を表示するとともにその回答文を音声で読み上げてくれます。

補足

話しかけるまでの時間制限について

音声入力では、音声入力が可能な状態になってから約10秒以内に話しかけないと、音声入力が自動停止します。

補足

音声入力に失敗する

マイクとスピーカーまたはヘッドセットが利用可能な状態で音声入力に失敗するときは、「設定」→［システム］→［サウンド］と開き、入力と出力に利用中の機器が選択されているかどうかを確認してください。機器が見つからない場合や選択されていても失敗する場合は、機器の取り扱い説明書などで利用法を確認してください。

1 チャットウィンドウの🎙をクリックすると、

2 🎙が🎙に変わり、

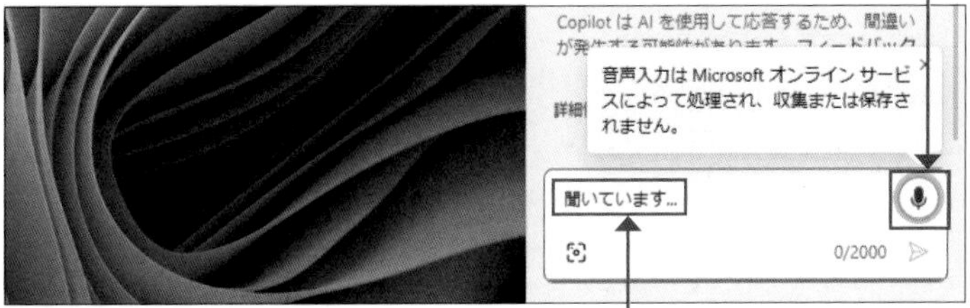
Copilot は AI を使用して応答するため、間違い
音声入力は Microsoft オンライン サービスによって処理され、収集または保存されません。
聞いています...
0/2000

3 チャットウィンドウに「聞いています…」と表示されます。

4 質問（ここでは［のどぐろについて教えて］）すると、

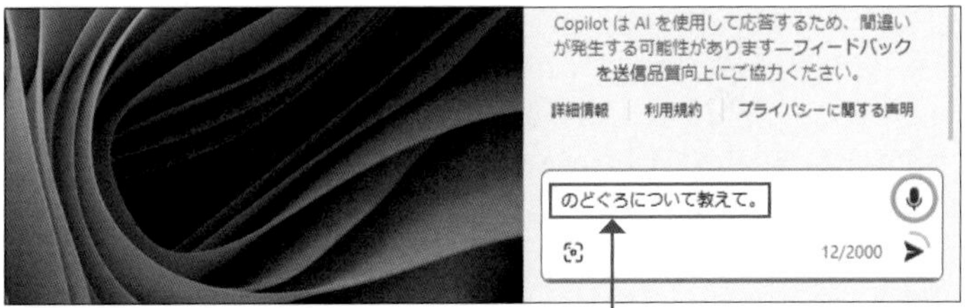
Copilot は AI を使用して応答するため、間違いが発生する可能性がありますーフィードバックを送信品質向上にご協力ください。
詳細情報
利用規約
プライバシーに関する声明
のどぐろについて教えて。
12/2000

5 チャットウィンドウに質問が自動入力され、

6 回答の準備が始まります。

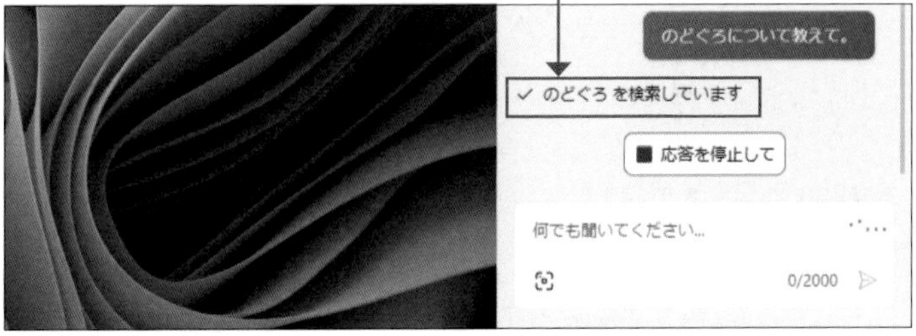
のどぐろについて教えて。
✓ のどぐろ を検索しています
■ 応答を停止して
何でも聞いてください...
0/2000

7 しばらくすると回答が表示され、その回答が音声で読み上げられます。

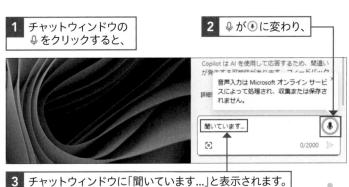

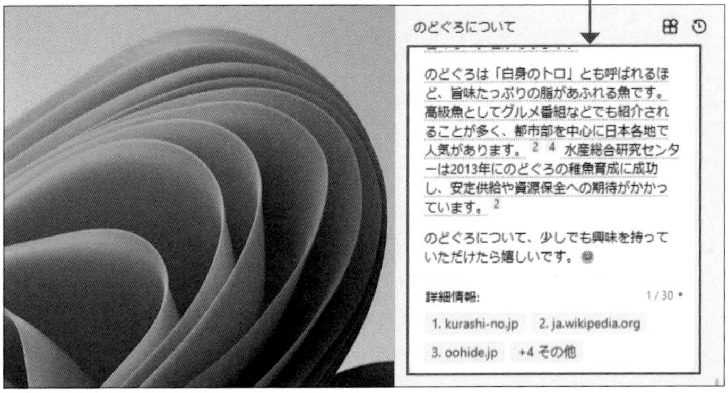
のどぐろについて
のどぐろは「白身のトロ」とも呼ばれるほど、旨味たっぷりの脂があふれる魚です。高級魚としてグルメ番組などでも紹介されることが多く、都市部を中心に日本各地で人気があります。2 4 水産総合研究センターは2013年にのどぐろの稚魚育成に成功し、安定供給や資源保全への期待がかかっています。2
のどぐろについて、少しでも興味を持っていただけたら嬉しいです。
詳細情報:
1 / 30
1. kurashi-no.jp
2. ja.wikipedia.org
3. oohide.jp
+4 その他

④ アプリを起動する

解説

Copilot in Windowsで アプリを起動する

Copilot in Windowsは、アプリの起動にも利用できます。アプリを起動するときは、チャットウィンドウに起動したいアプリを「○○を起動して」や「○○の起動」などの形式で入力します。

補足

アプリが起動できないときは

Copilot in Windowsは、提供がはじまったばかりのAIアシスタントです。このため、現状では、Windowsにインストールされているすべてのアプリを起動できるわけではありません。はじめからWindowsにインストールされているアプリは起動できますが、ユーザーがあとからインストールしたアプリは起動できない場合があります。Copilot in Windowsは今後も継続した進化が予定されています。現時点ではできないことも将来的には、サポートされる可能性があります。

1 チャットウィンドウに起動したいアプリ名を「○○(ここでは[メモ帳])を起動して」の形式で入力し、

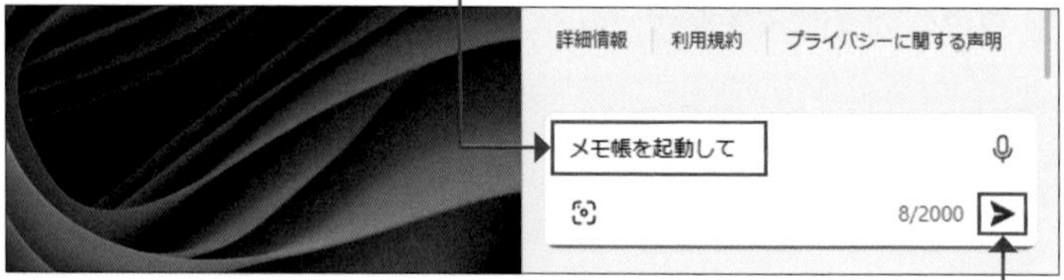
詳細情報
利用規約
プライバシーに関する声明
メモ帳を起動して
8/2000

2 Enter を押すか、➤ をクリックします。

3 しばらくするとアプリを開くかどうかをたずねる回答が表示されます。

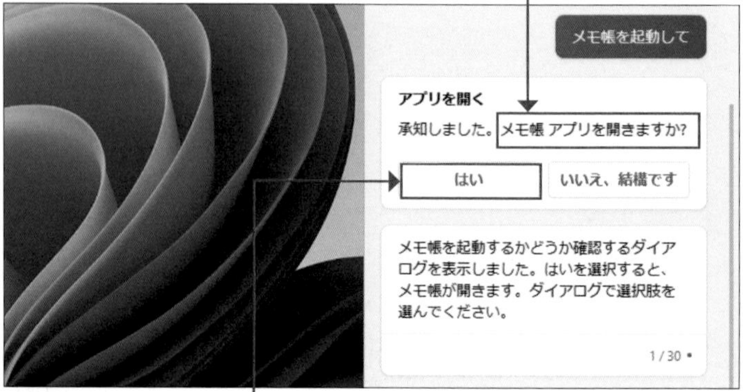
メモ帳を起動して
アプリを開く
承知しました。メモ帳 アプリを開きますか?
はい
いいえ、結構です
メモ帳を起動するかどうか確認するダイアログを表示しました。はいを選択すると、メモ帳が開きます。ダイアログで選択肢を選んでください。
1 / 30

4 [はい]をクリックします。

5 要望したアプリ(ここでは「メモ帳」)が起動します。

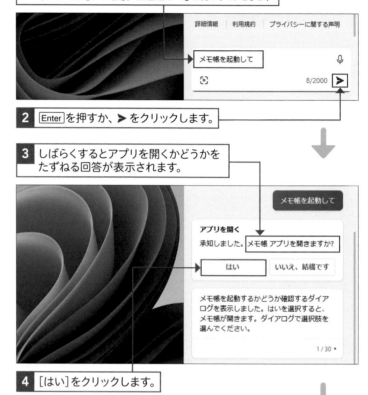

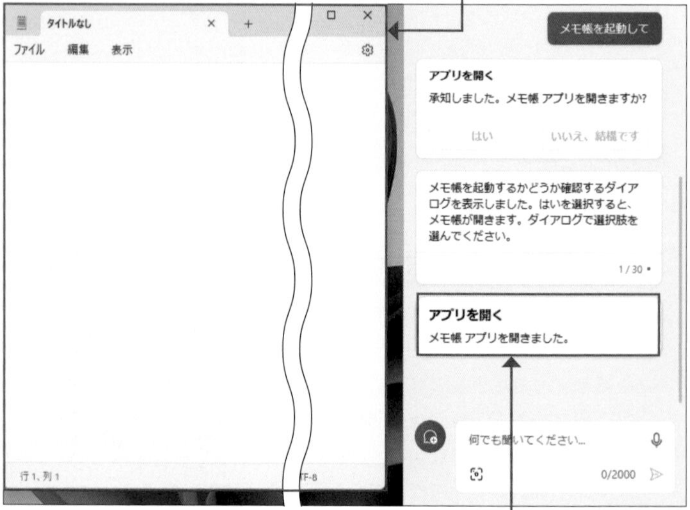
タイトルなし
ファイル
編集
表示
行 1、列 1
メモ帳を起動して
アプリを開く
承知しました。メモ帳 アプリを開きますか?
はい
いいえ、結構です
メモ帳を起動するかどうか確認するダイアログを表示しました。はいを選択すると、メモ帳が開きます。ダイアログで選択肢を選んでください。
1 / 30
アプリを開く
メモ帳 アプリを開きました。
何でも聞いてください...
0/2000

6 Copilotのサイドバーには「メモ帳アプリを開きました」と表示されます。

⑤ Windowsの設定を変更する

解説

Windowsの設定変更を行う

Copilot in Windowsを利用すると、WindowsとアプリIに表示される色や壁紙を変更したり、音量の変更を行ったりといったWindowsの一部の設定を変更できます。右の手順では、Windowsとアプリに表示される色を「ダークモード」に変更する方法を例に、Copilot in Windowsで設定を変更する方法を説明しています。

補足

ダークモードをオフにするには

Windowsとアプリに表示される色を「ダークモード」からもとの色に戻したいときは、[ダークモードを解除して]や[ダークモードを無効にして]と入力します。

補足

設定変更に失敗する

Copilot in Windowsは手順3のように設定を切り替えるかどうかをたずねる回答が表示されますが、[はい]をクリックしても設定が切り替わらずに、Microsoft Edgeが起動したり、回答が表示されたりする場合があります。Copilot in Windowsは発展途上であるため、期待した動作とは異なる動作をする場合があることに留意してください。

1 チャットウィンドウに行いたい設定（ここでは[ダークモードに切り替えて]）と入力し、

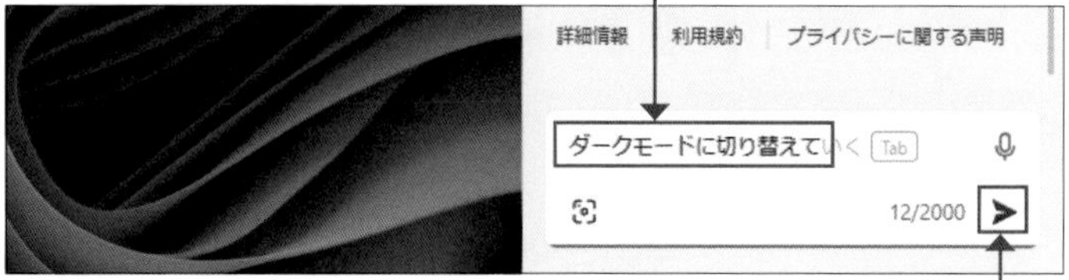
詳細情報
利用規約
プライバシーに関する声明
ダークモードに切り替えて
Tab
12/2000

2 Enterを押すか、➤をクリックします。

3 しばらくすると設定を切り替えるかどうかをたずねる回答が表示されます。

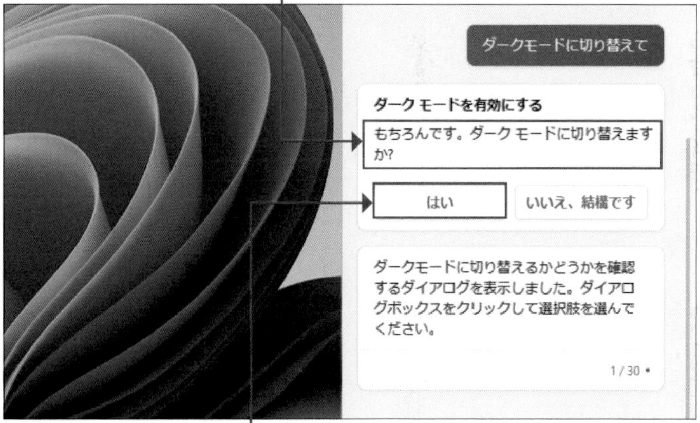
ダークモードに切り替えて
ダーク モードを有効にする
もちろんです。ダーク モードに切り替えますか?
はい
いいえ、結構です
ダークモードに切り替えるかどうかを確認するダイアログを表示しました。ダイアログボックスをクリックして選択肢を選んでください。
1 / 30

4 [はい]をクリックします。

5 設定（ここでは「ダークモード」）が切り替わります。

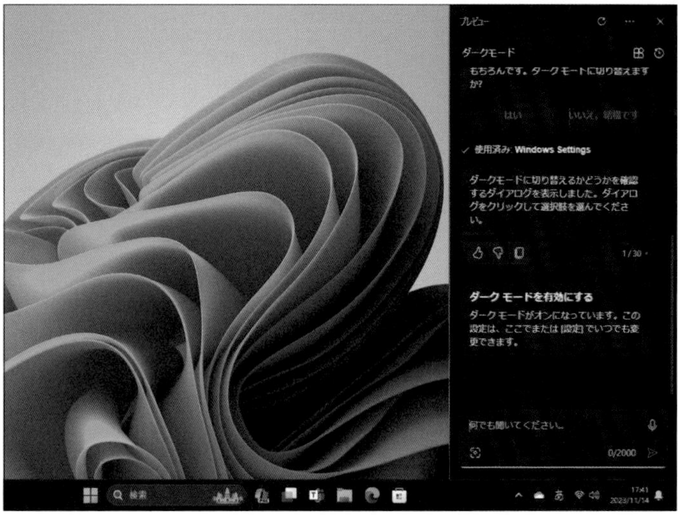
プレビュー
ダークモード
もちろんです。ダーク モードに切り替えますか?
使用済み: Windows Settings
ダークモードに切り替えるかどうかを確認するダイアログを表示しました。ダイアログをクリックして選択肢を選んでください。
1/30
ダーク モードを有効にする
ダーク モードがオンになっています。この設定は、ここでまたは [設定] でいつでも変更できます。
何でも聞いてください。
0/2000

Section

53 文章や画像を作ってもらおう

ここで学ぶこと

- 文章の生成
- 画像の生成
- 回答のコピー

Copilot in Windowsは、条件を指定して指示を出すと、**その条件に沿った文章を生成**したり、イラストなどの**画像を生成**したりもしてくれます。生成された文章や画像は、コピーや保存を行って別のアプリで利用することもできます。

1 Copilot in Windowsで文章を生成する

1 をクリックし、

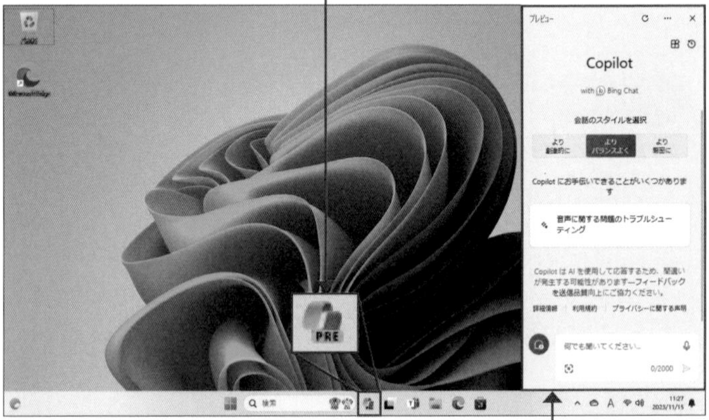

2 Copilotのサイドバーを表示します。

3 チャットウィンドウに生成したい文書の種類や条件などを入力し、

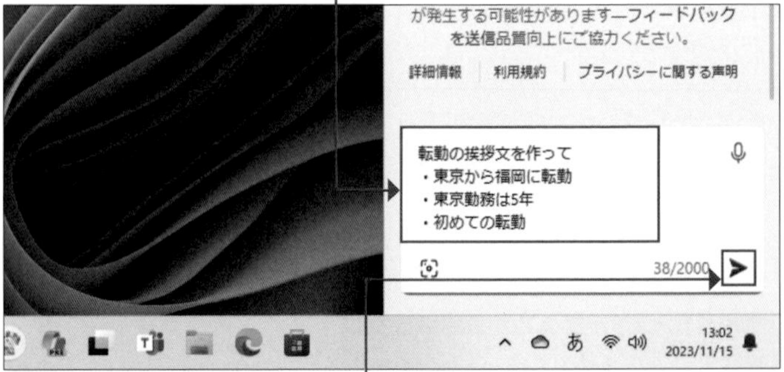

4 Enter を押すか、➤ をクリックします。

解説

条件の入力で文章を生成する

Copilot in Windowsは、チャットウィンドウにキーワードや背景などの条件を入力することで、目的に応じた文章を生成することができます。

補足

条件の入力方法について

盛り込みたい条件は、右の手順のように箇条書きで入力したり、文章を「、」で区切って入力したりできます。なお、箇条書きを行うときなど、文章を改行したいときは、Shift を押しながら Enter を押します。

応用技

生成された文章をコピーする

生成された文章内にマウスポインターを移動させると、右上に👍 👎 📋が表示されます。📋をクリックすると、回答として表示された文章すべてをコピーします。コピーした文章は、右の手順9の操作でほかのアプリに貼り付けることができます。また、生成された文章の特定の部分のみをコピーしたいときは、コピーしたい部分をマウスでドラッグして範囲指定し、範囲指定された部分内で右クリックして、「コピー」をクリックするか、Ctrlを押しながらCを押します。

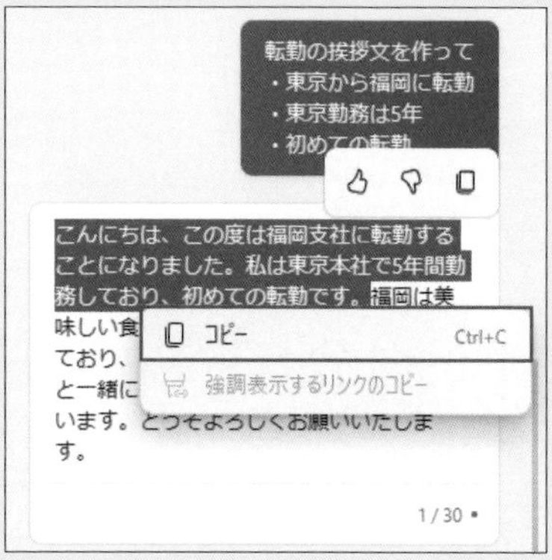
転動の挨拶文を作って
・東京から福岡に転動
・東京勤務は5年
こんにちは、この度は福岡支社に転動することになりました。私は東京本社で5年間勤務しており、初めての転動です。福岡は美
コピー
Ctrl+C
強調表示するリンクのコピー
1 / 30

補足

Copilotで文書生成する

文章の生成は、「Copilot（旧称、Copilot with Bing Chat／Bing Chat）」でも行えます。Copilotで文章を作成する方法については202ページを参照してください。

5 しばらくすると、文章が生成されて表示されます。

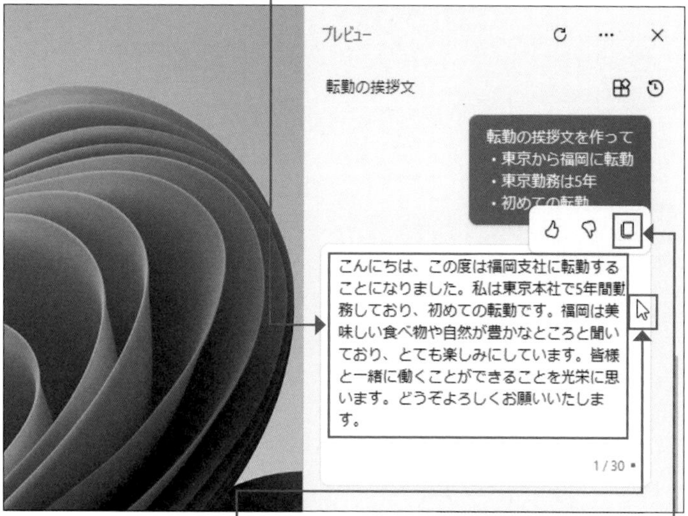
プレビュー
転動の挨拶文
転動の挨拶文を作って
・東京から福岡に転動
・東京勤務は5年
こんにちは、この度は福岡支社に転動することになりました。私は東京本社で5年間勤務しており、初めての転動です。福岡は美味しい食べ物や自然が豊かなところと聞いており、とても楽しみにしています。皆様と一緒に働くことができることを光栄に思います。どうぞよろしくお願いいたします。
1 / 30

6 マウスポインターを生成された文章に移動させると、

7 👍 👎 📋が表示されるので📋をクリックすると、文章がコピーされます。

8 アプリ（ここでは「メモ帳」）を起動し、

タイトルなし
ファイル
編集
表示
東京と福岡で違いがあるものは何ですか？
何でも聞いてください...
0/2000

9 Ctrlを押しながらVを押すと、

10 生成された文章がアプリに貼り付けられます。

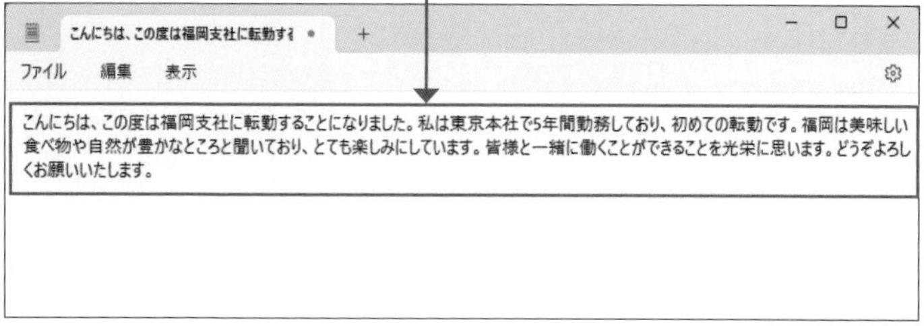
ファイル
編集
表示
こんにちは、この度は福岡支社に転動することになりました。私は東京本社で5年間勤務しており、初めての転動です。福岡は美味しい食べ物や自然が豊かなところと聞いており、とても楽しみにしています。皆様と一緒に働くことができることを光栄に思います。どうぞよろしくお願いいたします。

② Copilot in Windowsで画像を生成する

解説

画像を生成する

Copilot in Windowsでは、チャットウィンドウに「〇〇の絵を描いて」などのように画像を作成したいことを表す文字列と、作成したい画像の条件などを入力することで、目的に応じた画像を生成できます。

補足

サインインを求められた

右の手順4のあとに「サインインして画像を作成してください」と表示されたときは、画面の指示に従ってMicrosoft アカウントでのサインインを行ってください。

補足

条件の入力方法について

Copilot in Windowsでは、入力した条件を盛り込んで画像を生成します。盛り込みたい条件は、箇条書きで入力したり、文章を「、」で区切って入力したりできます。なお、箇条書きを行うときなど文章を改行したいときは、Shiftを押しながらEnterを押します。

1 をクリックし、

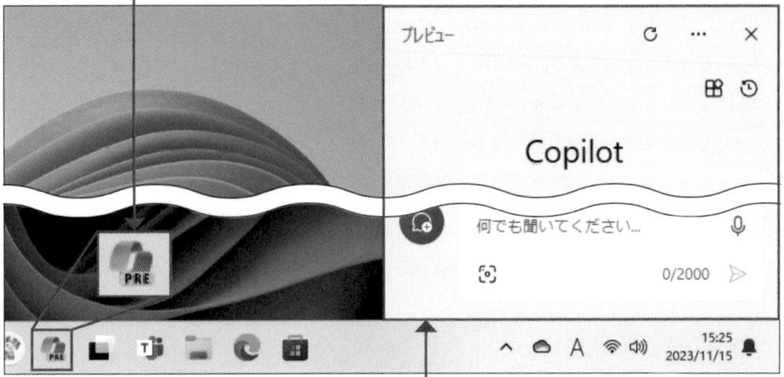

2 Copilotのサイドバーを表示します。

3 チャットウィンドウに生成したい画像の条件などを入力し、

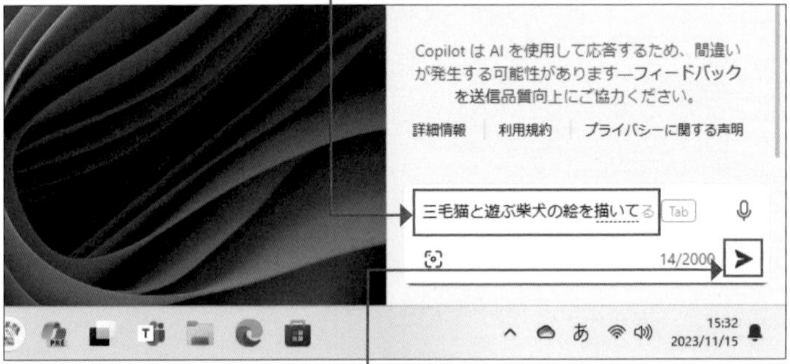

4 Enterを押すか、➤をクリックします。

5 しばらくすると、画像が生成が開始されます。

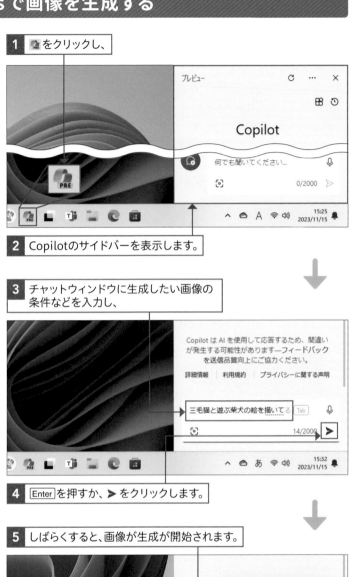

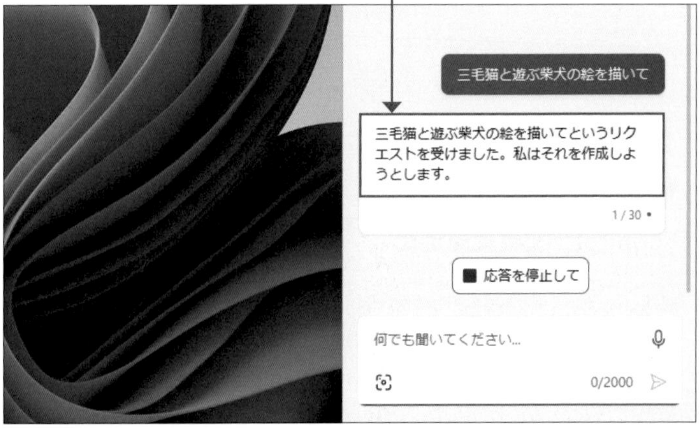

応用技

画像をパソコンに保存する

生成された画像は、右の手順でパソコンにダウンロードして保存できます。また、ダウンロードした画像は、通常、「ダウンロード」フォルダーに保存されています。

補足

過去に生成した画像を確認する

Copilot in Windowsは、「Bing Image Creator」というサービスを利用して画像を生成しています。Copilot in Windowsで生成した画像は、Bing Image CreatorのWebサイト（https://www.bing.com/images/create）を開き、［作品］をクリックすることでこれまで生成してきた画像を確認できます。なお、生成した画像が表示されないときは、Microsoft アカウントでBingにログインしていません。Microsoft アカウントでログインを行ってください。

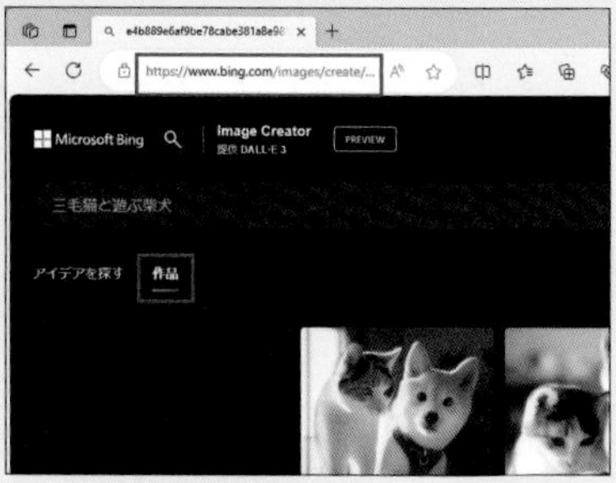

6 画像が生成されて表示されます。

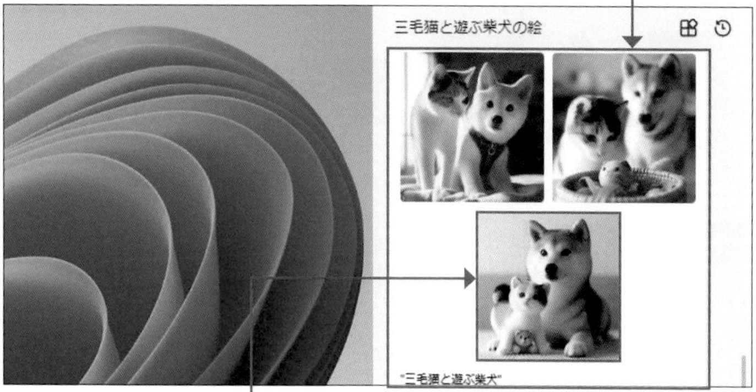

7 画像をクリックすると、

8 その画像がMicrosoft Edgeで表示されます。

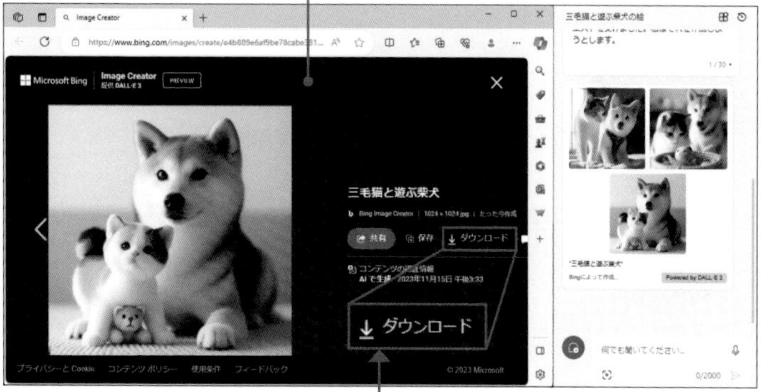

9 ［ダウンロード］をクリックします。

10 画像がダウンロードされます。

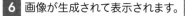

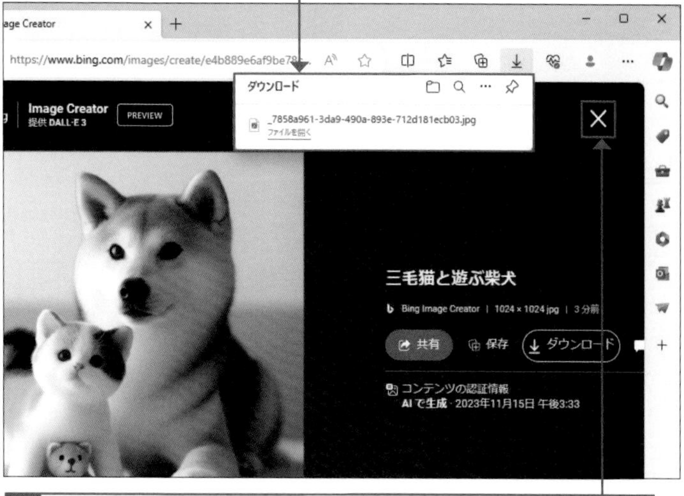

11 ☒をクリックすると、画像を表示していたウィンドウが閉じます。

Section
54 写真を調べて情報を得よう

ここで学ぶこと

- 写真の追加
- 写真の分析
- 写真を調べる

Copilot in Windowsは、スマートフォンなどで**撮影された写真を分析**し、そこに写っているモノの**情報を調べる**こともできます。写真から情報を得たいときは、写真をチャットウィンドウに追加して文字で指示を出します。

1 Copilot in Windowsに写真を調べてもらう

解説

写真の内容を調べる

Copilot in Windowsは、チャットウィンドウに追加した写真を解析し、写っている物体などについて調べる機能を備えています。写真を調べたいときは、右の手順でチャットウィンドウに写真を追加し、写真に写っている物体について知りたいことを入力します。なお、追加できる写真は1枚のみです。

補足

追加できる写真の形式

チャットウィンドウに追加できる写真の形式は、「.gif」「.jfif」「.pjpeg」「.jpeg」「.pjp」「.jpg」「.png」「.webp」などです。PDFやdocなどのドキュメント形式のファイルは追加できません。

1 をクリックし、Copilotのサイドバーを表示します。

2 をクリックしてエクスプローラーを起動し、

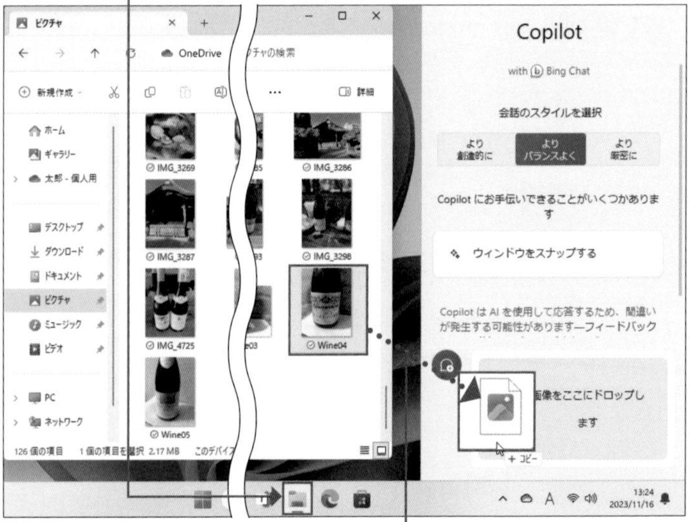

3 情報を調べたい写真をチャットウィンドウにドラッグ&ドロップします。

補足

「画像を追加」から写真を追加する

チャットウィンドウへの写真の追加は、⊡をクリックし、［このデバイスからアップロード］をクリックすることでも行えます。

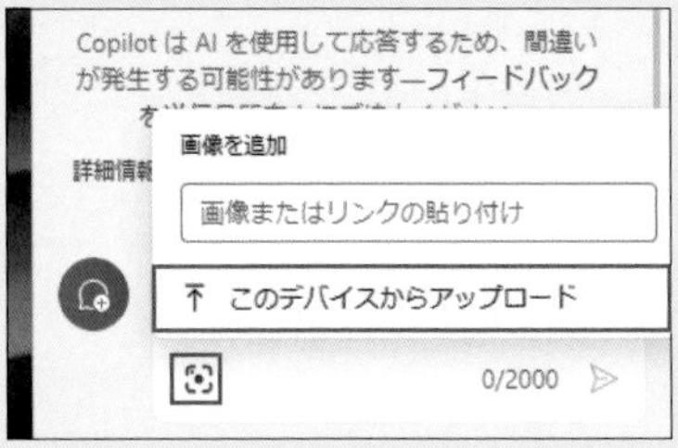
Copilot は AI を使用して応答するため、間違いが発生する可能性があります—フィードバック
画像を追加
画像またはリンクの貼り付け
このデバイスからアップロード
0/2000

補足

写真を削除する

チャットウィンドウに間違った写真を追加したときは、追加した写真右の✕をクリックすると（手順4参照）、写真を削除できます。

ヒント

見当違いの回答が表示される

写真を解析する機能は、解像度が低く判別できないといった回答が返ってくる場合や見当違いの回答が返ってくる場合があります。この機能を利用するときは、解像度が高く、調べたいものがはっきり写った写真、また情報をできるだけ多く付加している写真を選ぶことをお勧めします。

4 チャットウィンドウに写真が追加されます。

5 実行したい作業内容（ここでは［写真のワインについて教えて］）を入力し、

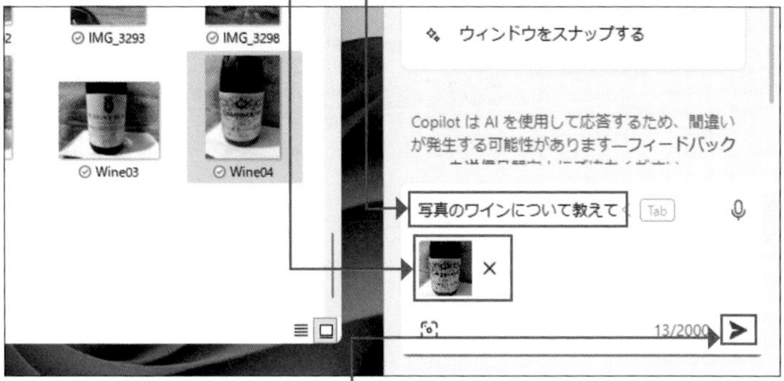
IMG_3293
IMG_3298
Wine03
Wine04
ウィンドウをスナップする
Copilot は AI を使用して応答するため、間違いが発生する可能性があります—フィードバック
写真のワインについて教えて
Tab
13/2000

6 Enter を押すか、➤ をクリックします。

7 回答の準備がはじまります。

表示
詳細
IMG_3285
IMG_3286
IMG_3293
IMG_3298
Wine03
Wine04
写真のワインについて教えて
画像を分析しています: プライバシーを保護するために顔がぼやける可能性があります
応答を停止して

8 しばらくすると回答が表示されます。

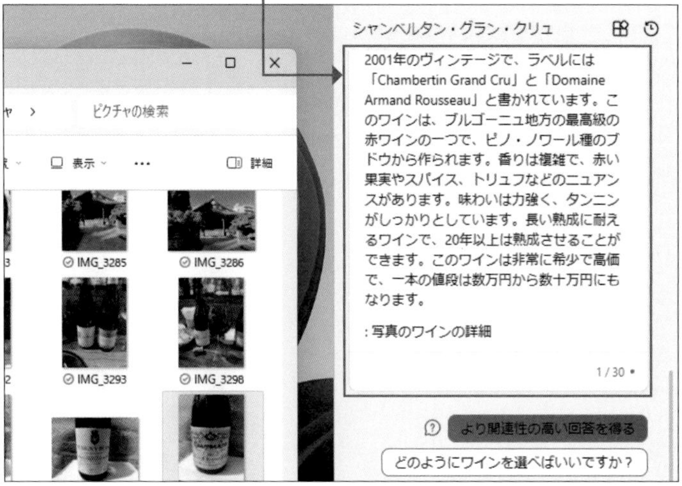
ピクチャの検索
表示
詳細
IMG_3285
IMG_3286
IMG_3293
IMG_3298
シャンベルタン・グラン・クリュ
2001年のヴィンテージで、ラベルには「Chambertin Grand Cru」と「Domaine Armand Rousseau」と書かれています。このワインは、ブルゴーニュ地方の最高級の赤ワインの一つで、ピノ・ノワール種のブドウから作られます。香りは複雑で、赤い果実やスパイス、トリュフなどのニュアンスがあります。味わいは力強く、タンニンがしっかりとしています。長い熟成に耐えるワインで、20年以上は熟成させることができます。このワインは非常に希少で高価で、一本の値段は数万円から数十万円にもなります。
: 写真のワインの詳細
1 / 30
より関連性の高い回答を得る
どのようにワインを選べばいいですか？

Section

55 WebページやPDFの要約を生成しよう

ここで学ぶこと

・Webページの要約
・Microsoft Edgeとの連携
・PDFの要約

Copilot in Windowsは、Microsoftが無償提供しているWebブラウザー「**Microsoft Edge**」とコンテンツを共有し、Microsoft Edgeで閲覧中の**Webページ**や**PDF**の文書などの**コンテンツの要約**を生成できます。

1 Microsoft Edgeとのコンテンツ共有を設定する

解説

コンテンツの共有を行うための設定

Copilot in Windowsは、Microsoft Edgeで閲覧中のコンテンツ(WebページやPDFの文書ファイルなど)の要約を生成できます。そのためには右の手順で設定を施しておく必要があります。

1 をクリックしてCopilotのサイドバーを表示し、

2 ··· をクリックして、

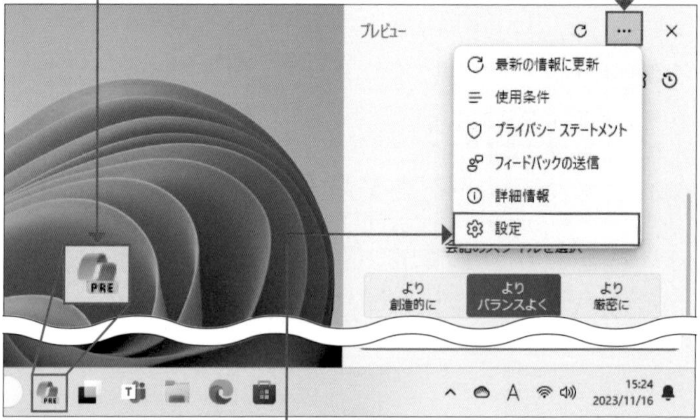

3 [設定]をクリックします。

4 オフをクリックして オンにします。

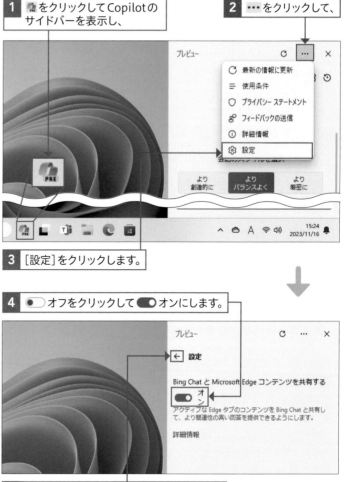

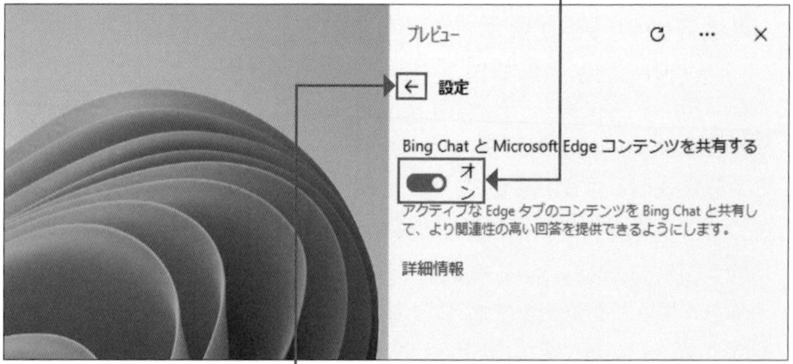

5 ←をクリックしてチャット画面に戻します。

② 閲覧中のWebページの要約を生成する

解説

コンテンツを要約する

右の手順では、Copilot in Windowsのサイドバーを表示してから作業を行っていますが、要約したいWebページを表示後にサイドバーを表示しても問題はありません。なお、この機能は、Microsoft Edgeを利用してコンテンツを閲覧している場合にのみ利用できる機能です。Google Chromeなどのほかの Webブラウザーでは利用できません。

応用技

PDFや動画を要約する

右の手順では例としてWebページの要約を生成していますが、PDFの文書ファイルやYouTubeの動画などのコンテンツをMicrosoft Edgeで閲覧しているときは、それらのコンテンツの要約を生成できます。

補足

[Copilot] ペインを利用する

Microsoft Edgeには、マイクロソフトの検索サービス「Bing」で展開されている「Copilot (旧称、Copilot with Bing Chat／Bing Chat)」を利用するための機能が統合されています。コンテンツの要約は、Microsoft Edgeのみで行えます(204ページ参照)。

1 をクリックしてCopilotのサイドバーを表示しておきます。

2 をクリックしてMicrosoft Edgeを起動し、

3 要約を作成したいWebページを開きます。

4 チャットウィンドウに「Webページを要約して」など、実行したい作業を入力し、

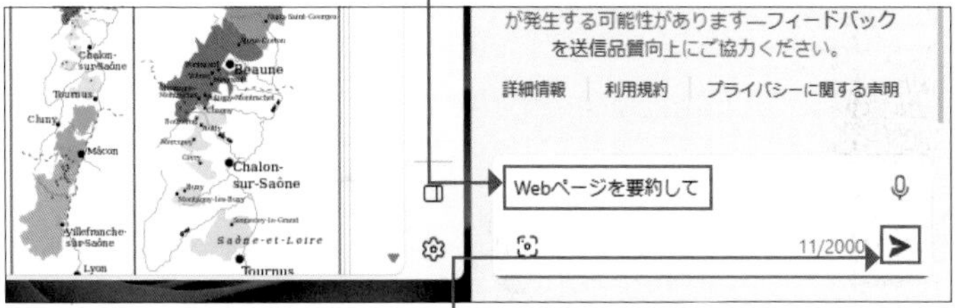

5 Enter を押すか、➤ をクリックします。

6 しばらくすると閲覧中のWebページの要約が表示されます。

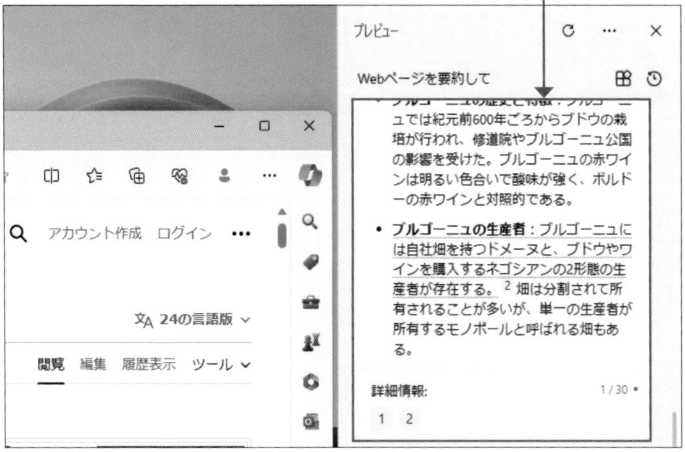

Section

56 Microsoft Edgeで AIアシスタントを使おう

ここで学ぶこと

- Microsoft Edge
- 文章／画像の生成
- コンテンツの要約

Microsoft Edgeには、検索サービス「Bing」で提供されている「**Copilot**（旧称、Copilot with Bing Chat／Bing Chat）」を利用する機能が統合されています。この機能を利用すると、**Microsoft Edge**で**文書／画像の生成**などを行えます。

1 Microsoft EdgeでCopilotを利用する

解説

[Copilot] ペインについて

Microsoft Edgeは をクリックすると、[Copilot] ペインが開きます。[Copilot] ペインでは、 をクリックして表示されるCopilot in Windowsのサイドバーとほぼ同等のAIアシスタント機能を利用できます。Copilot in Windowsとの違いは、パソコンにインストールされているアプリの起動やWindowsの設定変更などの機能を [Copilot] ペインでは利用できないことです。

補足

BingのAIアシスタントを利用する

検索サイト「Bing」のAIアシスタント機能は、WebブラウザーでBingのトップページ（https://www.bing.com）を開き、[チャット] をクリックすることでも利用できます。また、Microsoft アカウントでWindows11にサインインしている場合は、タスクバーの検索ボックスをクリックして をクリックするとBingのチャットページがMicrosoft Edgeで開けます。

1 をクリックし、Microsoft Edgeを起動しておきます。

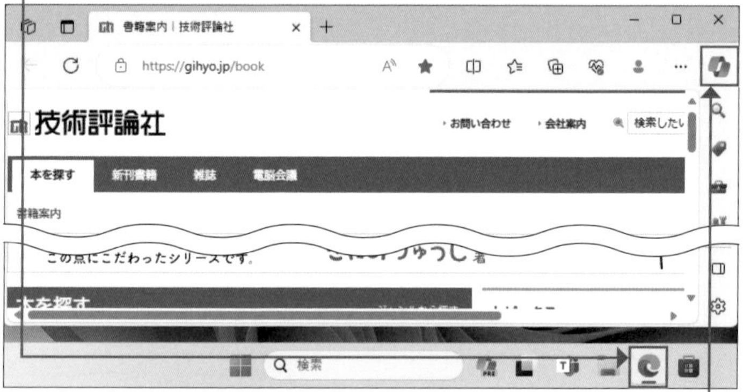

2 をクリックすると、

3 [Copilot] ペインが開きます。

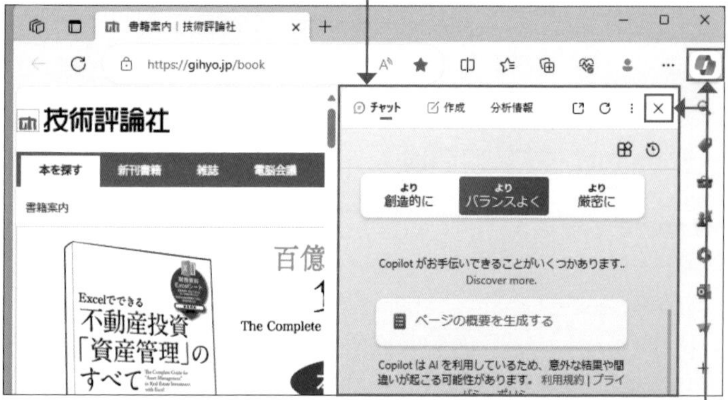

4 [Copilot] ペインを閉じたいときは × をクリックするか、再度 をクリックします。

② Microsoft Edgeで知りたいことを質問する

解説
［Copilot］ペインで情報を調べる

Microsoft Edgeの［Copilot］ペインの使い方は、Copilot in Windowsと同じです（187ページ参照）。情報を調べたいときは、チャットウィンドウに「○○について教えて」や「○○って何」などように調べたい事柄を入力します。また、🎙をクリックすることで音声入力を行うこともできます（189ページ参照）。

応用技
回答文をコピー／エクスポートする

［Copilot］ペインに表示された回答内にマウスポインターを移動させると、👍 👎 ❐ ⤓が表示されます。❐をクリックすると回答の文章などをコピーできます。また、⤓をクリックすると、回答文をテキストファイルにしてダウンロードできます。

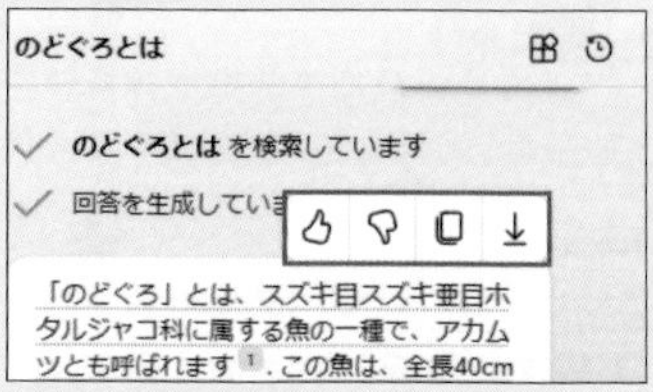

補足
質問および回答をクリアする

●をクリックすると、質問および回答をクリアして新しいトピックをはじめることができます。●が表示されていないときは、［Copilot］ペインの何も表示されていない部分をクリックします。

1 Microsoft Edgeを起動し、

2 ●をクリックして［Copilot］ペインを開きます。

3 チャットウィンドウに質問（ここでは［のどぐろとは］）を入力し、

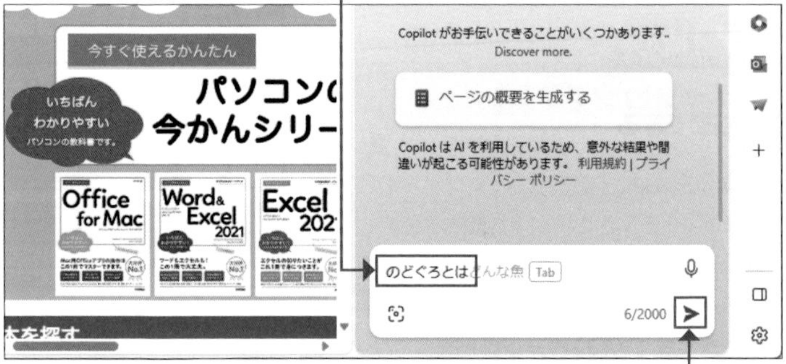

4 Enterを押すか、➤をクリックします。

5 しばらくすると、回答が表示されます。

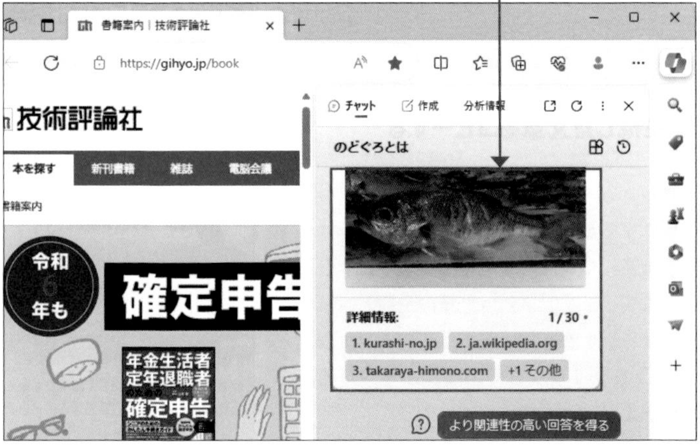

ヒント
アプリは複数のパソコンで利用可能

「Microsoft Store」で購入／入手したアプリは、同じMicrosoft アカウントで利用している最大10台のパソコンにインストールできます。

7 アプリのインストールが完了すると、[入手]が[開く]に変わります。

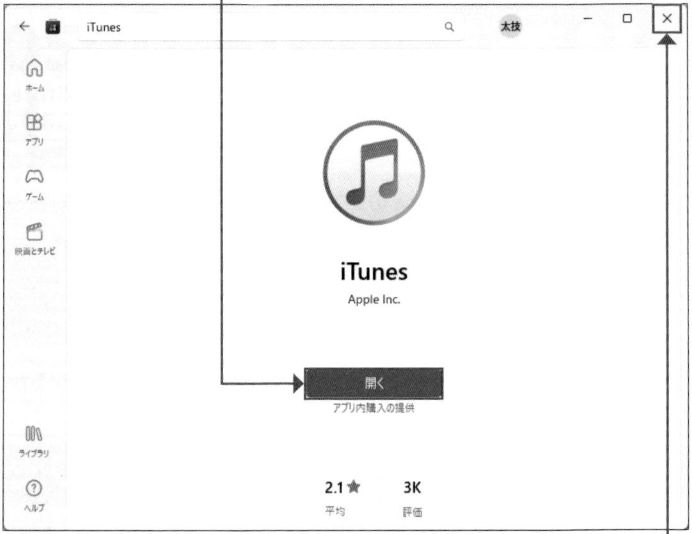

8 ✕をクリックして「Microsoft Store」アプリを終了します。

9 ■をクリックし、

10 [すべてのアプリ]をクリックします。

11 インストールしたアプリがスタートメニューに登録されています。

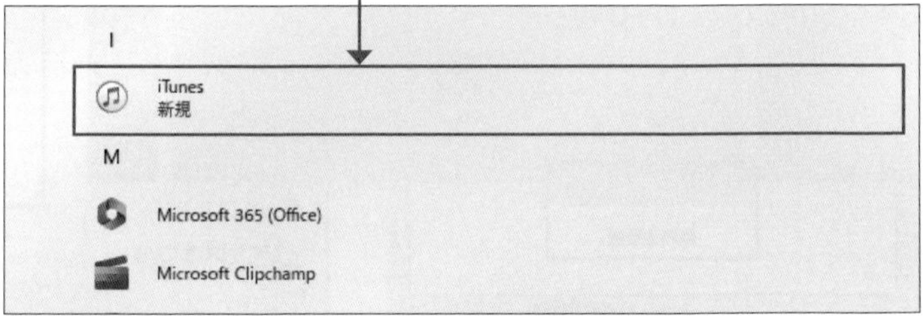

③ アプリをアップデートする

解説

アプリの更新

既存のアプリに対して、小幅な改良や修正を加えて新しいアプリに更新することを「更新（アップデート）」と呼びます。Microsoft Storeで購入／入手したアプリは、通常、自動的にアップデートが実施されますが、右の手順で手動アップデートを行えます。

1 をクリックして「Microsoft Store」アプリを起動し、

2 ［ライブラリ］をクリックします。

3 ［更新プログラムを取得する］をクリックします。

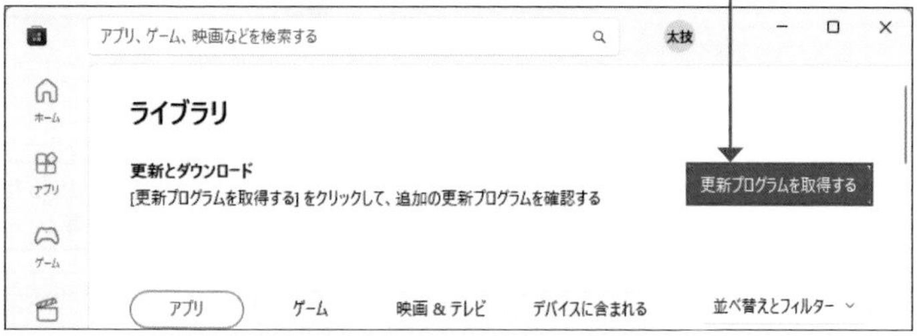

4 更新プログラムがあるときはアプリの更新が実行されます。

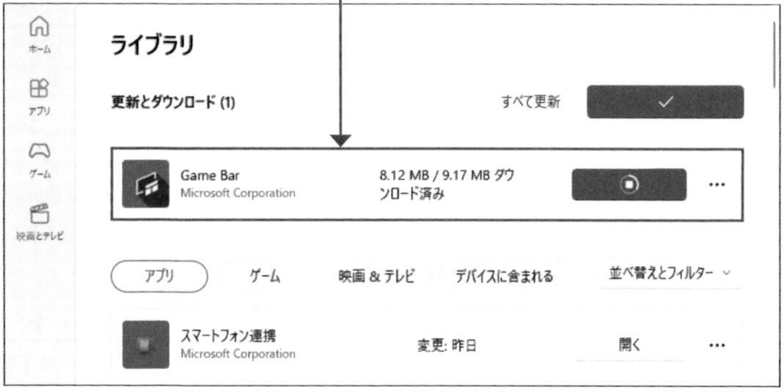

Section
58 目的地の地図を調べよう

ここで学ぶこと

- 「マップ」アプリ
- 地図
- ルート検索

「マップ」アプリは、出発地から目的地までの**ルート検索機能**を備えた地図アプリです。現在地の地図を表示できるほか、お店の名称や施設の名称、住所などを**キーワード**とした検索を行うことで、目的地周辺の地図を表示できます。

1 「マップ」アプリを起動する

解説

「マップ」アプリの起動

「マップ」アプリは、現在地の地図を表示したり、目的地周辺の地図を表示したりする地図アプリです。「マップ」アプリは右の手順で起動します。

1 ▦をクリックしてスタートメニューを表示し、

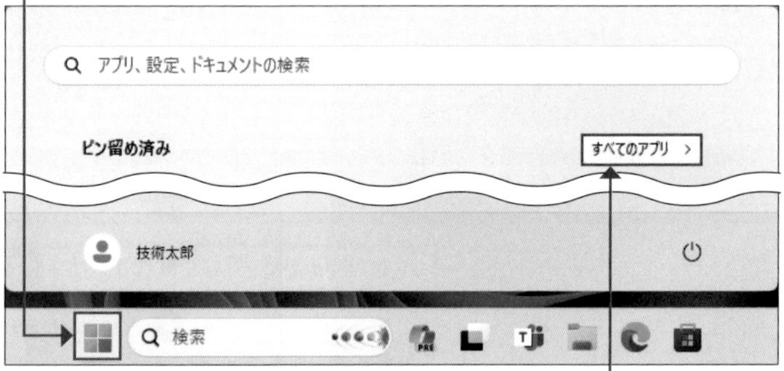

2 ［すべてのアプリ］をクリックします。

3 ［マップ］をクリックします。

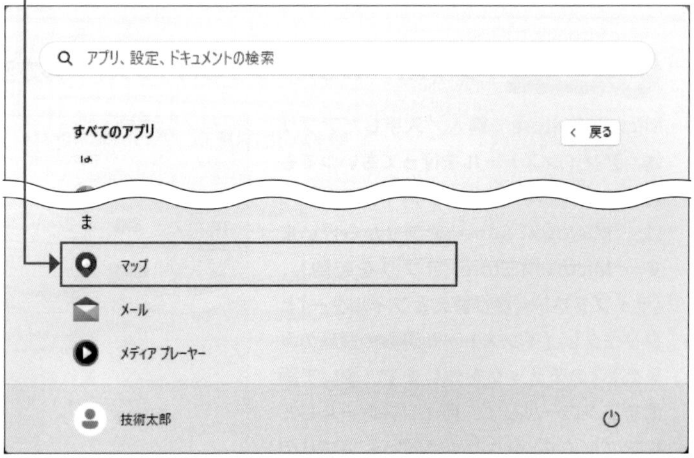

ヒント

はじめて起動したときは

「マップ」アプリをはじめて起動したときは、「マップ」アプリの自動アップデートが実施されたり、位置情報の利用許諾画面が表示されます。位置情報の利用を許可すると、Wi-FiやGPS、IPアドレスなどから取得した位置情報を利用し、現在地を表示します。通常は［はい］をクリックしてください。

補足

正しい現在地が表示されないときは

正しい現在地が表示されていないときは、◎をクリックすると、位置の修正が行われます。なお、GPSを備えないパソコンの場合、Wi-Fiでインターネットを利用していると、位置精度が高まります。

4 「マップ」アプリが起動し、現在地に◎のピンが付きます。

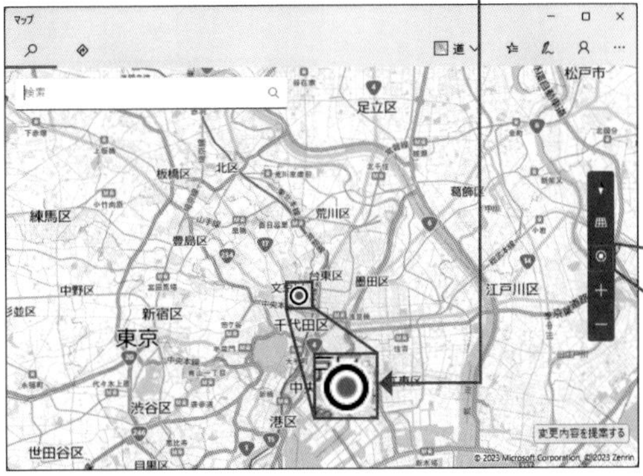

左の「補足」参照

2 目的地を探す

解説

目的地を探すには

「マップ」アプリは、住所や店名、施設名などをキーワードに指定して検索を行うことで、地図上に目的地を表示します。なお、「マップ」アプリに検索ボックスが表示されていないときは、画面上または下に表示されている🔍をクリックすると検索ボックスが表示されます。

1 検索ボックスにキーワード（ここでは、［東京タワー］）を入力します。

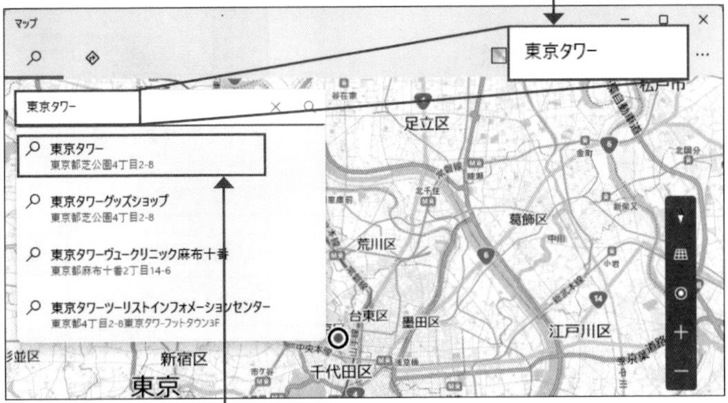

2 候補リストが表示され、目的地がそこにあるときはクリックして選択します（ここでは［東京タワー］をクリック）。

3 目的地が地図上に表示されます。

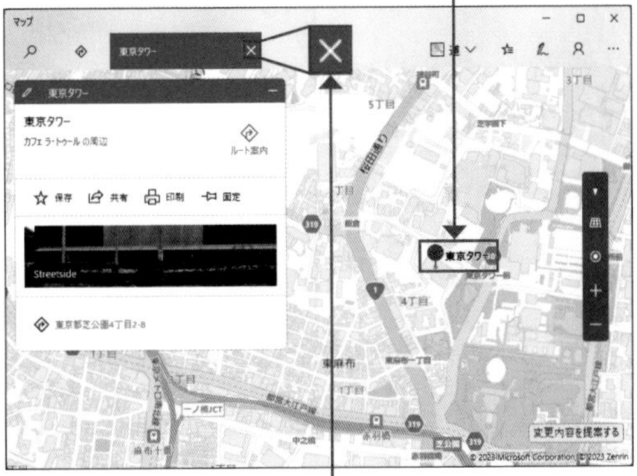

4 ☒をクリックすると、検索が終了します。

補足

候補リストが表示されないとき

右の手順**2**で表示される候補リストは、入力したキーワードによっては表示されません。候補リストが表示されないときは、キーワードを入力後、🔍をクリックするかEnterを押すと検索結果が表示されるので、目的地をクリックします。

Section

59 予定表を利用しよう

ここで学ぶこと

- Outlook for Windows
- 予定表
- スケジュール管理

予定表を利用すると、アラームを鳴らしてイベントの開始時刻を通知したり、オンライン会議の予定を管理したりといったスケジュール管理を行えます。予定表は、**Outlook for Windows**から利用できます。

1 予定を入力する

解説

スケジュールを管理する

個人のさまざまなスケジュール管理をできる「予定表」は、メール管理を行う「Outlook for Windows」に統合されています。予定表は、右の手順でOutlook for Windowsから利用します。

補足

Outlook for Windowsとは

Outlook for Windowsは、従来の「メール」／「カレンダー」アプリに代わる既定のアプリとして2024年以降に提供が予定されているアプリです。予定表の機能は、Outlook for Windowsの機能の1つとして提供されています。

1 120ページの手順を参考にOutlook for Windowsを起動し、

2 をクリックします。

3 予定表が表示されます。

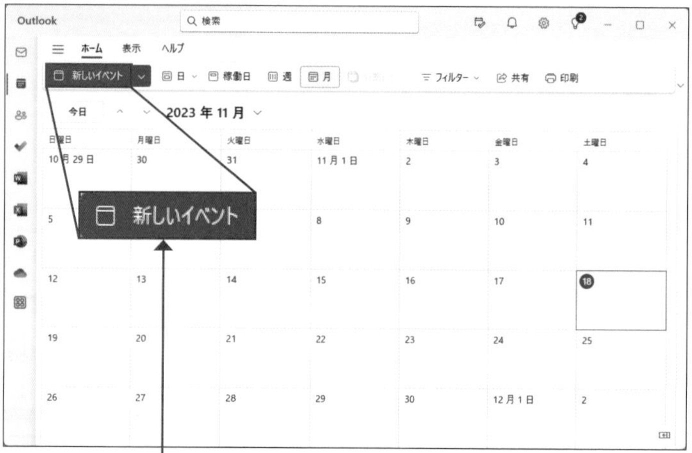

4 ［新しいイベント］をクリックします。

補足

イベントの通知を設定する

入力した予定には、通知を設定できます。通知は通常、イベント開始の15分前に設定されていますが、イベントの入力画面で［15分前］をクリックすることでメニューから通知を行うタイミングを変更できます。

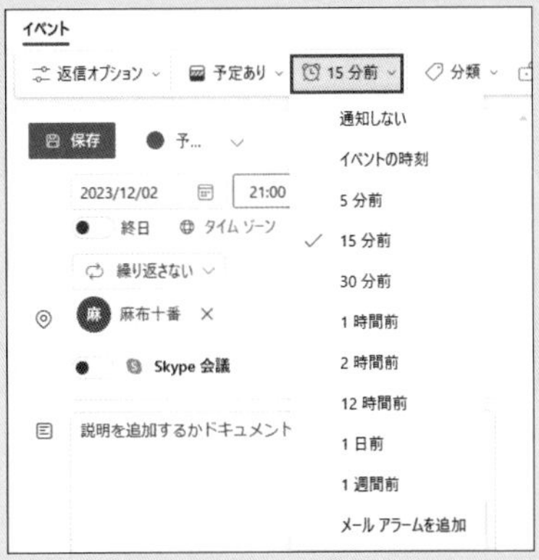

応用技

簡易な入力画面を利用する

イベントを追加したい日をクリックして選択し、再度クリックすると、簡易なイベント入力画面が表示されます。また、イベントを追加したい日をダブルクリックすると、手順5のイベントの入力画面が表示されます。

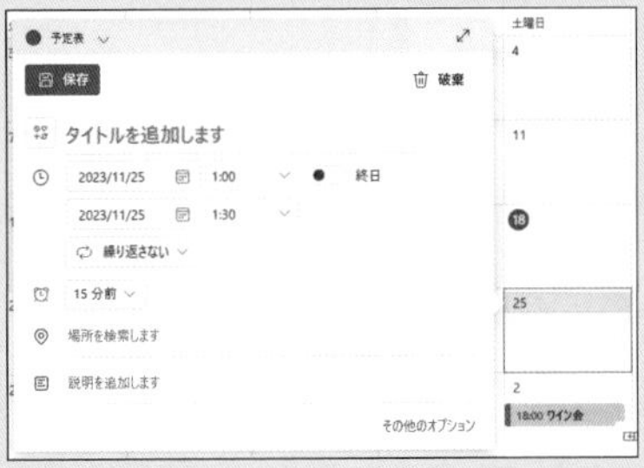

5 イベントの入力画面が表示されます。

6 イベント名を入力し、

7 開始時間を入力して、

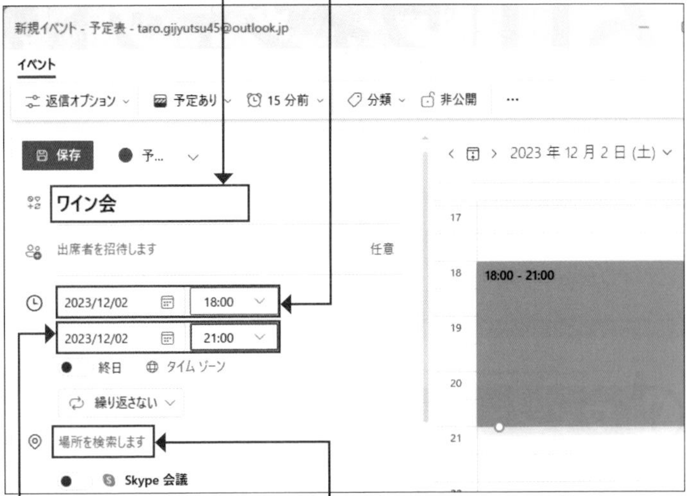

8 終了時間を入力します。

9 ［場所を検索します］をクリックします。

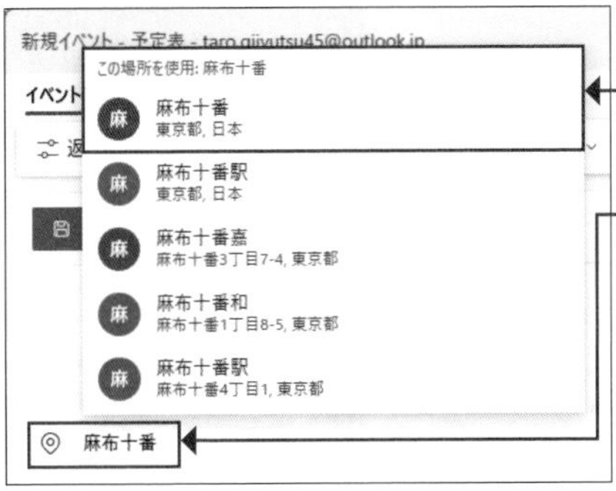

10 場所を入力し、

11 メニューが表示されたときは、［この場所を使用］またはメニュー内の目的の場所をクリックします。

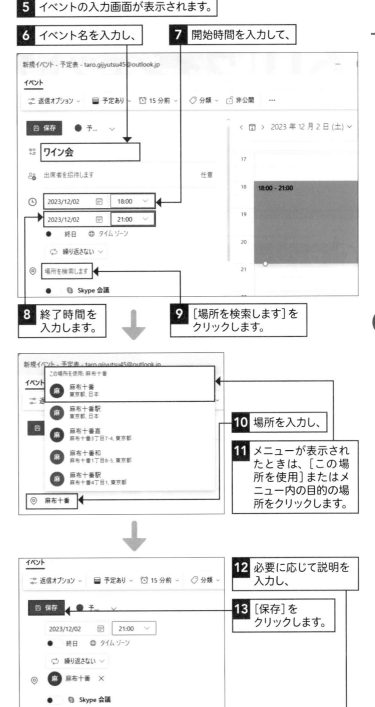

12 必要に応じて説明を入力し、

13 ［保存］をクリックします。

Section

61 パソコンの画面を撮影しよう

ここで学ぶこと

・Snipping Tool
・スクリーンショット
・動画保存

Snipping Toolを利用すると、パソコンの画面全体やアプリの**スクリーンショット**を**保存**したり、**動画として録画**したりできます。保存した画面や動画は、資料作成やトラブル発生時の状況報告など、さまざまな用途で利用できます。

1 アプリのスクリーンショットを保存する

解説

スクリーンショットを撮る

PrintScreen を押すとSnipping Toolが起動し、スクリーンショットを撮ることができます。撮影方法には、選択ウィンドウを切り取る「ウィンドウモード」、指定範囲を切り取る「四角形モード」と「フリーフォームモード」、画面全体を切り取る「全画面モード」の4つのモードがあります。右の手順では、選択したウィンドウを切り取る方法を紹介しています。なお PrintScreen は PrtScn や PrtSc などと印字されていることもあります。

補足

Snipping Toolが起動しない

PrintScreen を押してSnipping Toolが起動しないときは、[設定]→[アクセシビリティ]→[キーボード]の順にクリックし、[PrintScreen キーを使用して画面キャプチャを開く]の設定を[オン]にします。

1 PrintScreen を押すと、

2 Snipping Toolが起動して画面が暗転します。

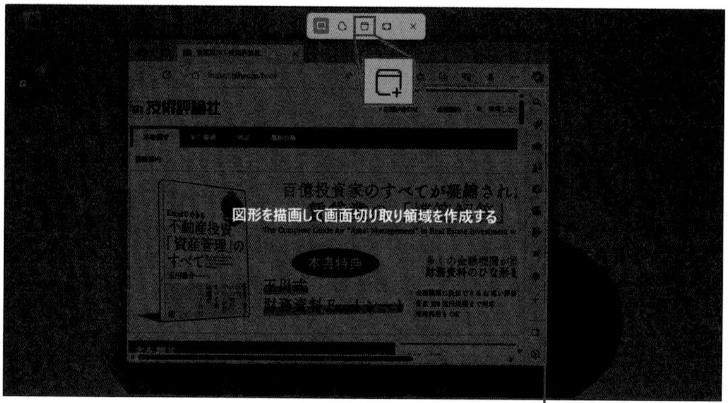

3 切り取り方法(ここでは [ウィンドウモード])をクリックします。

応用技

画面全体を切り取る

220ページの手順3で[ ]をクリックすると、画面全体がスクリーンショットとして保存され、通知が表示されます。

補足

撮影をキャンセルする

手順4で ✕ をクリックすると、スクリーンショットの保存をキャンセルできます。

補足

スクリーンショットの保存先

撮影したスクリーンショットは、「ピクチャ」フォルダー内にある「スクリーンショット」フォルダーに「スクリーンショット＋撮影日時」のファイル名で自動保存されます。

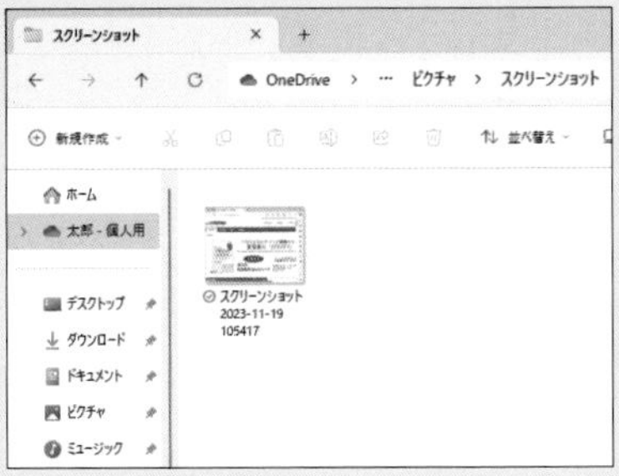

4 切り取りたいウィンドウ（ここでは「Microsoft Edge」）の上にマウスポインターを置くと、

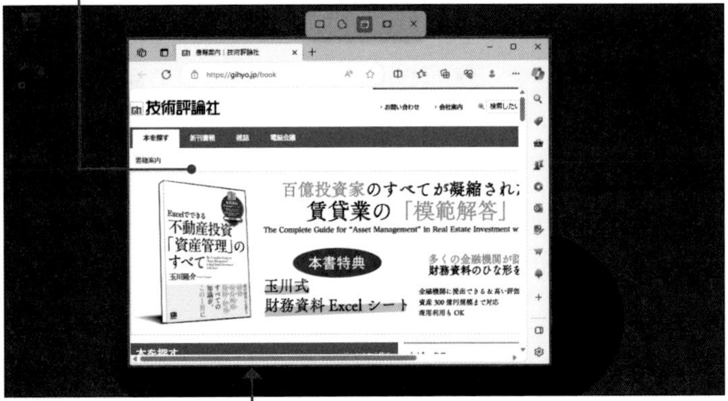

5 切り取り対象ウィンドウがハイライト表示に切り替わるのでクリックします。

6 スクリーンショットが保存され、通知が表示されます。

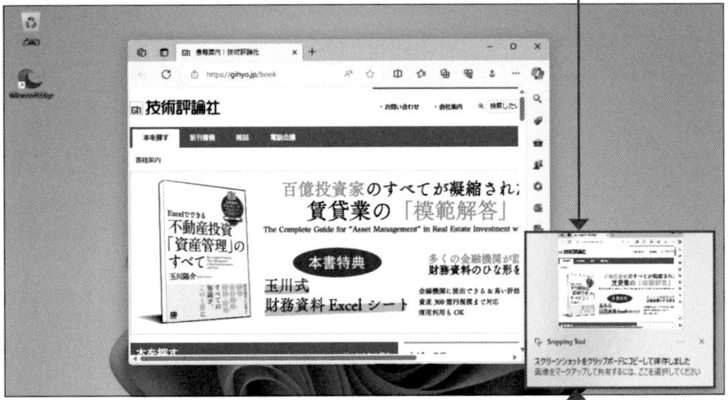

7 保存したスクリーンショットを確認したいときは、通知をクリックします。

8 Snipping Toolで保存されたスクリーンショットが表示されます。

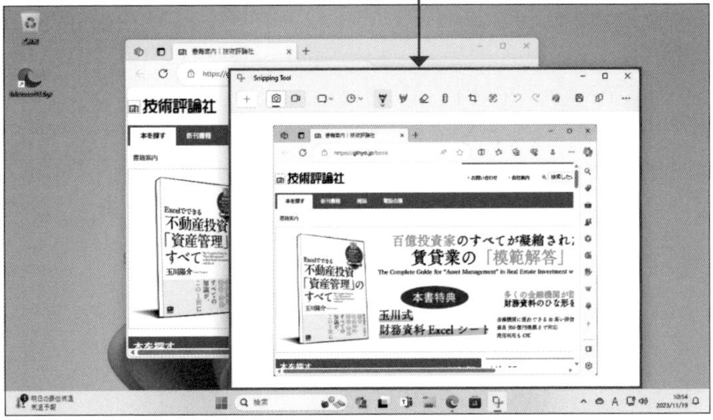

② 指定範囲をスクリーンショットとして切り取る

解説

範囲指定して撮影する

パソコンの画面内の任意の場所を切り取りたいときは、の「四角形モード」または「フリーフォームモード」を利用します。四角形モードは、切り取り範囲を四角形で囲って選択します。フリーフォームモードは、自由な形で切り取り範囲を選択できます。右の手順では、四角形モードで切り取る手順を説明しています。

1 PrintScreenを押すと、

2 Snipping Toolが起動して画面が暗転します。

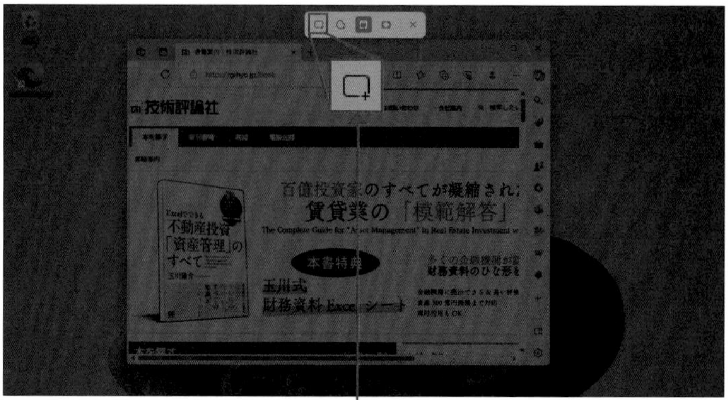

3 切り取り方法（ここでは「四角形モード」）をクリックします。

4 キャプチャしたい範囲をドラッグして指定し、

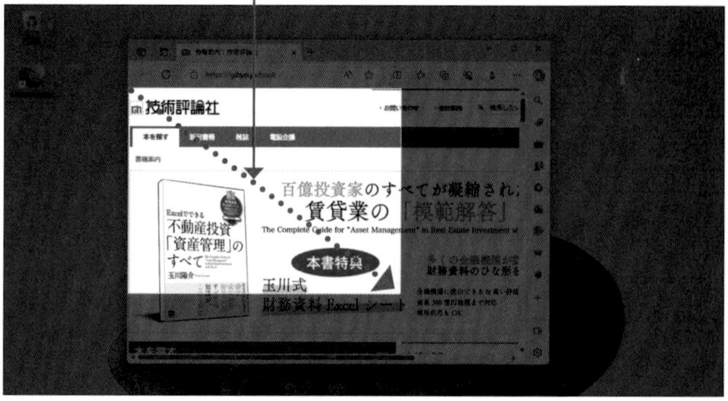

5 マウスの左ボタンから指を離すと、

6 スクリーンショットが保存され、通知が表示されます。

補足

マウスから指を離すと切り取る

四角形モード／フリーハンドモードではドラッグ操作で切り取り範囲を指定し、マウスの左クリックボタンから指を離した瞬間に指定範囲が静止画として保存されます。

3 指定範囲を動画に保存する

解説

画面を動画に保存する

Snipping Toolは、画面を切り取って静止画を保存できるだけでなく、動画で保存することもできます。動画で保存するときは、右の手順でSnipping Toolを起動して[録画]モードに変更します。続いて、録画したい画面の範囲を選択して録画を開始します。

補足

動作の変更について

Snipping Toolで画面の録画を行うには、右の手順でSnipping Toolを起動し、撮影方法を「録画」にする必要があります。なお、PrintScreenを押したときのSnipping Toolの動作は、常に静止画の保存に固定されています。

1 をクリックしてスタートメニューを表示し、

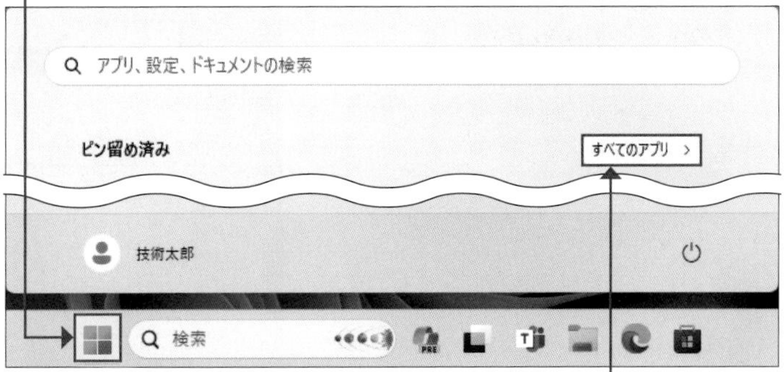

2 [すべてのアプリ]をクリックします。

3 [Snipping Tool]をクリックします。

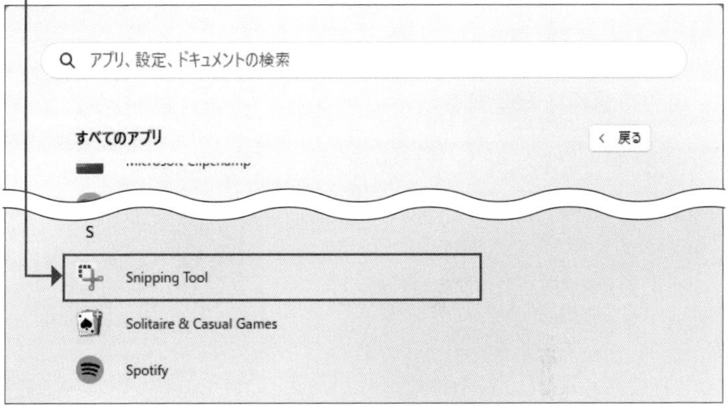

4 [録画]をクリックし、

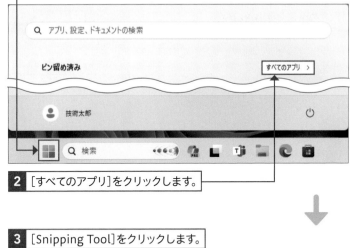

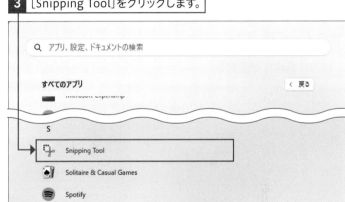

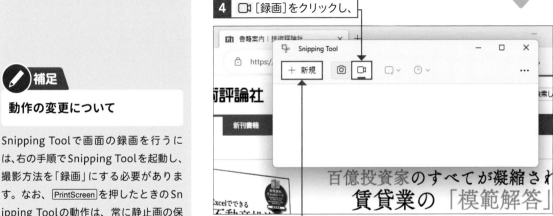

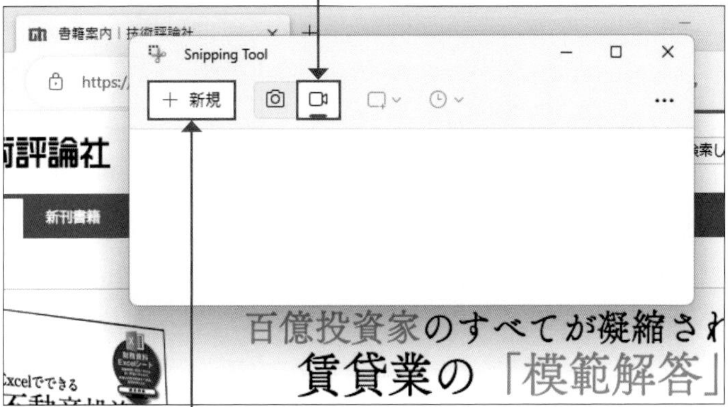

5 + 新規 [新規]をクリックします。

6 キャプチャしたい場所をドラッグして範囲指定します。

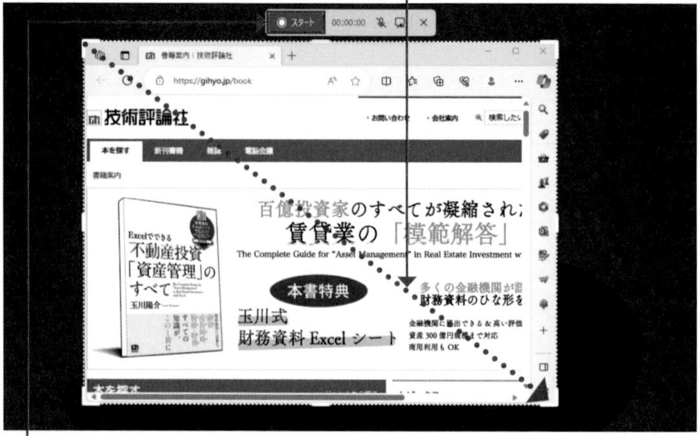

7 [スタート]をクリックします。

8 3、2、1のカウントダウン後、録画がスタートします。

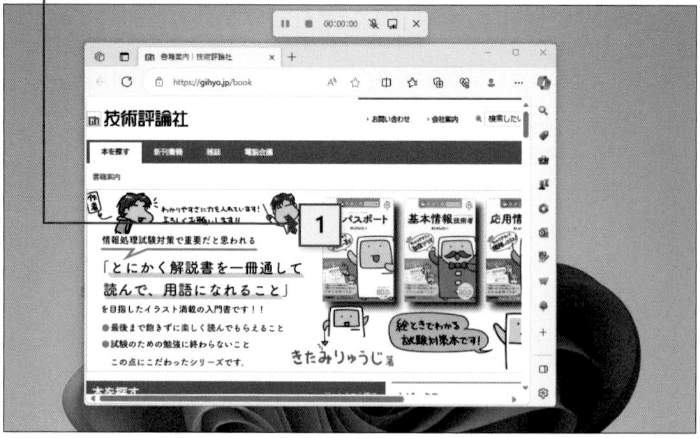

9 録画を完了したいときは、■をクリックします。

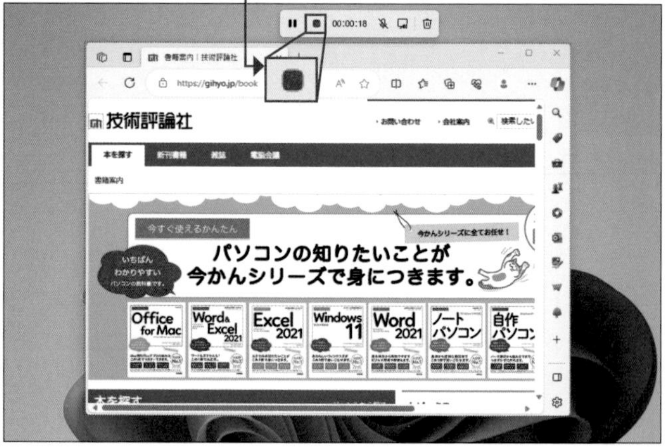

補足

カウントダウンについて

Snipping Toolを利用した画面録画は、すぐに録画が開始されるわけではありません。手順7のあとにカウントダウンが実施され、録画がスタートします。

応用技

自分の音声を録音する

パソコンにマイクが接続されていて利用可能な場合、手順9の画面で をクリックするとアイコンの表示が に変わりマイクがオンになって自分の音声も同時録音できます。

補足

録画をキャンセルしたい

手順9の画面で をクリックをクリックすると、データを破棄して、録画をキャンセルしします。

補足

録画データは自動保存されない

Snipping Toolの録画データはスクリーンショットを撮るときとは異なり自動保存されません。録画データを残しておきたいときは、右の手順11以降を参考に保存を行ってください。

10 録画した動画がSnipping Toolに表示されます。

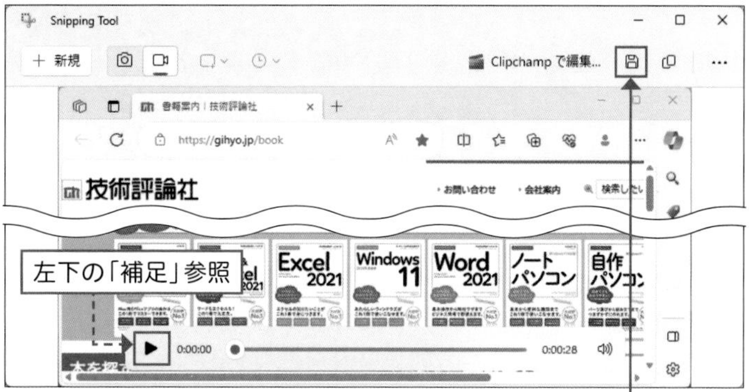

11 動画を保存したいときは🖫をクリックします。

12 保存先フォルダーをクリックして選択し、

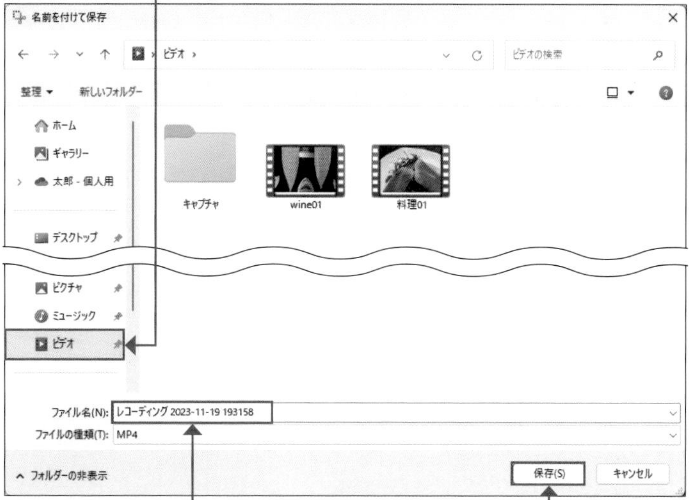

13 ファイル名を入力して、

14 ［保存］をクリックします。

補足

録画データを再生する

手順10の画面で▶をクリックすると、録画したデータの内容を再生して確認できます。

応用技 **画面の文字を抜き出す**

Snipping Toolには、画像内の文字を自動認識する「テキストアクション」機能が備わっています。この機能を利用すると、自動認識した文字をコピーして別のアプリに貼り付けたり、認識した文字を黒塗りにしたりできます。この機能は、Snipping Toolで画像を読み取り、⧉をクリックすることで利用できます。

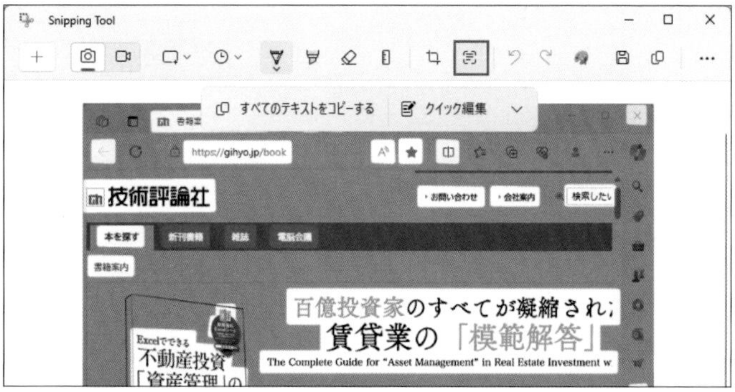

Section

62 Bluetooth機器を接続しよう

ここで学ぶこと

・Bluetooth
・ペアリング
・キーボード／マウス

Bluetooth機器をWindows 11で利用するには、最初に**ペアリング**と呼ばれる作業を行います。ペアリングとは、パソコンとパソコンに接続するBluetooth機器とを紐付ける作業です。

1 キーボードを接続する

解説

Bluetooth機器のペアリングを行う

Windows 11でBluetooth機器を利用するには、右の手順を参考にBluetooth機器とパソコン本体のペアリングを行う必要があります。右の手順では、Bluetoothキーボードを例にペアリングの手順を説明していますが、手順4までの操作は、すべてのBluetooth機器で共通です。そのあとの操作手順については、Bluetooth機器付属の取り扱い説明書を参考にペアリングを行ってください。

重要用語

Bluetoothとは

Bluetooth（ブルートゥース）は、マウスやキーボード、ヘッドセットなどの機器をケーブルレスで利用するための規格です。

1 をクリックし、

2 ここが の場合はクリックして、 にし、

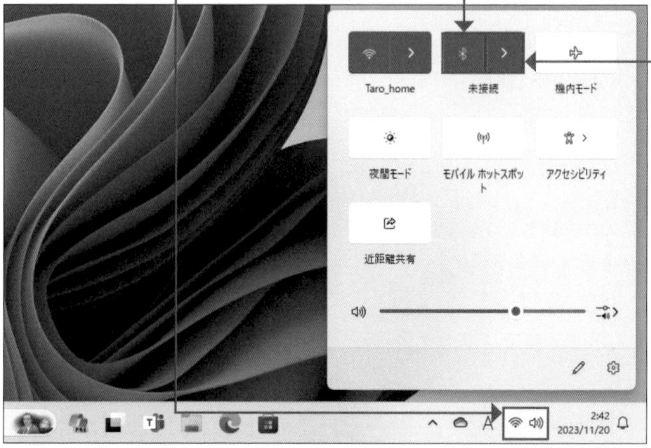

3 をクリックします。

4 「新しいデバイス」画面が表示され、パソコンがBluetooth機器の検出状態になります。

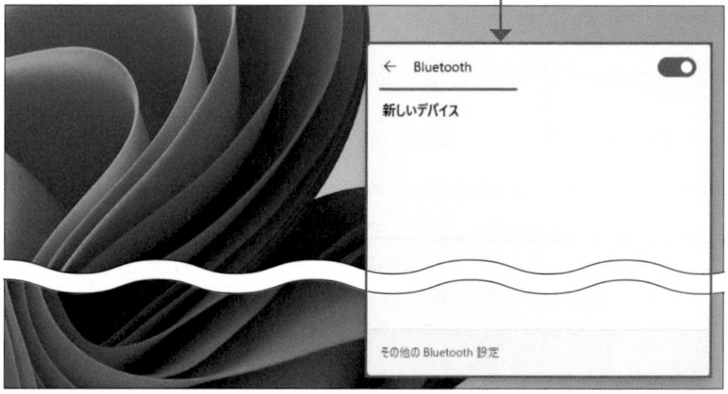

5 Bluetooth機器付属の取り扱い説明書を参考に、Bluetooth機器をペアリング可能な状態にします。

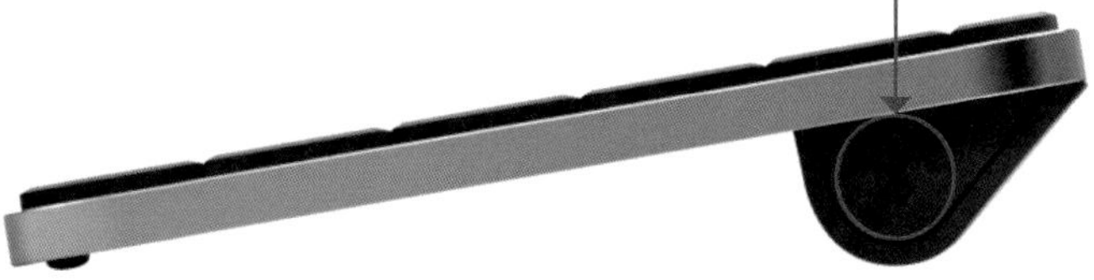

6 「新しいデバイス」画面にBluetooth機器（ここでは[Microsoft Wedge Mobile Keyboard]）が表示されるので、クリックします。

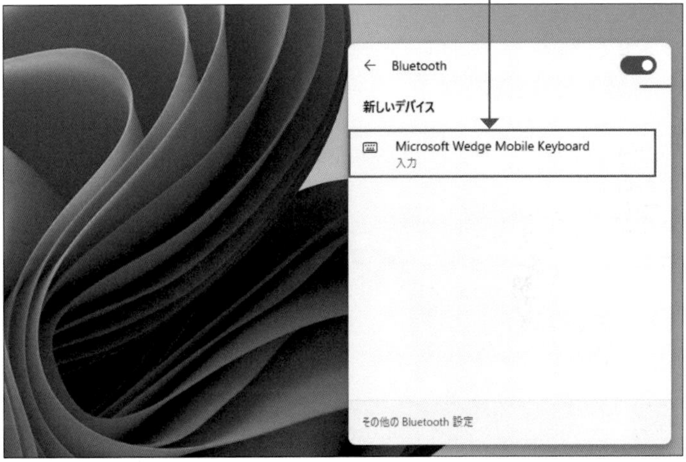

7 PINの入力を促す画面が表示されたときは、画面に表示されたPINを入力し、Enterを押します（ここではBluetoothキーボードで入力）。

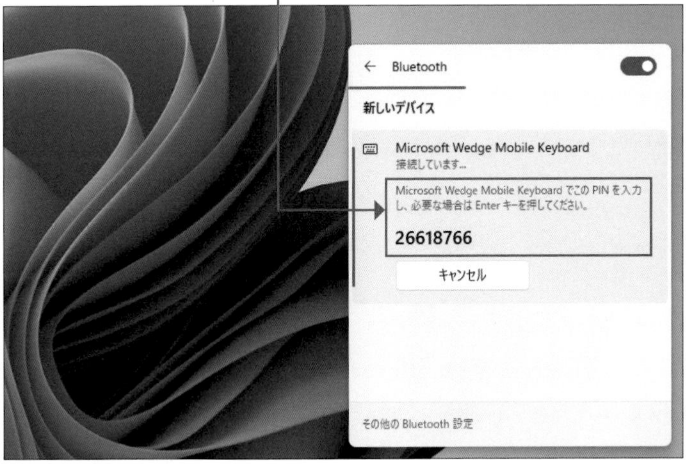

補足 機器をペアリング可能な状態にするには

手順5のBluetooth機器をペアリング可能な状態にする方法は、接続したいBluetooth機器によって異なります。機器付属の取り扱い説明書を参考にペアリング可能な状態に設定してください。

補足 Bluetooth機器の表示について

手順6で表示される機器の名称は、接続するBluetooth機器によって異なります。機器によっては、型番が表示されたり、マウスやキーボードといった機器の名称で表示されたりすることもあります。

補足 PINが表示されない

手順7のPINの入力を促す画面は、接続する機器によって表示されない場合があります。たとえば、通常、マウスやヘッドセットなどの入力手段を備えていない機器の場合は、PINの入力画面は表示されません。これらの機器でPINの入力画面が表示されたときは、取り扱い説明書に記載されたPINをキーボードなどで入力してください。

8 ペアリングが完了すると、「接続済み」と画面に表示されます。これでBluetooth機器が利用できます。

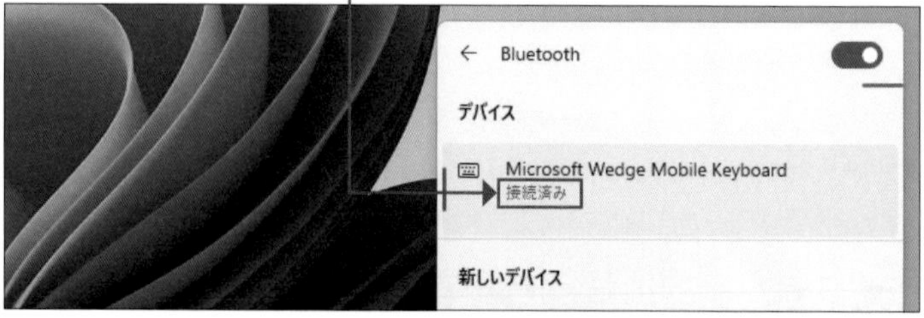

2 Bluetoothデバイスの接続を解除する

解説

機器の接続を解除する

Bluetoothとパソコンの接続（ペアリング）を解除したいときは、右の手順でデバイスの削除を行います。Bluetooth機器の動作が不安定な場合に、右の手順で接続を解除後、再度、ペアリングを行うことで機器の動作が安定する場合があります。

1 をクリックします。

2 または を右クリックし、

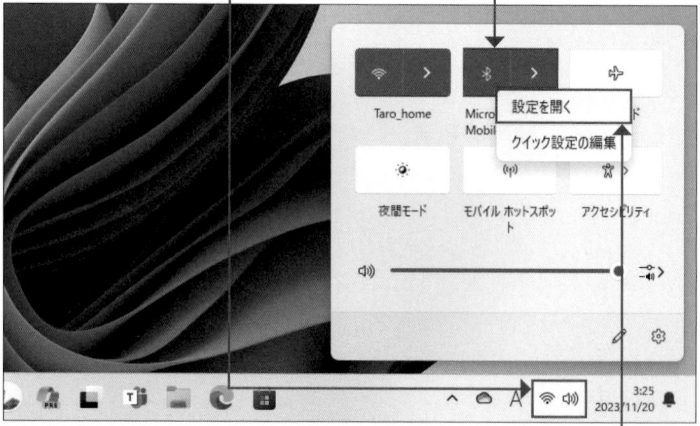

3 ［設定を開く］をクリックします。

4 接続を解除したいデバイス（ここでは［Microsoft Wedge Mobile...］）の … をクリックし、

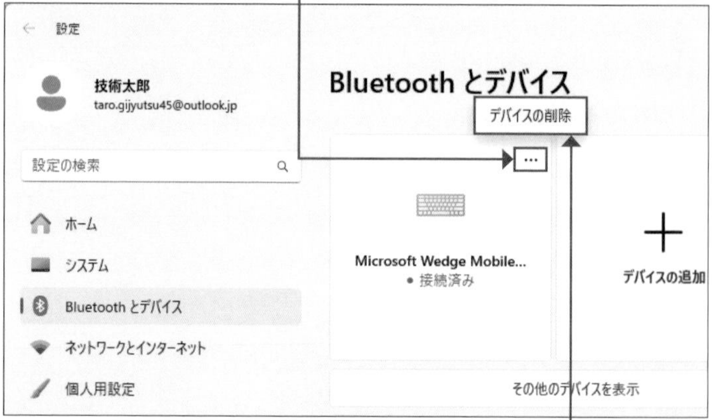

5 ［デバイスの削除］をクリックすると、そのデバイスが削除され接続が解除されます。

第**10**章

チャットやビデオ会議を活用しよう

Section

63 Microsoft Teamsを起動してみよう

ここで学ぶこと

- Microsoft Teams
- ミニTeamsウィンドウ
- 完全版

Microsoft Teamsを利用すると、文字よる**会話（チャット）**や**ビデオ通話／会議**を友達や家族と楽しめます。1対1の会話や通話だけでなく、複数人で行う**グループチャット**や**グループ通話／会議**を楽しむこともできます。

1 Microsoft Teams(無料版）の初期設定を行う

解説

Microsoft Teamsの利用

Windows 11には、コラボレーションツール「Microsoft Teams（無料版）（以下、Microsoft Teamsと表記）」が備わっています。Microsoft Teamsを利用すると、文字による会話（チャット）やビデオ通話／会議などが行えます。Microsoft Teamsには、目的の操作をすばやく行える簡易画面の「ミニTeamsウィンドウ」とフル機能を利用できる「完全版」や「メインアプリ」と呼ばれる画面が用意されています。

補足

別アカウントで利用する

右の手順2の画面は、はじめてMicrosoft Teamsを起動したときのみ表示されます。またこの画面で［別のアカウントを使用］をクリックすると、「アカウントを選ぶ」画面が表示され、続けて［別のアカウントを使用］をクリックすると、任意のMicrosoft アカウントでMicrosoft Teamsを利用できます。

1 （Teamsアイコン）をクリックすると、

2 ミニTeamsウィンドウが開きます。

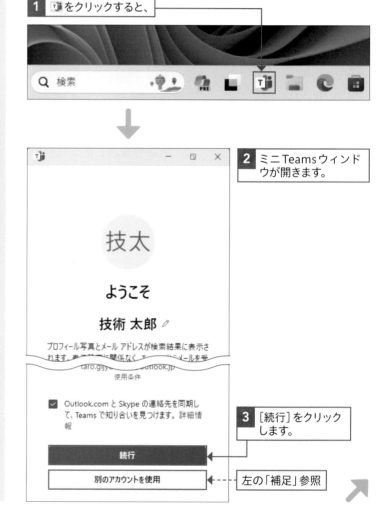

3 ［続行］をクリックします。

左の「補足」参照

補足

ミニTeamsウィンドウと
完全版について

Microsoft Teamsの「ミニTeamsウィンドウ」と完全版（メインアプリ）は、別々に動作するように設計されています。このため、ミニTeamsウィンドウから完全版（メインアプリ）を開いてもミニTeamsウィンドウの画面が閉じることはありません。

補足

連絡先の同期

手順**4**の画面が表示された場合は、**❷** をクリックして、次の画面で［連絡先の同期］をクリックすると、Teamsモバイルアプリを利用してiPhone／Androidスマートフォンなどの連絡先を同期したり、Gmailの連絡先を同期したりできます。

4 ×をクリックすると、ミニTeamsウィンドウが閉じます。

5 ▢ をクリックすると、

下の「応用技」参照

6 Microsoft Teamsの完全版（メインアプリ）が開きます。

7 ×をクリックすると、Microsoft Teamsの完全版が終了します。

応用技 **Androidスマホとリンクする**

Androidスマートフォンに届くSMSメッセージをMicrosoft Teamsのチャット機能で送受信したいときは、「TeamsでのSMSメッセージ」の画面で［スマートフォンをリンクさせる］をクリックするか、 ••• →［電話のリンク］とクリックして表示されるQRコードから設定を行ってください。「TeamsでのSMSメッセージ」という画面は、はじめてMicrosoft Teamsを利用するときに表示されるほか、［チャット］をクリックすることでも表示されます。

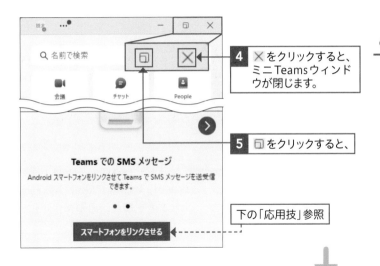

Section

64 友達を招待しよう

ここで学ぶこと

- チャット
- 招待
- メッセージ

友達や家族と文字で会話するチャットを行うには、メッセージのやり取りをしたい相手をMicrosoft Teamsに招待します。招待は、新しいチャット画面から相手にメッセージを送信すると、自動的に送付されます。

1 友達を招待する

解説

友達の招待

チャットは、Windows 11の利用者どうしまたは「Microsoft Teams」アプリがインストールされたパソコンやスマートフォン、iPhoneとの間で行えます。また、チャットを開始するには、相手をチャットに招待し、承諾を得る必要もあります。チャットへの招待は、右の手順でメッセージを送信します。送信方法は、相手の利用状況に応じて自動で選択され、チャット、メール、SMSメッセージのいずれかの方法で送付されます。

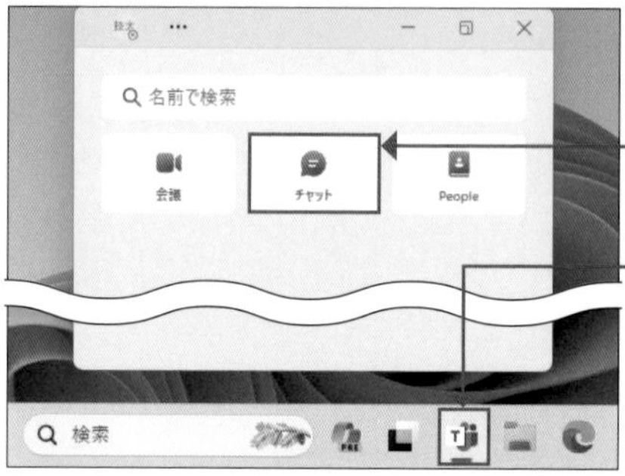

1 をクリックし、

2 ［チャット］をクリックします。

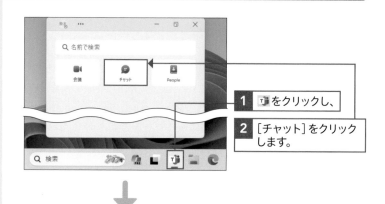

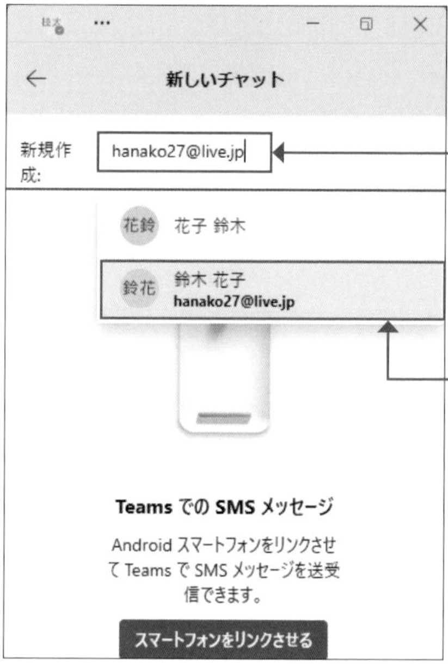

3 新しいチャット画面が表示されます。

4 ［新規作成］に名前、メールアドレス、電話番号のいずれか（ここではメールアドレス）を入力します。

5 候補が表示されたら、クリックします。

ヒント

相手の電話番号を入力したときは

手順4で電話番号を入力したときは、その電話番号宛に「Microsoft Team」アプリのインストール用のリンクが記載された招待SMSメッセージが送付されます。SMS記載のリンクから「Microsoft Team」アプリをインストールするとスマートフォンでメッセージのやり取りが行えるようになります（235ページの「補足」参照）。

ヒント

「○○にメールの招待が…」と表示される

招待する相手が「Microsoft Teams」アプリをインストールしていない、またはWindows 11にサインインしていないときに232ページの手順4でメールアドレスを入力すると、手順7のメッセージの入力ボックスの上に「○○にメールのメッセージが送信されます。」と表示されます。

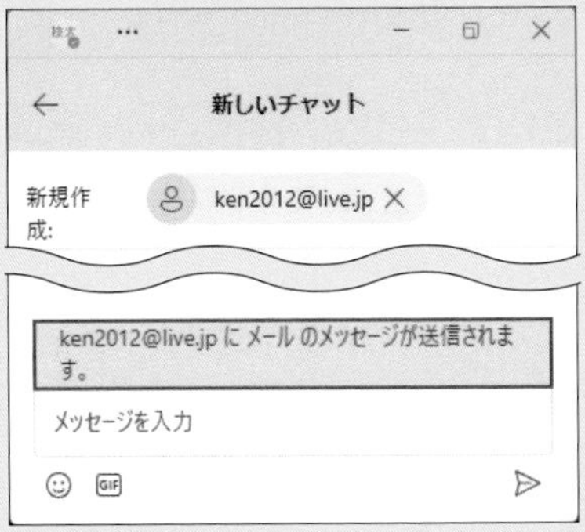

補足

改行を入力したい

チャットの文面を改行したいときは、Shift を押しながら Enter を押します。Enter のみを押すと、メッセージが送信されるので注意してください。

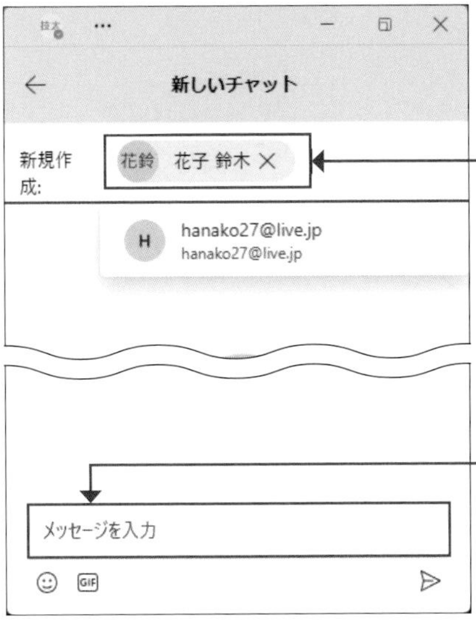

6 選択した候補が登録されます。

7 ［メッセージを入力］をクリックします。

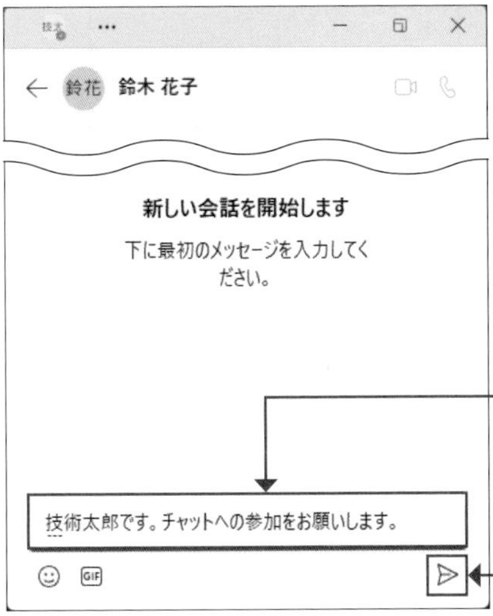

8 メッセージを入力し、

9 Enter キーを押すか、▷をクリックすると、

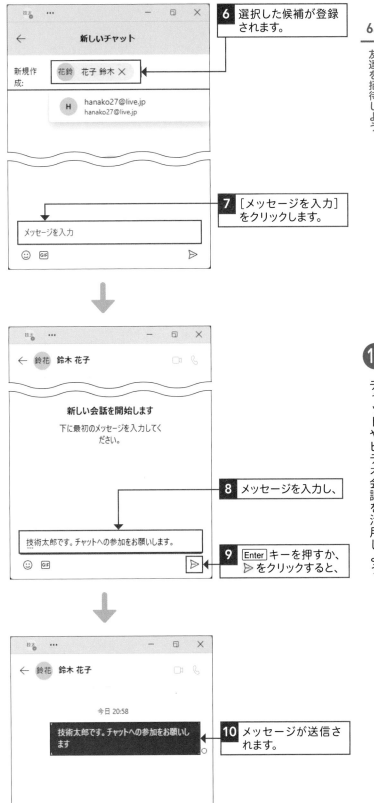

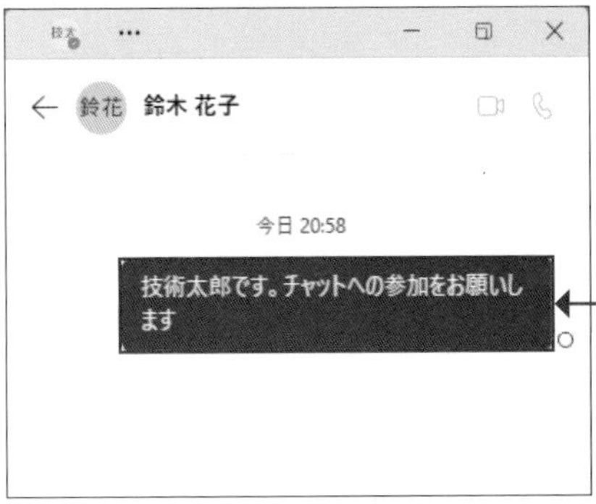

10 メッセージが送信されます。

Section

65 招待を受諾しよう

ここで学ぶこと

・チャット
・招待
・受諾

友人や家族との間で文字によるメッセージのやり取りを行うには、相手から送られてきた**招待を受諾**します。Windows 11では、**ミニTeamsウィンドウ**を表示して、かんたんな操作で相手から受け取った招待を受諾できます。

1 招待を受諾する

解説 招待の受諾

友達や家族とチャットを行うには、相手から送付された招待を受諾します。ここでは、230ページの手順でチャットの初期設定を終えているユーザー対して送られた招待を受諾し、招待の送信相手とのチャットを開始する手順を説明しています。

補足 招待を拒否する

受け取った招待が見知らぬ人の名前だったときは、235ページの手順5で［ブロック］をクリックすると招待を拒否し、その相手から送られるメッセージをブロックできます。

1 チャットの招待を受け取ると、通知バナーが表示されます。

2 をクリックしてミニTeamsウィンドウを表示します。

3 受け取った招待メッセージをクリックします。

補足

SMSで招待が送付された場合

SMSで招待が送付されたときは、以下のようなSMSが送付されます。SMSに記載されているリンクをタップすると、「Microsoft Teams」アプリのダウンロードや利用方法が記載されたWebページが表示されます。

返信して* SMS でチャットを続けるか、Microsoft Teams アプリをダウンロードします: https://teams.live.com/l/claim/FEA1whElEZLvDy4IQE?v=s1
このユーザーからのメッセージを表示させない場合は、"#mute" で返信してください。詳細情報: https://go.microsoft.com/fwlink/?linkid=2137690
*海外から送信される SMS 料金が適用される場合があります。
19:12
テキスト メッセージ

4 相手がチャットを希望していることを知らせる画面が表示されます。

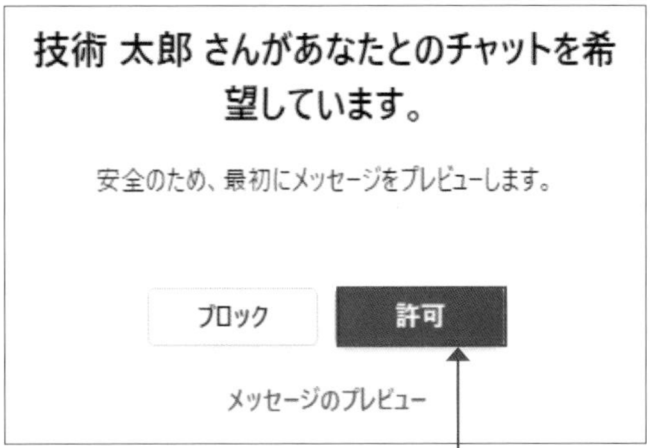
技術 太郎 さんがあなたとのチャットを希望しています。
安全のため、最初にメッセージをプレビューします。
ブロック
許可
メッセージのプレビュー

5 ［許可］をクリックします。

6 メッセージの送信者との会話の履歴が表示されます。

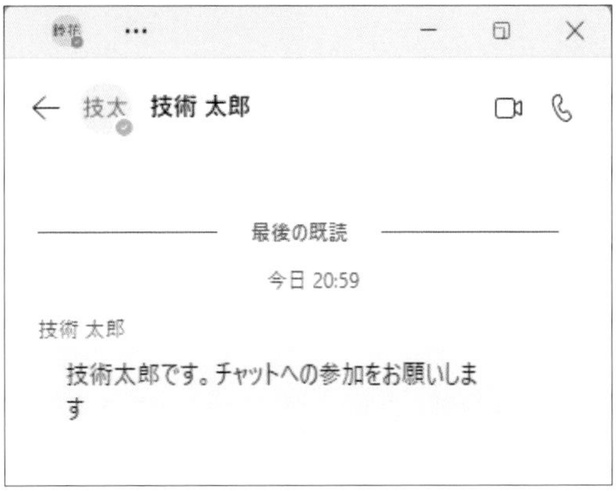
技太
技術 太郎
最後の既読
今日 20:59
技術 太郎
技術太郎です。チャットへの参加をお願いします

ヒント チャットの初期設定を終えていなかったときは

メールで招待が届いたときは、招待メールを開き、［Teamsに参加する］をクリックすると、Windowsの場合は、ミニTeamsウィンドウが表示されます。［続行］をクリックすると、Microsoft Teamsへの紐付けと招待の受諾が自動的に行われ、招待相手とのチャットが行えるようになります。

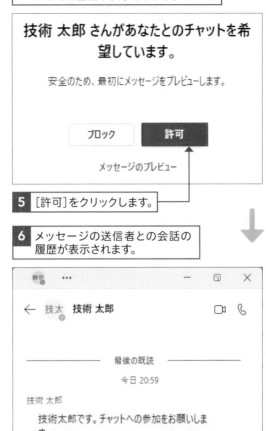

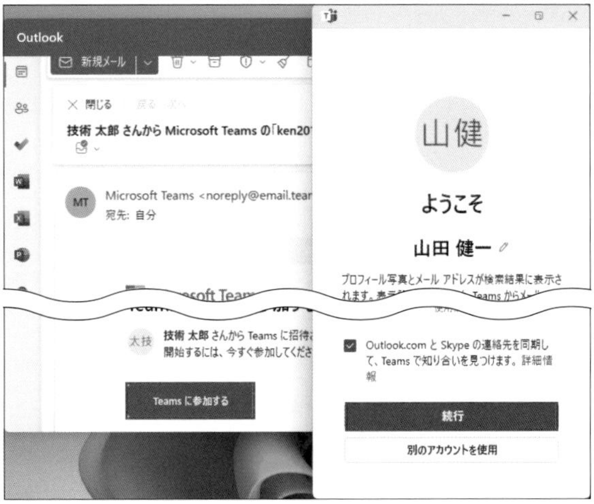
Outlook
新規メール
閉じる
技術 太郎 さんから Microsoft Teams の「ken20
Microsoft Teams <noreply@email.tea
宛先: 自分
技術 太郎 さんから Teams に招待
開始するには、今すぐ参加してくださ
Teams に参加する
山健
ようこそ
山田 健一
Outlook.com と Skype の連絡先を同期して、Teams で知り合いを見つけます。詳細情報
続行
別のアカウントを使用

Section
66 文字による会話を楽しんでみよう

ここで学ぶこと

・チャット
・メッセージ
・通知バナー

ミニTeamsウィンドウを利用すると、友人や家族とすばやく**文字による会話**をはじめることができます。また、友達などからメッセージが届くと**通知バナー**が表示され、そこから直接返信することもできます。

1 メッセージを送る

解説

メッセージの送信

招待済みの友人や家族に文字によるメッセージを送りたいときは、右の手順でタスクバーからミニTeamsウィンドウを利用して、話しかけたい相手をクリックし、メッセージを送信します。

補足

チャット相手とビデオ通話を行う

手順3の画面で をクリックすると、チャット相手とのビデオ通話が開始されます。また、 をクリックすると音声通話が開始されます。

ヒント

入力した文章を改行したいときは

チャットでは、Enterを押すとメッセージが送信されます。入力した文章を途中で改行したいときは、Shiftを押しながらEnterを押します。

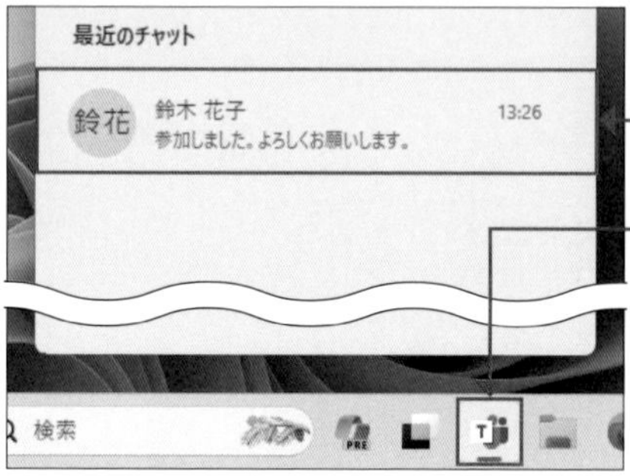

1 をクリックして、

2 話しかけたい相手（ここでは［鈴木花子］）をクリックします。

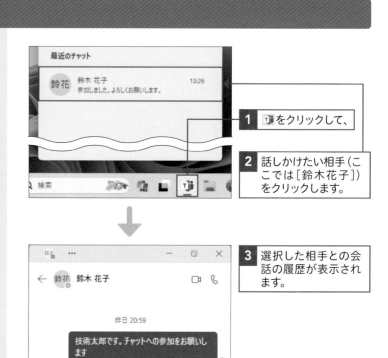

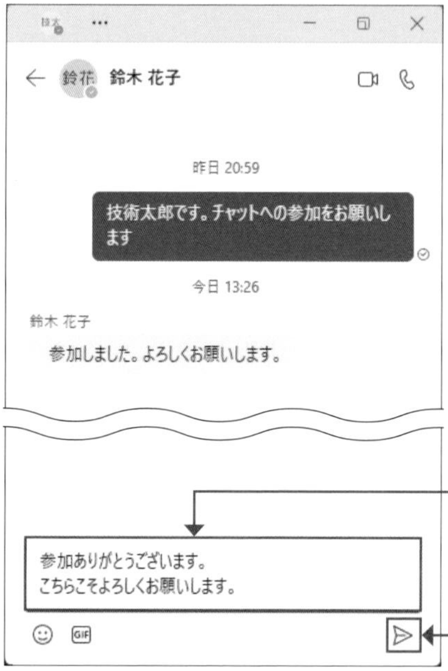

鈴花
鈴木 花子
昨日 20:59
技術太郎です。チャットへの参加をお願いします
今日 13:26
鈴木 花子
参加しました。よろしくお願いします。
参加ありがとうございます。
こちらこそよろしくお願いします。

3 選択した相手との会話の履歴が表示されます。

4 メッセージを入力し、

5 をクリックするかEnterを押してメッセージを送信します。

② メッセージに返信する

解説

受信したメッセージに返信する

受け取ったメッセージの返信は、右の手順で会話の履歴を表示して返信できます。また、手順1で表示された通知バナーの[クイック返信を送信]にメッセージを入力し、[送信]をクリックすることでも返信できます。

応用技

会話の履歴を別画面で表示する

手順2の会話の履歴画面で画面上の会話相手の名前をクリックすると、チャットウィンドウが開き、会話の履歴を別画面で表示できます。

補足

完全版でやり取りする

ミニTeamsウィンドウの をクリックすると、より大きな画面で利用できるMicrosoft Teamsの完全版を表示して、メッセージのやり取りを行えます。

1 メッセージを受け取ると、通知バナーが表示されるのでクリックします。

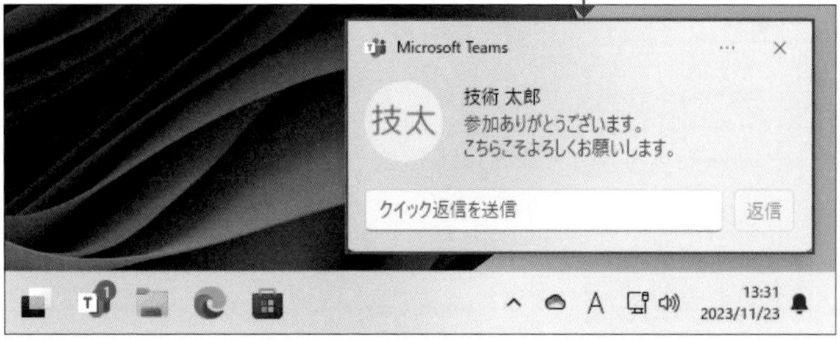

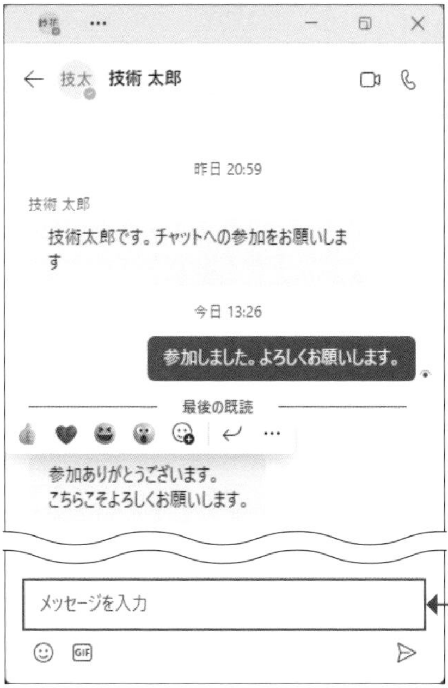

2 メッセージを送付した相手との会話の履歴が表示されます。

3 [メッセージを入力]をクリックします。

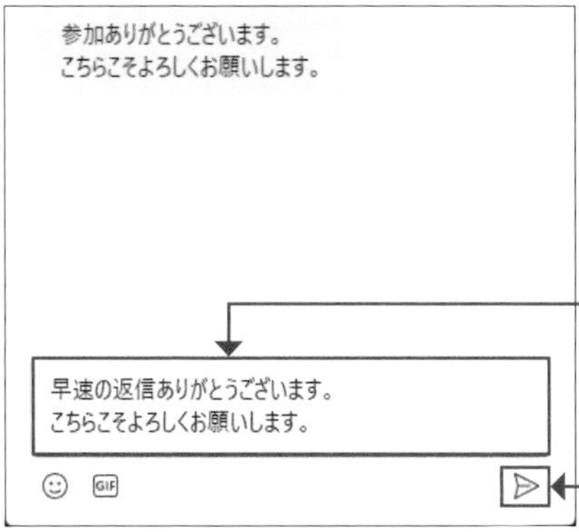

参加ありがとうございます。
こちらこそよろしくお願いします。
早速の返信ありがとうございます。
こちらこそよろしくお願いします。

4 メッセージを入力し、

5 ▷をクリックするかEnterを押してメッセージを送信します。

Section

67 複数の友達とグループチャットしよう

ここで学ぶこと

- グループチャット
- 参加者の追加
- グループ作成

複数の人が参加するグループを作成すると、**グループチャット**を楽しめます。グループチャットでは、随時新しい参加者を追加できます。また、1対1で行っていたチャットは、**新しい参加者を追加**してグループチャットに移行することもできます。

1 グループを作成する

解説

グループの作成

グループチャットを行うには、複数の人が参加する「グループ」を作成します。グループは、右の手順で作成できます。また、1対1で行っていたチャットをもとに参加者を追加して、グループチャットを作成することもできます。

補足

1対1のチャットから グループチャットを作る

1対1のチャットからグループチャットを作るときは、チャットの履歴画面でチャット相手の名前をクリックして、チャットウィンドウを表示し、をクリックして招待したい人を追加して、メッセージを送信します。

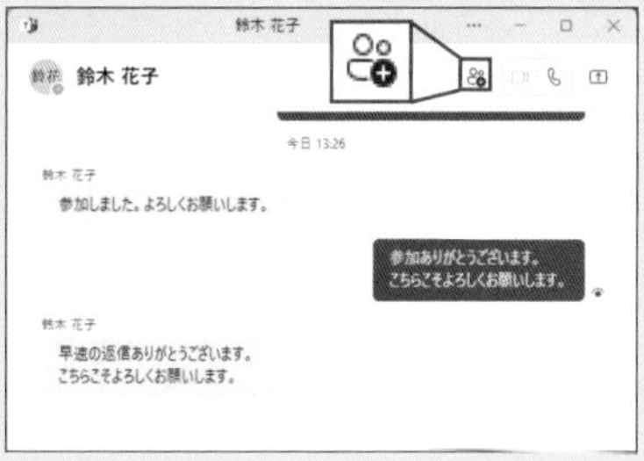

1 をクリックして、

2 ［チャット］をクリックします。

3 ［新規作成］に招待したい人の名前、メールアドレス、電話番号のいずれか（ここではメールアドレス）を入力すると、

4 候補が表示されるのでクリックします。

補足

グループ名を編集する

グループ名の編集は、チャットの履歴画面に表示されている人の名前（手順9の画面では［佐藤，鈴木］）をクリックしてチャットウィンドウを開き、をクリックすることで行えます。

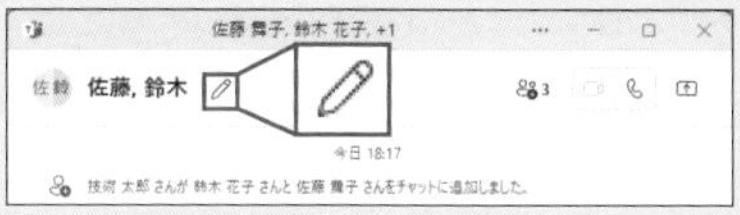

補足

エラーが出てメッセージが送信できない

グループチャットに招待する人を登録するときに、Microsoft アカウントで使われていないメールアドレスが含まれていると、手順7の画面上に「グループ名」の入力欄が表示されます。グループ名の入力欄が表示されたときは、必ず、グループ名を入力してください。

応用技

参加者を追加する

グループチャットに参加者を追加したいときはチャットウィンドウを開き、3→［ユーザーの追加］とクリックして、招待したい人を追加します。なお、3横に表示されている数字は、このチャット参加者の人数です。

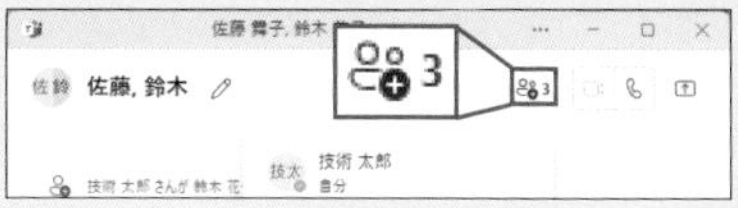

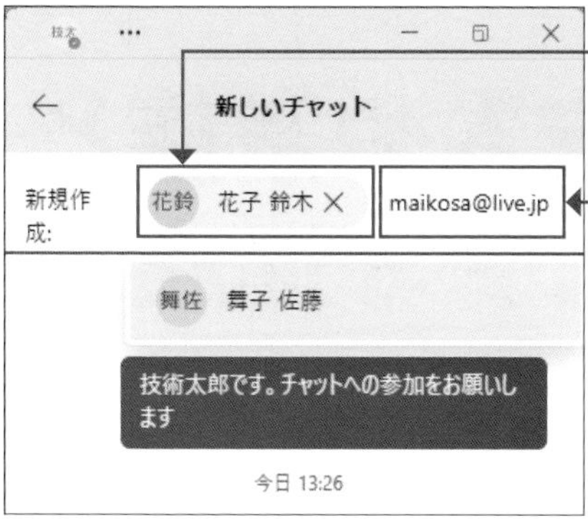

5 選択した候補が登録されます。

6 手順3～5までを繰り返し、招待したい人をすべて登録します。

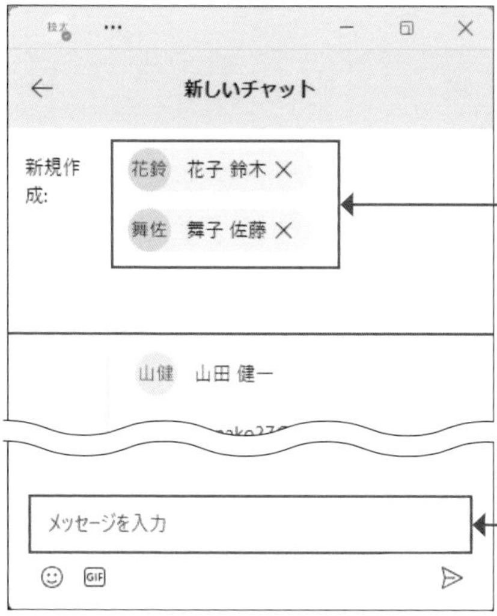

7 招待したい人たちをすべて登録したら、

8 ［メッセージを入力］をクリックします。

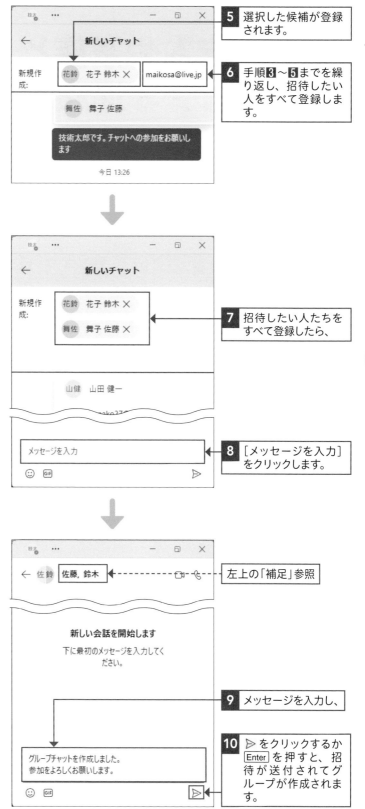

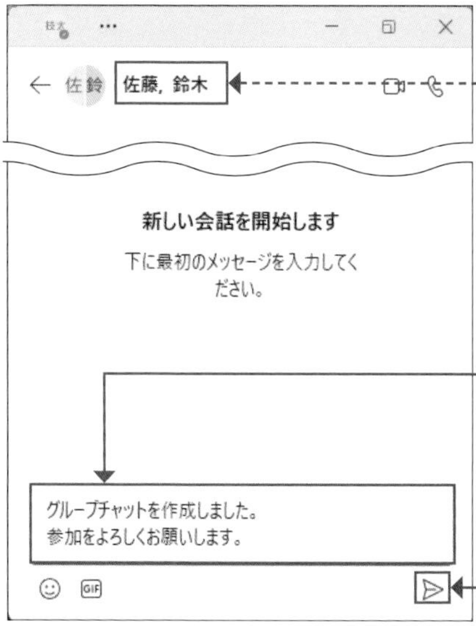

左上の「補足」参照

9 メッセージを入力し、

10 をクリックするか Enter を押すと、招待が送付されてグループが作成されます。

Section

68 友人や家族とビデオ通話をしよう

ここで学ぶこと

・ビデオ通話
・音声通話
・チャット

Windows 11では、文字による会話を楽しめるだけでなく、ミニTeamsウィンドウやチャットの履歴画面からメッセージのやり取りを行っている相手とかんたんな操作で**ビデオ通話や音声通話**を楽しめます。

1 チャット相手とビデオ通話／音声通話を行う

解説

ビデオ通話／音声通話を行う

メッセージのやり取りを行っているチャット相手とビデオ通話／音声通話を行いたいときは、ミニTeamsウィンドウやチャットの履歴画面から（ビデオアイコン）または（電話アイコン）をクリックします。（ビデオアイコン）をクリックするとビデオ通話が開始され、（電話アイコン）をクリックすると音声通話が開始されます。右の手順では、チャットの履歴画面からビデオ通話を例にビデオ通話／音声通話を行う方法を説明しています。

補足

ミニTeamsウィンドウから通話を行う

ミニTeamsウィンドウからビデオ通話／音声通話を行うときは、通話を行いたい相手とのチャットの上にマウスポインターを移動すると（ビデオアイコン）や（電話アイコン）が表示されるので、これをクリックします。

鈴花
鈴木 花子
早速の返信ありがとうございま...

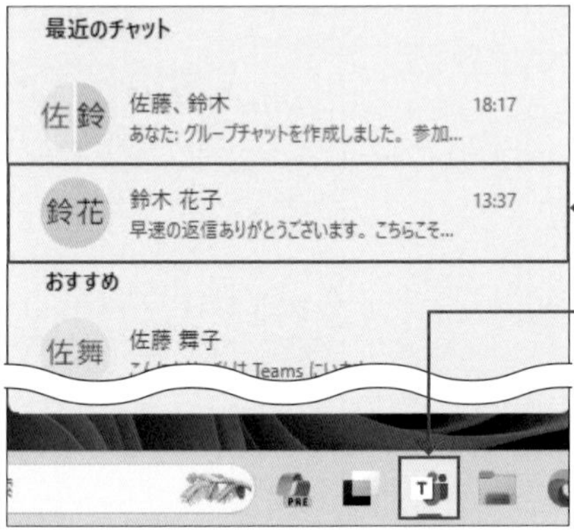
最近のチャット
佐藤、鈴木
18:17
あなた: グループチャットを作成しました。参加...
鈴木 花子
13:37
早速の返信ありがとうございます。こちらこそ...
おすすめ
佐藤 舞子

1 （Teamsアイコン）をクリックして、

2 ビデオ通話を行いたい相手とのチャットをクリックします。

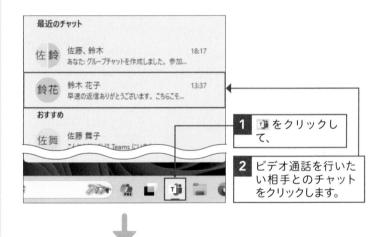

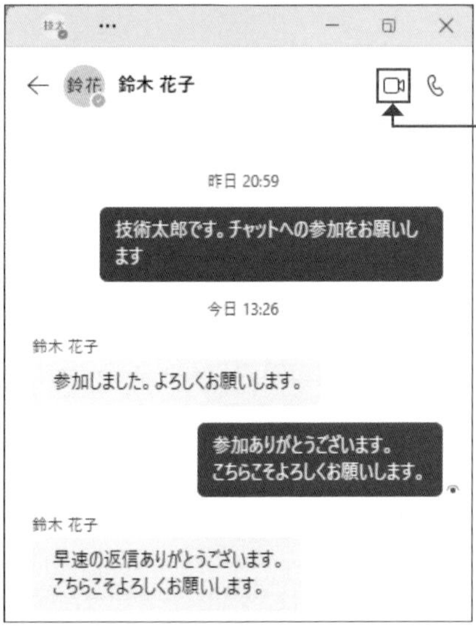
鈴木 花子
昨日 20:59
技術太郎です。チャットへの参加をお願いします
今日 13:26
鈴木 花子
参加しました。よろしくお願いします。
参加ありがとうございます。
こちらこそよろしくお願いします。
鈴木 花子
早速の返信ありがとうございます。
こちらこそよろしくお願いします。

3 チャットの履歴画面が表示されます。

4 （ビデオアイコン）をクリックします。

応用技

グループ通話を行う

グループチャットを行っているグループで □ や 📞 をクリックすると、グループに参加している全員に対してビデオ通話または音声通話の呼び出しが行えます。

5 通話画面が表示され、相手の呼び出しがはじまります。

2 ビデオ通話／音声通話の着信を受ける

解説

着信を受け付ける

ビデオ通話または音声通話で着信があると、右の手順1の画面のように通知バナーが表示されます。通知バナーの ■ をクリックするとビデオ通話で応答し、■ をクリックすると音声通話で応答します。■ をクリックすると着信を拒否します。

1 ビデオ通話／音声通話の着信があると通知バナーが表示されます。

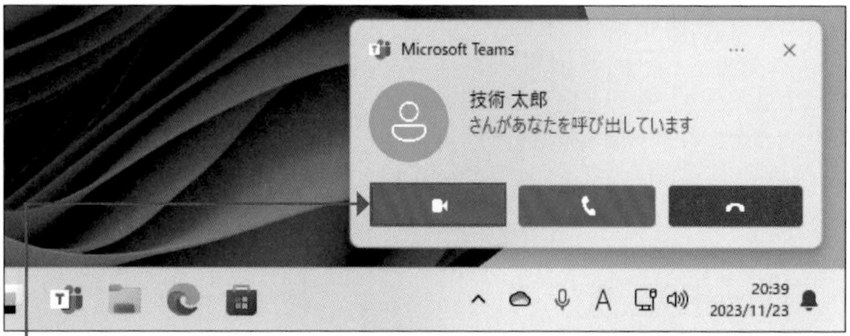

2 通知バナーの ■ または ■（ここでは ■）をクリックします。

3 通話が開始されます。

4 通話を終了するときは[退出]をクリックします。

ヒント

参加者を追加する

ビデオ通話や音声通話は、参加者を追加できます。参加者を追加したいときは、通話画面の 👤2［参加者］をクリックして、追加したい参加者の氏名や電話番号、メールアドレスを入力します。

Section

69 ビデオ会議を開催しよう

ここで学ぶこと

- ビデオ会議
- 会議のリンク
- ユーザーの招待

Windows 11では、自分が開催者となった**ビデオ会議**をかんたんな操作で開催できます。開催したビデオ会議は誰でも参加でき、Windows 11を利用していないユーザーも参加できます。たとえば、**スマートフォン**からも会議に参加できます。

1 ビデオ会議を開催する

解説

ビデオ会議の開催

ビデオ会議は、自分が開催者となった会議室を作成し、参加してほしい人をそこに招待する形で行います。最大60分の会議を行えます。また、参加者の招待は、「会議のリンク」をメールなどで対象者に配布します。右の手順では、ビデオ会議を作成し、メールで招待する手順を例にビデオ会議の開催方法を説明しています。

1 をクリックして、

2 ［会議］をクリックします。

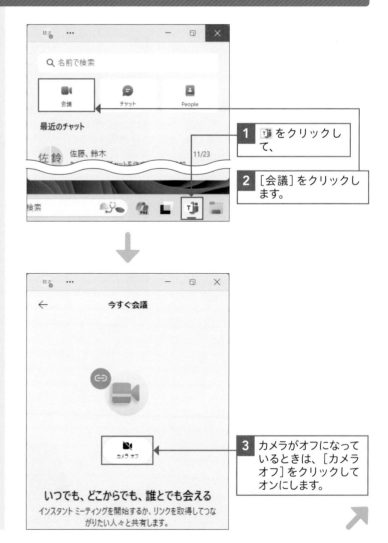

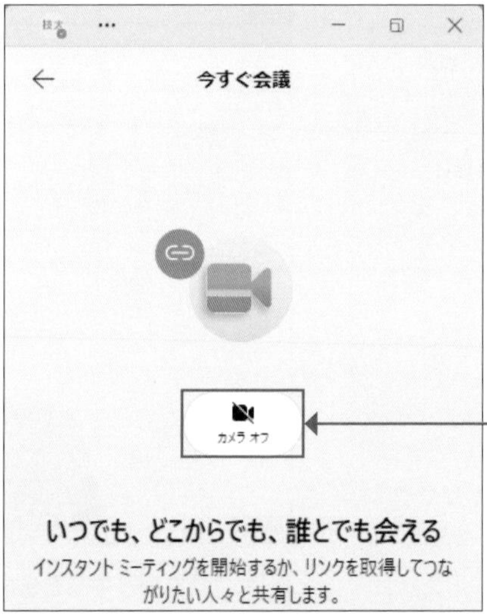

3 カメラがオフになっているときは、［カメラオフ］をクリックしてオンにします。

補足

カメラをオン／オフの切り替え

カメラのオン／オフは、ビデオ会議に参加してから切り替えることもできます。また、右の手順でカメラをオンにすると、次回の作成時も自動的にカメラがオンになります。

補足

参加者の招待方法

参加者の招待方法は、手順6の画面で選択します。[会議のリンクをコピー]をクリックすると、会議の参加に必要なリンクがクリップボードにコピーされます。コピーされたリンクは、メールやメッセージにCtrlを押しながらVを押すことで貼り付けることができます。右の手順では、[既定のメールによる共有]をクリックして、メールアプリを起動し、会議室のリンクを記載したメールを参加者に送信する方法を紹介しています。

応用技

参加者を通話で招待する

手順6の画面で招待したいユーザーを検索するか、表示されているリストの上にマウスポインターを移動させ、[通話]をクリックするとそのユーザーに対して発信が行われ、直接会議に誘うことができます。

4 カメラがオンになります。

5 [会議を開始]をクリックします。

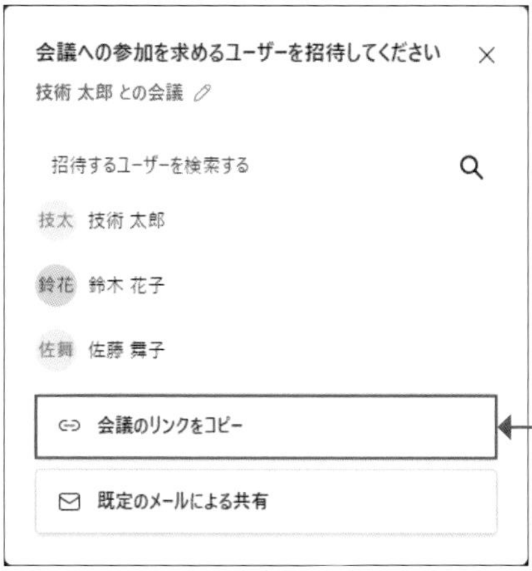

6 会議への参加者の招待画面が表示されます。

7 [会議のリンクをコピー]をクリックします。

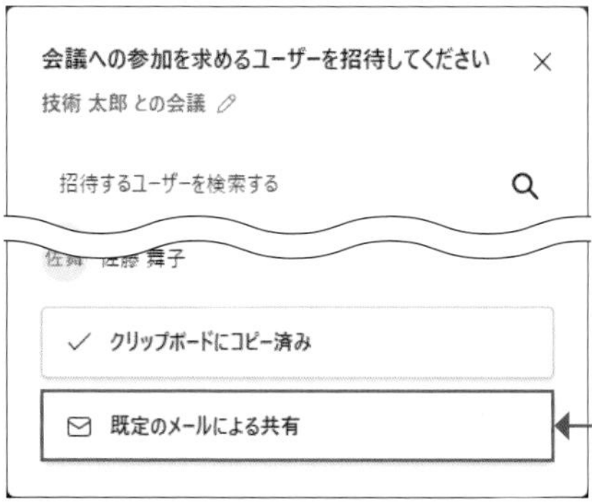

8 ビデオ会議にユーザーを招待します。招待方法（ここでは[既定のメールによる共有]）をクリックします。

ヒント

メールアプリが起動しない

手順9で既定のメールアプリが起動しない場合は、「スタート」メニューからメールアプリを起動して、会議のリンクを貼り付けた招待メールを送信してください。

ヒント

メール作成画面が前面に切り替え

メールの作成画面がビデオ会議の画面のうしろに隠れているときは、前面に切り替えてから作業を行ってください。

補足

会議のリンクの貼り付け

手順14では、右クリックメニューから会議のリンクをメールに貼り付けていますが、Ctrlを押しながらVを押すことでも会議のリンクをメールに貼り付けることができます。なお、手順9で会議のリンクが貼り付けられた状態でメール作成画面が表示されたときは、手順14～16の作業は不要です。

9 既定のメールアプリ(ここでは「Outlook for Windows」)が起動してメールの作成画面が表示されます。

10 会議に招待したい人のメールアドレスを入力し、

11 件名を入力します。

12 本文の入力欄をクリックします。

13 文面を入力して、

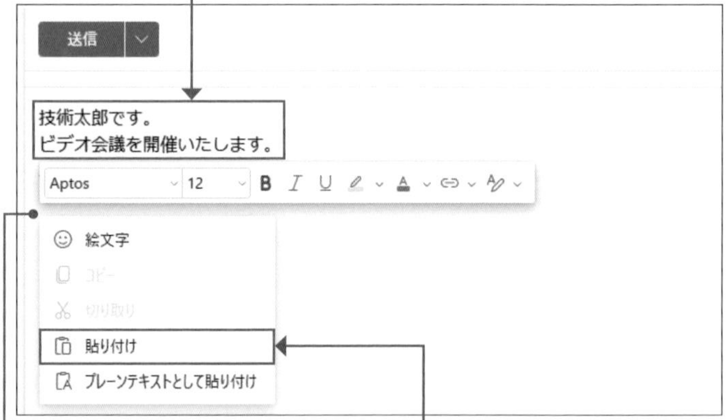

14 会議のリンクを貼り付けたい場所で右クリックし、

15 [貼り付け]をクリックします。

16 ビデオ会議のリンクがメールに貼り付けられます。

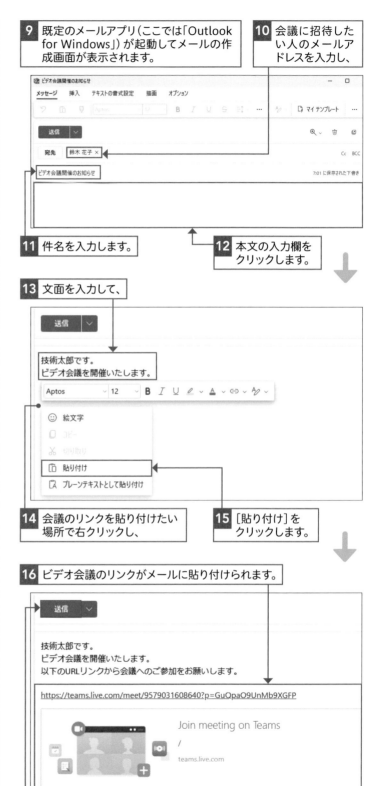

17 [送信]をクリックして、メールを送信します。

補足
参加者を追加する

ビデオ会議をはじめてから参加者を追加したいときは、[参加者]をクリックして、招待したい人を検索し[参加をリクエスト]をクリックします。また、[招待を共有]をクリックすると、手順18の画面が表示され招待メールを送付できます。

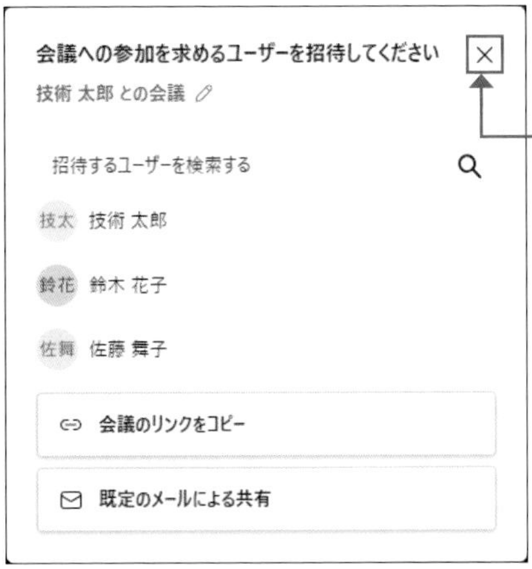

18 手順8の画面が表示されます。

19 ×をクリックします。

20 画面に自分が表示され、会議の参加者の待受状態になります。

補足 背景を変更する

自分のビデオの背景を変更したいときは、手順20の画面で … →[背景の効果]とクリックし、使いたい背景をクリックして選択し、[適用]をクリックします。

Section

70 会議に参加しよう

ここで学ぶこと

・会議のリンク
・ロビー
・参加許可

Windows 11で開催されるビデオ会議は、招待者がメールやSMSなどで送付された招待に記載されている「**会議のリンク**」をクリックしてビデオ会議の開催者（ホスト）に**参加許可**を求め、開催者がそれを**許可**することで参加できます。

1 ビデオ会議に参加する

解説

ビデオ会議への参加

ビデオ会議は、招待者がメールやSMSなどで送付された招待に記載されている「会議のリンク」からビデオ会議への参加許可を開催者に求め、開催者がそれを許可することで参加できます。ビデオ会議では、この参加許可を求めている状態を「ロビーで待機」と呼んでいます。右の手順では、招待を受け取った招待者が、開催者にビデオ会議への参加許可を求める（ロビーで待機する）までの手順を説明しています。

補足

メール以外の方法で招待されたとき

ここではメールから参加していますが、そのほかの方法で招待が送られてきたときもメール同様に、「会議のリンク」をクリックしてビデオ会議に参加します。

1 受け取った招待（ここではメール）を開き、［会議のリンク］をクリックします。

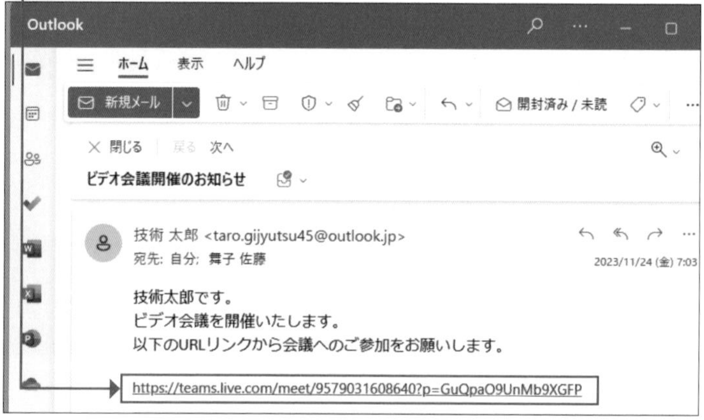

2 音声やビデオが（オン）になっていることを確認し、オフのときはをクリックしてオンにします。

3 ［今すぐ参加］をクリックします。

4 開催者（ホスト）の参加許可を待っていることを知らせる画面が表示されます。

5 開催者が参加許可を行い、相手の画面が表示されるまで待機します。

補足

招待メールが届かない

「会議のリンク」が記載されたメールは、間違って「迷惑メール」と判断される場合があります。「会議のリンク」が記載されたメールが届かない場合は、「迷惑メール」フォルダーを確認してみてください。

2 ビデオ会議への参加を許可する

1 招待した人がビデオ会議に参加すると開催者（ホスト）に参加許可を求めるダイアログボックスが表示されます。

2 ［参加許可］をクリックすると、

3 参加を許可した人の画面が表示され、ビデオ会議がはじまります。

解説

ビデオ会議への参加の許可

招待した人が「会議のリンク」をクリックし、ビデオ会議に参加すると開催者の参加許可を待つロビーで待機状態となり、開催者に右の手順**1**の画面が表示されます。ここでは、開催者が招待者のビデオ会議への参加を許可する手順を説明しています。

補足

ロビーを表示

右の手順**2**で［参加者］をクリックすると、ロビーが表示され待機中の招待者をすべて確認できるほか、参加の許可／不許可の操作も行えます。参加の許可を行うときは、待機中の招待者の✓をクリックします。

③ ビデオ会議を終了する

解説
会議の終了と開催者の退出について

ビデオ会議を終了したいときは、右の手順で会議を終了します。ビデオ会議は、開催者が「退出」しても残った参加者で継続できます。残った参加者で会議を継続させたいときは、手順2で［退出］をクリックします。

1 ［退出］の右の∨をクリックし、

2 ［会議を終了］をクリックします。

3 ［終了］をクリックすると、

4 ビデオ会議が終了し、画面が閉じます。

補足 招待者の退出

ビデオ会議の終了は開催者のみが行え、招待者は参加したビデオ会議から［退出］のみ行えます。招待者がビデオ会議を終えたいときは、［退出］をクリックします。

第11章

Windows 11をカスタマイズしよう

Section

71 文字やアプリの表示サイズを大きくしよう

ここで学ぶこと

- 表示サイズの拡大
- 文字サイズ
- アプリの表示サイズ

Windows 11は、文字（テキスト）やアプリ、アイコン、そのほかの項目を違和感なく**拡大表示**する機能を備えています。拡大表示するため画面に表示できる情報量は減りますが、より大きな文字で利用したいときに便利な機能です。

1 アプリと文字の両方の表示サイズを大きくする

解説

表示サイズを大きくする

画面に表示される文字（テキスト）やアイコン、そのほかの項目が小さいと感じるときは、右の手順で画面に表示される情報を大きくできます。Windows 11では、文字（テキスト）やアイコン、そのほかの項目を違和感なく拡大表示する機能を備えています。拡大表示によって画面に表示できる情報量は減りますが、視認性や可読性を高めることができます。

1 ■をクリックし、

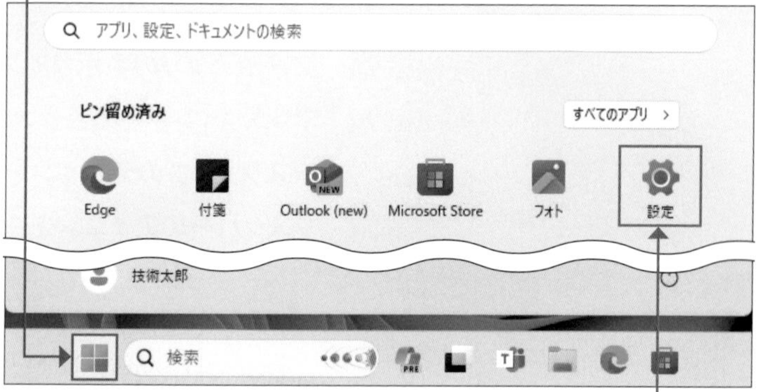

2 ［設定］をクリックします。

3 ［システム］をクリックし、

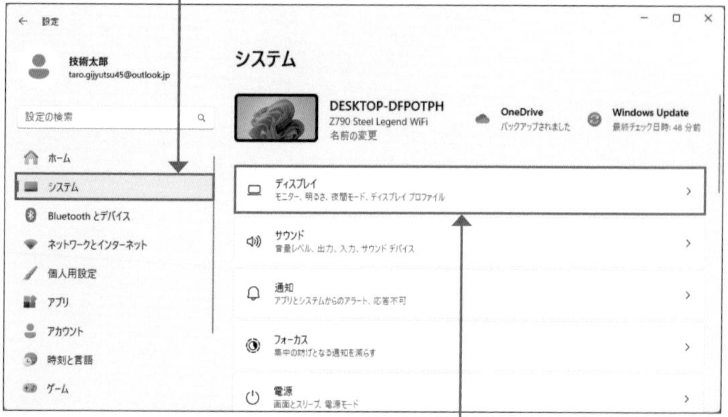

4 ［ディスプレイ］をクリックします。

補足

拡大率について

手順6で設定できる拡大率は、利用環境によって異なります。また、画面サイズがもともとそれほど大きくないノートパソコンの場合、当初から視認性や可読性を高めるために「125%」や「150%」などの拡大率が推奨値として設定されている場合があります。その場合、100%に設定すると文字やアイコンのサイズは小さくなりますが、画面に表示される情報を増やすことができます。

応用技

拡大率をすばやく設定する

拡大率の設定画面は、デスクトップの何も表示されていない場所を右クリックし、表示されたメニューから［ディスプレイ設定］をクリックすることでも表示できます。

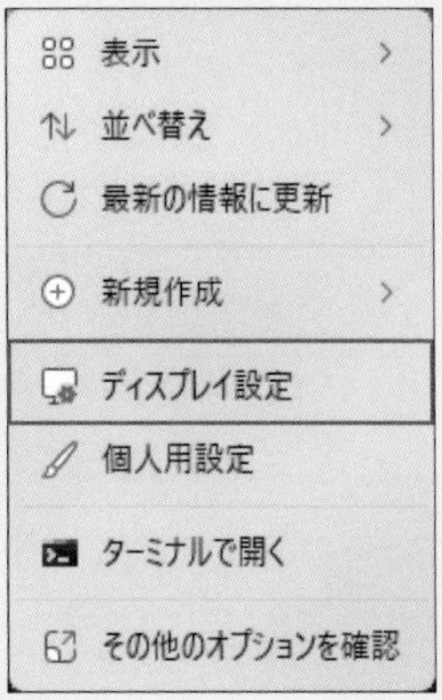

5 ［拡大／縮小］の［○○%（推奨）］（ここでは［100%（推奨）］）をクリックします。

6 拡大／縮小率（ここでは［125%］）をクリックします。

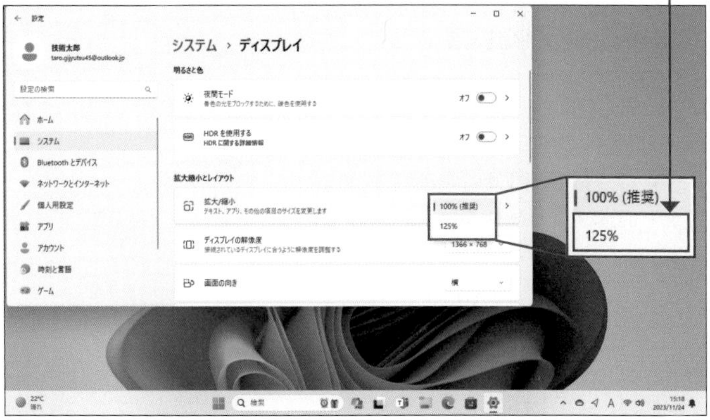

7 アプリと文字の両方のサイズが大きくなります。

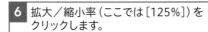

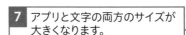

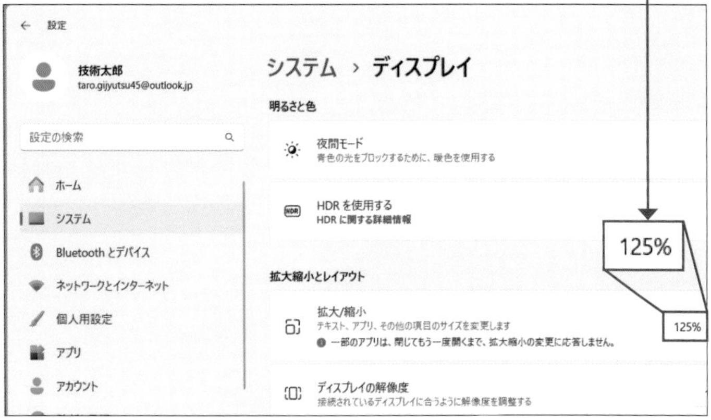

② 文字サイズのみを変更する

解説

文字(テキスト)サイズのみの変更

Windows 11では、画面に表示される文字の大きさのみを変更することができます。250ページの方法では、文字だけでなく、アイコンやそのほかの項目なども拡大表示されますが、文字の大きさのみを変更したいときは、右の手順で設定します。

1 ■をクリックし、

2 [設定]をクリックします。

3 [システム]をクリックし、

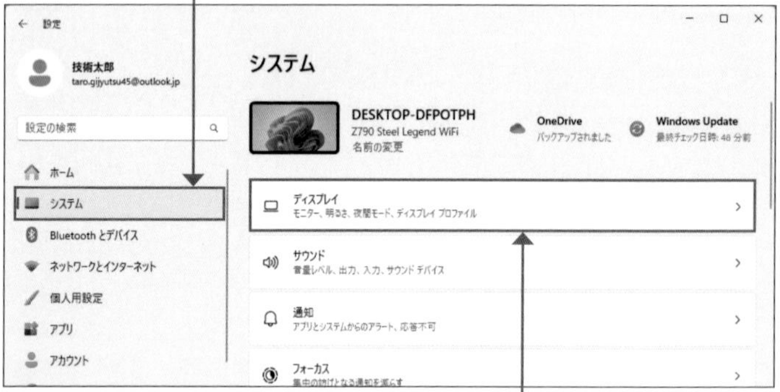

4 [ディスプレイ]をクリックします。

5 [拡大/縮小]をクリックします。

補足

最大拡大率

文字の大きさは、100%～225%の間で変更できます。手順7で◉をドラッグすると、[テキストサイズのプレビュー]の文章の文字の大きさがリアルタイムに変更されます。これで大きさを確認しながら、ちょうどよい文字の大きさに設定してください。なお、文字の大きさは、通常100%に設定されています。もとに戻したいときは、大きさを100%に戻してください。

6 [テキストのサイズ]をクリックします。

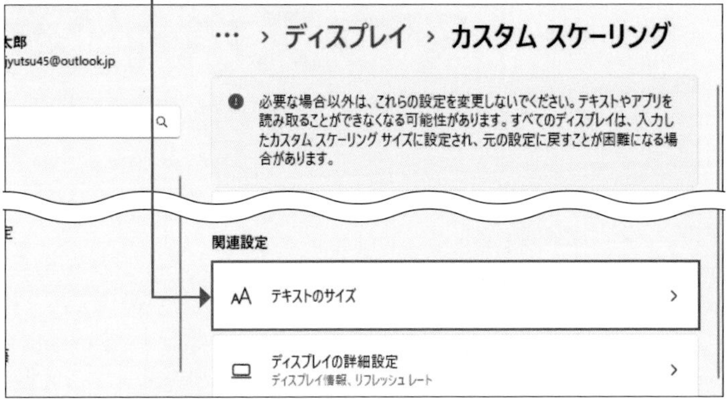
… › ディスプレイ › カスタム スケーリング
必要な場合以外は、これらの設定を変更しないでください。テキストやアプリを読み取ることができなくなる可能性があります。すべてのディスプレイは、入力したカスタム スケーリング サイズに設定され、元の設定に戻すことが困難になる場合があります。
関連設定
テキストのサイズ
ディスプレイの詳細設定
ディスプレイ情報、リフレッシュ レート

7 [テキストのサイズ]の◉をドラッグし、

8 [テキストサイズのプレビュー]の文章の文字の大きさを見ながら拡大率を調整します。

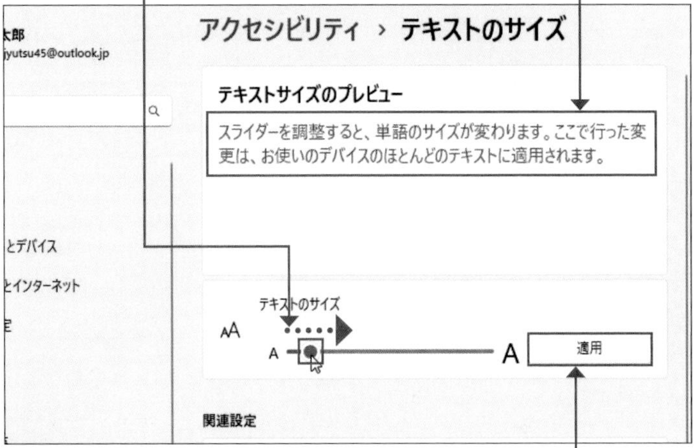
アクセシビリティ › テキストのサイズ
テキストサイズのプレビュー
スライダーを調整すると、単語のサイズが変わります。ここで行った変更は、お使いのデバイスのほとんどのテキストに適用されます。
テキストのサイズ
適用
関連設定

9 [適用]をクリックします。

10 設定が適用され文字が大きくなります。

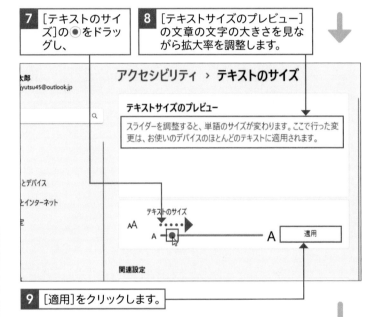

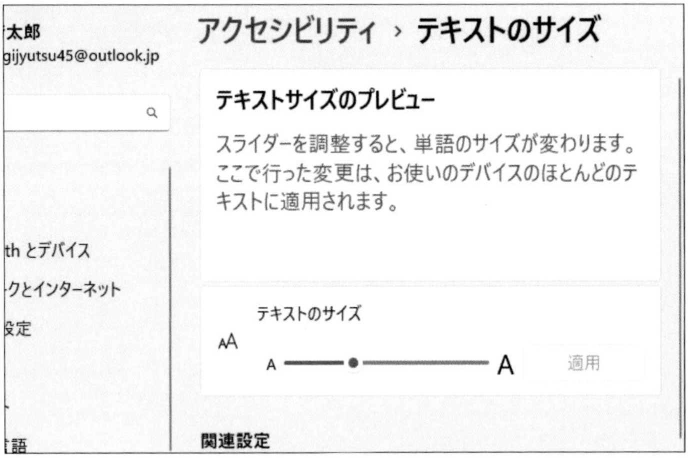
アクセシビリティ › テキストのサイズ
テキストサイズのプレビュー
スライダーを調整すると、単語のサイズが変わります。ここで行った変更は、お使いのデバイスのほとんどのテキストに適用されます。
テキストのサイズ
適用
関連設定

補足

テキストのサイズ変更の画面について

手順7で表示されるテキストのサイズ変更画面は、[設定]→[アクセシビリティ]→[テキストのサイズ]の順にクリックすることでも表示できます。

Section

72 マウスポインターの色や大きさを変更しよう

ここで学ぶこと

- マウスのカスタマイズ
- マウスポインターの大きさ
- マウスポインターの色

Windows 11は、**マウスポインター**の色や**大きさ**のカスタマイズを行えます。たとえば、マウスポインターが見にくく、場所を見失いがちのときは、マウスポインターを大きくしたり、判別しやすい色に変更してみましょう。

1 マウスポインターを大きくする

解説

マウスポインターの拡大表示

マスポインターが見にくく、見失いがちで操作しにくいときは、マウスポインターの大きさを変更してみましょう。Windows 11では、右の手順でマウスポインターの大きさをカスタマイズできます。

1 ■をクリックし、

2 [設定]をクリックします。

3 [アクセシビリティ]をクリックします。

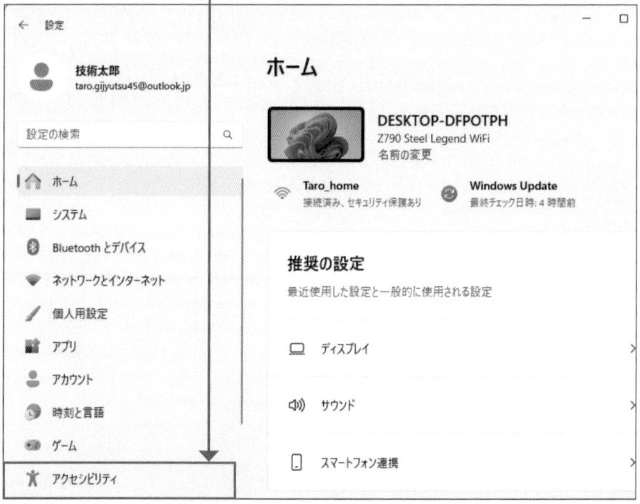

ヒント

サイズの調整

マウスポインターは、15段階のサイズがあります。右の手順でサイズをドラッグすると、リアルタイムでマウスポインターのサイズが変更されます。その大きさを参考に好みの大きさに設定してください。

4 ［マウスポインターとタッチ］をクリックします。

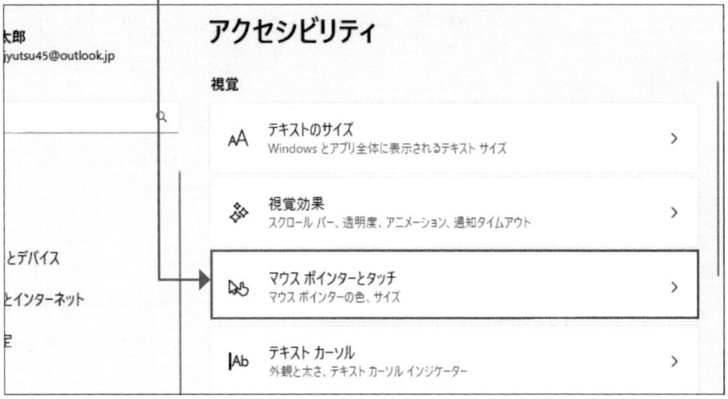

5 サイズの◉をドラッグすると、

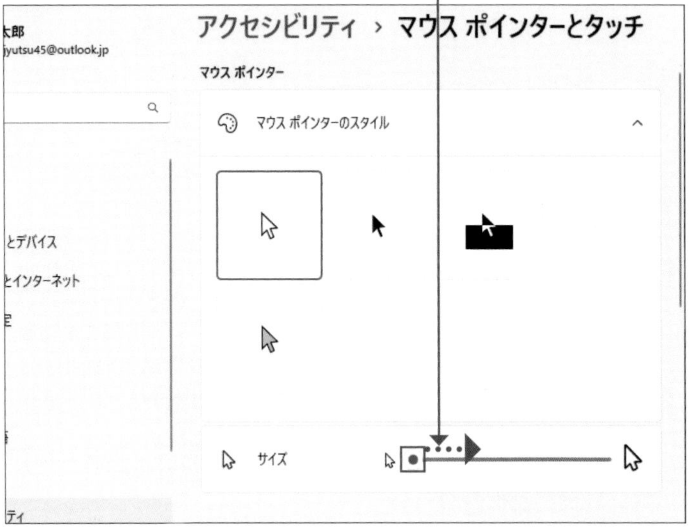

6 マウスポインターの大きさが変わるので、それを目安に大きさを調整します。

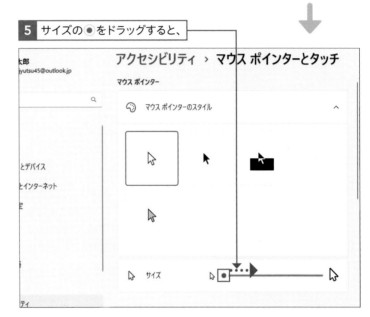

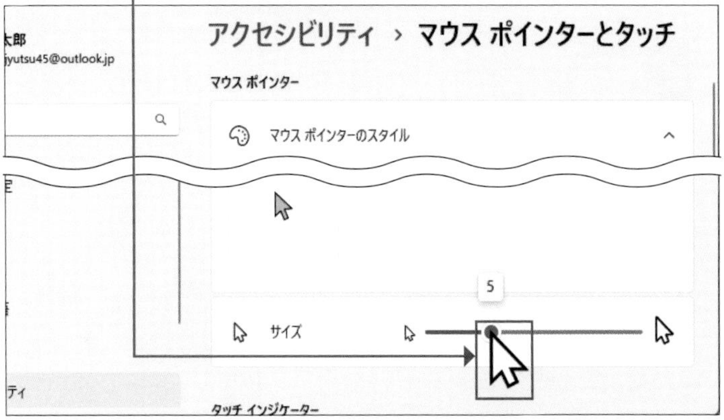

② マウスポインターを任意の色に変更する

解説

マウスポインターの色を カスタマイズ

Windows 11では、マウスポインターの大きさのカスタマイズだけでなく、色もカスタマイズできます。右の手順では、マウスポインターの色を黒縁の白抜きから「黒」→「反転色」→「任意の色」に変更する方法を説明しています。

補足

反転色について

反転色を選択すると、マウスポインターが背景色と反転した色になります。たとえば、背景が白のときは黒、黒のときは白、赤のときは青といった感じで、マウスポインターがある場所の背景色によって色が変わります。

1 254～255ページの手順を参考に、設定の［マウスポインターとタッチ］を表示します。

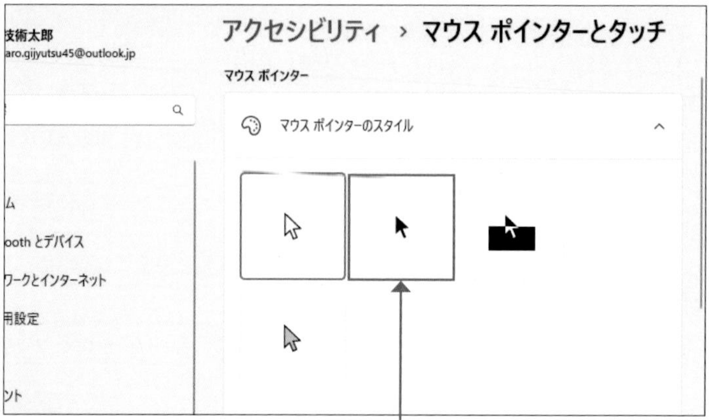

2 をクリックすると、

3 マウスポインターの色が「黒」に変更されます。

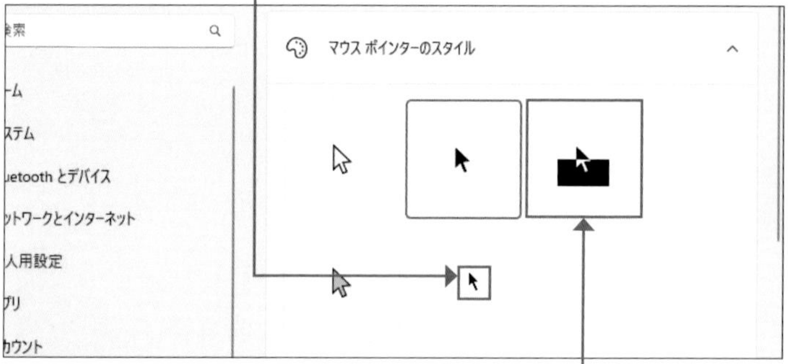

4 をクリックすると、

5 マウスポインターの色が反転色に変更されます。

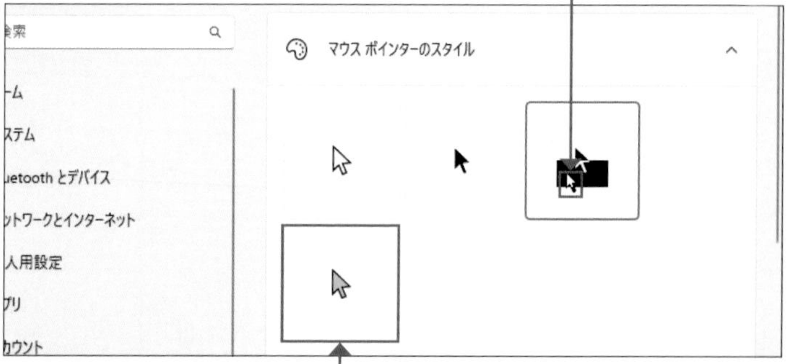

6 任意の色を設定したいときは、をクリックします。

ヒント

任意の色を選択する

手順7の画面で＋をクリックすると、カラーピッカーが表示され任意の色を選択できます。

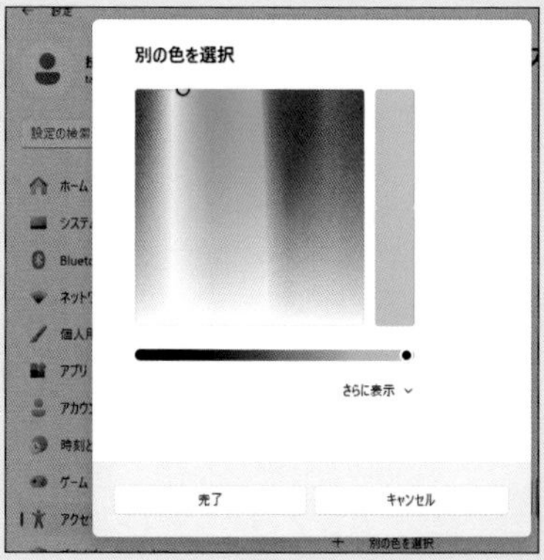

7 マウスポインターに設定したい色をクリックすると、

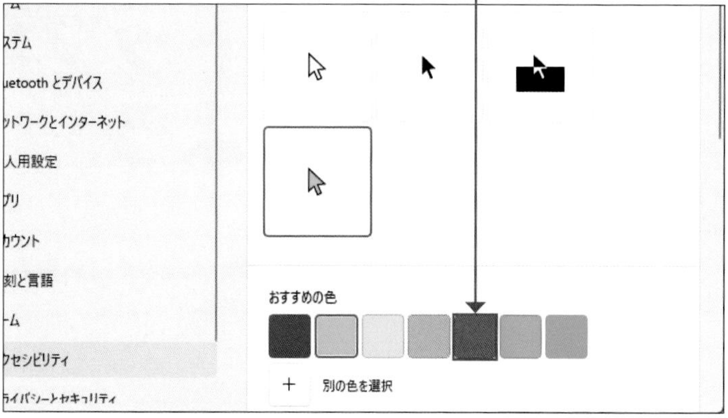

8 マウスポインターの色が手順7で選択した色に変わります。

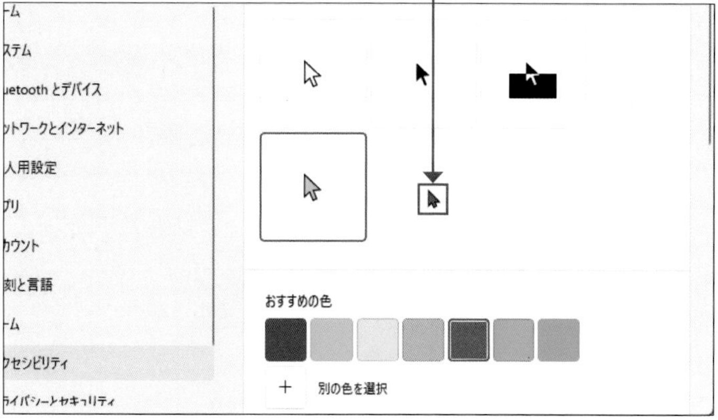

応用技 **テキストカーソルの大きさや色をカスタマイズする**

設定の［マウスポインターとタッチ］を下にスクロールして、［テキストカーソル］をクリックすると、テキストカーソル（点滅する縦棒）の大きさや太さを変更したり、表示色をカスタマイズしたりできます。

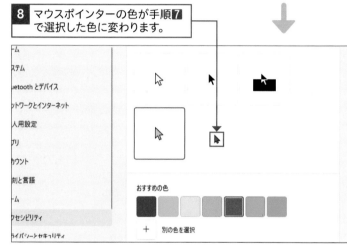

Section

73 デスクトップのデザインを変更しよう

ここで学ぶこと

- デスクトップ
- 背景
- 写真

デスクトップの**背景**は、あらかじめ用意されている背景の中から選択できるほか、**自分で撮影した写真**を選択したり、**スライドショーの背景**を選択したり、自分の好みに合わせてカスタマイズできます。

1 デスクトップの背景を変更する

解説

デスクトップの背景の変更

デスクトップに表示されている画像を、Windows 11では「背景」や「壁紙」と呼んでいます。背景は、自分の好きな写真（画像）に変更できます。右の手順では、デジタルカメラなどで撮影した写真を背景に設定する方法を例に、デスクトップの背景の変更方法を説明しています。

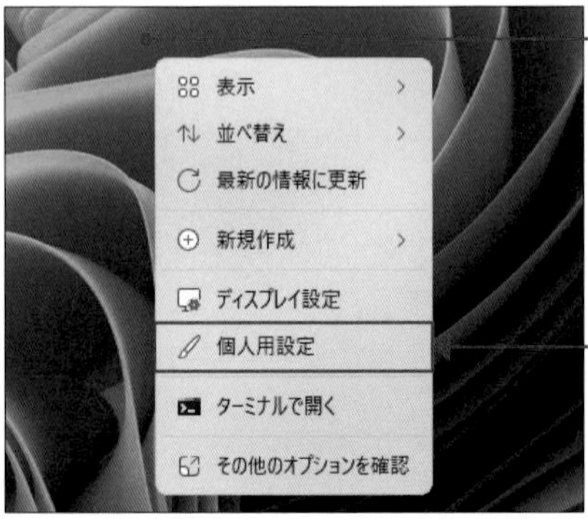

1 デスクトップの何もないところで右クリックします。

2 [個人用設定]をクリックします。

3 [背景]をクリックします。

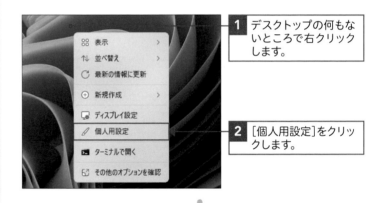

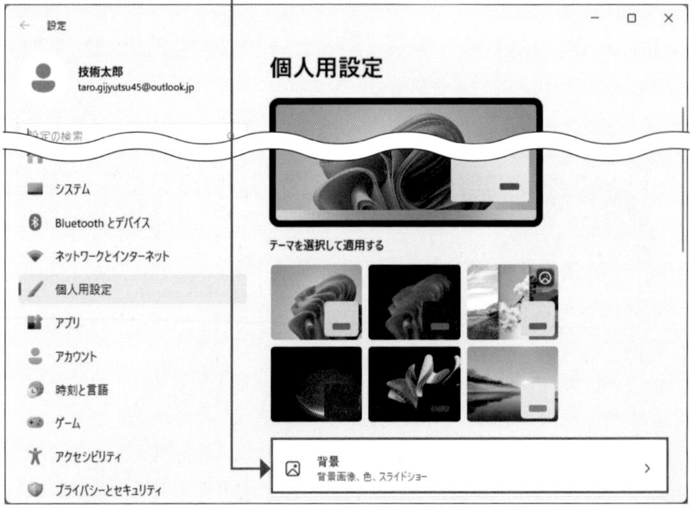

ヒント

もとの背景に戻す

Windows 11では、自分が撮影した写真などに背景に変更すると、もとからあった背景が最近使った画像から消えます。Windows 11にもとからあった背景は、エクスプローラーを起動し、[PC]→[ローカルディスク（C:）]→[Windows]→[Web]→[Wallpaper]と開くことで選択できます。

応用技

背景をスライドショーにする

手順4の[背景をカスタマイズ]の右側にある[画像]をクリックし、[スライドショー]をクリックすると、デスクトップの背景をスライドショーに設定できます。

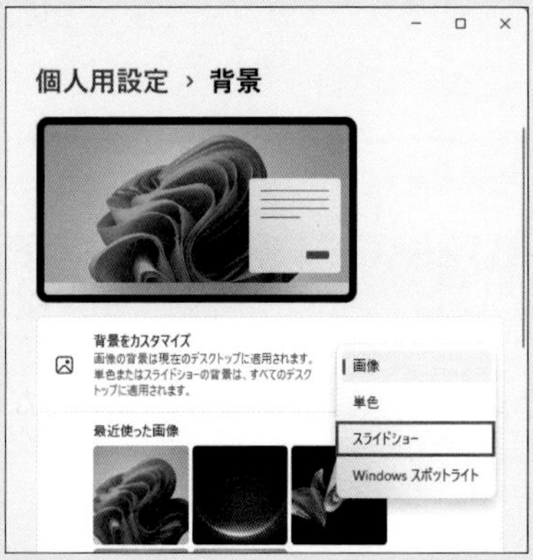

補足

表示方法を変更する

手順8の[デスクトップ画像に合うものを選択]の右側にある[ページ幅に合わせる]をクリックすると、背景に選択した写真（画像）の表示方法を変更できます。選択した写真(画像)が思ったように配置されないときは、この設定を行ってみてください。

4 ここをドラッグして、

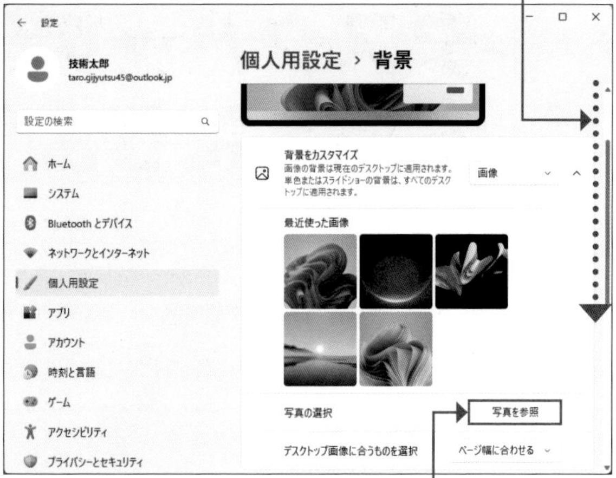

5 [写真を参照]をクリックします。

6 背景に利用したい写真をクリックし、

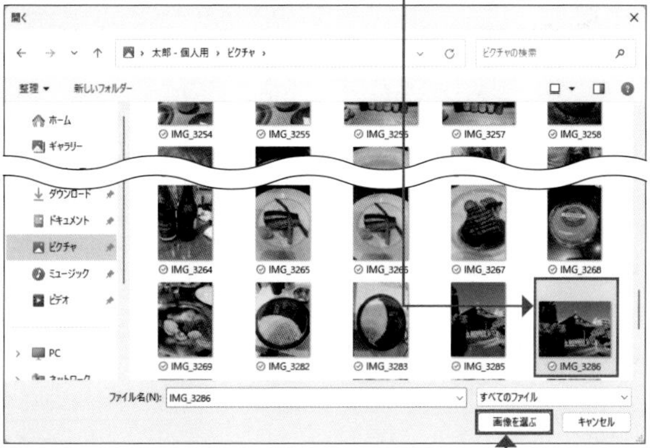

7 [画像を選ぶ]をクリックします。

8 選択した写真にデスクトップの背景が変更されます。

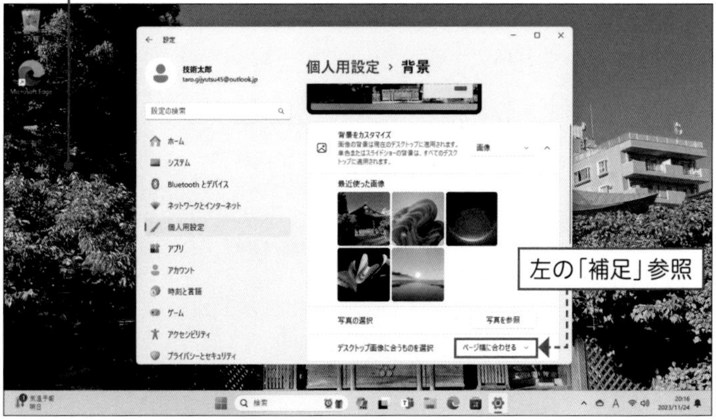

Section

74 タスクバーのアイコンを左揃えにしよう

ここで学ぶこと

- タスクバー
- 配置
- 左揃え

Windows 11ではタスクバーのアイコンの**配置位置**を「**中央揃え**」と「**左揃え**」の中から選択できます。Windows 10のようにタスクバーのアイコンを左揃えで表示したいときは、「タスクバーの設定」からタスクバーの配置を変更します。

1 タスクバーの配置を変更する

解説

タスクバーの配置の変更

Windows 11では「スタート」や「エクスプローラー」「Microsoft Edge」などのアイコンの配置位置が、Windows 10の左揃えから「中央揃え」に変更されました。この配置位置をWindows 10のように左揃えにしたいときは、右の手順でタスクバーの配置を変更します。

1 タスクバーのアイコンが表示されてない場所で右クリックします。

2 ［タスクバーの設定］をクリックします。

3 ここをドラッグし、

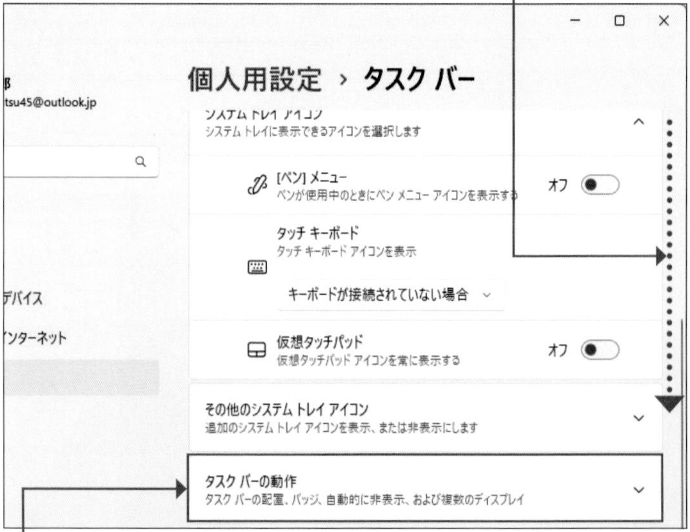

4 ［タスクバーの動作］をクリックします。

応用技

タスクバーの動作の詳細設定

右の手順で表示している［タスクバーの動作］セクションでは、タスクバーの配置の設定以外にもタスクバーを自動的に隠す設定やタスクバーアイコンにバッジ（未読メッセージカウンター）の表示設定、複数のディスプレイを接続したときのタスクバーを表示する場所などの設定も行えます。

5 ［タスクバーの配置］の［中央揃え］をクリックします。

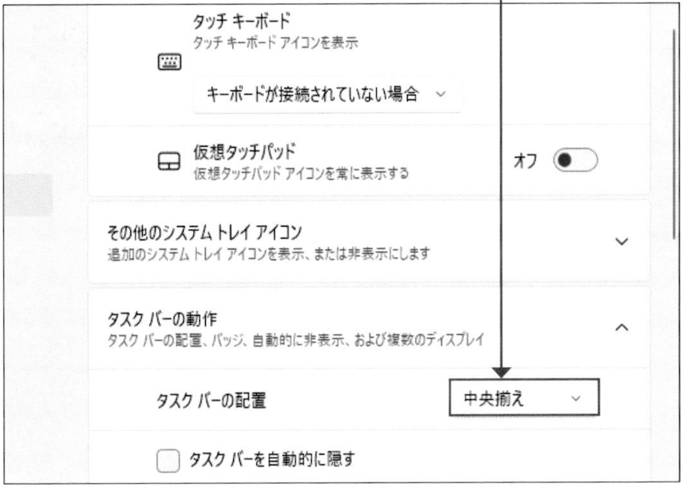

6 ［左揃え］をクリックします。

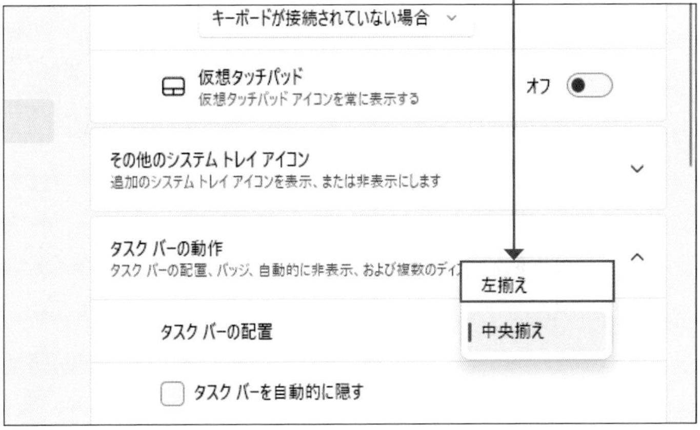

7 タスクバーの配置が「左揃え」に変更されます。

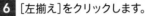

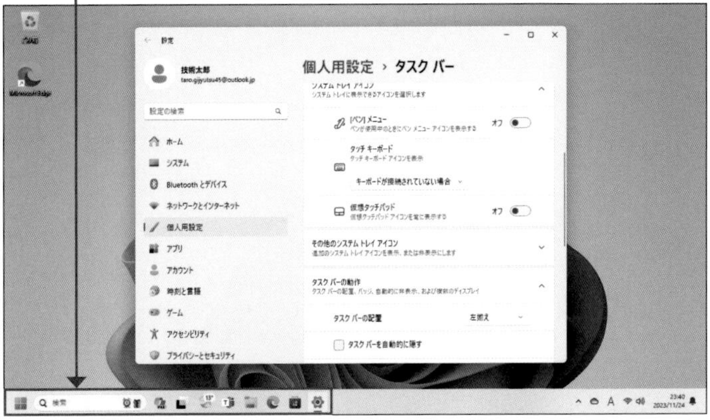

応用技 Windows 11のバージョンを確認する

Windows 11には、暦年の後半にリリースされる「機能更新プログラム」と毎月第2火曜日にリリースされる「セキュリティ更新プログラム」の大きく2種類の更新プログラムがあります。機能更新プログラムは、仕様の変更や新しい機能の追加など含む大型アップデートでメジャーアップデートに相当します。一方でセキュリティ更新プログラムは、不具合の修正やセキュリティの脆弱性の対策などを主としたアップデートです。Windows 11は、機能更新プログラムを適用するとバージョン情報が更新されます。Windows 11のバージョンは、21H2や22H2、23H2など「西暦の下二桁＋H2（2nd Harf、下期の意味）」で構成されています。Windows 11のバージョンは、以下の手順で確認できます。

1 をクリックして、

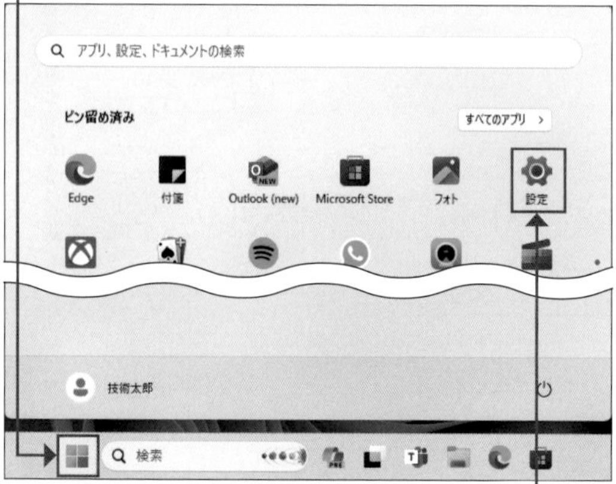

2 ［設定］をクリックします。

3 ［システム］をクリックします。

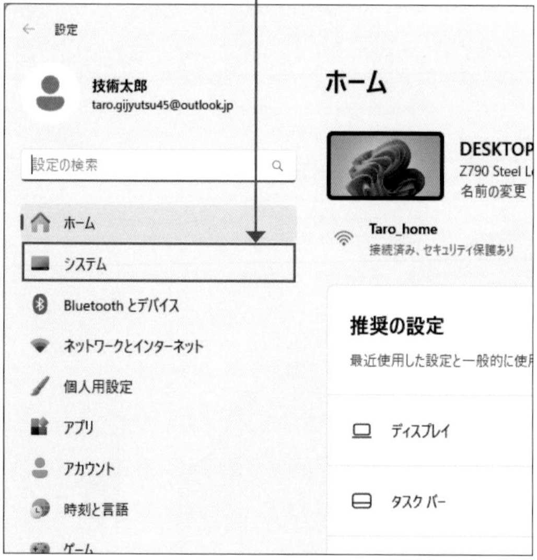

4 画面をスクロールして、

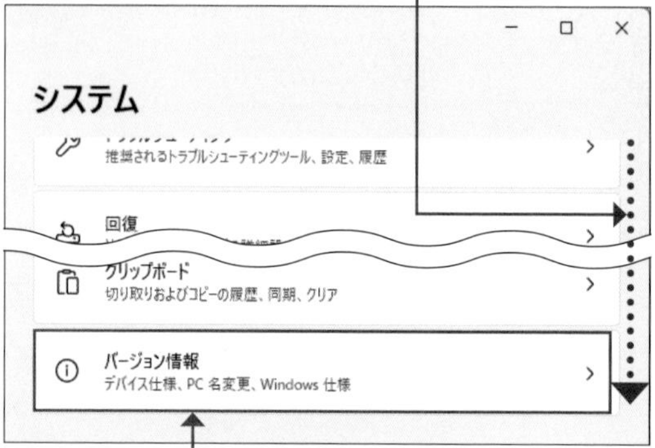

5 ［バージョン情報］をクリックします。

6 画面をスクロールして、

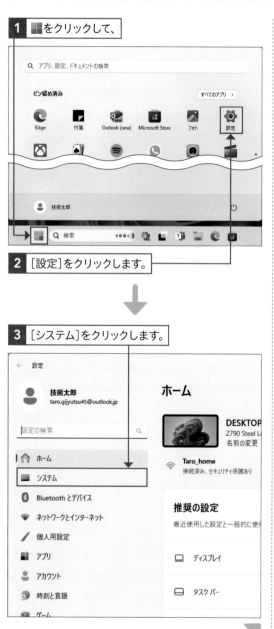

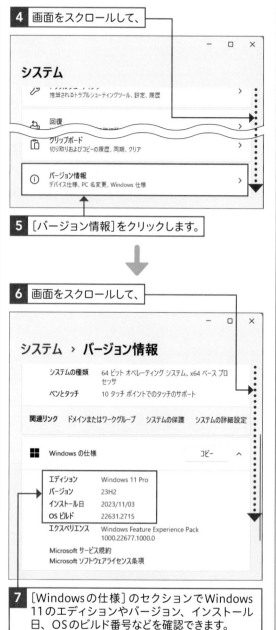

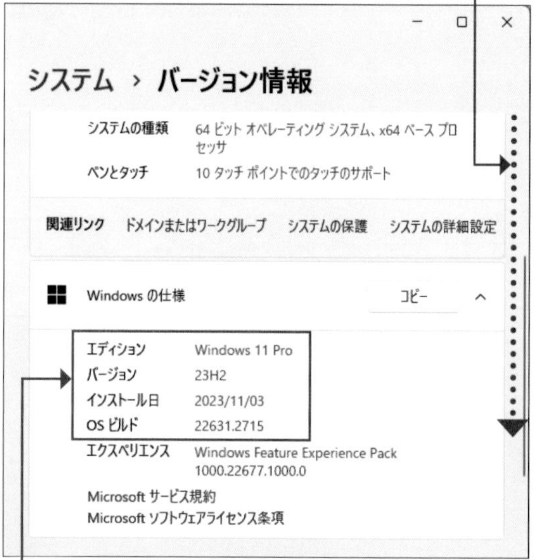

7 ［Windowsの仕様］のセクションでWindows 11のエディションやバージョン、インストール日、OSのビルド番号などを確認できます。

第12章

Windows 11の セキュリティを高めよう

Section

75 ユーザーアカウントを追加しよう

ここで学ぶこと

・ユーザーアカウント
・家族アカウント
・ファミリーセーフティ

Windows 11では「**家族**」と「**他のユーザー**」の2種類のユーザーアカウントを作成でき、1台のパソコンをユーザーごとに独立した環境で利用できます。また、家族アカウントは、インターネットの利用制限などさまざまな管理も行えます。

1 家族用のアカウントを追加する

解説

家族用のアカウントの追加

Windows 11では、「家族」と「他のユーザー」の2種類のユーザーアカウントを登録し、1台のパソコンを複数のユーザーで利用できます。右の手順では、取得済みのMicrosoft アカウントを子供用アカウントとして、2人目のパソコンの利用者に登録する手順を説明しています。

注意

管理者ユーザーのみがユーザー登録を行える

アカウントの作成や削除などを行えるのは、「管理者（Administrator）」権限を持つユーザー（オーガナイザー）のみです。Windows 11では、最初に登録されたユーザーが管理者（Administrator）として自動設定されます。

1 ■をクリックし、

2 ［設定］をクリックします。

3 ［アカウント］をクリックします。

4 画面をスクロールして、

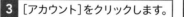

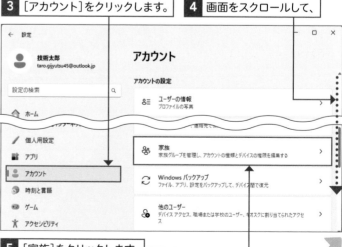

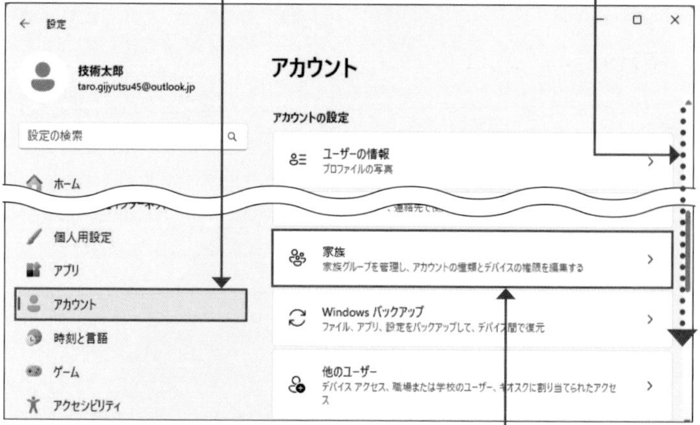

5 ［家族］をクリックします。

応用技

家族以外のユーザーを追加する

264ページの手順5の画面で［他のユーザー］をクリックすると、ゲスト用などの家族以外のメンバーとして新しいユーザーアカウントを追加できます。

補足

メールアドレスを新規取得する

手順8の画面で、［子に対して1つ作成する］をクリックすると、Microsoft アカウントのメールアドレスの取得とWindows 11へのユーザーアカウントの追加およびファミリーメンバーへの追加をすべて同時に行えます。

補足

招待メールについて

招待メールは、新規登録したユーザーをMicrosoft Family Safety（266ページ参照）のファミリーメンバーとして登録するためのメールです。取得済みのMicrosoft アカウントをメンバーとして登録するときは、必ず、招待メールが送信されます。新規登録されたユーザーがこの招待を受諾するとファミリーメンバーとして追加され、オーガナイザーによって管理できます。

6 画面をスクロールして、

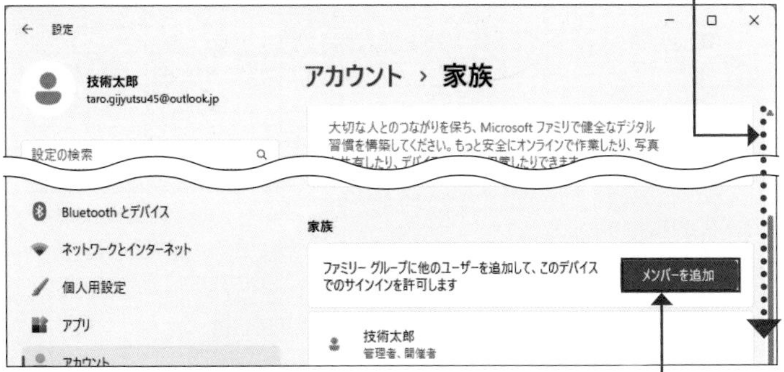

7 ［メンバーを追加］をクリックします。

8 お子様用のMicrosoftアカウントのメールアドレスを入力し、

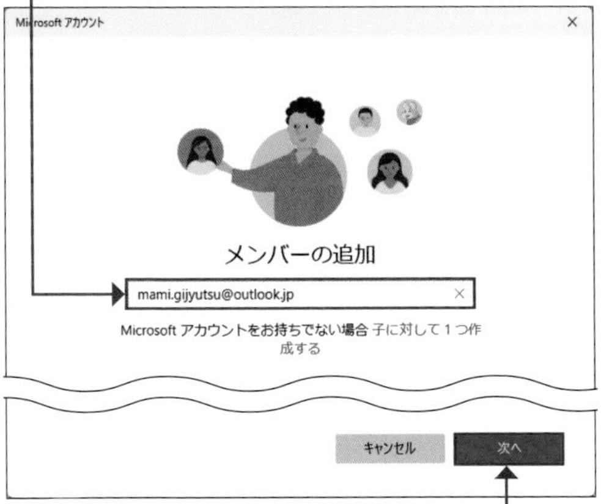

9 ［次へ］をクリックします。

10 ［オーガナイザー］または［メンバー］（ここでは、［メンバー］）をクリックし、

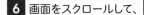

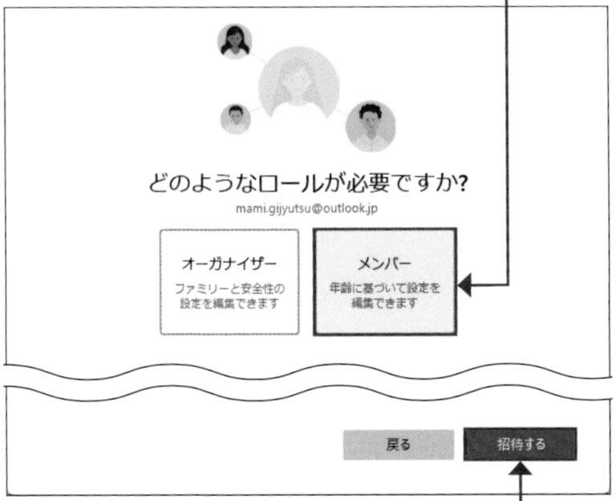

11 ［招待する］をクリックすると、家族用のユーザーアカウントが追加され、招待メールが送信されます。

② Microsoft Family Safetyに参加する

解説

Microsoft Family Safetyへの参加

Microsoft Family Safetyは、参加メンバーのインターネットの利用時間の制限や検索制限、登録機器の使用時間の管理などを行える機能です。この機能を利用するには、右の手順で参加承諾の手続きを行います。

ヒント

承諾手続きを行うパソコンについて

承諾手続きは、アカウントの追加を行ったパソコンで、アカウントを切り替えて行えます。アカウントの切り替えは、■→[ユーザー名]→[切り替えたいアカウント]とクリックすることで行えます。また、サインアウト(32ページ参照)またはパソコンを再起動し、サインイン画面でサインインを行うアカウントを選択することでもアカウントを切り替えられます。なお、追加したアカウントではじめてサインインするときは、[サインイン]の文字をクリックし画面の指示に従って操作を行ってください。また、顔認証を利用していてアカウントの切り替えに失敗するときは、カメラを手で塞ぐなどしてアカウントを切り替えてください。

1 パソコンの再起動またはアカウントの切り替え(左の「ヒント」参照)を行います。

2 サインイン画面で追加したお子様アカウントをクリックし、

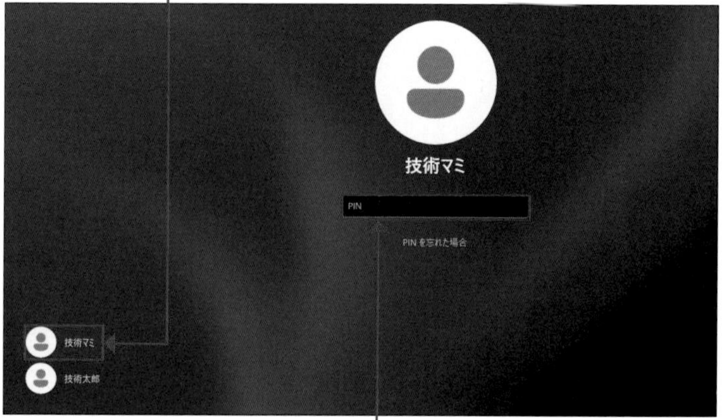

3 お子様アカウントのPINまたはパスワードを入力してサインインします。

4 ■をクリックし、

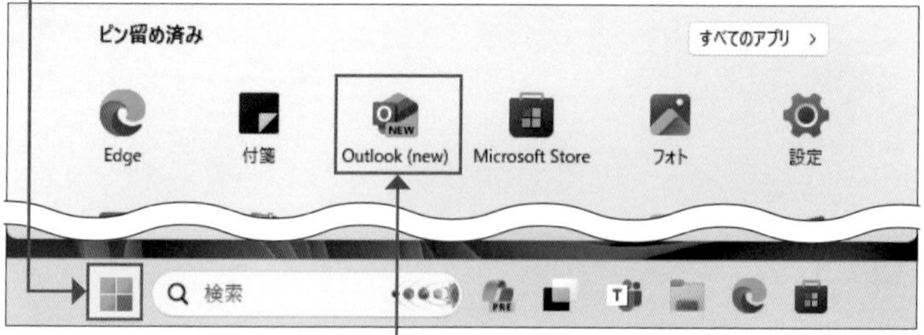

5 [Outlook(new)]をクリックします。

6 Outlook fot Windowsが起動します。

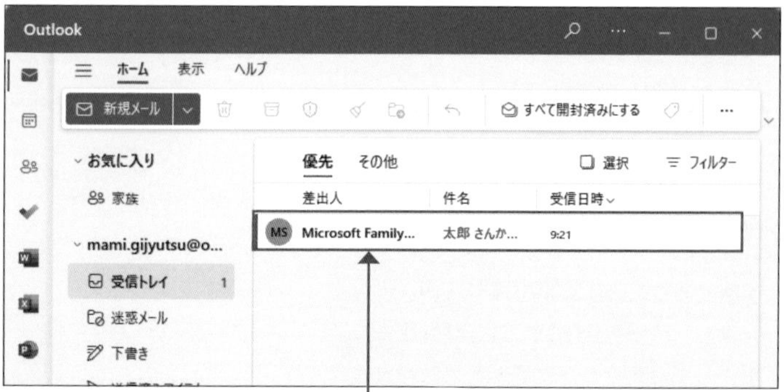

7 差出人が[Microsoft Family Safety]のメールをクリックします。

補足

招待の承諾

招待の承諾は、Microsoft Family Safetyに参加するときにのみ必要な作業です。この作業を行わない場合、そのアカウントの管理を行うことはできなくなりますが、アカウントを追加したパソコンの利用は行えます。

8 [招待を承諾する]をクリックします。

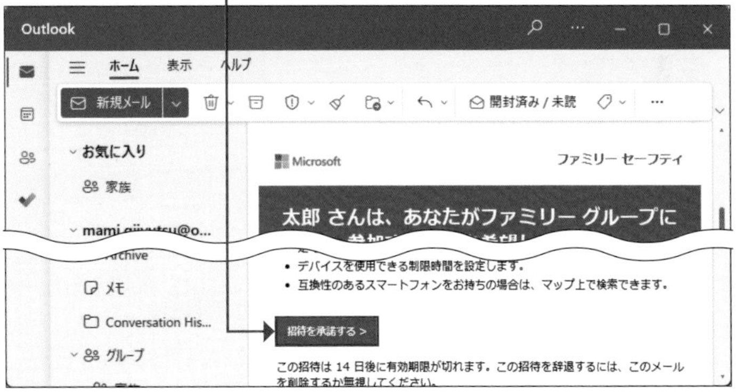

9 Webブラウザーが起動し、Microsoft Family Safetyの参加ページが表示されます。

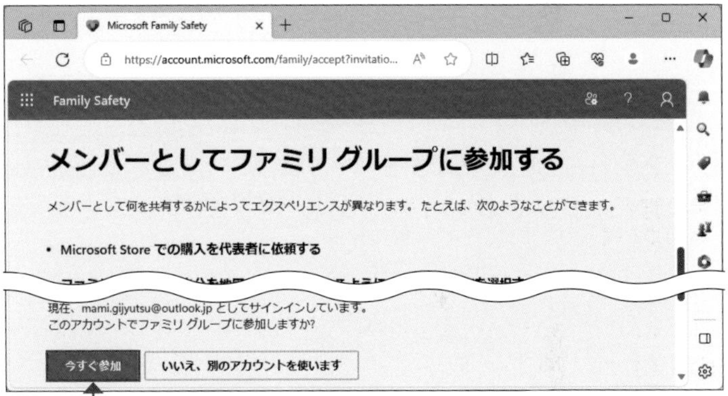

10 [今すぐ参加]をクリックします。

11 「Microsoft ファミリグループへようこそ」と表示されます。左下の「補足」を参考に残りの設定を行ってください。

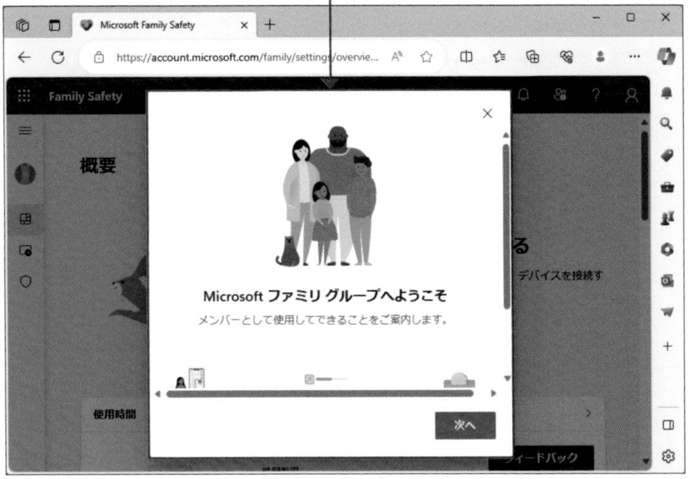

補足

デバイスを追加する

右の手順11の「Microsoft ファミリグループへようこそ」の画面で[次へ]をクリックすると、「デバイスの追加」画面が表示されます。「Windows10 & 11」をクリックし、[今すぐデバイスを追加]をクリックして、次の画面で[デバイスを追加しました]をクリックして設定を完了してください。

③ ファミリーメンバーの管理を行う

解説 ファミリーメンバーの管理

右の手順では、ファミリーとして登録されたメンバー(ここでは「技術マミ」)を管理する方法を説明しています。メンバーの管理は、オーガナイザーであるユーザー(ここでは「技術太郎」)がMicrosoft family SafetyのWebページから行います。ここでは、ユーザーを「技術太郎」に切り替えて操作を行っています。

補足 ファミリーアプリを利用する

参加メンバーの管理は、右の手順でMicrosoft Family SafetyのWebページで行えるほか、専用アプリをインストールすることでも行えます。専用アプリのインストールは、「設定」→[アカウント]→[家族]の順にクリックし、[ファミリーアプリを開く]をクリックすることでインストールできます。また、管理方法は、Webページと同じとなっており、左の手順を参考に行えます。

1 アカウントをオーガナイザー(ここでは「技術太郎」)に切り替えて、Webブラウザーを起動し、Microsoft Family SafetyのWebページ(https://family.microsoft.com)を開きます。

2 管理したいユーザー(ここでは[マミ])をクリックします。

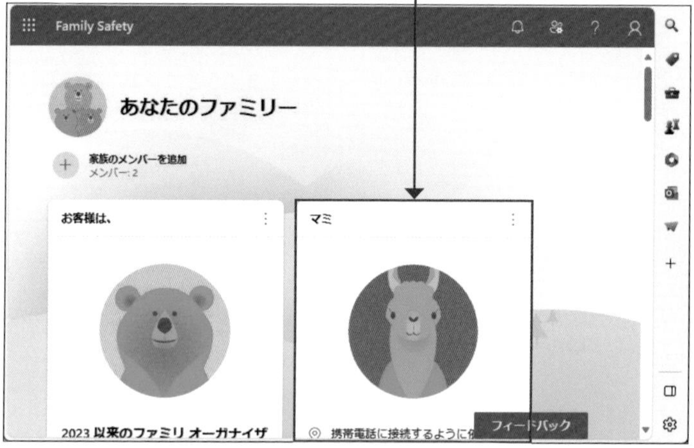

3 選択したユーザーの概要ページが表示されます。

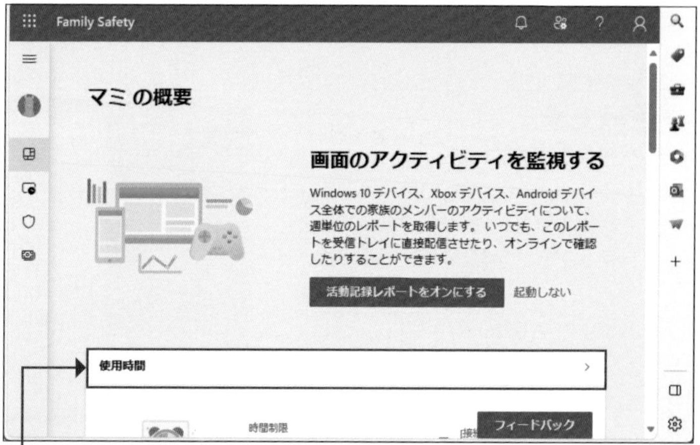

4 [使用時間]をクリックすると、

補足 コンテンツフィルターについて

コンテンツフィルターの機能を有効にすると、Microsoft Edge以外のWebブラウザーは利用できなくなります。

5 使用時間の管理ページが表示されます。

6 画面をスクロールすると、

7 管理したいユーザーに紐付けられている機器（パソコン）などの使用時間を管理できます。

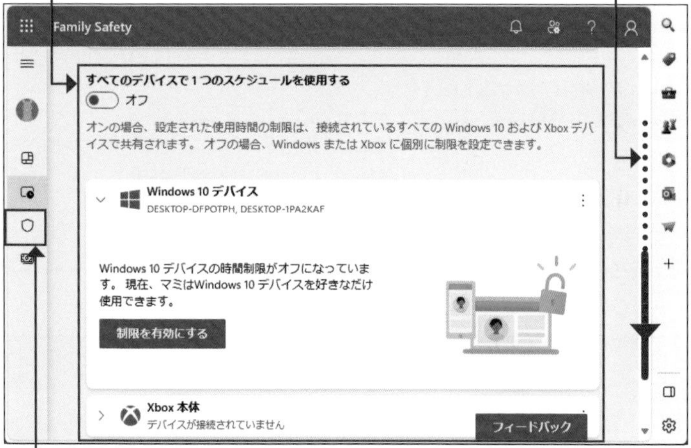

8 🛡をクリックすると、

9 コンテンツフィルターの管理ページが表示されます。

10 画面をスクロールすると、

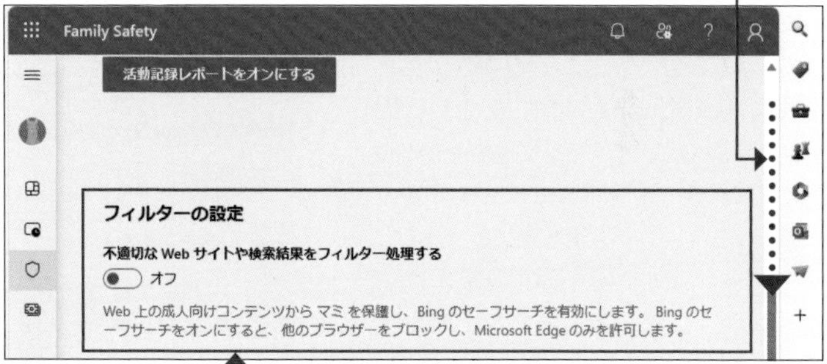

11 コンテンツフィルターの設定が行えます。

補足 アカウントの種類を変更する

あとから追加したユーザーを管理者（Administrator）に変更したいなど、アカウントの種類を変更したいときは、■→［設定］→［アカウント］→［他のユーザー］→［アカウントの種類を変更したいユーザー名（ここでは［技術マミ］）とクリックし、［アカウントの種類の変更］をクリックします。

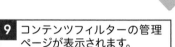

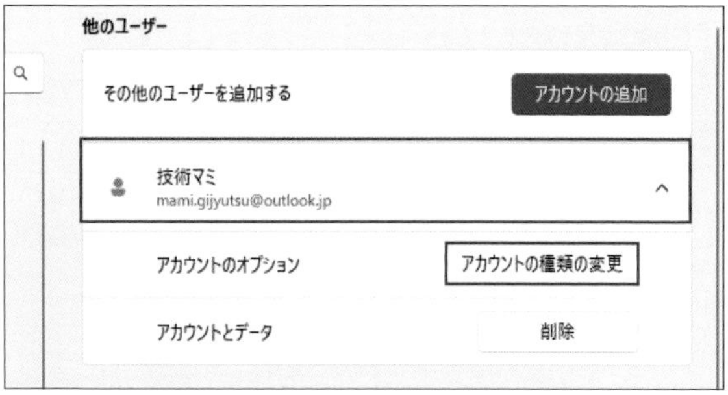

Section

76 顔認証でサインインしよう

ここで学ぶこと

・顔認証
・サインイン
・Windows Hello

Windows 11は、パスワードやPINを入力する代わりに**顔認証**を利用して**サインイン**できます。顔認証を利用すると、ロック画面を解除し、カメラをわずかな時間見るだけですばやくWindows 11にサインインできます。

1 顔認証の設定を行う

解説

顔認証を設定する

「顔認証」は、あらかじめ自分の顔の情報を登録しておき、カメラを見つめるだけでWindows 11にサインインできる機能です。顔認証では、ユーザー固有の生体情報を用いて認証を行うため、手軽にWindows 11にサインインできるだけでなく、パスワード漏えいのリスクがなく、強固なセキュリティを実現できます。

1 ■をクリックし、

2 [設定]をクリックします。

3 [アカウント]をクリックし、

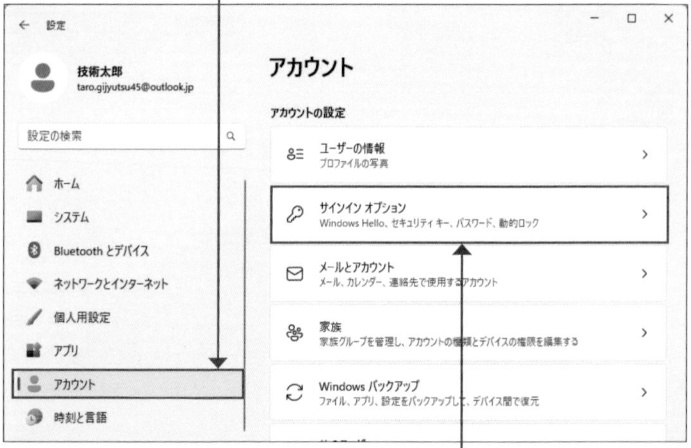

4 [サインインオプション]をクリックします。

注意

顔認証には対応カメラが必要

顔認証を利用するには、Windows Helloに対応した顔認証カメラが必要です。手順5の画面で、顔認識（Windows Hello）の下に「このオプションは現在使用できません」と表示されているときは、パソコンにカメラが搭載されていても顔認証を利用できません。

5 ［顔認識（Windows Hello）］をクリックし、

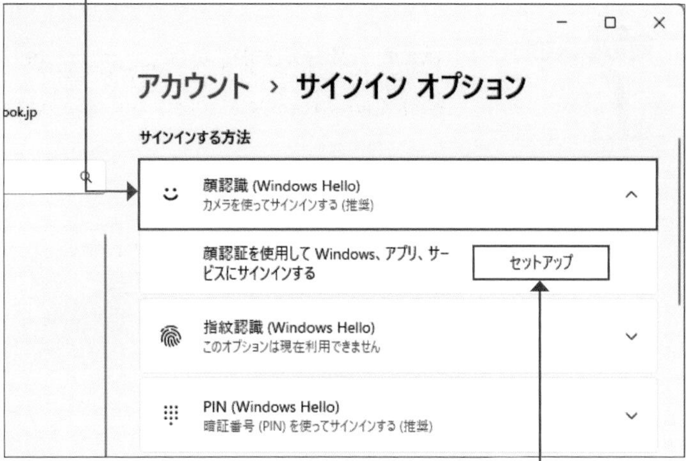

6 ［セットアップ］をクリックします。

7 ［開始する］をクリックします。

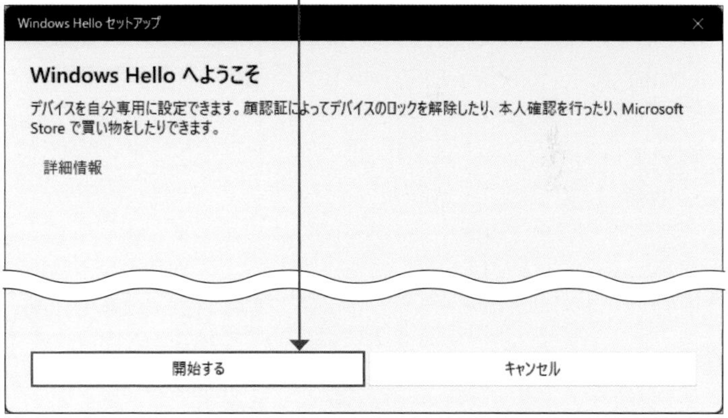

8 PINの入力画面が表示されたときは、［PIN］を入力すると、

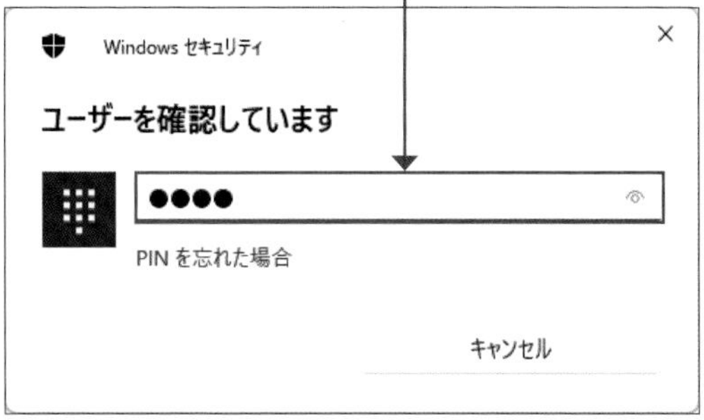

ヒント

顔の登録を行う

手順9の顔の登録中は、作業が完了するまでパソコンに搭載されたカメラを正面から見つめてください。また、登録作業中には、画面に「カメラをまっすぐ見続けてください」などのメッセージが表示されます。このメッセージの指示に従って登録作業を行ってください。

補足

顔認証の利用をやめる

手順13の画面で［削除］をクリックすると、顔認証の登録情報が削除され、利用を中止できます。なお、顔認証の削除を行ってもPINの設定は削除されません。

9 顔の登録作業がはじまるので、

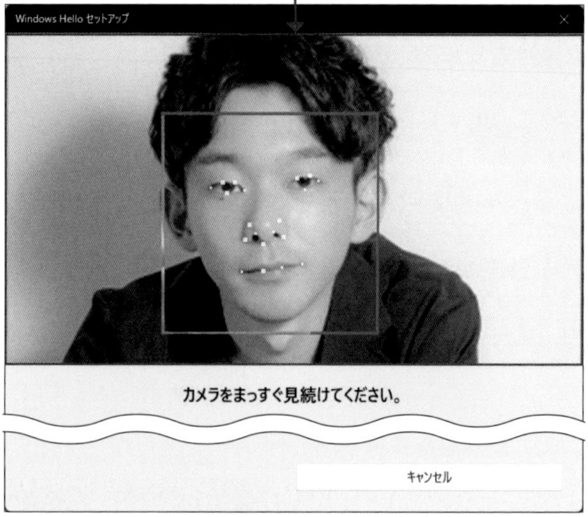

10 フレーム内に顔が入るように画面をまっすぐ見続けます。

11 顔の登録が完了すると、「すべて完了しました。」画面が表示されます。

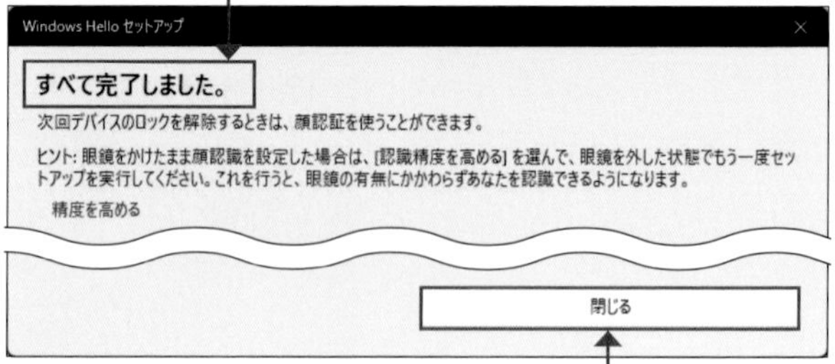

12 ［閉じる］をクリックします。

13 顔認識の設定はこれで完了です。

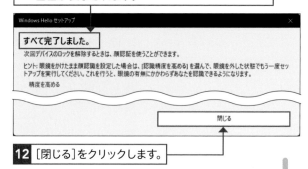

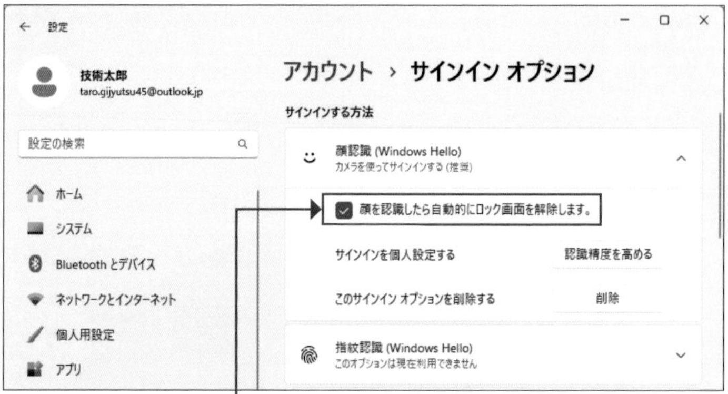

14 ［顔を認識したら自動的にロック画面を解除します。］がオンに設定され、次回の認証から顔認証が利用されます。

② 顔認証でサインインする

解説

顔認証でWindows 11にサインインする

顔認証によるWindows 11へのサインインは、パソコンの電源を入れ、ロック画面でカメラを正面から見つめるだけで自動的に認証が行われ、デスクトップが表示されます。

1 ロック画面が表示されると、画面に「ユーザーを探しています」と表示されます。

2 画面を正面から見ていると自動的に認証が行われて、

3 デスクトップが表示されます。

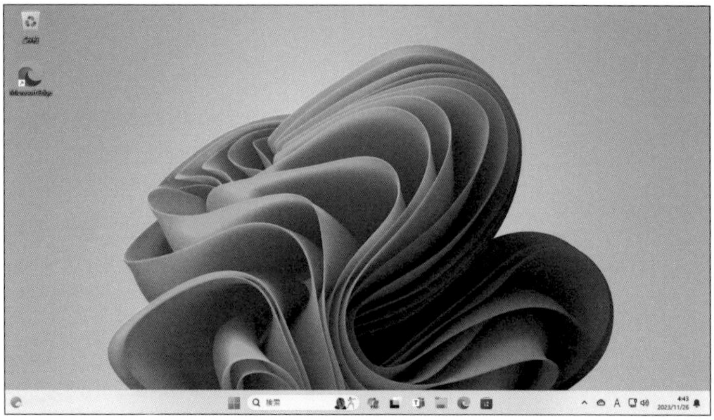

補足 認識精度を高める

メガネをかけているときとかけていないときで認識精度に差があるときは、両方の顔を登録して認識精度を高めてください。認識精度を高めたいときは、272ページの手順⑬の画面で［認識精度を高める］をクリックし、画面の指示に従って顔の再登録を行います。たとえば、最初の登録時にメガネをかけていたときは、ここではメガネを外した状態で顔の登録を行ってください。

Section

77 PINを変更しよう

ここで学ぶこと

- PIN
- サインイン
- 変更

Windows 11では、パスワードを利用したサインインよりも安全性が高い「**PIN**」を利用したサインインを推奨しています。PINは自由に変更できるだけでなく、数字とアルファベット、記号を含めた複雑なものも設定できます。

1 PINを変更する

解説

PINの変更

PINは、パスワードの代わりに4文字以上の英数字や記号を利用してサインインを行う方法です。仮にPINが漏えいしても、実際のパスワードが漏えいするわけではないため、パスワードを直接入力するよりも安全性の高い認証方法とされています。右の手順では、利用中のPINの変更方法を説明しています。

1 ■をクリックし、

2 [設定]をクリックします。

3 [アカウント]をクリックし、

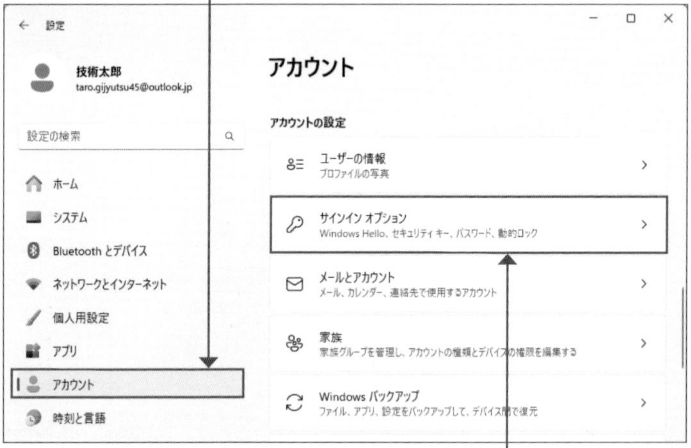

4 [サインインオプション]をクリックします。

補足 複雑なPINを設定する

PINは、4桁以上127文字以下で設定できます。また、[英字と記号を含める]をオンにすると、数字以外にもアルファベットや特殊文字を含んだPINを設定できます。アルファベットを含むPINでは、アルファベットの大文字／小文字が区別されます。

5 [PIN(Windows Hello)]をクリックし、

6 [PINの変更]をクリックします。

7 「PINの変更」画面が表示されます。

8 現在利用中のPINを入力し、

9 新しいPINを入力します。

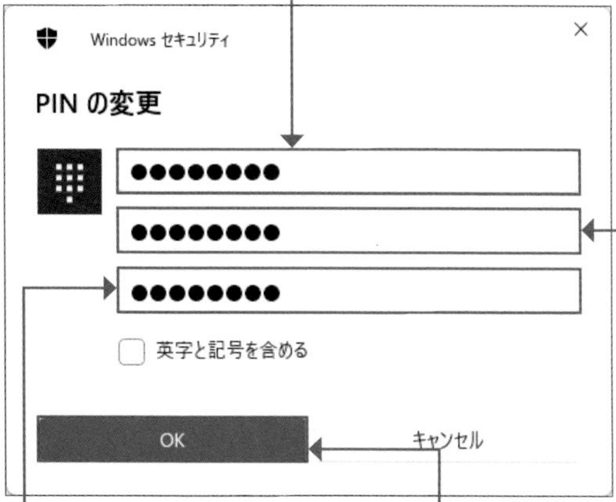

10 新しいPINを再入力して、

11 [OK]をクリックすると、PINが変更され手順**5**の画面に戻ります。

ヒント PINを忘れたときは

PINを忘れたときは、サインイン画面で[PINを忘れた場合]をクリックして画面の指示に従って操作することでPINをリセットして新しいPINを設定できます。なお、PINのリセットにはMicrosoft アカウントのパスワードまたはローカルアカウントで利用しているパスワードの入力が求められます。

PINを忘れた場合

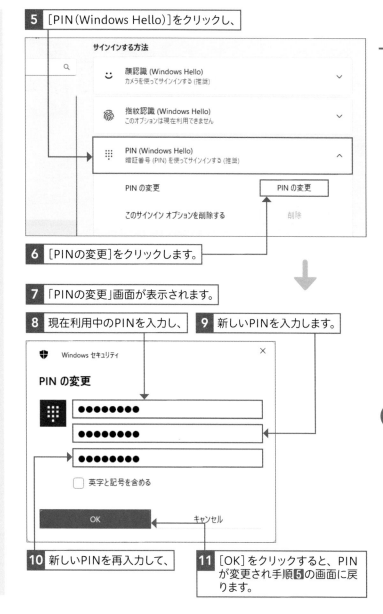

Section

78 サインインをパスワードレスにしよう

ここで学ぶこと

・パスワードレス
・Microsoft アカウント
・サインイン

Windows 11への**サインイン**にMicrosoft アカウントを使用している場合は、PINや顔認証、指紋認証を設定することで、Windows 11へのサインインにパスワード認証を使用しない「**パスワードレス**」の設定が行えます。

① パスワードレスの設定を確認／変更する

解説

パスワード設定について

パスワードレスは、Windows 11へのサインインにMicrosoft アカウントを使用している場合のみに設定できます。この設定が有効になっている場合、Windows 11へのサインインは、顔認証や指紋認証、PINなどのWindows Hello対応の認証方法のみが利用でき、パスワード認証は利用できません。また、PINを削除してPINの利用を停止することもできません。右の手順では、パスワードレスの設定を確認し、必要に応じてパスワードレスの設定をオフにする方法を説明しています。

1 ■をクリックし、

2 ［設定］をクリックします。

3 ［アカウント］をクリックし、

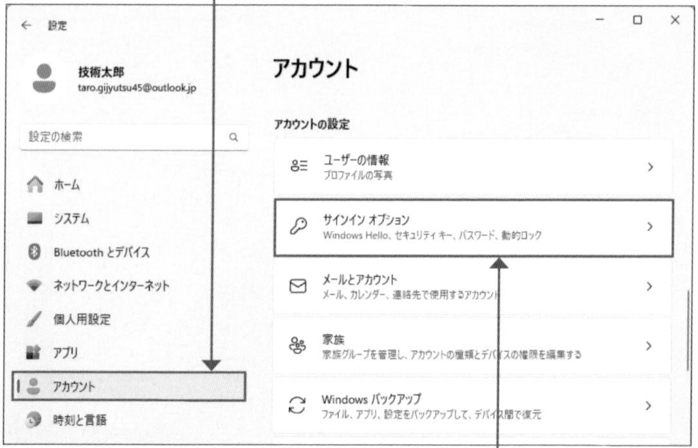

4 ［サインインオプション］をクリックします。

補足 パスワードレスの設定を無効にする

パスワードレスの設定を無効にすると、Windows 11へのサインインにパスワードが利用できるようになります。また、PINの利用を停止してパスワードによる認証に戻したりできます。パスワードレスの設定を無効にしたいときは、右の手順7の設定を行ってください。

5 画面をスクロールし、

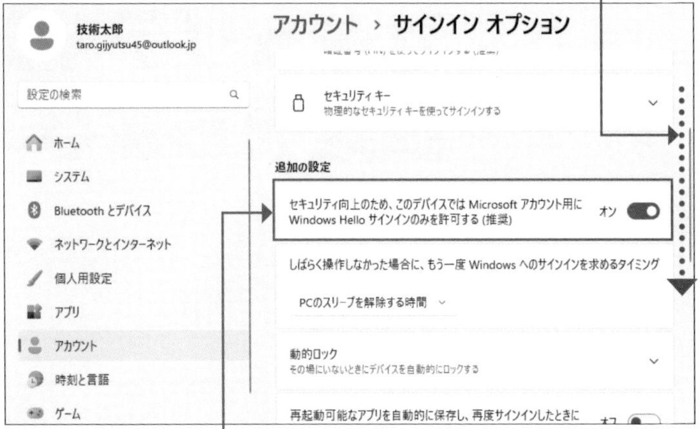

6 ［セキュリティ向上のため…］が (オン) になっていると、パスワードレスの設定が有効です。

7 パスワードレスの設定をオフにしたいときは、［セキュリティ向上のため…］の (オン) をクリックして (オフ) にし、

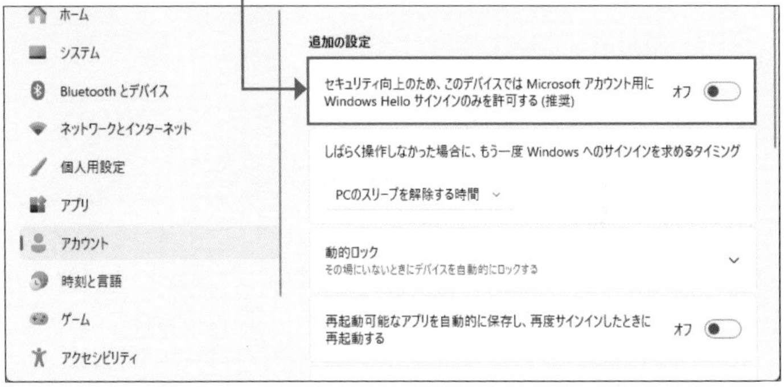

8 パソコンを再起動します。

9 サインイン画面に［サインインオプション］が表示されるのでクリックすると、

10 サインインオプションで、パスワードによるサインインが選択できます。

PIN

Section

79 セキュリティ対策の設定をしよう

ここで学ぶこと

- Windows セキュリティ
- ウイルス
- スパイウェア

Windows セキュリティは、Windows 11に用意されている包括的なセキュリティ管理機能です。Windows セキュリティでは、ウイルス／スパイウェア対策やアカウントの保護、ファイアウォールの設定などの**セキュリティの管理**が行えます。

1 Windows セキュリティを起動する

1 ^ をクリックし、

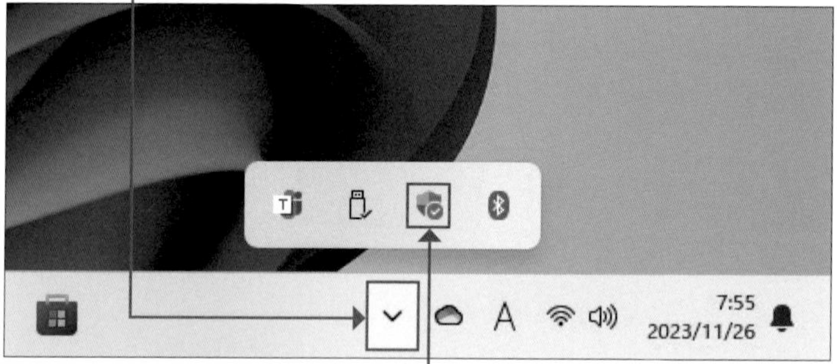

2 をクリックします。

3 Windows セキュリティが起動します。

解説

セキュリティ対策の設定

Windows セキュリティは、Windows 11に備わっている包括的なセキュリティ管理機能です。ウイルス／スパイウェアの対策を行う「ウイルスと脅威の防止」や「アカウントの保護」「ファイアウォールとネットワーク保護」「アプリとブラウザーコントロール」「デバイスセキュリティ」「デバイスのパフォーマンスと正常性」「ファミリーのオプション」などの項目が用意されています。

補足

他社製アプリがインストールされている場合

他社製のウイルス／スパイウェア対策アプリがインストールされている場合も、Windows セキュリティでそのアプリの機能の一部を管理できます。管理できる内容については、ウイルス／スパイウェア対策アプリ付属の取り扱い説明書などを参照してください。

②「セキュリティ インテリジェンス」を更新する

解説

セキュリティ インテリジェンスについて

ウイルス／スパイウェア対策アプリは、日々増加していく悪意のあるプログラムの情報をデータベース化して管理しています。この情報を「セキュリティ インテリジェンス」と呼びます。右の手順では、Windows 11に標準で備わっているウイルス／スパイウェア対策アプリ「Microsoft Defender」のセキュリティ インテリジェンスを手動で更新する方法を説明しています。なお、Microsoft Defenderのセキュリティ インテリジェンスの更新は、通常、Windows Updateを利用して自動的に行われます。手動のウイルス検査を実施する場合など、現在のセキュリティ インテリジェンスが最新か確認したいときなどに手動更新を行ってください。

注意

SモードのWindows 11を利用している場合

SモードのWindows 11を利用しているときは、右の手順2で以下の画面が表示され、手順2以降の操作が行えません。SモードのWindows 11は、セキュリティを高めたWindows 11の特別なバージョンであるためです。

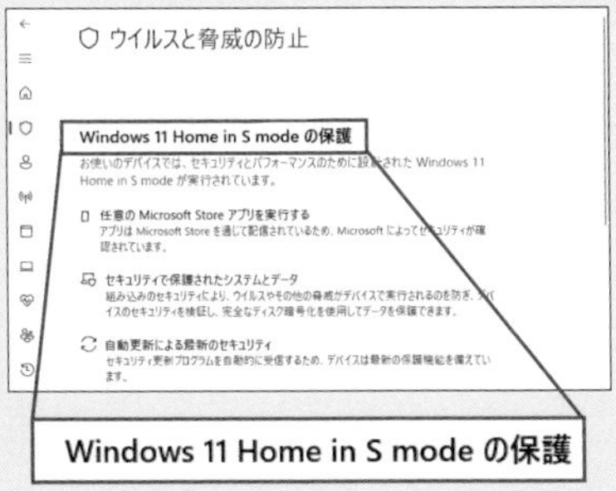

1 ［ウイルスと脅威の防止］をクリックします。

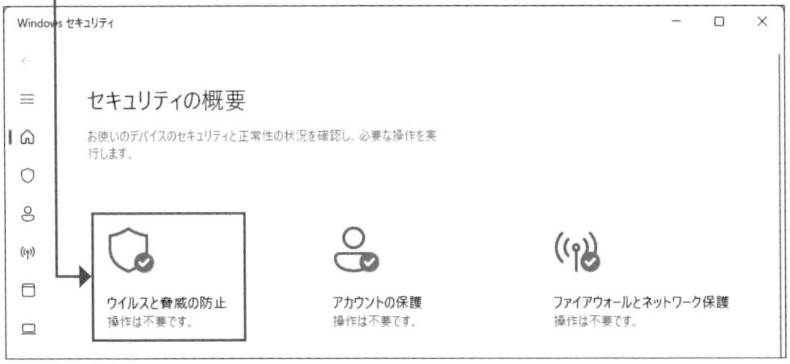

2 画面をスクロールして、

3 ［保護の更新］をクリックします。

4 ［更新プログラムのチェック］をクリックすると、

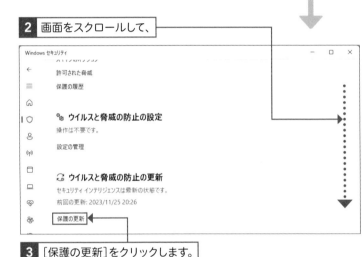

5 ウイルスおよびスパイウェアのセキュリティ インテリジェンスの更新が行われます。

左の「解説」参照

③ 手動でウイルス検査を行う

解説

ウイルス検査を手動で実行する

右の手順では、パソコン内蔵のHDDやSSD内のすべてのデータを対象にフルスキャンによるウイルス検査を手動で実施する方法を解説しています。定期的に手動でウイルス検査を行うことで、検出漏れが減り、セキュリティを高めることができます。なお、この機能はSモードのWindows 11がインストールされたパソコンでは利用できません。

1 [ウイルスと脅威の防止]をクリックします。

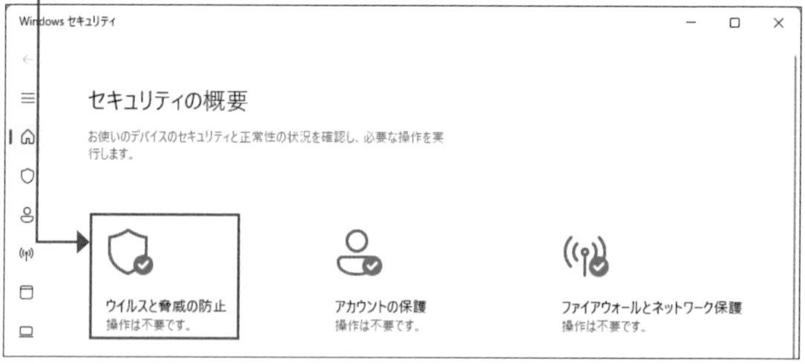

2 [スキャンのオプション]をクリックします。

3 [フル スキャン]の○をクリックして◉にし、

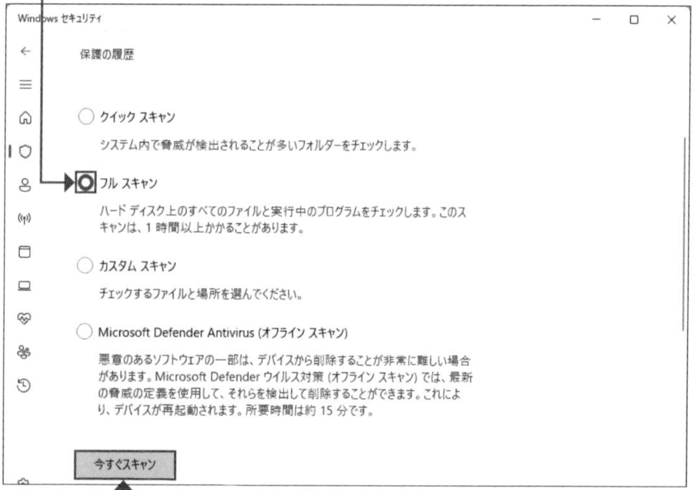

4 [今すぐスキャン]をクリックすると、

5 ウイルス検査が実行されます。

6 ウイルス検査が終了すると、検査結果が表示されます。

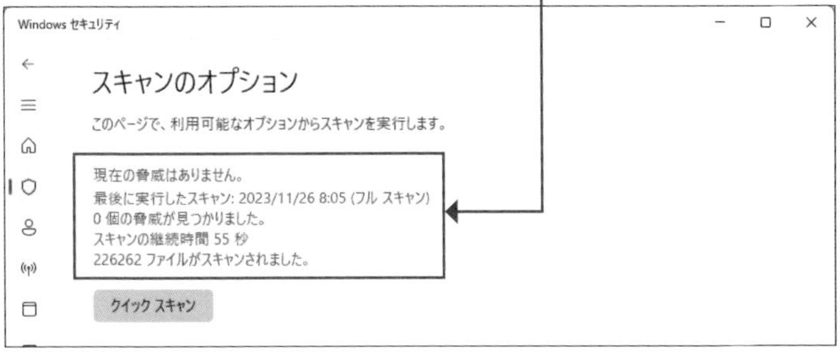

4 検出されたウイルスを削除する

解説

検出されたウイルスの削除

ウイルス検査やWebの閲覧やファイルのダウンロードなどによって脅威が検出されると、それを警告するために通知バナーが表示されます。右の手順では、ウイルス検査によって脅威が検出されたときの対処法を説明しています。なお、この機能はSモードのWindows 11がインストールされたパソコンでは利用できません。

1 ウイルスを検出すると検査終了後に通知バナーが表示され、

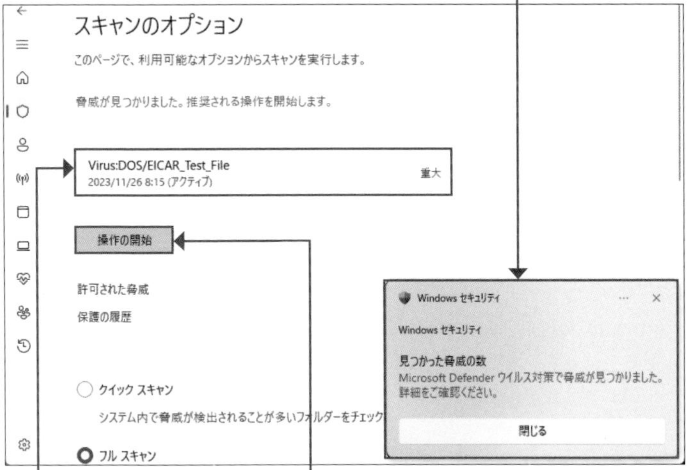

2 検出した脅威が表示されます。

3 [操作の開始]をクリックすると、

4 推奨される操作が実行されます。

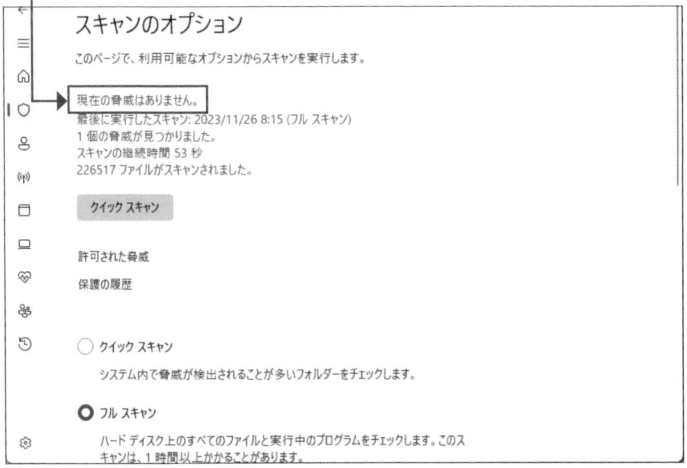

Section

80 ネットワークプロファイルを確認しよう

ここで学ぶこと

- ネットワークプロファイル
- プライベートネットワーク
- パブリックネットワーク

ネットワークプロファイルは、セキュリティ対策機能と連動して利用される**場所の設定**です。信頼がおける安全な場所で利用する「**プライベートネットワーク**」と危険が潜む公の場所で利用する「**パブリックネットワーク**」の2種類があります。

1 ネットワークプロファイルを確認する

解説

ネットワークプロファイルとは

ネットワークプロファイルは、セキュリティ対策機能と連動して利用場所に応じた最適なセキュリティを適用します。信頼がおける安全な場所で利用する「プライベートネットワーク」と危険が潜む公の場所で利用する「パブリックネットワーク」の2種類が用意されており、Windows 11では通常「パブリックネットワーク」を自動選択します。ネットワークプロファイルの確認と変更は、右の手順で行えます。

補足

ネットワークのアイコンについて

Windows 11では、Wi-Fiでインターネットが利用可能な場合に、有線LANでインターネットが利用可能な場合に、インターネットが利用不可の場合にのアイコンが表示されます。

1 または（ここでは）を右クリックし、

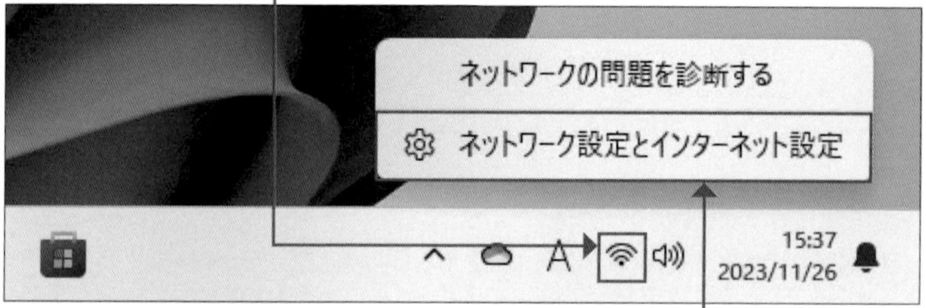

2 ［ネットワーク設定とインターネット設定］をクリックします。

3 「プロパティ」で現在のネットワークプロファイル（ここでは「パブリックネットワーク」）を確認できます。

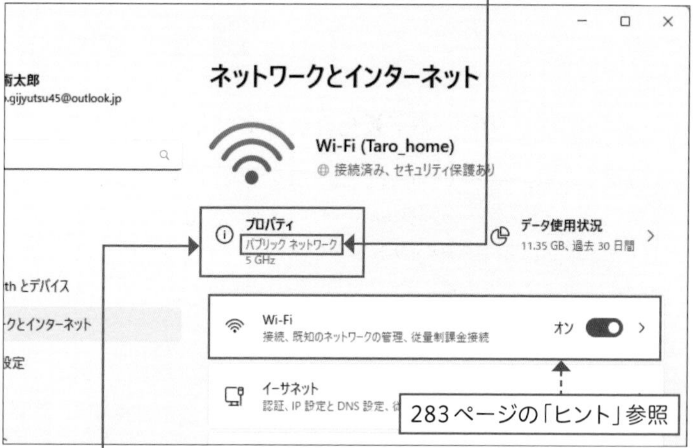

283ページの「ヒント」参照

4 ネットワークプロファイルを変更したいときは、［プロパティ］をクリックします。

補足

プライベートとパブリックの違い

プライベートネットワークとパブリックネットワークのもっとも大きな違いは、ファイル共有を行えるかどうかです。プライベートネットワークはファイル共有を行えますが、パブリックネットワークはファイル共有を行えません。通常、外出先ではパブリックネットワークを、自宅や会社など信頼できる場所でプライベートネットワークを利用します。

5 画面をスクロールして、

6 [プライベートネットワーク]または[パブリックネットワーク](ここでは[プライベート])をクリックすると、

7 選択したネットワークプロファイル(ここでは[プライベートネットワーク])に変更されます。

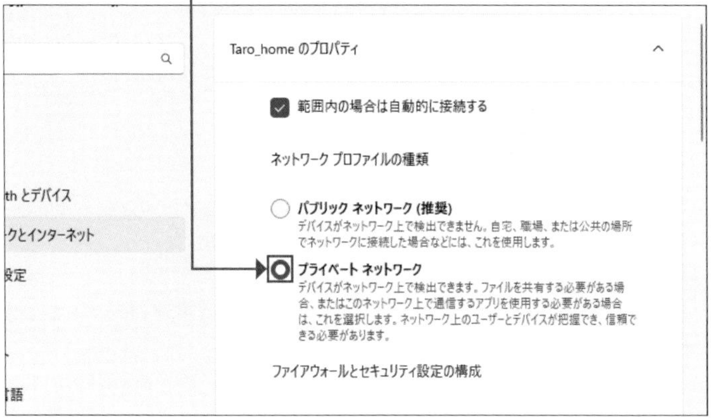

ヒント **Wi-Fiの不要な接続設定を削除する**

間違えて接続したり、使用することがなくなったWi-Fiの接続設定は、282ページの手順3の画面で[Wi-Fi]をクリックして次画面で[既知のネットワークの管理]をクリックすることで削除できます。

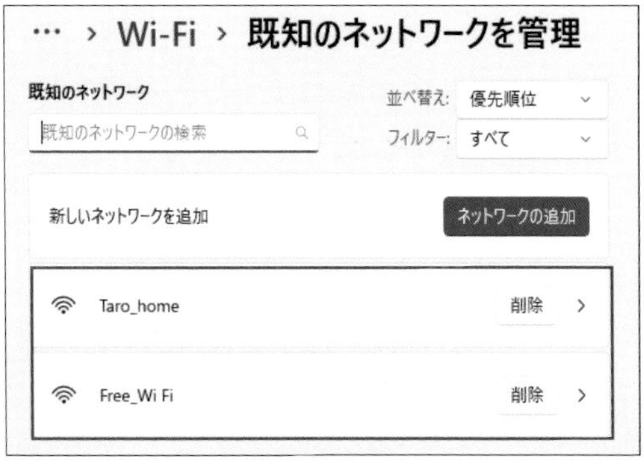

Section

81 Windows Updateの設定を変更しよう

ここで学ぶこと

- Windows Update
- 更新プログラム
- 手動

Windows Updateは、不具合やセキュリティの問題を解消する更新プログラムを適用する機能です。通常、更新プログラムは自動で適用されますが、**手動更新**が行えるほか、アップデートによる不具合発生時には**アンインストール**も行えます。

1 手動でWindows Updateを適用する

解説

更新プログラムの手動アップデート

Windows Updateは、更新プログラムの自動更新機能です。Windows 11には、毎月定期的に実施される「品質更新プログラム」と「機能更新プログラム」があります。また、緊急度が高いセキュリティアップデートは、随時、配布されています。Windows Updateは、これらの更新を自動的に実施します。また、Windows Updateは、右の手順で手動更新を行うこともできます。

1 ▦をクリックし、

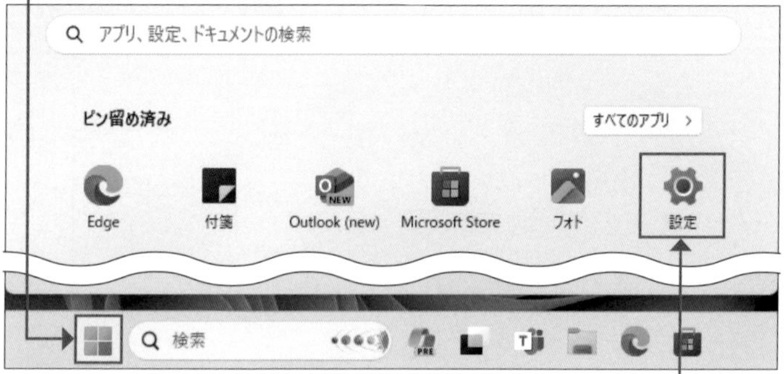

2 [設定]をクリックします。

3 [Windows Update]をクリックします。

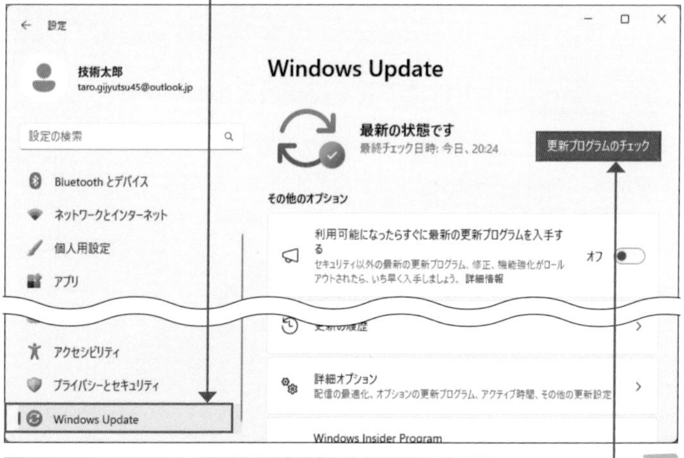

4 [更新プログラムのチェック]をクリックすると、

補足

更新プログラムの適用時間について

更新プログラムには、パソコンの再起動を伴う更新とパソコンの再起動が不要な更新があります。パソコンの再起動が伴う更新プログラムがインストールされたときは、以下のような画面が表示され、アクティブ時間に設定された時間外にパソコンの再起動が実行されます。

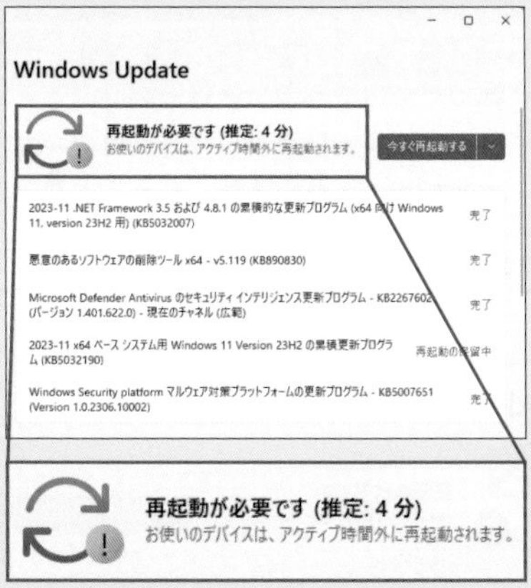

ヒント

アクティブ時間の設定

アクティブ時間は、通常、パソコンの利用傾向などをもとにWindows 11が自動設定しますが、手動で設定することもできます。アクティブ時間を手動設定したいときは、右の手順8の画面から［詳細オプション］→［アクティブ時間］とクリックすることで行えます。

5 更新プログラムのチェックが開始されます。

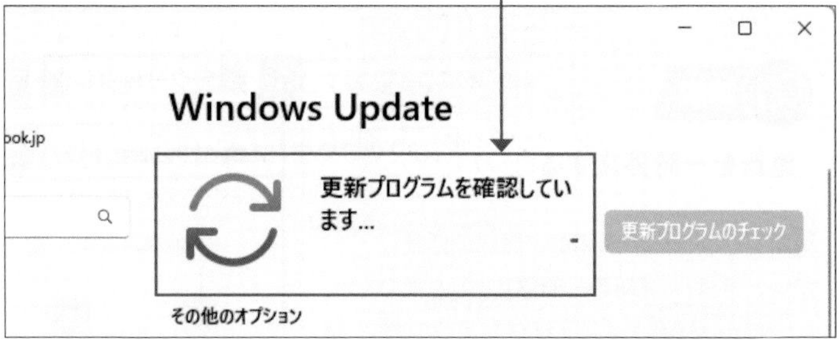

6 更新プログラムが見つかったときは、自動的にダウンロードが実行され、

7 インストールが行われます。

8 更新プログラムのインストールが完了すると「最新の状態です」と表示されます。

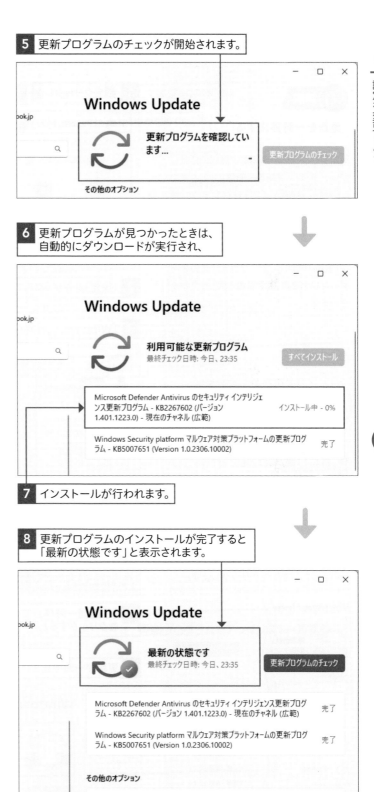

Section

82 パソコンを以前の状態に戻そう

ここで学ぶこと

- システムの保護
- 復元ポイント
- システムの復元

Windows 11には、更新プログラムの適用やアプリのインストールなどによって不具合が発生したときに、**正常動作していたときの状態に戻す**ことで不具合を回避する「**システムの保護(システムの復元)**」と呼ばれる機能が備わっています。

1 「システムの保護」を設定する

解説

「システムの保護」の設定

システムの保護は、正常に動作していたときのシステムの状態を「復元ポイント」として保存しておき、問題が発生したときに、正常動作していたときの状態に戻せる機能です。右の手順では、システムの復元が有効になっているかどうかを確認し、無効になっていた場合は、システムの復元を有効に設定する手順を説明しています。

注意

システムの復元利用時の制限

システムの復元は、システムの状態を対象とした機能であるため、ユーザーデータを復元することはできません。たとえば、誤って写真や文書などのファイルを削除した場合に、システムの復元を利用してもそのファイルを復元することはできません。また、システムの復元は、発生した不具合を完全に解消することを保証する機能ではありません。システムの復元を利用しても不具合を解消できない場合があります。

1 ■をクリックし、

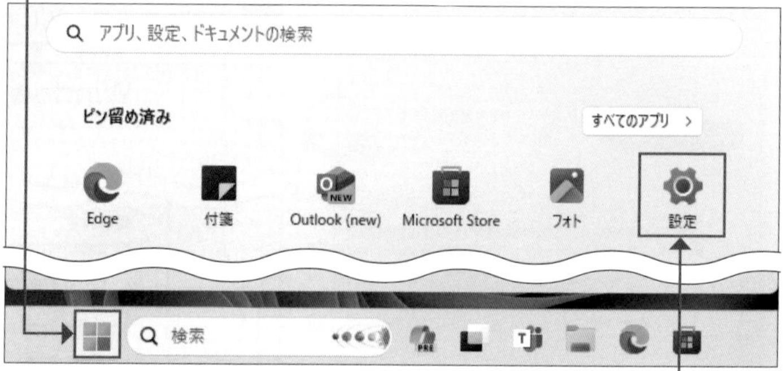

2 [設定]をクリックします。

3 [システム]が選択されていることを確認し、

4 画面をスクロールして、

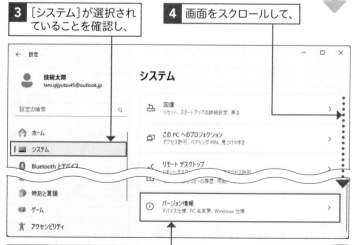

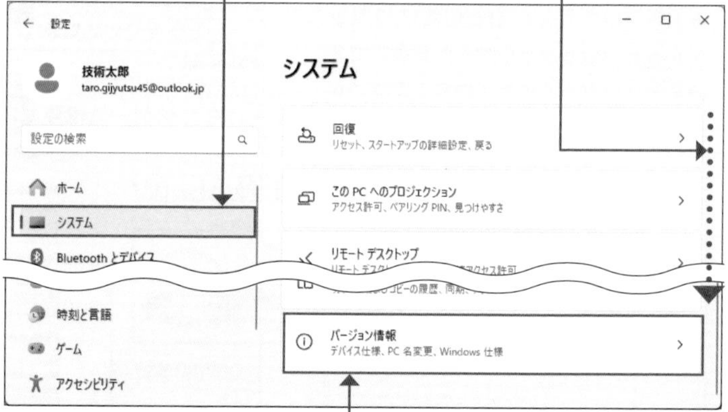

5 [バージョン情報]をクリックします。

補足
保護設定が有効の場合は

右の手順8で保護設定が[有効]になっているときは、システムの保護が設定されています。システムの保護が有効に設定されている場合は、[構成]をクリックして、手順11の最大容量の確認を行ってください。

6 [システムの保護]をクリックします。

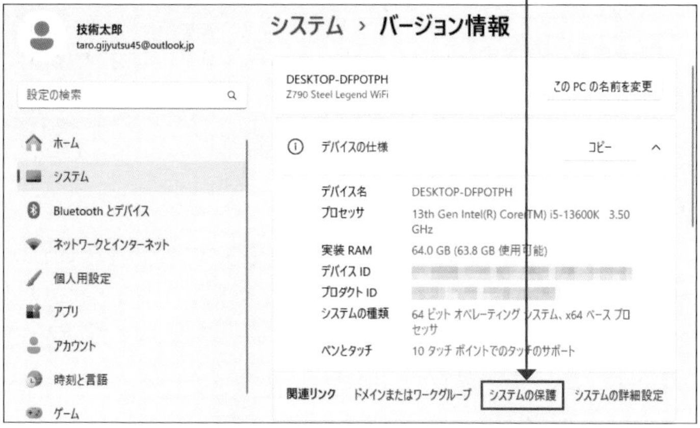

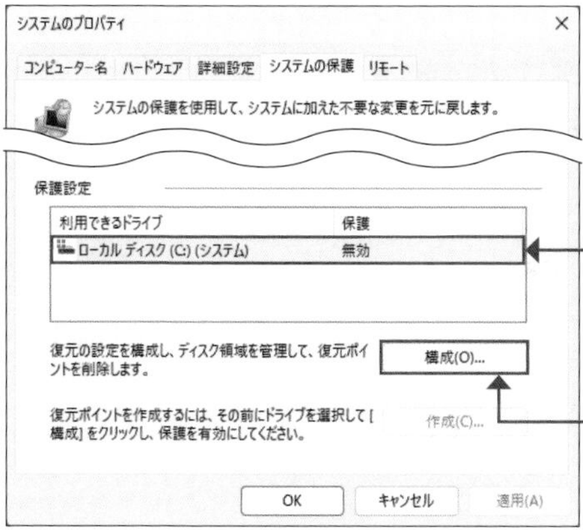

7 「システムのプロパティ」が表示されます。

8 「(C:)(システム)」と表記のあるドライブの保護設定が[無効]になっているときは、

9 [構成]をクリックします。

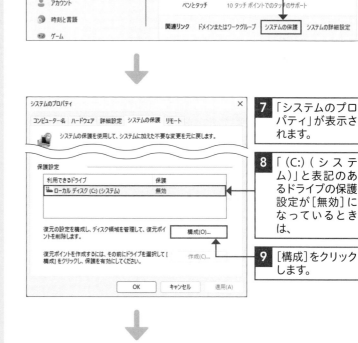

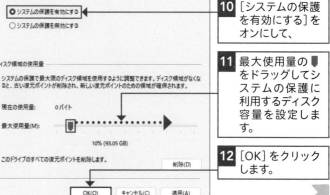

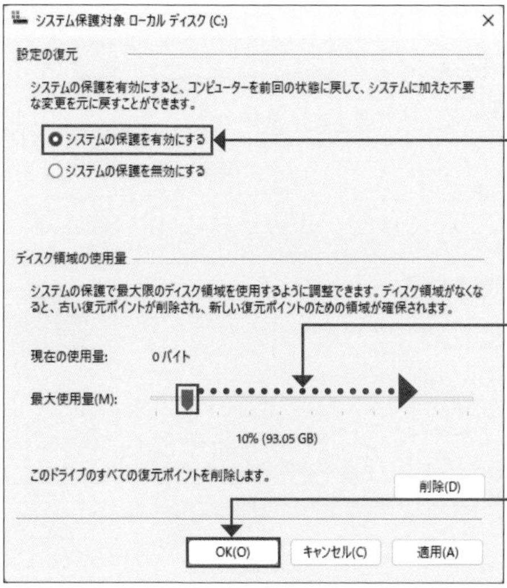

10 [システムの保護を有効にする]をオンにして、

11 最大使用量の をドラッグしてシステムの保護に利用するディスク容量を設定します。

12 [OK]をクリックします。

ヒント
最大容量について

手順11の最大容量の設定は、システムの保護で復元先として利用する復元ポイントを保存しておくためのディスク容量の設定です。この容量を多くすると、それだけ多くの復元ポイントを保存できます。また、ここで指定した容量に達すると、古い復元ポイントから順に削除し、新しい復元ポイントを保存するための容量を確保します。

補足

復元ポイントの作成

システムの復元を行うには、復元ポイントが1つ以上作成されている必要があります。復元ポイントは、通常、重要な更新プログラムの適用前などに自動作成されるほか、手動で作成することもできます。システムの復元を有効にしたときは、手順13の画面で［作成］をクリックし、画面の指示に従って復元ポイントを作成しておくことをお勧めします。

13 保護設定が「有効」になります。

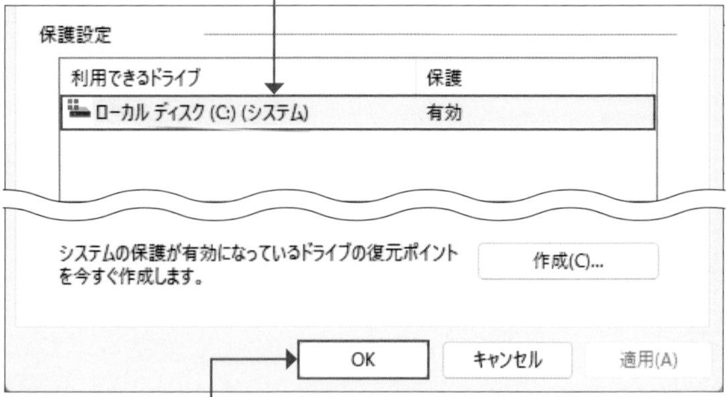

14 ［OK］をクリックして画面を閉じます。

補足

復元ポイントの状態に戻す

不具合が発生した場合など、システムの復元を利用してWindows 11を正常だったときの状態に戻したいときは、以下の手順でシステムを復元します。

1 288～289ページの手順を参考にシステムのプロパティを表示します。

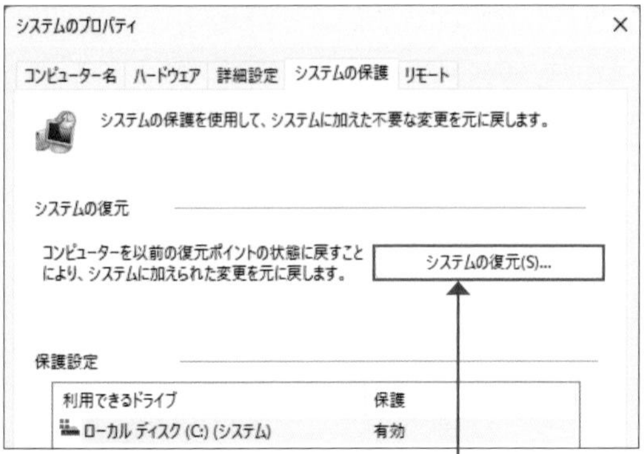

2 ［システムの復元］をクリックします。

3 ［次へ］をクリックします。

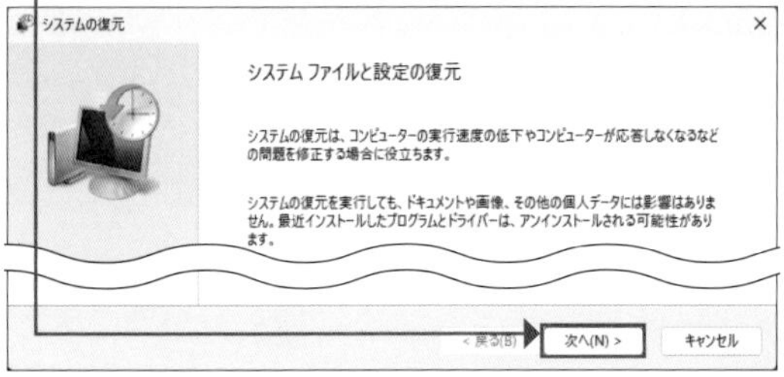

4 復元ポイントのリストが表示されます。

5 復元先をクリックし、

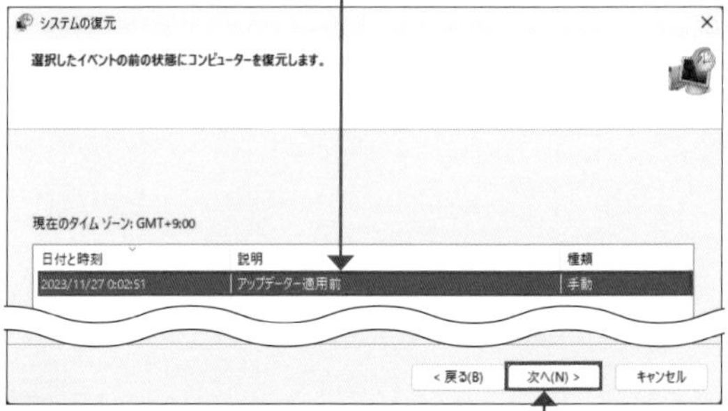

6 ［次へ］をクリックします。

7 ［完了］をクリックすると、システムの復元が開始されます。

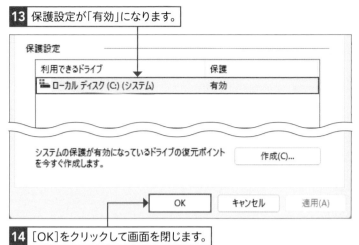

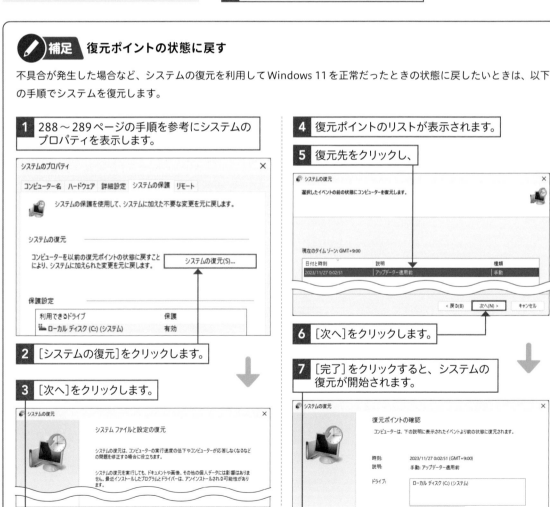

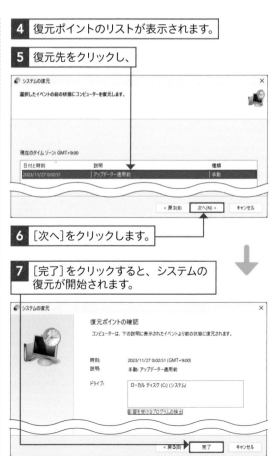

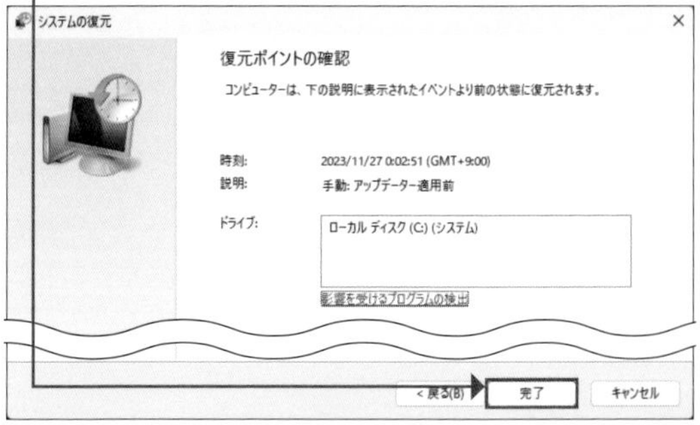

第13章

Windows 11の初期設定をしよう

Section

83 初期設定をしよう

ここで学ぶこと

- 初期設定
- サインイン
- Microsoft アカウント

Windows 11がプリインストールされたパソコンをはじめて起動するときは、**初期設定**を行う必要があります。初期設定では、サインインに利用する**アカウントの登録**などを画面の指示に従って設定していきます。

1 Windows 11の初期設定を行う

解説

Windows 11の初期設定について

ここでは、Windows 11の初期設定の途中でMicrosoft アカウントを新規取得し、それをWindows 11のサインインアカウントとして利用する方法を説明しています。すでにお持ちのMicrosoft アカウントを利用してWindows 11の初期設定を行う場合は、右の手順だけでなく、301ページの「補足」も参照してください。なお、Windows 11の初期設定を行うには、インターネット接続環境が必要です。

注意

初期設定の画面が異なる

Windows 11のバージョンや利用するパソコンによっては、本書で紹介している手順どおりに初期設定画面が表示されない場合があります。また、一部の初期設定画面が表示されなかったり、本書にはない初期設定画面が表示されたりする場合もあります。詳細な初期設定については、ご利用のパソコンの取り扱い説明書などで確認してください。

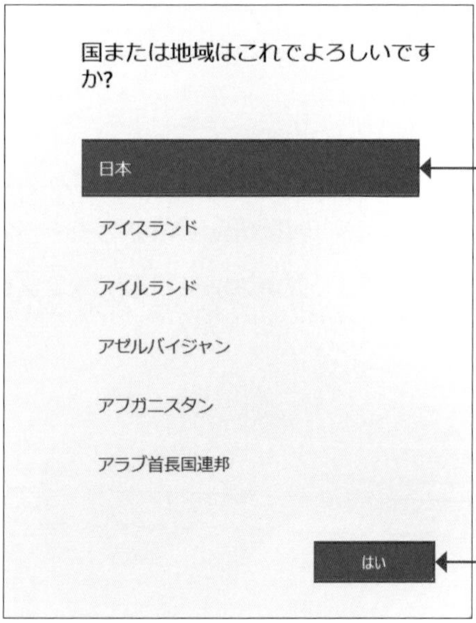

1 住んでいる地域の選択画面が表示されます。

2 [日本] が選択されていることを確認し、

3 [はい] をクリックします。

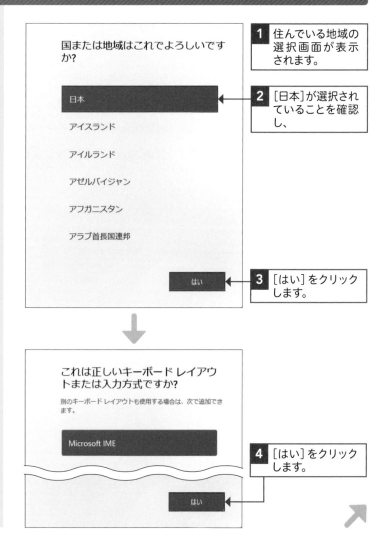

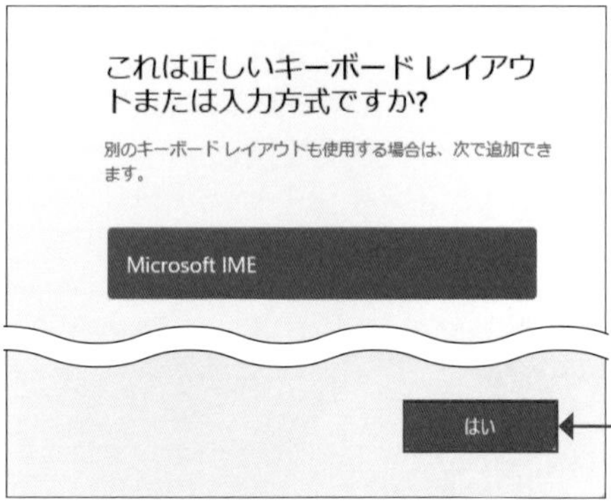

4 [はい] をクリックします。

補足

「ネットワークに接続しましょう」画面について

手順6の「ネットワークに接続しましょう」画面は、有線LANとWi-Fiの両方を備えたパソコンでは表示されない場合があります。このタイプのパソコンでは、有線LANに接続をしていないときにのみ、この画面が表示されます。この画面が表示されなかったときは、手順12に進んでください。

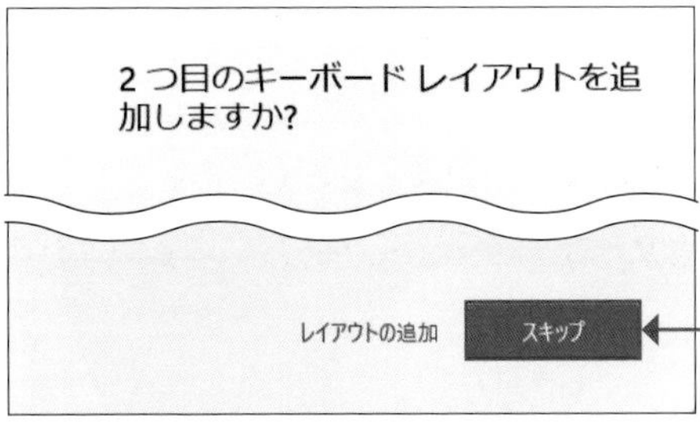

5 [スキップ]をクリックします。

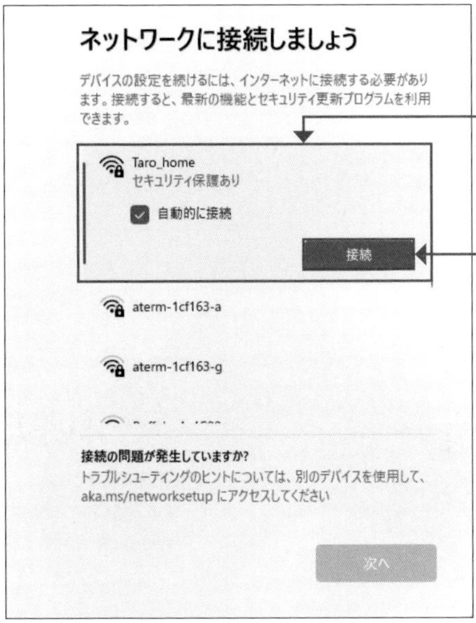

ネットワークに接続しましょう
デバイスの設定を続けるには、インターネットに接続する必要があります。接続すると、最新の機能とセキュリティ更新プログラムを利用できます。
Taro_home
セキュリティ保護あり
自動的に接続
接続
aterm-1cf163-a
aterm-1cf163-g
接続の問題が発生していますか?
トラブルシューティングのヒントについては、別のデバイスを使用して、aka.ms/networksetup にアクセスしてください
次へ

6 「ネットワークに接続しましょう」画面が表示されたときは、接続先(ここでは、[Taro_home])をクリックし、

7 [接続]をクリックします。

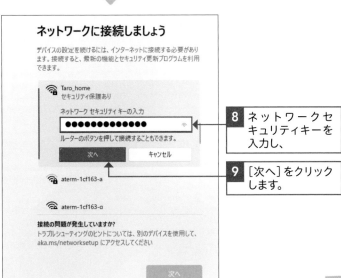

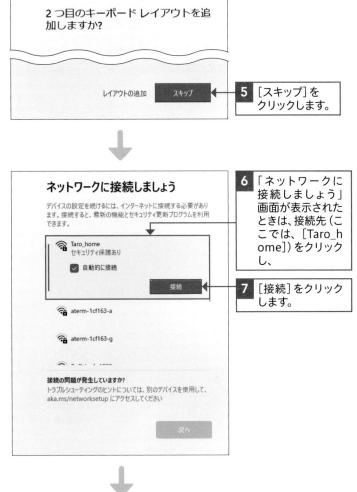

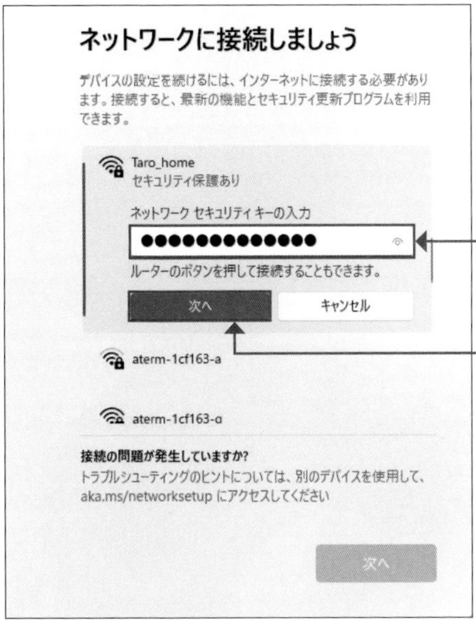

ネットワークに接続しましょう
デバイスの設定を続けるには、インターネットに接続する必要があります。接続すると、最新の機能とセキュリティ更新プログラムを利用できます。
Taro_home
セキュリティ保護あり
ネットワーク セキュリティ キーの入力
●●●●●●●●●●●●●●
ルーターのボタンを押して接続することもできます。
次へ
キャンセル
aterm-1cf163-a
aterm-1cf163-g
接続の問題が発生していますか?
トラブルシューティングのヒントについては、別のデバイスを使用して、aka.ms/networksetup にアクセスしてください
次へ

8 ネットワークセキュリティキーを入力し、

9 [次へ]をクリックします。

ヒント

ネットワークセキュリティキーの入力

Wi-Fiの利用には、接続先(アクセスポイント)の名称やネットワークセキュリティキーなどの情報が必要です。利用しているWi-Fiルーターやアクセスポイントの取り扱い説明書を参考に接続先(アクセスポイント)を選択し、ネットワークセキュリティキーを入力してください。

ヒント

アップデートの確認時間

手順12のライセンス契約の画面は、アップデートの確認が完了すると表示されます。アップデートの確認は、数分程度かかる場合があります。

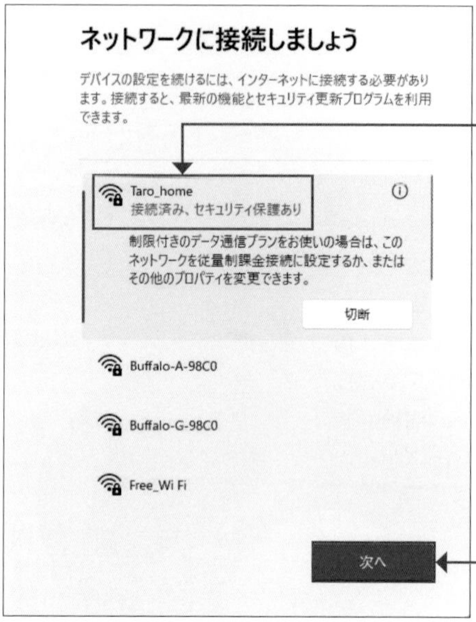

ネットワークに接続しましょう
デバイスの設定を続けるには、インターネットに接続する必要があります。接続すると、最新の機能とセキュリティ更新プログラムを利用できます。
Taro_home
接続済み、セキュリティ保護あり
制限付きのデータ通信プランをお使いの場合は、このネットワークを従量制課金接続に設定するか、またはその他のプロパティを変更できます。
切断
Buffalo-A-98C0
Buffalo-G-98C0
Free_Wi Fi
次へ

10 手順6で選択した接続先に[接続済み]と表示されます。

11 [次へ]をクリックすると、アップデートの確認が実施されます。

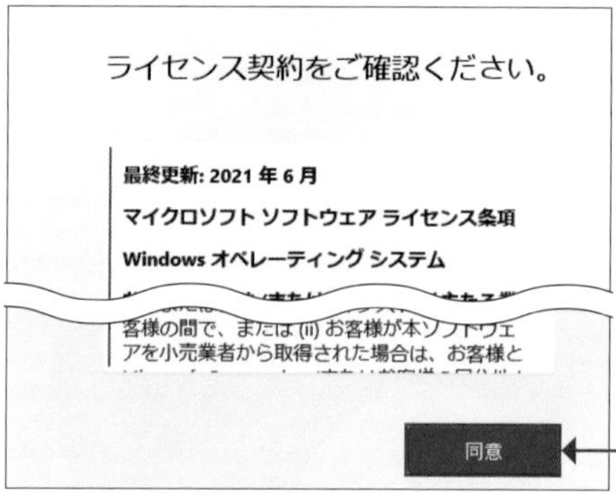

12 ライセンス契約の画面が表示されたときは[同意]をクリックします。

補足

パソコンに付ける名称

右の手順13で行っているパソコンの名称の設定は、ファイル共有を行ったりするときに相手のパソコンに表示される識別名（パソコン名／コンピューター名）です。複数のパソコンを利用しているときは、必ず、同じ名称にならないようにしてください。なお、[今はスキップ]をクリックすると、この設定をスキップし、手順15に進みます。

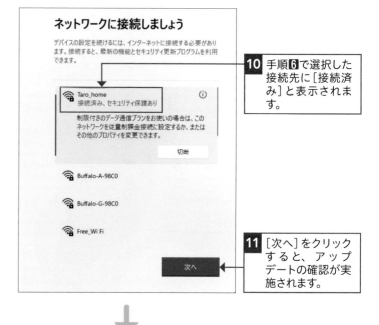

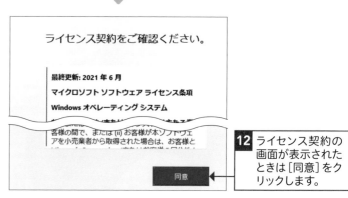

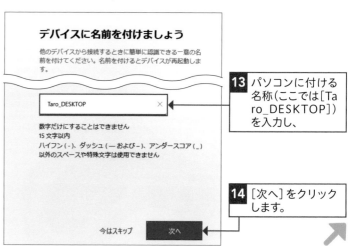

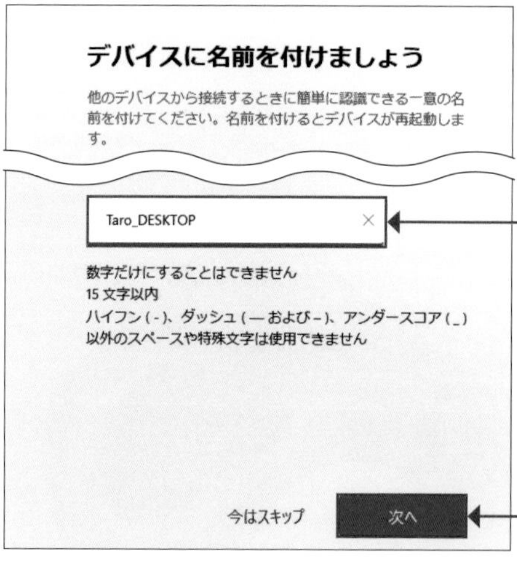

13 パソコンに付ける名称（ここでは[Taro_DESKTOP]）を入力し、

14 [次へ]をクリックします。

ヒント

「個人用」や「職場または学校用」について

手順⑮の設定は、初期設定中のパソコンをどのように設定するかを選択しています。家庭内などで利用する場合は、通常、[個人用に設定]を選択します。また、[職場または学校用に設定する]は、Windowsサーバーなどが設置されている会社や学校などで利用するときに選択します。なお、Windows 11 Homeではこの設定は表示されません。

このデバイスをどのように設定しますか?

🏠 **個人用に設定**
個人用 Microsoft アカウントを使用して、設定を行い、このデバイスを完全に制御します。

🏢 **職場または学校用に設定する**
メール、ネットワーク、アプリ、サービスといった組織のリソースにアクセスできます。組織はこのデ...

次へ

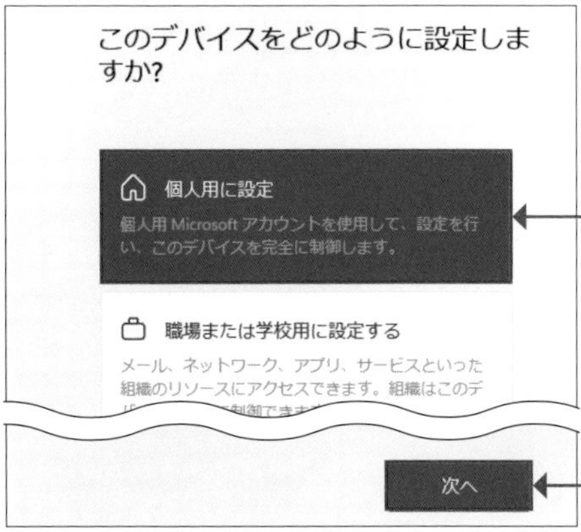

15 [個人用に設定]をクリックして選択し、

16 [次へ]をクリックします。

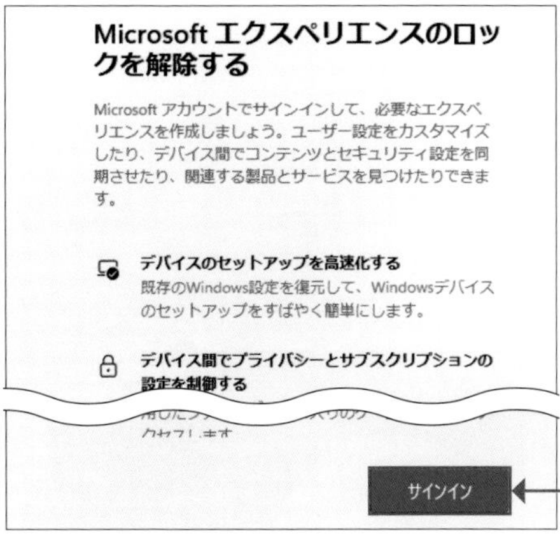

Microsoft エクスペリエンスのロックを解除する

Microsoft アカウントでサインインして、必要なエクスペリエンスを作成しましょう。ユーザー設定をカスタマイズしたり、デバイス間でコンテンツとセキュリティ設定を同期させたり、関連する製品とサービスを見つけたりできます。

🖥️ **デバイスのセットアップを高速化する**
既存のWindows設定を復元して、Windowsデバイスのセットアップをすばやく簡単にします。

🔒 **デバイス間でプライバシーとサブスクリプションの設定を制御する**

サインイン

17 [サインイン]をクリックします。

Microsoft アカウントを追加しましょう

▦ Microsoft

サインイン

メール、電話、または Skype

アカウントをお持ちでない場合、作成できます。

セキュリティ キーでサインイン ⑦

サインイン オプション

サインインすると、アカウントに保存された情報が Microsoft 製品全体で利用できるようになります。そのため、予定表情報、お気に入り、連絡先、パスワード、閲覧履歴、機密ファイルなどの重要な情報が必要な場所に配置されます。また、このデバイス上のファイルと写真をOneDrive にバックアップして、それらを安全に保ちます。詳細情報
[次へ] を選択すると、Microsoft サービス規約およびプライバシーに関する声明に同意したことになります。

詳細を表示　　次へ

作成

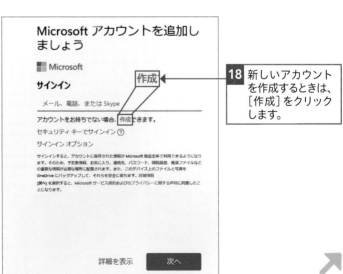

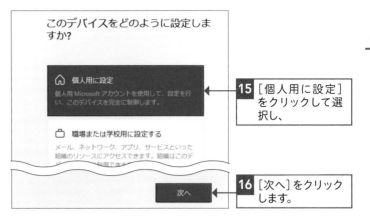

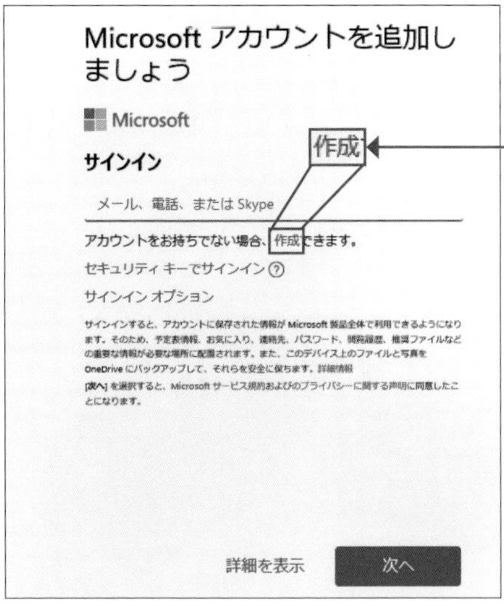

18 新しいアカウントを作成するときは、[作成]をクリックします。

補足

メールアドレスがすでに使われているときは

手順20で入力したメールアドレスがすでに使われていたときは、手順21の次に「Microsoft アカウントとして既に使用されています。」と表示されます。別のメールアドレスを入力して、[次へ]をクリックしてください。

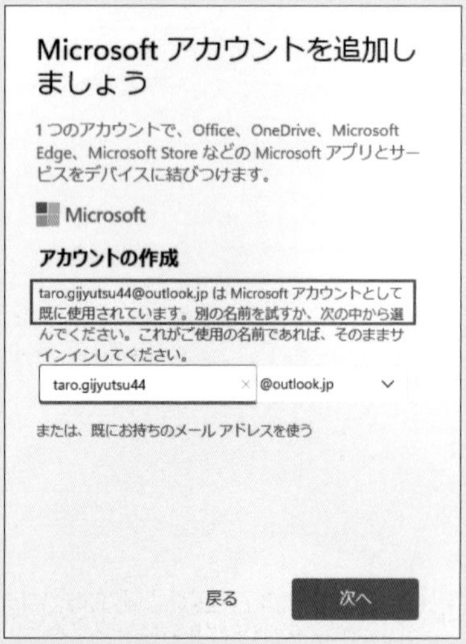

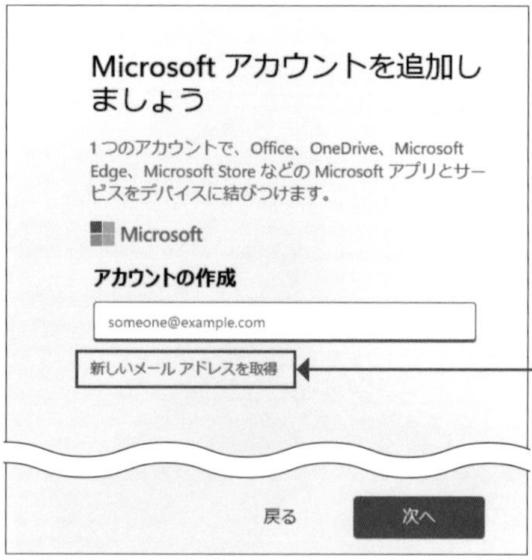

19 [新しいメールアドレスを取得]をクリックします。

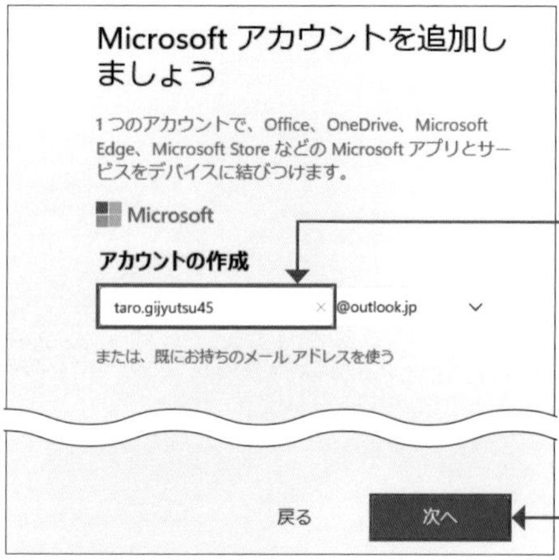

20 希望のメールアドレスを入力し、

21 [次へ]をクリックします。

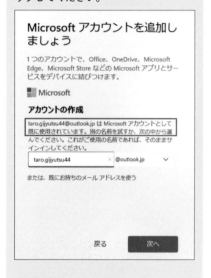

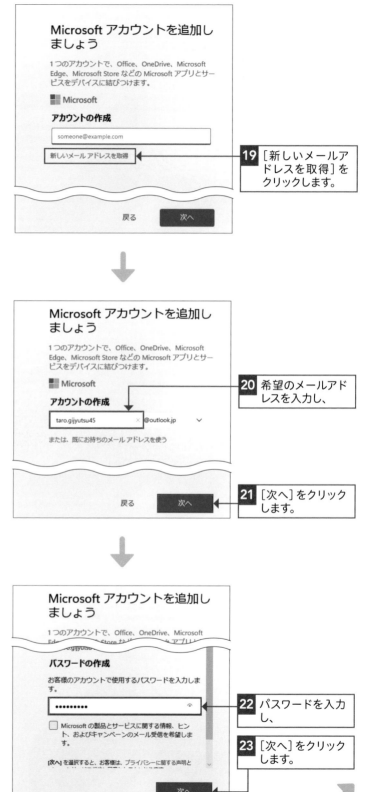

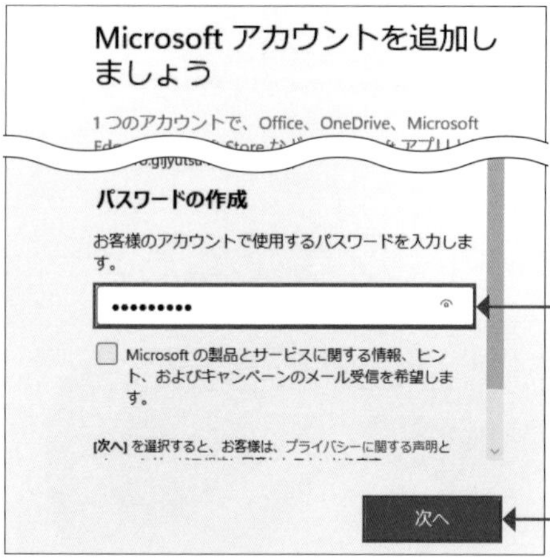

Microsoft アカウントを追加しましょう
1つのアカウントで、Office、OneDrive、Microsoft
パスワードの作成
お客様のアカウントで使用するパスワードを入力します。
Microsoft の製品とサービスに関する情報、ヒント、およびキャンペーンのメール受信を希望します。
[次へ] を選択すると、お客様は、プライバシーに関する声明と
次へ

22 パスワードを入力し、

23 [次へ]をクリックします。

ヒント

生まれ年は西暦で入力

手順29で生年月日の生まれ年は、「西暦」で入力してください。和暦での入力は行えません。

補足

セキュリティ情報について

手順31のセキュリティ情報は、パスワードを忘れてしまった場合の回復、アカウントのハッキング被害の防止、ブロック時のアカウントの復元などに利用されます。セキュリティ情報は、メールアドレスまたは携帯電話の電話番号を追加できます。また、メールは、Microsoft アカウントで取得したメールアドレスとは別のものを設定します。

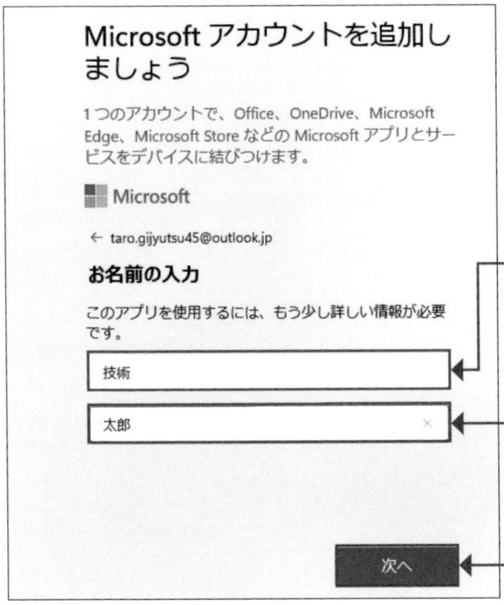
Microsoft アカウントを追加しましょう
1 つのアカウントで、Office、OneDrive、Microsoft Edge、Microsoft Store などの Microsoft アプリとサービスをデバイスに結びつけます。
Microsoft
← taro.gijyutsu45@outlook.jp
お名前の入力
このアプリを使用するには、もう少し詳しい情報が必要です。
技術
太郎
次へ

24 名前の入力画面が表示されます。

25 姓（ここでは[技術]）を入力し、

26 名（ここでは[太郎]）を入力します。

27 [次へ]をクリックします。

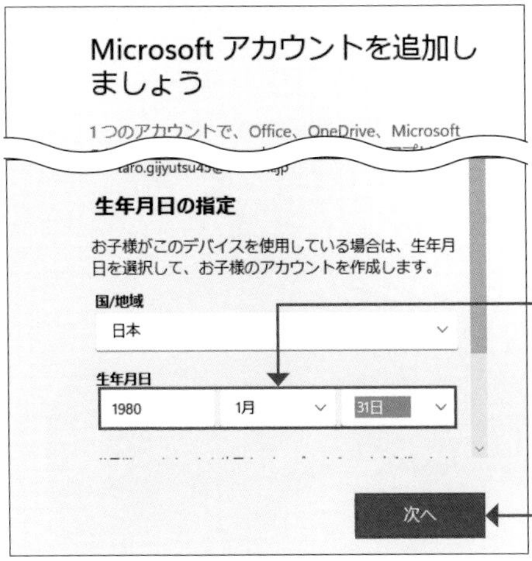
Microsoft アカウントを追加しましょう
1 つのアカウントで、Office、OneDrive、Microsoft
生年月日の指定
お子様がこのデバイスを使用している場合は、生年月日を選択して、お子様のアカウントを作成します。
国/地域
日本
生年月日
1980
1月
31日
次へ

28 生年月日の入力画面が表示されます。

29 生年月日を設定し、

30 [次へ]をクリックします。

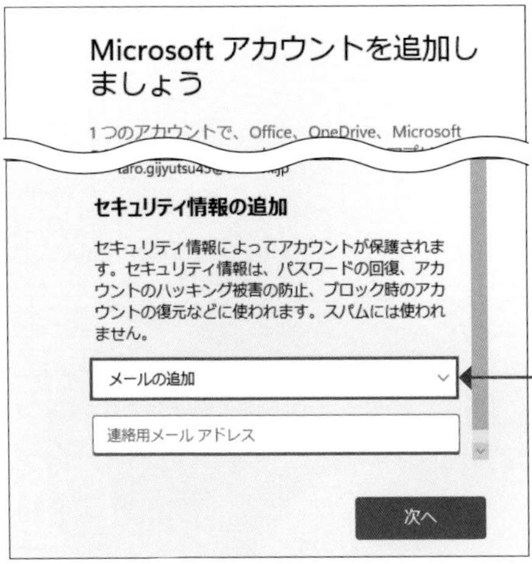
Microsoft アカウントを追加しましょう
1 つのアカウントで、Office、OneDrive、Microsoft
セキュリティ情報の追加
セキュリティ情報によってアカウントが保護されます。セキュリティ情報は、パスワードの回復、アカウントのハッキング被害の防止、ブロック時のアカウントの復元などに使われます。スパムには使われません。
メールの追加
連絡用メール アドレス
次へ

31 セキュリティ情報の追加画面が表示されます。

32 [メールの追加]をクリックし、

補足

電話番号の入力形式

手順34で入力する電話番号は、先頭の「0」を除いた形で入力します、例えば、電話番号が090-AAAA-BBBBの場合、「90AAAABBBB」の形式で入力します。

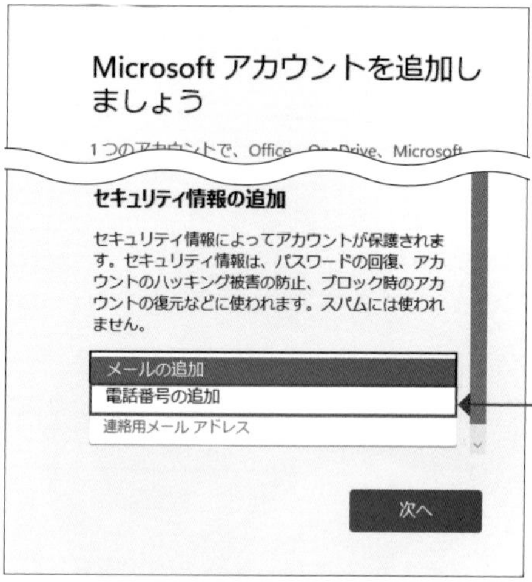

33 ［電話番号の追加］をクリックします。

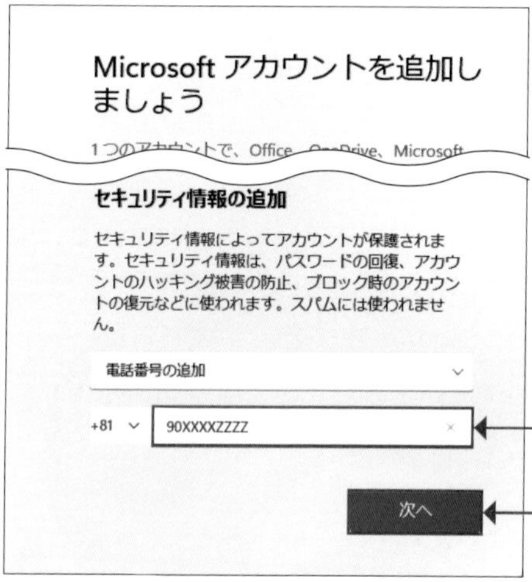

34 電話番号を入力し、

35 ［次へ］をクリックします。

補足

クイズが表示された

手順35のあとにロボットではないことを証明するためのクイズが表示される場合があります。この画面が表示されたときは、画面の指示に従ってクイズに回答してください。ロボットでないことが確認されると、手順36の画面が表示されます。

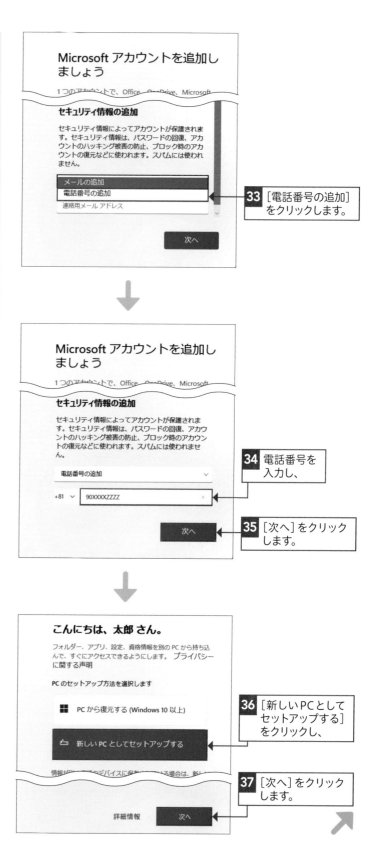

アカウントの作成
ロボットでないことを証明するために クイズに回答してください。
231179b65fd3feb16.9420141304

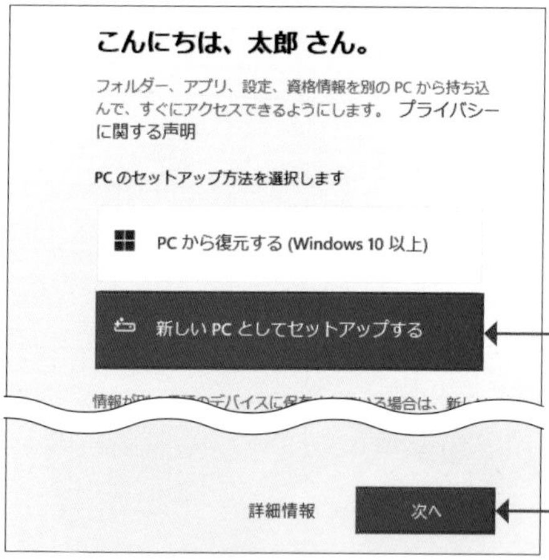

36 ［新しいPCとしてセットアップする］をクリックし、

37 ［次へ］をクリックします。

補足

顔認証の設定について

顔認証に対応したカメラを備えたパソコンを利用しているときは、手順37のあとに顔認証の設定画面が表示されます。顔認証の設定を行うときは、［はい、セットアップします］をクリックし、画面の指示に従って設定を行ってください。顔認証の設定が完了すると、手順38の画面が表示されます。また、顔認証の設定を行わないときは［今はスキップ］をクリックし、手順38に進んでください。

応用技

英字と記号を含むPINを設定する

右の手順39で設定するPINは、数字以外にも英字と記号を含んだより強固なPINを設定できます。数字以外にも英字と記号を含んだPINを設定したいときは、手順39の画面で［英字と記号を含める］をオンにし、PINの入力を行います。

補足

プライバシー設定の選択画面について

右の手順では画面をスクロールして内容を確認していますが、［次へ］をクリックすることでも内容がスクロールし、すべての内容を表示すると、［次へ］が［同意］に変わります。

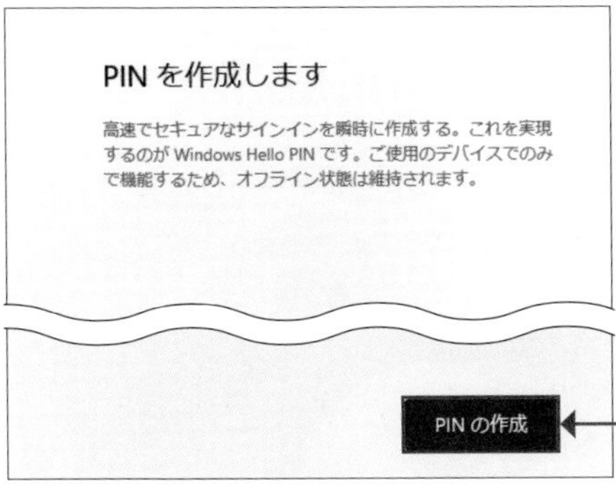

PIN を作成します
高速でセキュアなサインインを瞬時に作成する。これを実現するのが Windows Hello PIN です。ご使用のデバイスでのみで機能するため、オフライン状態は維持されます。
PIN の作成

38 ［PINの作成］をクリックします。

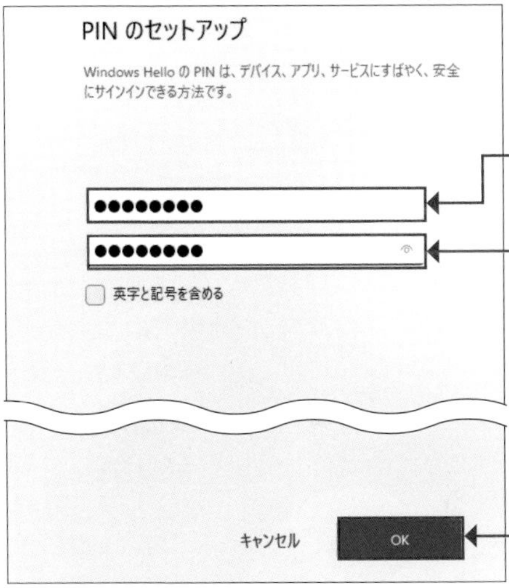

39 4桁以上の数字を入力して、

40 手順39で入力した数字を再入力します。

41 ［OK］をクリックします。

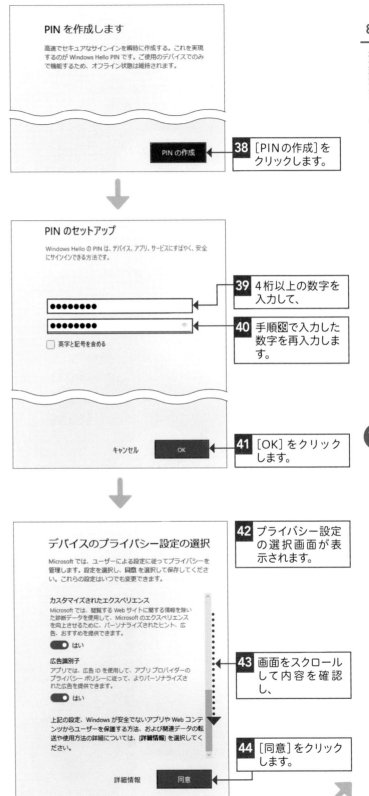

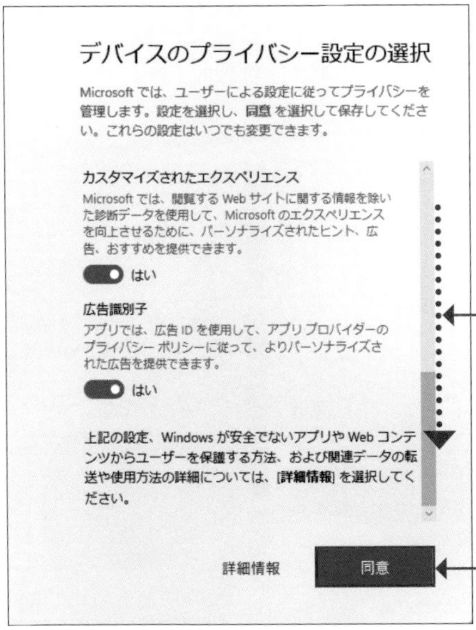

デバイスのプライバシー設定の選択
Microsoft では、ユーザーによる設定に従ってプライバシーを管理します。設定を選択し、同意 を選択して保存してください。これらの設定はいつでも変更できます。
カスタマイズされたエクスペリエンス
Microsoft では、閲覧する Web サイトに関する情報を除いた診断データを使用して、Microsoft のエクスペリエンスを向上させるために、パーソナライズされたヒント、広告、おすすめを提供できます。
はい
広告識別子
アプリでは、広告 ID を使用して、アプリ プロバイダーのプライバシー ポリシーに従って、よりパーソナライズされた広告を提供できます。
はい
上記の設定、Windows が安全でないアプリや Web コンテンツからユーザーを保護する方法、および関連データの転送や使用方法の詳細については、[詳細情報] を選択してください。
詳細情報
同意

42 プライバシー設定の選択画面が表示されます。

43 画面をスクロールして内容を確認し、

44 ［同意］をクリックします。

ヒント

エクスペリエンスを カスタマイズ

右の手順45の画面は、マイクロソフトから送られるヒントや広告、推奨事項などで利用される情報の設定です。右の手順では、この設定をスキップしていますが、設定を行う場合は、興味のある項目のチェックボックスをオンにして、[承諾]をクリックします。

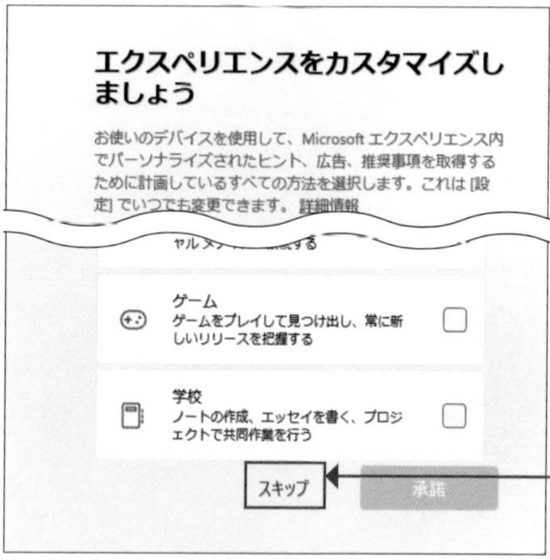
エクスペリエンスをカスタマイズしましょう
お使いのデバイスを使用して、Microsoft エクスペリエンス内でパーソナライズされたヒント、広告、推奨事項を取得するために計画しているすべての方法を選択します。これは [設定] でいつでも変更できます。詳細情報
ゲーム
ゲームをプレイして見つけ出し、常に新しいリリースを把握する
学校
ノートの作成、エッセイを書く、プロジェクトで共同作業を行う
スキップ
承諾

45 「エクスペリエンスをカスタマイズ」画面が表示されます。ここでは[スキップ]をクリックします。

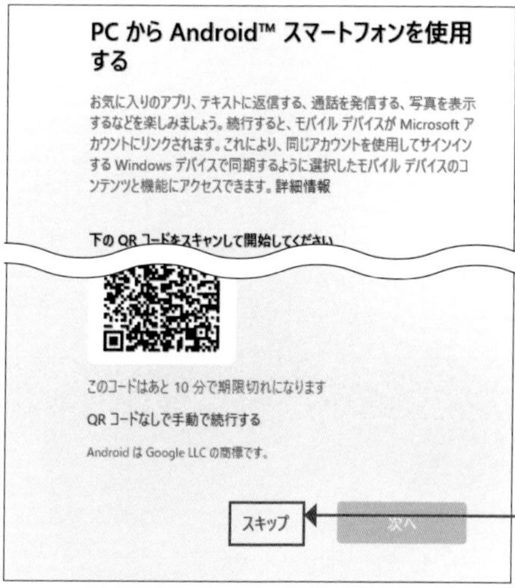
PC から Android™ スマートフォンを使用する
お気に入りのアプリ、テキストに返信する、通話を発信する、写真を表示するなどを楽しみましょう。続行すると、モバイル デバイスが Microsoft アカウントにリンクされます。これにより、同じアカウントを使用してサインインする Windows デバイスで同期するように選択したモバイル デバイスのコンテンツと機能にアクセスできます。詳細情報
このコードはあと 10 分で期限切れになります
QR コードなしで手動で続行する
Android は Google LLC の商標です。
スキップ
次へ

46 「PCからAndroid…」画面が表示されます。ここでは[スキップ]をクリックします。

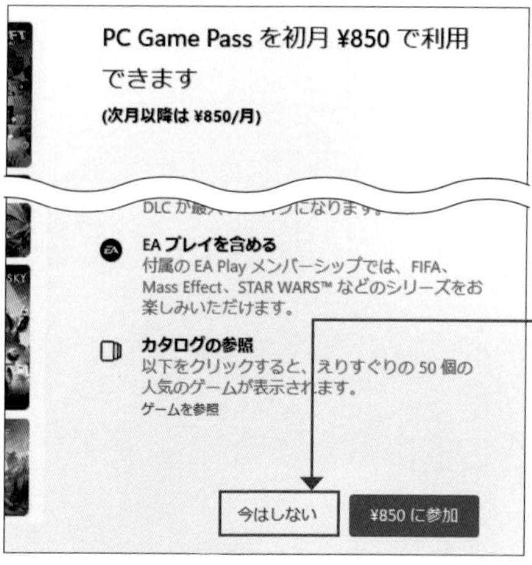
PC Game Pass を初月 ¥850 で利用できます
(次月以降は ¥850/月)
EA プレイを含める
付属の EA Play メンバーシップでは、FIFA、Mass Effect、STAR WARS™ などのシリーズをお楽しみいただけます。
カタログの参照
以下をクリックすると、えりすぐりの 50 個の人気のゲームが表示されます。
ゲームを参照
今はしない
¥850 に参加

47 「PC Game Passを…」画面が表示されます。ここでは[今はしない]をクリックします。

48 しばらく待つとWindows 11のデスクトップが表示されます。

ヒント

生まれ年は西暦で入力

手順29で生年月日の生まれ年は、「西暦」で入力してください。和暦での入力は行えません。

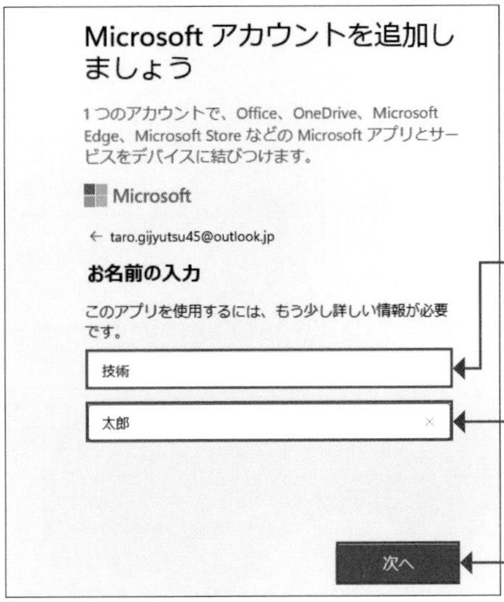

24 名前の入力画面が表示されます。

25 姓（ここでは［技術］）を入力し、

26 名（ここでは［太郎］）を入力します。

27 ［次へ］をクリックします。

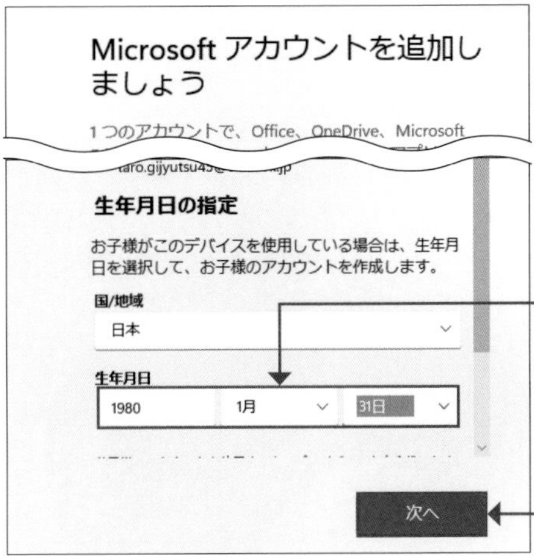

28 生年月日の入力画面が表示されます。

29 生年月日を設定し、

30 ［次へ］をクリックします。

補足

セキュリティ情報について

手順31のセキュリティ情報は、パスワードを忘れてしまった場合の回復、アカウントのハッキング被害の防止、ブロック時のアカウントの復元などに利用されます。セキュリティ情報は、メールアドレスまたは携帯電話の電話番号を追加できます。また、メールは、Microsoft アカウントで取得したメールアドレスとは別のものを設定します。

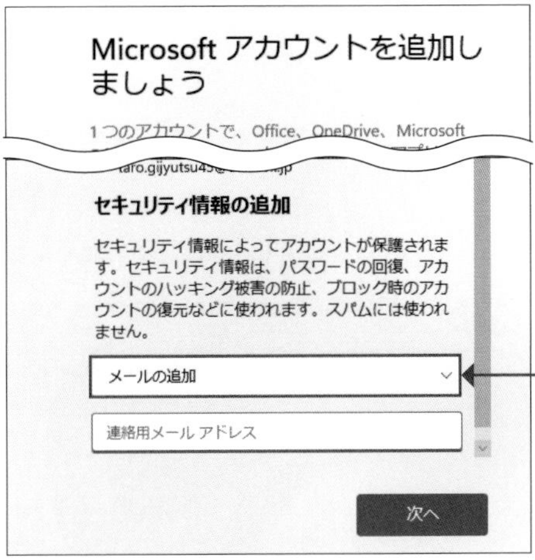

Microsoft アカウントを追加しましょう
1つのアカウントで、Office、OneDrive、Microsoft
セキュリティ情報の追加
セキュリティ情報によってアカウントが保護されます。セキュリティ情報は、パスワードの回復、アカウントのハッキング被害の防止、ブロック時のアカウントの復元などに使われます。スパムには使われません。
メールの追加
連絡用メール アドレス
次へ

31 セキュリティ情報の追加画面が表示されます。

32 ［メールの追加］をクリックし、

補足

電話番号の入力形式

手順34で入力する電話番号は、先頭の「0」を除いた形で入力します、例えば、電話番号が090-AAAA-BBBBの場合、「90AAAABBBB」の形式で入力します。

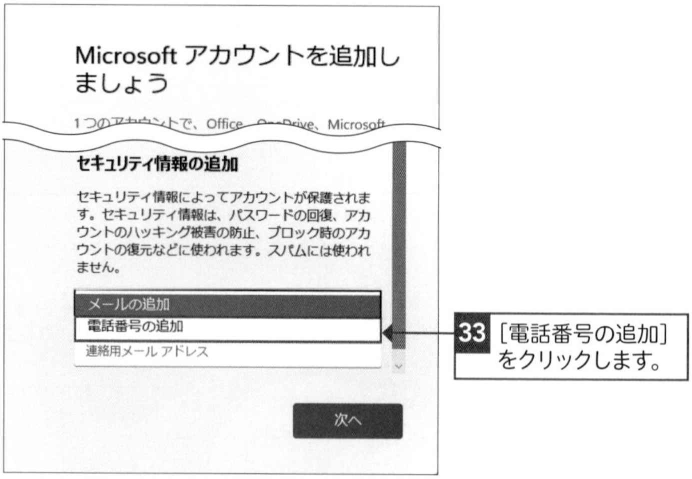
Microsoft アカウントを追加しましょう
1つのアカウントで、Office、OneDrive、Microsoft
セキュリティ情報の追加
セキュリティ情報によってアカウントが保護されます。セキュリティ情報は、パスワードの回復、アカウントのハッキング被害の防止、ブロック時のアカウントの復元などに使われます。スパムには使われません。
メールの追加
電話番号の追加
連絡用メール アドレス
次へ
33 ［電話番号の追加］をクリックします。

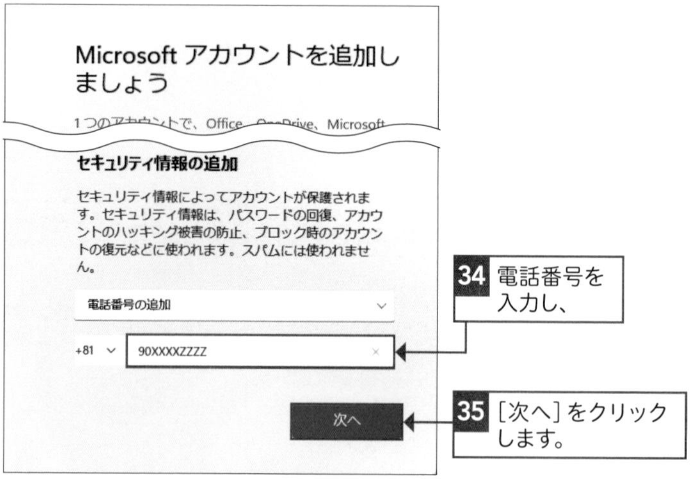
Microsoft アカウントを追加しましょう
1つのアカウントで、Office、OneDrive、Microsoft
セキュリティ情報の追加
セキュリティ情報によってアカウントが保護されます。セキュリティ情報は、パスワードの回復、アカウントのハッキング被害の防止、ブロック時のアカウントの復元などに使われます。スパムには使われません。
電話番号の追加
+81
90XXXXZZZZ
次へ
34 電話番号を入力し、
35 ［次へ］をクリックします。

補足

クイズが表示された

手順35のあとにロボットではないことを証明するためのクイズが表示される場合があります。この画面が表示されたときは、画面の指示に従ってクイズに回答してください。ロボットでないことが確認されると、手順36の画面が表示されます。

アカウントの作成
ロボットでないことを証明するために クイズに回答してください。
231179b65fd3feb16.9420141304

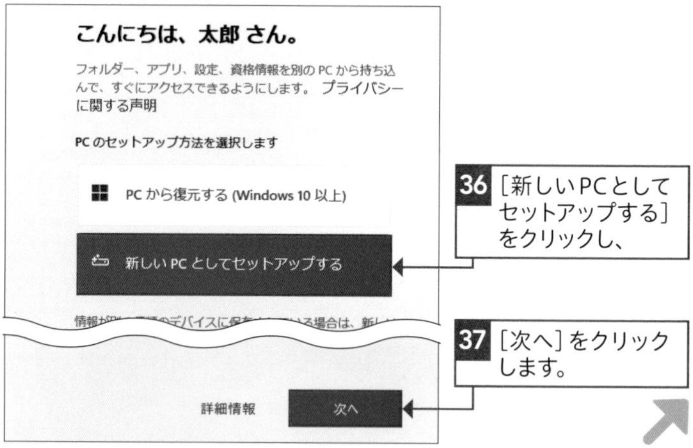
こんにちは、太郎 さん。
フォルダー、アプリ、設定、資格情報を別の PC から持ち込んで、すぐにアクセスできるようにします。 プライバシーに関する声明
PC のセットアップ方法を選択します
PC から復元する (Windows 10 以上)
新しい PC としてセットアップする
詳細情報
次へ
36 ［新しいPCとしてセットアップする］をクリックし、
37 ［次へ］をクリックします。

13
Windows 11の初期設定をしよう

補足 取得済みのMicrosoft アカウントで設定する

Windows 11の初期設定の方法には、Microsoft アカウントを新規取得して設定する方法以外にも、取得済みMicrosoft アカウントで設定を行う方法もあります。ここでは、取得済みMicrosoft アカウントを利用してバックアップされているPCの設定を復元する方法を例に、取得済みMicrosoft アカウントで設定を行う方法を説明します。なお、初期設定を行うPCを新しいPCとして設定したいときは、手順7で［その他のオプション］をクリックして［新しいPCとしてセットアップする］をクリックしてください。

1 292ページの手順で初期設定を進め、295ページの手順18の画面が表示されたら、

2 取得済みMicrosoft アカウントのメールアドレスを入力し、

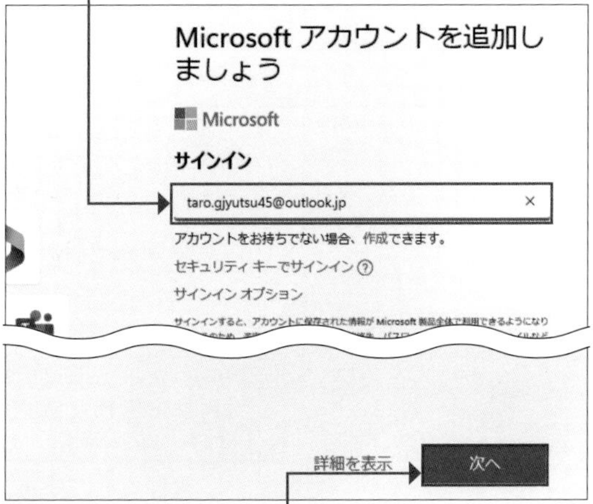
Microsoft アカウントを追加しましょう
Microsoft
サインイン
taro.gijyutsu45@outlook.jp
アカウントをお持ちでない場合、作成できます。
セキュリティ キーでサインイン
サインイン オプション
詳細を表示
次へ

3 ［次へ］をクリックします。

4 Microsoft アカウントのパスワードを入力し、

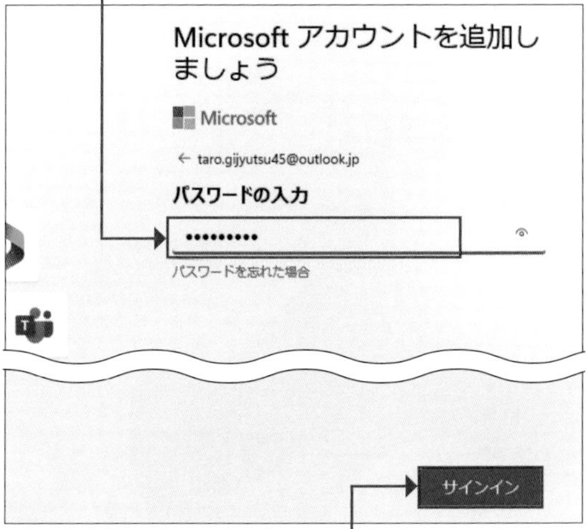
Microsoft アカウントを追加しましょう
Microsoft
← taro.gijyutsu45@outlook.jp
パスワードの入力
•••••••••
パスワードを忘れた場合
サインイン

5 ［サインイン］をクリックします。

6 同期されている設定を復元するかどうかを選択する画面が表示されます。

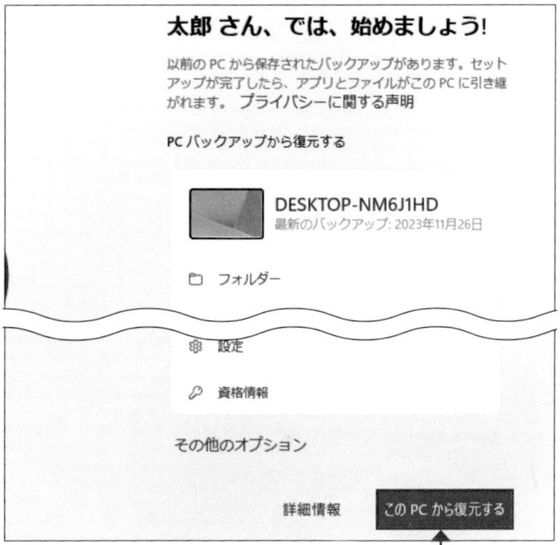
太郎 さん、では、始めましょう!
以前の PC から保存されたバックアップがあります。セットアップが完了したら、アプリとファイルがこの PC に引き継がれます。 プライバシーに関する声明
PC バックアップから復元する
DESKTOP-NM6J1HD
最新のバックアップ: 2023年11月26日
フォルダー
設定
資格情報
その他のオプション
詳細情報
この PC から復元する

7 ［このPCから復元する］をクリックします。

8 PINの作成画面が表示されます。299ページの手順38以降を参考に残りの作業を進めてください。

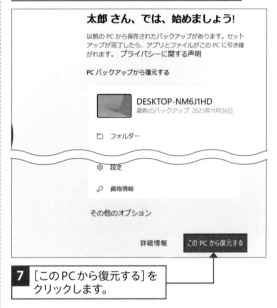

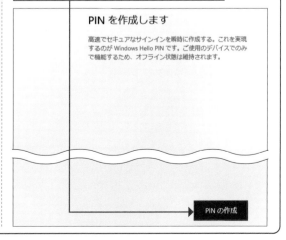

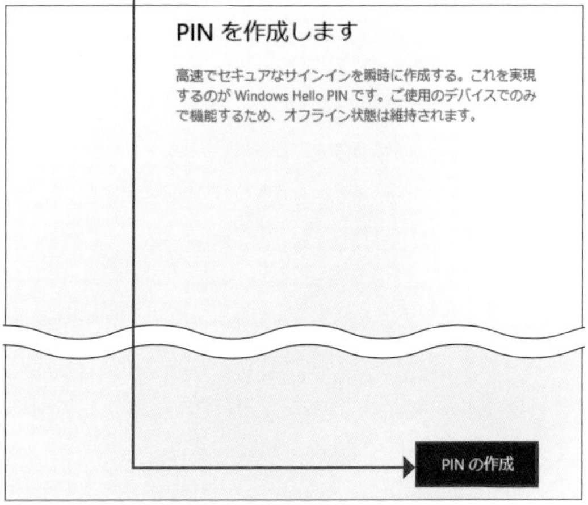
PIN を作成します
高速でセキュアなサインインを瞬時に作成する。これを実現するのが Windows Hello PIN です。ご使用のデバイスでのみで機能するため、オフライン状態は維持されます。
PIN の作成

Section

84 パスワード再設定の方法を知ろう

ここで学ぶこと

- パスワード
- リセット
- Microsoft アカウント

Microsoft アカウントのパスワードを忘れてしまったときは、**パスワードのリセット**を行います。パスワードのリセットは、サインイン画面から行えます。サインイン画面では、パスワードのリセットのほか、PIN の再設定も行えます。

1 Microsoft アカウントのパスワードをリセットする

解説

パスワードのリセット

Microsoft アカウントのパスワードのリセットを行いたいときは、右の手順で行えます。なお、パスワードのリセットには、本人確認が必須です。本人確認は、「本人確認用のコード」を用います。このコードは、セキュリティ情報として登録してある連絡用メールアドレスまたはSMS受信用の電話番号に対して通知されます。

ヒント

連絡用メールアドレスを登録している場合

本人確認用のセキュリティ情報として連絡用メールアドレスが登録されている場合、右の手順3の画面ではなく、[○○にメールを送信] と表示される場合があります。そのときは、[その他の確認方法を表示する] をクリックすると、SMSによる本人確認を選択できます。

1 サインイン画面で [PINを忘れた場合] をクリックします。

2 [パスワードを忘れた場合] をクリックします。

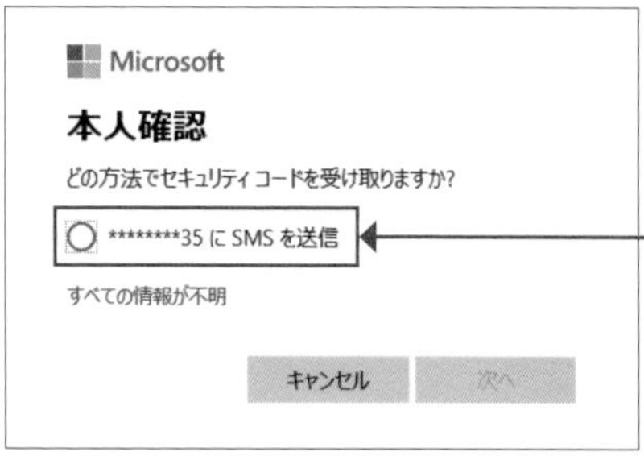

3 [○○にSMSを送信] をクリックします。

補足

本人確認用のコードについて

本人確認用のコードは、パスワードリセットに利用するパスワードのようなものです。[○○にSMSを送信] を選択した場合は、SMS (ショートメッセージサービス) で本人確認用のコードが通知されます。連絡用メールアドレスを選択した場合は、メールで本人確認用のコードが通知されます。

補足

クイズが表示された

手順5のあとにロボットではないことを証明するためのクイズが表示される場合があります。この画面が表示されたときは、画面の指示に従ってクイズに回答してください。ロボットでないことが確認されると、本人確認用のコードが送付され、手順6の画面が表示されます。

応用技

別の機器でリセットする

Microsoft アカウントのパスワードは、別のパソコンやスマートフォンなどを利用してリセットすることもできます。別の機器でリセットを行うときは、Web ブラウザーでパスワードリセット用のURL (https://account.live.com/ResetPassword.aspx) を開き、画面の指示に従って操作することでパスワードをリセットできます。

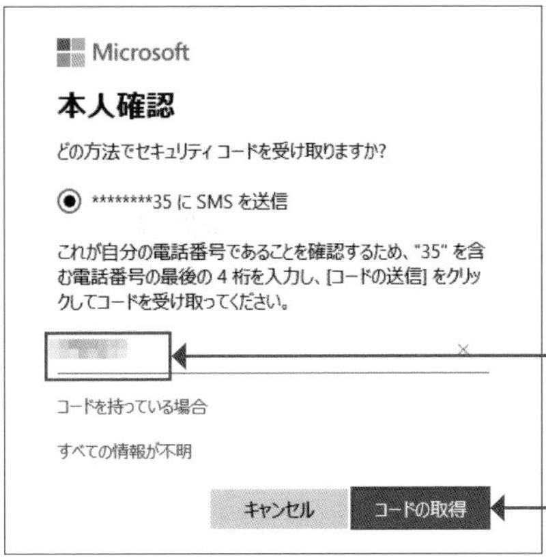
Microsoft
本人確認
どの方法でセキュリティ コードを受け取りますか?
********35 に SMS を送信
これが自分の電話番号であることを確認するため、"35" を含む電話番号の最後の 4 桁を入力し、[コードの送信] をクリックしてコードを受け取ってください。
コードを持っている場合
すべての情報が不明
キャンセル
コードの取得

4 本人確認用の電話番号の最後の4桁を入力して、

5 [コードの取得] をクリックします。

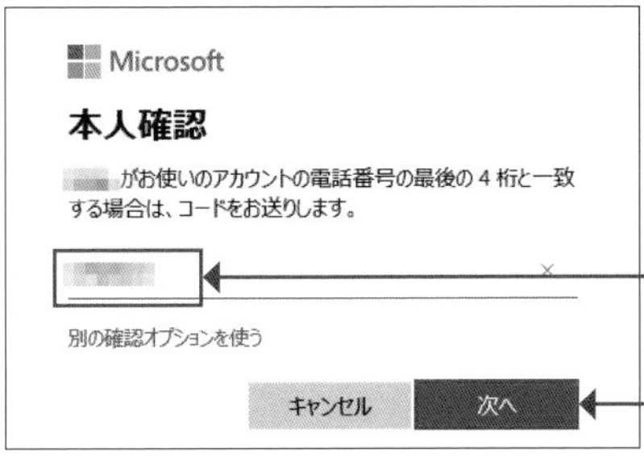
Microsoft
本人確認
がお使いのアカウントの電話番号の最後の 4 桁と一致する場合は、コードをお送りします。
別の確認オプションを使う
キャンセル
次へ

6 通知された本人確認用のコードを入力し、

7 [次へ] をクリックします。

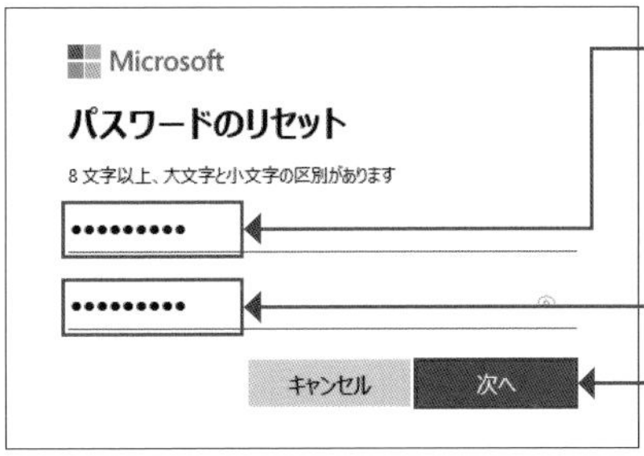
Microsoft
パスワードのリセット
8 文字以上、大文字と小文字の区別があります
キャンセル
次へ

8 新しいパスワードを入力し、

9 新しいパスワードを再入力します。

10 [次へ] をクリックします。

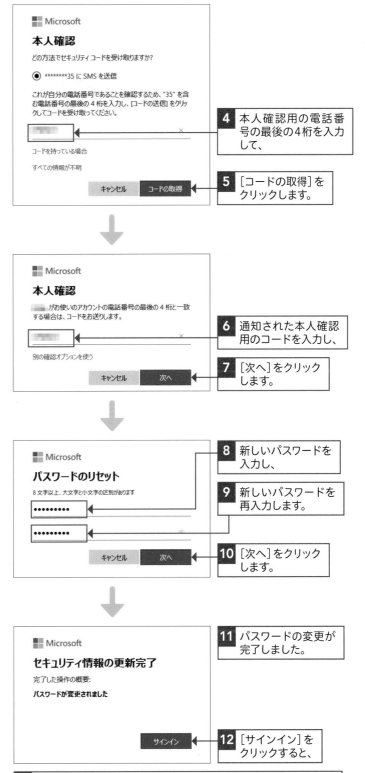

Microsoft
セキュリティ情報の更新完了
完了した操作の概要:
パスワードが変更されました
サインイン

11 パスワードの変更が完了しました。

12 [サインイン] をクリックすると、

13 パスワードの入力画面が表示されるので、画面の指示に従ってサインインを行ってください。

Section

85 Windows 11のSモードを解除しよう

ここで学ぶこと

- Sモード
- 解除
- Microsoft Store

Windows 11を搭載したパソコンは、「**Sモード**」と呼ばれるWindowsアプリのみを利用できる特別なモードで出荷されている場合があります。Sモードは無料で解除でき、**制限のないフル機能のWindows 11**にすることができます。

1 Sモードを解除する

解説

Sモードとは

Sモードとは、「Windows 11 Home」エディションに用意された制限付きの特別な動作モードです。「Windows 11 Home in S mode」とも呼ばれ、「Microsoft Store」から入手できるWindowsアプリのみがインストールでき、デスクトップアプリをインストールすることはできません。Sモードは右の手順で無料で解除できます。Sモードを解除すると、Windows 11 Homeエディションのフル機能を利用できます。

1 ■をクリックし、

2 ［設定］をクリックします。

3 ［システム］をクリックし、

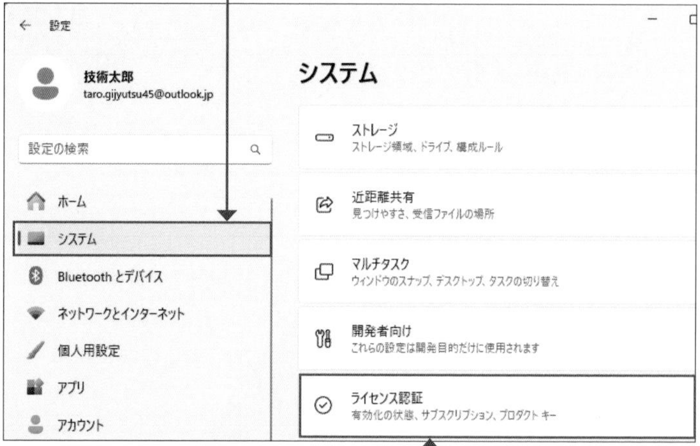

4 ［ライセンス認証］をクリックします。

補足

製品名が変わる

Sモードが解除されると、Windows 11の製品名が「Windows 11 Home in S mode」から「Windows 11 Home」に変更されます。

システム › ライセンス認証
Windows 11 Home
ライセンス認証の状態
アクティブ
Windows のエディションをアップグレード
ヘルプを表示
フィードバックの送信

5 ［Sモード］をクリックして、

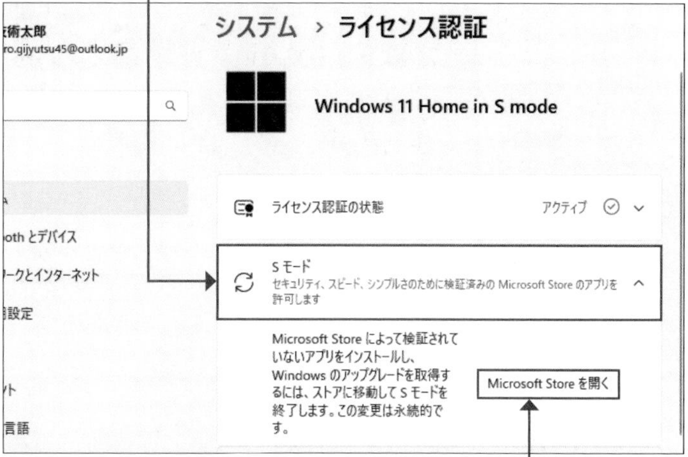
システム › ライセンス認証
Windows 11 Home in S mode
ライセンス認証の状態
アクティブ
S モード
セキュリティ、スピード、シンプルさのために検証済みの Microsoft Store のアプリを許可します
Microsoft Store によって検証されていないアプリをインストールし、Windows のアップグレードを取得するには、ストアに移動して S モードを終了します。この変更は永続的です。
Microsoft Store を開く

6 ［Microsoft Storeを開く］をクリックします。

7 「Microsoft Store」アプリが起動し、「Sモードから切り替える」ページが表示されます。

アプリ、ゲーム、映画などを検索する
S モードから切り替える
S モードを解除する前に、もう一度よく検討することをお勧めします。パフォーマンスと安心が最優先である場合には、特にそうです。S モードは、セキュリティ、スピード、簡略化のために設計されたものです。Microsoft が検証した数千のアプリと、高速で安全な Web ブラウザーである Microsoft Edge が提供されます。いったん解除すると、S モードに戻ることはできなくなりますので、ご注意ください。
入手
この PC 用に正規ライセンスの Windows 10/11 - S モードの解除 を入手してください。
アプリ
ゲーム
映画とテレビ
ライブラリ
ヘルプ

8 ［入手］をクリックすると切り替えがはじまります。

9 Sモードがオフに設定されると、以下の画面が表示されます。

すべて完了しました!
すべて完了しました!
S モードをオフにしたため、Microsoft Store 以外からアプリをインストールできるようになりました。
閉じる(C)

10 ［閉じる］をクリックします。

Section

86 Windows 11にアップグレードしよう

ここで学ぶこと

・アップグレード
・PC正常性チェックアプリ
・システム最小要件

Windows 11の最小システム要件を満たしたWindows 10インストール済みのパソコンは、**無償でWindows 11にアップグレード**できます。Windows 11へのアップグレードは、**Windows Update**から行えます。

1 Windows Updateでアップグレードできるかを確認する

解説

パソコンを確認する

Windows 10を利用しているパソコンをWindows 11にアップグレードするには、利用中のパソコンがWindows 11の最小システム要件を満たしている必要があります。Windows 11は、Windows 10よりも厳しい最小システム要件が求められており、Windows 10がインストールされているすべてのパソコンがWindows 11にアップグレードできるわけではありません。右の手順では、現在利用中のパソコンがWindows 11の最小システム要件を満たしているかどうかを確認しています。

注意

Windows 10バージョン2004以降が必要

Windows 11にアップグレードするには、Windows 10 バージョン2004（May 2020 Update）以降を利用している必要があります。バージョン2004以前のWindows 10を利用しているときは、バージョン2004以降までアップグレードしてください。

1 をクリックし、

2 をクリックします。

3 画面をスクロールして、

4 ［更新とセキュリティ］をクリックします。

5 [Windows Update]が選択されていることを確認します。

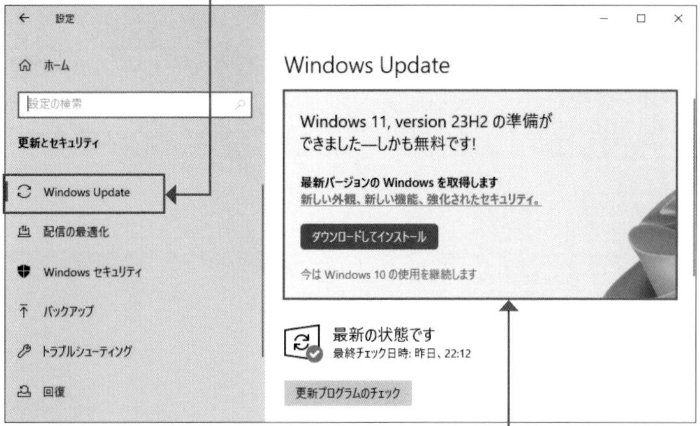
設定
ホーム
設定の検索
更新とセキュリティ
Windows Update
配信の最適化
Windows セキュリティ
バックアップ
トラブルシューティング
回復
Windows Update
Windows 11, version 23H2 の準備が
できました―しかも無料です!
最新バージョンの Windows を取得します
新しい外観、新しい機能、強化されたセキュリティ。
ダウンロードしてインストール
今は Windows 10 の使用を継続します
最新の状態です
最終チェック日時: 昨日、22:12
更新プログラムのチェック

6 「Windows 11,version...の準備ができました」と表示されているときは、Windows 11をインストールできます。

7 手順6の画面が表示されていないときは画面をスクロールして、

Windows Update
この PC で Windows 11 を実行できます
おめでとうございます。お使いの PC は Windows 11 の最小システム要件を満たしています。具体的なお届け時期は、準備の都合上、変動する可能性があります。
注意: 一部の Windows 10 機能は Windows 11 では使用できません。アプリや機能によっては、追加の要件がある場合があります。デバイスの仕様を確認する
インストールの準備が完了したかどうかを確認する
Windows 11 の詳細

8 「このPCのでWindows 11を実行できます」と表示されていれば、Windows 11をインストールできます。

補足 最小システム要件を満たしていない場合

右の手順6の画面で、以下の画面が表示されたときは、下の補足を参考に「PC正常性チェック」アプリを実行し、問題となっている箇所を確認してください。Windows 11は「TPM2.0(暗号化キーの国際標準)」対応が問題でシステム要件を満たせていない場合、パソコンのUEFI(ファームウェア)の設定をTPM2.0対応に変更することで問題を解消できることが多くあります。TPM2.0対応とするためのUEFIの設定方法については、使用しているパソコンメーカーのホームページなどで確認してください。

Windows Update
最新の状態です
最終チェック日時: 今日、1:22
更新プログラムのチェック
オプションの更新プログラムを表示
この PC は現在、Windows 11 を実行するための最小システム要件を満たしていません
詳細を取得し、PC 正常性チェック アプリで対応できる項目があるかどうかを確認します。
PC 正常性チェックを受ける
更新を 7 日間一時停止
[詳細オプション] に移動して、一時停止期間を変更します

補足 「PC正常性チェック」アプリで詳細を確認する

「PC正常性チェック」アプリは、利用しているパソコンがWindows 11の最小システム要件を満たしているかを確認できるアプリです。このアプリを利用すると、Windows 11 のシステム要件を満たしていない場合にどの項目が要件を満たしていないかも確認できます。このアプリは、最新の更新プログラムを適用したバージョン2004以降のWindows 10であれば、通常、自動インストールされています。

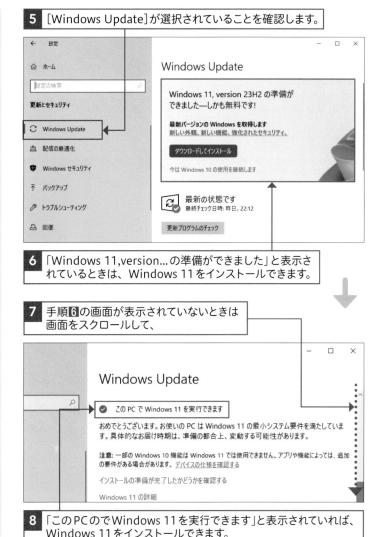

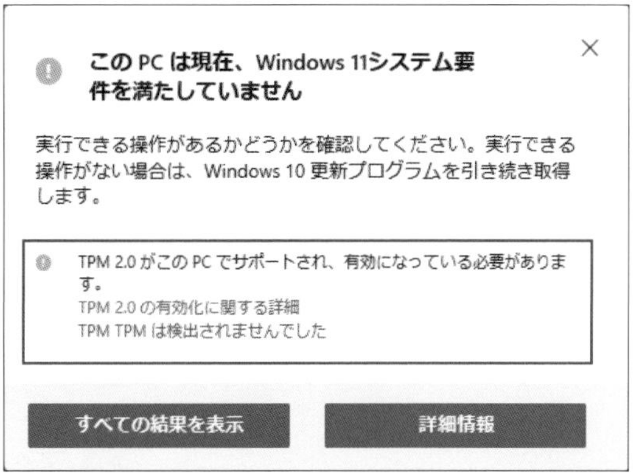
この PC は現在、Windows 11システム要件を満たしていません
実行できる操作があるかどうかを確認してください。実行できる操作がない場合は、Windows 10 更新プログラムを引き続き取得します。
TPM 2.0 がこの PC でサポートされ、有効になっている必要があります。
TPM 2.0 の有効化に関する詳細
TPM TPM は検出されませんでした
すべての結果を表示
詳細情報

② Windows 11にアップグレードする

解説

Windows 11にアップグレードする

Windows 10からWindows 11へのアップグレードは右の手順で行います。右の手順2の画面が表示されないときは、画面をスクロールして［インストール時の準備が完了したかどうかを確認する］をクリックしてしばらく待つと、手順2の画面が表示されます。

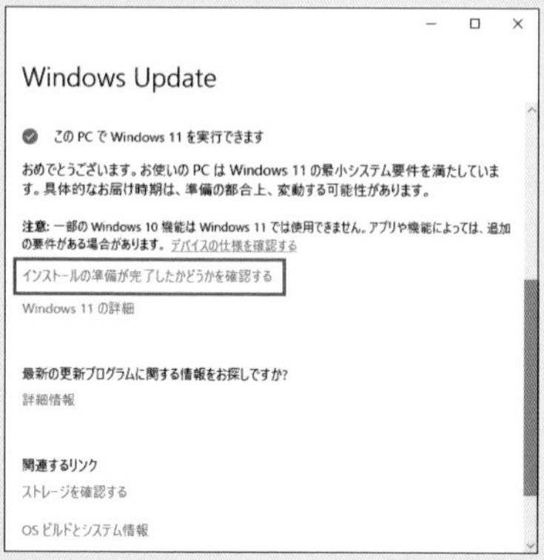
Windows Update
この PC で Windows 11 を実行できます
おめでとうございます。お使いの PC は Windows 11 の最小システム要件を満たしています。具体的なお届け時期は、準備の都合上、変動する可能性があります。
注意: 一部の Windows 10 機能は Windows 11 では使用できません。アプリや機能によっては、追加の要件がある場合があります。デバイスの仕様を確認する
インストールの準備が完了したかどうかを確認する
Windows 11 の詳細
最新の更新プログラムに関する情報をお探しですか?
詳細情報
関連するリンク
ストレージを確認する
OS ビルドとシステム情報

1 306ページの手順1～4を参考に「Windows Update」を開きます。

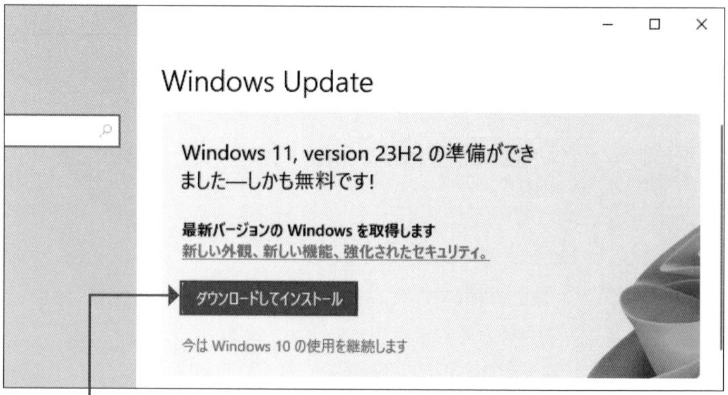
Windows Update
Windows 11, version 23H2 の準備ができました—しかも無料です!
最新バージョンの Windows を取得します
新しい外観、新しい機能、強化されたセキュリティ。
ダウンロードしてインストール
今は Windows 10 の使用を継続します

2 ［ダウンロードしてインストール］をクリックします。

3 ［同意してインストール］をクリックすると、

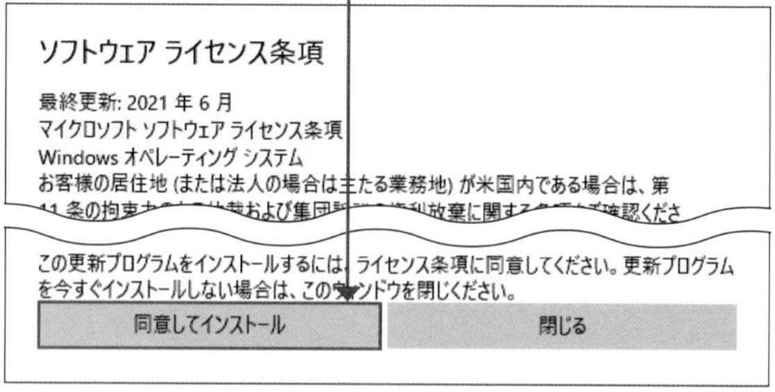
ソフトウェア ライセンス条項
最終更新: 2021 年 6 月
マイクロソフト ソフトウェア ライセンス条項
Windows オペレーティング システム
お客様の居住地 (または法人の場合は主たる業務地) が米国内である場合は、第
この更新プログラムをインストールするには、ライセンス条項に同意してください。更新プログラムを今すぐインストールしない場合は、このウィンドウを閉じください。
同意してインストール
閉じる

4 Windows 11のインストールの準備が行われます。

5 Windows 11のインストールの準備が完了すると通知バナーが表示されます。

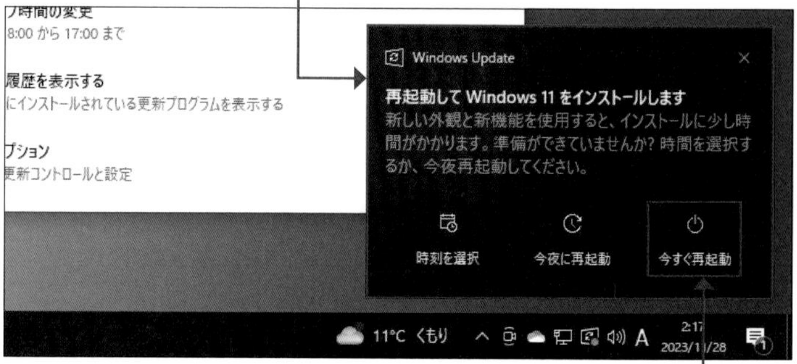
8:00 から 17:00 まで
履歴を表示する
にインストールされている更新プログラムを表示する
プション
更新コントロールと設定
Windows Update
再起動して Windows 11 をインストールします
新しい外観と新機能を使用すると、インストールに少し時間がかかります。準備ができていませんか? 時間を選択するか、今夜再起動してください。
時刻を選択
今夜に再起動
今すぐ再起動
11°C くもり
2023/11/28

6 パソコンを再起動してインストールを開始します。ここでは、［今すぐ再起動］をクリックします。

7 パソコンが再起動し、Windows 11のインストールがはじまります。

補足　1つ前のWindowsのバージョンに戻す

Windows 10からWindows 11にアップグレードしたことで不具合が頻発したり、利用頻度の高いアプリが利用できなくなったりしたときは、アップグレード後から10日以内であればWindows 10に戻せます。また、Windows 11のバージョンを22H2から23H2にバージョンアップしたときも、1つ前のバージョンである22H2に10日以内であれば戻すことができます。Windows 11からWindows 10に戻したり、Windows 11のバージョンを23H2から22H2に戻したいときは、以下の手順で行います。

1 「設定」を開き、「Windows Updata」を開いておきます。

Windows Update
最新の状態です
最終チェック日時: 今日、1:17
更新プログラムのチェック
その他のオプション
利用可能になったらすぐに最新の更新プログラムを入手する
セキュリティ以外の最新の更新プログラム、修正、機能強化がロールアウトされたら、いち早く入手しましょう。詳細情報
オン
更新の一時停止
1 週間一時停止する
更新の履歴
詳細オプション
配信の最適化、オプションの更新プログラム、アクティブ時間、その他の更新設定

2 [更新の履歴]をクリックします。

3 [回復]をクリックします。

Windows Update › 更新の履歴
2023-11 .NET Framework 3.5 および 4.8.1 の累積的な更新プログラム (x64 向け Windows 11, version 22H2 用) (KB5032007)
2023/11/27 に正しくインストールされました
詳細情報
定義更新プログラム (3)
その他の更新プログラム (4)
関連設定
更新プログラムをアンインストールする
回復

4 「復元」の[戻す]をクリックします。

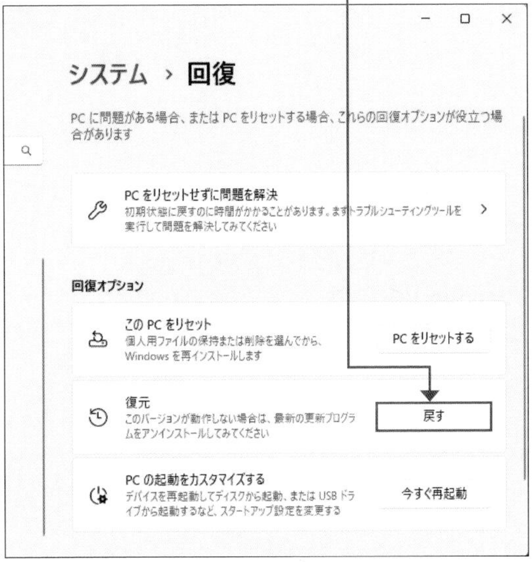
システム › 回復
PC に問題がある場合、または PC をリセットする場合、これらの回復オプションが役立つ場合があります
PC をリセットせずに問題を解決
初期状態に戻すのに時間がかかることがあります。まずトラブルシューティングツールを実行して問題を解決してみてください
回復オプション
この PC をリセット
個人用ファイルの保持または削除を選んでから、Windows を再インストールします
PC をリセットする
復元
このバージョンが動作しない場合は、最新の更新プログラムをアンインストールしてみてください
戻す
PC の起動をカスタマイズする
デバイスを再起動してディスクから起動、または USB ドライブから起動するなど、スタートアップ設定を変更する
今すぐ再起動

5 前のバージョンに戻したい理由のチェックボックスをオンにして、

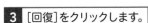

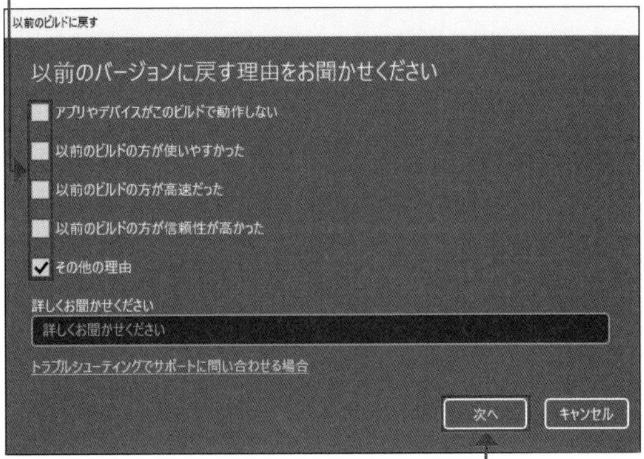
以前のビルドに戻す
以前のバージョンに戻す理由をお聞かせください
アプリやデバイスがこのビルドで動作しない
以前のビルドの方が使いやすかった
以前のビルドの方が高速だった
以前のビルドの方が信頼性が高かった
その他の理由
詳しくお聞かせください
詳しくお聞かせください
トラブルシューティングでサポートに問い合わせる場合
次へ
キャンセル

6 [次へ]をクリックし、画面の指示に従って復元作業を行ってください。

用語解説

AI (Artificial Intelligence) アシスタント ➡P.186

AIの定義は、今日においても定まったものがあるわけではありませんが、一般に「人間による認識や理解をコンピューターに行わせ、知的生産物を生み出す技術」と考えられています。人工知能とも呼ばれ、AIアシスタントは、まさに我々に代わってさまざまな手助けをしてくれる機能を指します。

Bluetooth ➡P.226

デジタル機器で活用が進んでいる近距離の無線通信技術。マウスやキーボード、ヘッドホン、スピーカー、マイクなどのさまざまな機器をパソコンやスマートフォンに接続するために利用されています。電波到達範囲は、数mから10m程度の製品が多く、Bluetooth機器をパソコンで利用するには、ペアリングと呼ばれる作業が必要になります。

Microsoft Store ➡P.206

マイクロソフトがサービスとして提供している、Windows 10／11で利用できるアプリやマイクロソフト製品を入手するためのストアのこと。「Microsoft Store」アプリで利用できます。キーワード検索や、各カテゴリ、各種ランキングから探すことができ、無料アプリと有料アプリがあります。Microsoft Storeを利用するには、あらかじめMicrosoft アカウントを取得しておく必要があります。なお、配布されているWindows アプリの中には、有料であっても無料で試すことができるアプリも用意されています。

PIN ➡P.22、274

本人確認などを行うときに利用される認証方式の一種です。PINを認証要素の1つとして利用することで、セキュリティを高めることができます。たとえば、Windows 11のサインイン方法にPINを利用すると、仮にPINが漏えいしたとしても、実際のパスワードが漏えいするわけではありません。このため、パスワードを直接入力するよりも安全性の高い認証方法とされています。

USB (Universal Serial Bus) ➡P.76、78

コンピューター（パソコン）用に設計された周辺機器とコンピューターを接続したときにさまざまな情報のやり取りを行うためのデータ転送路の規格です。キーボードやマウス、外付け型のHDDやSSD、小型のデータ保存用の機器であるUSBメモリーなどをパソコンに接続するときに利用します。

Wi-Fi ➡P.97

Wi-Fiは、一定の限られたエリア内で無線を利用してデータのやり取りを行う通信網（ネットワーク）のこと。有線LANに比べ、通信ケーブルの取り回しがないことが特徴です。Wi-Fiは、無線LANと同義と考えて問題ありません。

ZIP形式 ➡P.72

ファイルの容量をオリジナルのサイズよりも小さくして保存するための形式です。もとの内容を変更することなく、オリジナルのサイズを小さくすることを圧縮と呼び、ZIPはその形式の1つです。なお、圧縮されたファイルをもとの状態に戻すことを、展開や解凍と呼びます。

アカウント

➡P.32、55、83、122、134、144、147、186、206、230、264

パソコンやネットワーク上のサービスを利用するための権利の総称。特定の個人に対して何らかのサービスを提供する場合、利用者の情報を登録しておき、本人かどうかを確認する必要があります。たとえば銀行口座では、口座番号と氏名、印鑑、暗証番号などの情報がアカウントとして利用されますが、パソコンやネットワーク上のサービスでは、ユーザー名とパスワードが利用されます。アカウントを登録することをユーザーを登録するまたはユーザーアカウントを登録するといいます。また、アカウントをユーザーアカウントと呼ぶこともあります。

アップグレード ➡P.306

既存のソフトウェアに対して、大幅な修正や改良を加えて新しいソフトウェアに更新すること。Windows 10をWindows 11に更新する場合など、大きな修正や変更を行う場合は、アップデートではなくアップグレードと呼びます。

アップデート ➡P.209

既存のソフトウェアに対して、小幅な改良や修正を加えて新しいソフトウェアに更新すること。Microsoft Storeで配布されているWindows アプリは、定期的にアップデートが行われます。

インストール ➡P.207、211

OSやアプリをパソコンに導入する作業のこと。通常、アプリには、インストーラーと呼ばれる専用のインストールアプリが付属しており、このアプリを起動して画面の指示に従って操作を行うことでインストールを行います。インストールのことをセットアップと呼ぶこともあります。インストールされたアプリの削除は、アンインストールと呼びます。

キーボード
➡ P.46

指でボタンを押すことによって文字を入力する機器。パソコンで文字を入力するときに利用します。画面上に表示されるソフトウェアのキーボードもあります。ソフトウェアによるキーボードは、タッチキーボードとも呼ばれます。

起動
➡ P.22

OSやアプリを利用できる状態にすること。たとえば、パソコンの電源を入れ、Windowsを利用できるようにすることをOS（Windows）を起動するといいます。同様にアプリのアイコンをクリック（またはダブルクリック、タップ、ダブルタップ）して、アプリを表示して利用できる状態にすることをアプリを起動すると呼びます。

サインイン
➡ P.22、32

サインインは、ユーザー名（メールアドレスなど）とPINやパスワード、顔認証などで身元確認を行い、さまざまな機能やサービスを利用できるようにすることです。ログイン、ログオンと呼ばれることもあります。また、サインインを取り消すことをサインアウトと呼びます。

ダウンロード
➡ P.112

インターネットなどのほかのネットワークからファイルなどのまとまったデータを受信すること。一般にインターネットからファイルを受信してパソコン内にそのファイルを保存することをダウンロードと呼んでいます。

タブレット
➡ P.29

液晶画面と本体が一体化して薄い板状になっている情報機器（コンピューターやパソコンなど）。タブレットは、通常、画面を直接タッチすることで操作を行います。また、一部の機器では、キーボードを着脱することでタブレットとして利用できる場合もあります。

ネットワークセキュリティキー
➡ P.98

Wi-Fiの接続に利用されるパスワードに相当する情報。Wi-Fiを利用するには、通常、この情報の入力が必要になります。また、ネットワークセキュリティキーは、Wi-Fiのパスワードと呼ばれたり、暗号化キーなどと呼ばれたりする場合があります。

フォーマット
➡ P.80

HDDやSSD、USBメモリーなどのデータ保存用の機器をOSから読み書き可能な状態にするための作業。データ保存用の機器は、すでにこの作業が行われた状態で出荷されている場合と、そうでない場合があります。利用中の機器に対してフォーマットを実行すると、保存されていたデータはすべて消去されます。

インターネットサービスプロバイダー（ISP）
➡ P.96

インターネット上などでサービスを提供している事業者。一般にプロバイダーという場合は、インターネットへの接続サービスを提供するインターネットサービスプロバイダーのことを指します。また、Googleなどインターネット検索サービスを提供している事業者を検索プロバイダーと呼びます。

ペアリング
➡ P.150、154、226

2つ異なる機器同士や機器とサービスなど、2つの情報を紐付ける作業のこと。たとえば、パソコンでBluetooth機器を利用するには、ペアリングを行う必要があります。

マウス
➡ P.16、254

コンピューター（パソコン）の操作を行うための機器。1つ以上のボタンを備え、机の上を移動させることによって、画面上に表示された現在位置を示す目印を移動させてコンピューター（パソコン）の操作を行います。画面上に表示された現在位置を示す目印のことをマウスポインターと呼びます。また、マウスと同じように利用できる機器として、指でなぞって操作するタッチパッドと呼ばれる機器もあります。

ユーザー
➡ P.22、32、264

商品やサービス、機器などを利用している人（利用者）。パソコンなどを使っている本人のこと。たとえば、Windows 11のユーザーという場合は、Windows 11がインストールされたパソコンを利用している人のことです。

ルーター
➡ P.96

ネットワーク上に流れるデータをほかのネットワークに中継し、異なるネットワークどうしを接続するために利用する機器。一般にルーターといったときは、家庭内に設置されるインターネット接続用のルーターのことを指します。インターネット接続用のルーターは、インターネットと家庭内で利用するネットワークの間に入り、データの中継を行います。インターネット側から送られてくるデータのうち、必要なデータのみを受け取って適切な家庭内の機器にそのデータを送ったり、不要なデータを破棄する機能を提供します。なお、屋外に持ち運んで利用することを前提とした小型の携帯ルーターはモバイルルーターと呼びます。

主なキーボードショートカット

Windows 11の豊富で多彩な機能の多くには、その機能にすばやくアクセスできるキーボードショートカットが割り当てられていることがあります。キーボードショートカットとは、マウスではなくキーボードを使って各種操作を実行する機能です。よく使うキーボードショートカットを覚えることで、作業効率が向上します。なお、メーカー製パソコンの中には、独自の機能をキーボードショートカットに割り当てていることがあるので、ここで紹介している内容とは異なる動作をする場合もあります。ご了承ください。

■ウィンドウの操作

内　容	キー操作
スタートメニューを表示／非表示	⊞
Copilot in Windowsのサイドバーを開く	⊞ + C
仮想デスクトップを新規に作成する	⊞ + Ctrl + D
通知センターを表示／非表示	⊞ + N
<クイックリンク>メニューを表示する	⊞ + X
検索ウィンドウを表示する（検索ボックスをアクティブ）	⊞ + S
「設定」画面を表示する	⊞ + I
タスクビューを表示／非表示	⊞ + Tab
スナップでウィンドウを左へ移動*	⊞ + ←
スナップでウィンドウを右へ移動*	⊞ + →
スナップでウィンドウを全画面表示*	⊞ + ↑
スナップでウィンドウを非表示*	⊞ + ↓
スナップでウィンドウが左（あるいは右）にある場合、4分の1のサイズに変更*	⊞ + ↑／⊞ + ↓
スナップで4分の1のサイズのウィンドウをもとのサイズ（2分の1）に戻す*	⊞ + ↑／⊞ + ↓

＊1つのアプリだけを起動し、ウィンドウを開いている状態。

■ファイルの操作

内　容	キー操作
すべてを選択する	Ctrl + A
コピーする	Ctrl + C
切り取る	Ctrl + X
貼り付ける	Ctrl + V
操作をもとに戻す	Ctrl + Z
もとに戻した操作をさらにもとに戻す	Ctrl + Y

選択しているファイルを削除する	Delete
選択しているファイルを開く	Enter
選択しているファイルを完全に削除する	Shift + Delete
印刷する	Ctrl + P
上書き保存	Ctrl + S

■ Microsoft Edgeの操作

内　容	キー操作
画面を上にスクロール	↑
画面を下にスクロール	↓
最後のタブに切り替える	Ctrl + 9
新しいタブを開く	Ctrl + T
表示しているページで検索を行う	Ctrl + F
履歴を開く	Ctrl + H
閲覧中のページをお気に入りに追加する	Ctrl + D
新しいタブを現在のタブで開く	Alt + Home
タブを複製する	Alt + D + Enter
ブラウザーの新しいウィンドウを表示する	Ctrl + N
現在のタブを閉じる	Ctrl + W
Copilotのサイドバーを開く	Ctrl + Shift + .

■そのほかの操作

内　容	キー操作
エクスプローラーのアドレスバーを選択する	Alt + D
ウィンドウの切り替え	Alt + Tab
エクスプローラーを開く	⊞ + E
エクスプローラーのプレビューを表示／非表示	Alt + P
エクスプローラーで検索ボックスを選択し、入力する	Ctrl + E
新しいウィンドウを開く	Ctrl + N
新しいフォルダーを作成する	Ctrl + Shift + N
現在のエクスプローラーを閉じる	Ctrl + W
デスクトップで表示しているウィンドウをすべて最小化する／復元する	⊞ + D
ウィジェットを表示する	⊞ + W
スナップレイアウトを表示する	⊞ + Z

ローマ字入力対応表

パソコンを利用するうえで、文字入力は欠かせません。本書では第2章でその操作方法を解説していますが、1つの文字に対するローマ字入力方法は複数ある場合もあります。ここではローマ字入力における対応表を掲載しています。参考にしてください。

五十音

あ	い	う	え	お
a	i (yi)	u (wu) (whu)	e	o
か	き	く	け	こ
ka (ca)	ki	ku (cu) (qu)	ke	ko (co)
さ	し	す	せ	そ
sa	si (shi)	su	se (ce)	so
た	ち	つ	て	と
ta	ti (chi)	tu (tsu)	te	to
な	に	ぬ	ね	の
na	ni	nu	ne	no
は	ひ	ふ	へ	ほ
ha	hi	hu (fu)	he	ho
ま	み	む	め	も
ma	mi	mu	me	mo
や		ゆ		よ
ya		yu		yo
ら	り	る	れ	ろ
ra	ri	ru	re	ro
わ		を		ん
wa		wo		nn (xn)

濁音／半濁音

が	ぎ	ぐ	げ	ご
ga	gi	gu	ge	go
ざ	じ	ず	ぜ	ぞ
za	zi (ji)	zu	ze	zo
だ	ぢ	づ	で	ど
da	di	du	de	do
ば	び	ぶ	べ	ぼ
ba	bi	bu	be	bo
ぱ	ぴ	ぷ	ぺ	ぽ
pa	pi	pu	pe	po

拗音／促音

ぁ	ぃ	ぅ	ぇ	ぉ
xa (la)	xi (li) (lyi) (xyi)	xu (lu)	xe (le) (lye) (xye)	xo (lo)
ゃ		ゅ		ょ
xya (lya)		xyu (lyu)		xyo (lyo)

		っ		
		xtu (ltu)		
うぁ	うぃ		うぇ	うぉ
wha	whi (wi)		whe (we)	who
ヴぁ	ヴぃ	ヴ	ヴぇ	ヴぉ
va	vi	vu	ve	vo
きゃ	きぃ	きゅ	きぇ	きょ
kya	kyi	kyu	kye	kyo
ぎゃ	ぎぃ	ぎゅ	ぎぇ	ぎょ
gya	gyi	gyu	gye	gyo
くぁ	くぃ	くぅ	くぇ	くぉ
qwa (qa)	qwi (qi) (qyi)	qwu	qwe (qe) (qye)	qwo (qo)
ぐぁ	ぐぃ	ぐぅ	ぐぇ	ぐぉ
gwa	gwi	gwu	gwe	gwo
しゃ	しぃ	しゅ	しぇ	しょ
sya (sha)	syi	syu (shu)	sye (she)	syo (sho)
じゃ	じぃ	じゅ	じぇ	じょ
zya (ja) (jya)	zyi (jyi)	zyu (ju) (jyu)	zye (je) (jye)	zyo (jo) (jyo)
すぁ	すぃ	すぅ	すぇ	すぉ
swa	swi	swu	swe	swo
ちゃ	ちぃ	ちゅ	ちぇ	ちょ
tya (cha) (cya)	tyi (cyi)	tyu (chu) (cyu)	tye (che) (cye)	tyo (cho) (cyo)
ぢゃ	ぢぃ	ぢゅ	ぢぇ	ぢょ
dya	dyi	dyu	dye	dyo
つぁ	つぃ		つぇ	つぉ
tsa	tsi		tse	tso
てゃ	てぃ	てゅ	てぇ	てょ
tha	thi	thu	the	tho
でゃ	でぃ	でゅ	でぇ	でょ
dha	dhi	dhu	dhe	dho
とぁ	とぃ	とぅ	とぇ	とぉ
twa	twi	twu	twe	two
どぁ	どぃ	どぅ	どぇ	どぉ
dwa	dwi	dwu	dwe	dwo
にゃ	にぃ	にゅ	にぇ	にょ
nya	nyi	nyu	nye	nyo
ひゃ	ひぃ	ひゅ	ひぇ	ひょ
hya	hyi	hyu	hye	hyo
びゃ	びぃ	びゅ	びぇ	びょ
bya	byi	byu	bye	byo
ぴゃ	ぴぃ	ぴゅ	ぴぇ	ぴょ
pya	pyi	pyu	pye	pyo
ふぁ	ふぃ	ふぅ	ふぇ	ふぉ
fa (fwa)	fi (fwi) (fyi)	fwu	fe (fwe) (fye)	fo (fwo)
ふゃ		ふゅ		ふょ
fya		fyu		fyo
みゃ	みぃ	みゅ	みぇ	みょ
mya	myi	myu	mye	myo
りゃ	りぃ	りゅ	りぇ	りょ
rya	ryi	ryu	rye	ryo

索引

A～Z

あ行

さ行

た～な行

は行

ま～ら行

お問い合わせについて

本書に関するご質問については、本書に記載されている内容に関するもののみとさせていただきます。本書の内容と関係のないご質問につきましては、一切お答えできませんので、あらかじめご了承ください。また、電話でのご質問は受け付けておりませんので、必ずFAXか書面にて下記までお送りください。
なお、ご質問の際には、必ず以下の項目を明記していただきますようお願いいたします。

1 お名前
2 返信先の住所またはFAX番号
3 書名（今すぐ使えるかんたん　Windows 11 2024年最新版 Copilot対応）
4 本書の該当ページ
5 ご使用のOSとソフトウェアのバージョン
6 ご質問内容

なお、お送りいただいたご質問には、できる限り迅速にお答えできるよう努力いたしておりますが、場合によってはお答えするまでに時間がかかることがあります。また、回答の期日をご指定なさっても、ご希望にお応えできるとは限りません。あらかじめご了承くださいますよう、お願いいたします。

問い合わせ先

〒162-0846
東京都新宿区市谷左内町21-13
株式会社技術評論社　書籍編集部
「今すぐ使えるかんたん　Windows 11 2024年最新版 Copilot対応」質問係
FAX番号　03-3513-6167

https://book.gihyo.jp/116

今すぐ使えるかんたん　Windows 11
2024年最新版 Copilot対応

2024年1月9日　初版　第1刷発行

著　者●オンサイト＋技術評論社編集部
発行者●片岡 巌
発行所●株式会社 技術評論社
東京都新宿区市谷左内町21-13
電話　03-3513-6150　販売促進部
03-3513-6160　書籍編集部
装丁●田邉 恵里香
本文デザイン●ライラック
編集／DTP●オンサイト
担当●矢野 俊博
製本／印刷●大日本印刷株式会社

定価はカバーに表示してあります。

ISBN978-4-297-13885-1 C3055
Printed in Japan

■お問い合わせの例

FAX

1 お名前
技術　太郎
2 返信先の住所またはFAX番号
03-XXXX-XXXX
3 書名
今すぐ使えるかんたん
Windows 11 2024年最新版
Copilot対応
4 本書の該当ページ
215ページ
5 ご使用のOSとソフトウェアのバージョン
Windows 11 Pro
「マップ」アプリ
6 ご質問内容
手順8の操作をしても、手順9の画面が表示されない

※ご質問の際に記載いただきました個人情報は、回答後速やかに破棄させていただきます。